Anwendung von Isotopen in der Organischen Chemie und Biochemie

Band I

H. Simon und H. G. Floss

Bestimmung der Isotopenverteilung in markierten Verbindungen

Mit 5 Abbildungen

Springer-Verlag
Berlin · Heidelberg · New York 1967

ISBN-13: 978-3-642-85750-8   e-ISBN-13: 978-3-642-85749-2
DOI: 10.1007/978-3-642-85749-2

Titel-Nr. 1431

Vorwort

Mit dem ersten von drei geplanten Bändchen, die die Bestimmung der Isotopenverteilung, die Isotopeneffekte und die Analytik zum Gegenstand haben, wird versucht, eine besonders auffallende Lücke im Schrifttum über die Isotopenmethoden zu schließen.

Die Isotopen haben in der organischen Chemie und Biochemie, speziell zur Aufklärung der Mechanismen organischer Reaktionen und der Biosynthese, breite Anwendung gefunden. Angesichts dieser Tatsache ist es eigentlich erstaunlich, daß die Methoden, mit denen man zuverlässige Angaben über die Isotopenverteilung, d. h. den prozentualen Gehalt an Isotopen in den verschiedenen Positionen der Moleküle gewinnt, noch nicht zusammenfassend behandelt worden sind. In den meisten Fällen hängt das Ergebnis solcher Untersuchungen von der eindeutigen und zuverlässigen Durchführung von chemischen oder enzymatischen *Abbauverfahren* ab; mit diesen beschäftigt sich der Hauptteil dieses Bandes. Sie sind, geordnet nach Stoffklassen, aus der weit verstreuten Literatur zusammengetragen. Anspruch auf Vollständigkeit erheben wir nicht. Immerhin haben wir uns bemüht, möglichst viele der bisher beschriebenen Verfahren aufzunehmen und einen guten Überblick über die vorhandene Originalliteratur zu geben. Der Zweck dieses Buches ist ein durchaus praktischer, nämlich eine Sammlung nützlicher Arbeitsvorschriften für den Labortisch zu schaffen, gleichzeitig auch auf die Tücken und zahlreichen Fehlermöglichkeiten aufmerksam zu machen, die bei der Durchführung von Abbaureaktionen zu beachten sind. Wir haben uns bemüht, eine Darstellung zu finden, die den Leser anregt und in die Lage versetzt, einzelne Schritte einer gegebenen Vorschrift zu verbessern, oder die zu wählende Methode einer gegebenen Fragestellung optimal anzupassen.

Für Verbesserungsvorschläge und Hinweise auf etwa vorhandene wesentliche Lücken oder Unzulänglichkeiten werden wir dankbar sein.

Wir danken dem Verlag für das verständnisvolle Eingehen auf unsere Wünsche, und allen Kollegen, die durch Hinweise, Diskussionen und kritisches Lesen dem Manuskript förderlich waren. Ganz besonderer Dank aber gilt unseren Frauen, die viele einsame Abende geduldig ertrugen und auch bei der Herstellung des Manuskripts wesentlich mithalfen.

Freising-Weihenstephan   H. SIMON
Lafayette, Indiana (U.S.A.)   H. G. FLOSS

Inhalt

1. Allgemeines

1.0. Einführung

Um den Verlauf organisch-chemischer oder biochemischer Reaktionen mit Hilfe markierter Verbindungen zu verfolgen, müssen, besonders beim Arbeiten mit Kohlenstoff- und Wasserstoff-Isotopen, oft die Isotopenverteilungen in den Reaktionsprodukten ermittelt werden. Häufig gilt es schon für die verwendeten Ausgangsverbindungen, die intramolekulare Isotopenverteilung zu bestimmen, denn nicht immer ist sie durch die Art der Darstellung eindeutig gegeben. Das gilt besonders für Wasserstoff-markierte Verbindungen. Auch bei käuflichen Produkten ist Vorsicht mitunter angebracht. Das Ziel ist es, den Isotopenanteil aller Positionen eines Moleküls quantitativ angeben zu können.

Die Isotopenverteilung kann in speziellen Fällen am intakten Molekül durch physikalische Methoden ermittelt werden. Dieser Möglichkeit sind jedoch enge Grenzen gesetzt. Üblicherweise zerlegt man durch chemische oder enzymatische Abbaureaktionen die Moleküle schrittweise in kleinere Bruchstücke und bestimmt deren Isotopen-Zusammensetzung.

1.1. Physikalische Methoden zur Ermittlung der Isotopenverteilung

Die wichtigsten Verfahren sind die Infrarot-, Kernresonanz- und Massenspektrometrie. Prinzipiell sind diese physikalischen Verfahren nur dann anwendbar, wenn der Atomprozentgehalt des Isotops in einer bestimmten Position genügend hoch ist, d. h. wenn viele oder alle „normalen" Atome durch das Isotop ersetzt sind. Somit sind diese Verfahren im allgemeinen auf radioaktive Isotope nicht anwendbar, denn hier ist der Atomprozentanteil des Isotops meist sehr gering.

Die Infrarotspektrometrie kann insbesondere zur Positionsbestimmung von Deuterium benutzt werden, da die Absorptionsbande einer X–H-Schwingung gegenüber der einer X–D-Schwingung wegen des großen relativen Massenunterschiedes etwa im Verhältnis $\sqrt{2}:1$ nach geringeren Frequenzen verschoben ist. Voraussetzung ist natürlich, daß man die fraglichen Banden eindeutig zuordnen kann. CHILDS und BLOCH (*181 a*) stellten Meso-2,3-dideutero-, D,L-Dideutero- und 2,2-Dideutero-bernsteinsäure her und fanden für jede Verbindung ein eigenes charakteristisches IR-Spektrum. W. K. Rohwedder et al. [Analyt. Chem. *39*, 821 (1967)] bestimmten die IR-Spektren 16 verschiedener D-markierter Stearate.

Die Bestimmung von Tritium ist nur bei Vorliegen extrem hoher spezifischer Radioaktivitäten möglich, da eine Verbindung, in der eine H-Position zu 10% durch T ersetzt ist, eine spezifische Radioaktivität von etwa 3 C/mM besitzt. Geringere Tritium-Gehalte dürften nur in sehr günstigen Fällen halbquantitativ erkennbar sein. Es sind IR-Spektren von Adipinsäure, die durch Hydrierung von Muconsäure-dimethylester mit T_2 gewonnen worden war, und von Thymin aufgenommen worden (*256a*). Letzteres war durch Austausch in CH_3COOT markiert worden.

CALVIN et al. (*161*) bestimmten die Geschwindigkeit des Sauerstoff-Austauschs von Carbonyl-Gruppen in ^{18}O-haltigem Wasser durch IR-Spektrometrie. Dadurch war es auch möglich, die unterschiedlich rasche ^{18}O-Aufnahme verschiedener Carbonyl-Gruppen einer Verbindung zu verfolgen. Die untere Grenze des noch sichtbaren ^{18}O-Gehaltes in einer Carbonyl-Gruppe betrug etwa 2%. Dies gilt jedoch nur für ein sehr intensives Spektrum und bei bekannter Lage der Absorption. Unter weniger günstigen Bedingungen muß der ^{18}O-Gehalt 5—10% betragen[*].

Die Kernresonanz-Spektrometrie kann beispielsweise zur Lokalisierung von Deuterium, Tritium, ^{13}C und ^{17}O dienen. ^2H gibt im Bereich von ^1H kein Signal. Ist also in einer Position ^1H ganz oder teilweise durch ^2H ersetzt, so fehlt das entsprechende Signal oder ist schwächer als im Spektrum der unmarkierten Verbindung. Weiterhin fallen unter Umständen Aufspaltungen durch Kopplung zwischen Protonen weg. Auch dies kann eventuell zur Positionsbestimmung des ^2H herangezogen werden. Auf diese Weise sind auch, wenn das Spektrum nicht zu komplex ist, quantitative Aussagen über den Isotopengehalt in einer bestimmten Position möglich (*280b, 645a, 391a, 160a, 503a*). KATZ et al. (*238*) bestimmten die intramolekulare Deuterium-Verteilung in Methyl-bacteriophäophorbid aus Bacteriochlorophyll, das von *Rhodospirillum rubrum* stammte. Die Bakterien waren auf Bernsteinsäure-D_4 als einzigem Substrat gewachsen.

Tritium hat die Spin-Quantenzahl 1/2, ein magnetisches Moment von 2,9788 und die Frequenz von 45414 Mc/sec bei 10000 G. Es ist daher NMR-Messungen gut zugänglich. TIERS et al. (*718a*) haben die Messung von Äthylbenzol beschrieben, das pro ml 32,1 C enthielt, was auf 10 Wasserstoffe berechnet 1 Atom-% Tritium entspricht. Man hat hier, wie bei der IR-Spektrometrie nur die Möglichkeit, an Präparaten mit sehr hohen Radioaktivitäten, die mit extremer Vorsicht manipuliert werden müssen, Messungen auszuführen.

^{13}C besitzt im Gegensatz zu ^{12}C ein kernmagnetisches Moment; es beeinflußt daher das Protonenresonanzspektrum. Der geringe natür-

---

[*] Die ^{18}O-Bestimmung in den 3 Phosphatresten von ATP siehe A. FLECKENSTEIN et al. Arch. Ges. Physiol. *282*, 119 (1965).

liche Gehalt an ^{13}C wirkt sich in den Protonenresonanzspektren dadurch aus, daß auf beiden Seiten der Hauptbanden der an ^{12}C gebundenen Protonen Satelliten auftreten, deren Intensitäten zusammen etwa 1% der Hauptbande ausmachen (natürlicher ^{13}C-Gehalt 1,1%). Diese kleinen Banden sind stark genug, um die Kopplungskonstanten ($J_{^{13}C-H}$) zu bestimmen. Die natürliche ^{13}C-Konzentration reicht auch aus, ^{13}C-Spektren kleiner und mittelgroßer Moleküle aufzunehmen, wenn diese in reiner Form oder hoher Konzentration gemessen werden können. Die Stellung eines ^{13}C-Atoms kann entweder aus der Lage der Satellitenbanden oder aus der chemischen Verschiebung des ^{13}C-Atomkernes selbst ermittelt werden. Dabei kann man von dem großen Bereich der Kopplungskonstanten $J_{^{13}C-H}$ zwischen 120—250 cps Gebrauch machen. Diese Werte sind nahezu linear abhängig vom prozentualen s-Charakter der Bindung (659a). TANABE und DETRE (713a) studierten kürzlich mit Natriumacetat-2-^{13}C, das 55% ^{13}C enthielt, die Biosynthese von Griseofulvin.

Von den Sauerstoff-Isotopen ist der ^{17}O-Kern für NMR-Messungen geeignet. Seine natürliche Konzentration beträgt nur 0.037% und da das Resonanzsignal klein ist, steht die ^{17}O-Spektrometrie großen experimentellen Schwierigkeiten gegenüber.

Über Kernresonanzspektren von ^{13}C- und ^{17}O-haltigen Verbindungen siehe SUHR (711a) und die dort angegebene Literatur. Für ^{17}O siehe auch DAHN et al. (183a).

Bei der Fragmentierung eines Moleküls im Massenspektrometer erhält man kleinere Bruchstücke, die sich bestimmten Gruppierungen zuordnen lassen. Bei der Markierung mit Deuterium oder ^{15}N bzw. ^{18}O wächst die Masse um eine oder zwei Einheiten. Man kann nun feststellen, welche Massenpeaks gegenüber dem Spektrum der unmarkierten Verbindung verschoben sind und daraus schließen, welche Gruppierung das Isotop enthält. Das Verfahren erlaubt unter Umständen auch eine quantitative Aussage über die Isotopensubstitution. Bisher wurde zwar meist der umgekehrte Weg beschritten, d. h. man markierte Moleküle z. B. mit Deuterium an definierten Stellen und identifizierte die Spaltprodukte durch die Markierung. Als Beispiel seien Arbeiten von DJERASSI et al. (771, 233) erwähnt. Sobald jedoch die Zerfallsschemata einer Verbindung bekannt sind, kann man umgekehrt auch die Isotopenverteilung bestimmen. Dies kann besonders günstig dann geschehen, wenn eine Atomsorte nicht zu häufig im Molekül vorkommt. YANG und WALLER (794) unterschieden so den ^{15}N-Gehalt im Ricinin in zwei verschiedenen Positionen nach Applikation markierter Vorläufer. Ein weiteres Beispiel ist die Bestimmung des ^{18}O-Gehaltes in Prostaglandin (536).

Schließlich wird die Massenspektrometrie zur Bestimmung von intramolekularer Doppelmarkierung benötigt.

Der Vorteil der physikalischen Verfahren ist es, daß die Bestimmung der Isotopenverteilung am intakten Molekül geschieht (sieht man von der Massenspektroskopie einmal ab), was in manchen Fällen wichtig sein kann. So hat die NMR-Methode beispielsweise bei Untersuchungen über die Umlagerung von Cyclopropan-Derivaten deshalb gute Dienste geleistet (*171, 664, 584*), weil bei Abbaureaktionen eventuell Umlagerungen eingetreten wären. Außerdem sind die Methoden meist weniger arbeitsintensiv.

Physikalische Methoden können selbstverständlich mit chemischen Abbaureaktionen kombiniert werden, etwa wenn man die erhaltenen Abbauprodukte entsprechend untersucht.

Die physikalischen Methoden versagen grundsätzlich, wenn es nicht möglich ist, die Spektren der Verbindungen zu deuten, wenn man mit radioaktiven Isotopen auf dem Tracerniveau arbeitet, oder wenn ein Molekül in vielen oder allen möglichen Positionen mehr oder weniger stark markiert ist. In diesen Fällen bestimmt man die Isotopenverteilung durch einen gezielten chemischen Abbau des Moleküls.

1.2. Chemische Abbaureaktionen

Zweck des chemischen Abbaus ist es, ein Molekül so in kleinere Bruchstücke zu zerlegen, daß deren Isotopengehalt Auskunft über die Isotopenverteilung im Ausgangsprodukt gibt. Dafür sind zahlreiche allgemeine Verfahren entwickelt worden*. Daneben wird man oft auf schon bekannte, spezielle Reaktionen der abzubauenden Verbindung zurückgreifen können. So lassen sich etwa beim Abbau komplizierter Naturstoffe die zur Strukturaufklärung erprobten Reaktionen meist auch zur Bestimmung der Isotopenverteilung verwenden (vgl. jedoch weiter unten die Angaben über die Eindeutigkeit von Abbaureaktionen). Neben den chemischen Abbaureaktionen können mitunter auch biochemische Verfahren (Enzymreaktionen, Fermentationen) verwendet werden, die sich meist durch ihre Einfachheit und große Spezifiät auszeichnen. Auch sind derart oft Reaktionen möglich, die rein chemisch nicht auszuführen sind. Es gibt eine ausgezeichnete Übersicht, die jedoch nicht auf markierte Verbindungen zugeschnitten ist (*745*).

Zur Ermittlung der Isotopenverteilung kann man entweder den Gesamtisotopengehalt aller Bruchstücke bestimmen oder die spezifische Radioaktivität bzw. den Atomprozentgehalt. Im ersten Fall spielen Verdünnungen keine Rolle. Er kann mitunter, z. B. bei der Bildung von CO_2, der einfachere Weg sein. Es ist dann jedoch notwendig, die Ausbeute der Reaktionen genau zu kennen bzw. genau zu bestimmen.

---

* Eine systematische Übersicht prinzipiell möglicher Abbaureaktionen des Kohlenstoffgerüsts organischer Verbindungen, jedoch ohne spezielle Berücksichtigung markierter Verbindungen, stammt von MATHIEU and ALLAIS (*499*).

Vergleiche z. B. Abbau von Serin, S. 57. Im allgemeinen ist es wesentlich besser, die *spezifischen* Radioaktivitäten bzw. Atomprozentgehalte pro Mol Ausgangssubstanz und Abbauprodukte zu bestimmen. Dabei dürfen keine unkontrollierten Verdünnungen stattfinden. Jedoch ist es dabei nicht nötig, die Ausbeute der einzelnen Reaktionsschritte beim Abbau zu kennen, falls dabei keine Verfälschungen durch Isotopeneffekte auftreten können.

An einen Abbau zur Ermittlung der Isotopenpositionen sind eine Reihe von Forderungen zu stellen.

1. Die Reaktionen sollen in ihrem *Verlauf möglichst übersichtlich* sein, d. h. man muß überblicken können, welchen Atomen der Ausgangsverbindung die einzelnen Atome des Abbauproduktes entsprechen. Ist dies nicht der Fall, so muß ihre Herkunft geklärt werden, indem man die Ausgangsverbindung in bestimmten Positionen markiert und dem Abbau unterwirft. Als Beispiel sei der häufig verwendete Abbau der Glucose durch Fermentation mit *Leuconostoc mesenteroides* angeführt (*229*). Dieser Abbau liefert CO_2, Äthanol und Milchsäure, deren Herkunft nicht ohne weiteres ersichtlich sind. Durch Abbau von Glucose $-1\text{-}^{14}C$ und $-3{,}4\text{-}^{14}C$ konnte gezeigt werden, daß das CO_2 aus dem C-Atom 1, das Äthanol aus C-2 und C-3 und die Milchsäure aus C-4, C-5 und C-6 der Glucose stammen (*334*).

Auch wenn die Reaktion übersichtlich erscheint, ist Vorsicht geboten, denn hinter einer scheinbar einfachen Reaktion kann sich ein komplizierter Mechanismus verbergen. Nicht eindeutig sind insbesondere häufig Decarboxylierungen und Oxydationsreaktionen. Die Oxydation von Propionsäure mit Permanganat in Alkali ergibt CO_2 und Oxalsäure. Das CO_2 stammt zu etwa 70% aus C-3 der Propionsäure (*529, 784, 494*). Bei der thermischen Decarboxylierung von Phenylessigsäure $-1\text{-}^{14}C$ mit Kupferchromit in Chinolin fand man im CO_2 eine zu niedrige Radioaktivität. Umgekehrt ist das CO_2 aus Phenylessigsäure $-2\text{-}^{14}C$ nicht frei von Radioaktivität (*214, 145*). Dies beruht offenbar darauf, daß das entstehende Toluol teilweise zu Benzoesäure weiteroxydiert und diese erneut decarboxyliert wird. Ist bei einer Verbindung der Reaktionsablauf durch Versuche mit positionsmarkierten Präparaten geklärt, so kann man daraus noch nicht immer mit Sicherheit schließen, daß die Reaktion bei einer ähnlich gebauten Verbindung genauso verläuft. Ein Beispiel dafür ist die Hydrolyse von Purinen und Pterinen mit konzentrierter Salzsäure zu Glycin. Der Stickstoff und das C-Atom 2 des Glycins stammen in allen Fällen aus den Positionen 5 und 7. Die Carboxylgruppe des Glycins stammt beim Abbau des Guanins ausschließlich aus C-4 (*174*), beim Abbau der Harnsäure dagegen zu gleichen Teilen aus C-4 und C-6 (*210*) und beim Abbau des Leucopterins zu 75% aus C-4 und zu 25% aus C-6 (*208*) (vgl. 9.4.).

2. Die Meßproben müssen *sehr rein* und insbesondere frei von anderen markierten Verbindungen sein (radiochemische Reinheit). Aus diesem Grunde wird man von vornherein solche Verbindungen zur Isotopenanalyse verwenden, die sich gut reinigen lassen. Flüssigkeiten sind deshalb weniger geeignet, man stellt aus ihnen nach Möglichkeit feste Derivate her. Essigsäure überführt man z. B. in einen festen Ester oder in ein Salz, wobei das Silbersalz, da es sich gut umkristallisieren läßt, geeigneter ist als das Natriumsalz. Eine andere Reinigungsmöglichkeit bietet die Gaschromatographie. Die chemische Reinheit der Verbindung, die durch Schmelzpunkt, Siedepunkt, Brechungsindex, Spektren, chromatographische Verfahren oder Elementaranalyse festgestellt werden kann, ist zwar eine notwendige Voraussetzung, jedoch nicht in jedem Fall hinreichend. Bei einem Präparat mit geringer Radioaktivität können schon chemisch kaum oder nicht mehr nachweisbare Spuren einer hochradioaktiven Verunreinigung sehr große Fehler verursachen. Man muß daher stets sicher sein, daß die Verbindung eine konstante Radioaktivität besitzt. Dazu unterwirft man sie nach der Messung einem neuen Reinigungsschritt (z. B. Umkristallisation aus einem anderen Lösungsmittel, eventuell unter Zusatz geeigneter Adsorptionsmittel wie Aktivkohle; besonders geeignet sind auch Schicht- oder andere chromatographische Verfahren oder die Herstellung eines anderen Derivates) und bestimmt danach nochmals die spezifische Radioaktivität. Diese Reinheitsforderung gilt natürlich nicht nur für die Abbauprodukte, sondern in besonderem Maße auch für die Ausgangsverbindung.

3. Falls man bei der Ermittlung der Isotopenverteilung spezifische Radioaktivitäten vergleicht, dürfen die Abbauprodukte nicht durch unmarkiertes Material aus anderen Quellen *verdünnt* werden. Diese Forderung ist ganz besonders dann zu beachten, wenn man aus Verbindungen durch Decarboxylierung oder Oxydation CO_2 abspaltet. Eine Verdünnung des markierten CO_2 kann z. B. eintreten durch CO_2 aus der Luft bzw. dem Spülgas, aus Reagenzien, durch CO_2, das durch Oxydation des Lösungsmittels entsteht oder durch solches, das aus anderen Positionen der abgebauten Verbindung stammt (siehe obiges Beispiel der Phenylessigsäure). PRELOG et al. (*566*) fanden z. B., daß beim Abbau von Carbonsäuren nach SCHMIDT mit Chloroform als Lösungsmittel eine Verdünnung des CO_2 eintritt, wenn das Spülgas noch Spuren Sauerstoff enthält. Das Chloroform gibt mit Sauerstoff geringe Mengen Phosgen, das bei der Absorption in Natronlauge zusätzliches Carbonat liefert. Das bei Permanganat-Oxydationen anfallende CO_2 ist häufig für die Messung nicht verwendbar, da die Oxydationsansätze fast immer Spuren Verunreinigungen enthalten, die ebenfalls zu CO_2 oxydiert werden. Auch bei anderen Reaktionen ist die Gefahr von Isotopenverdünnungen zu beachten. Bei Perjodat-Spaltungen in nichtwäßrigen Lösungsmitteln,

besonders wenn man Formaldehyd isolieren will, ist darauf zu achten, daß die Lösungsmittel keine Glykole enthalten.

4. Das Abbauergebnis darf nicht durch *Isotopeneffekte* verfälscht sein. Beim Abbau ^{14}C-markierter Verbindungen kann diese Gefahr in den meisten Fällen vernachlässigt werden, da die auftretenden Isotopeneffekte nur in der Größenordnung von einigen Prozent liegen. Dagegen können beim Abbau Wasserstoff-markierter Verbindungen wegen des großen relativen Massenunterschiedes zwischen Wasserstoff und Deuterium bzw. Tritium so hohe Isotopeneffekte vorkommen, daß das Ergebnis völlig verfälscht wird. Dieser Punkt muß daher beim Abbau solcher Verbindungen ganz besonders beachtet werden. Es soll darauf später noch näher eingegangen werden (vgl. 1.4.).

Eine wichtige Kontrolle für die Richtigkeit eines Abbaus, von der man nach Möglichkeit immer Gebrauch machen sollte, ist die Bilanz. Die Summe der Radioaktivitäten oder Atomgewichtsprozente aller Bruchstücke muß gleich der der Ausgangsverbindung sein.

Führt man mit einer Verbindung eine Abbaureaktion durch, bei der aus dem Molekül einzelne C- bzw. H-Atome herausgespalten werden, so hat man prinzipiell zwei Möglichkeiten deren Isotopengehalt zu bestimmen. Man kann einmal den abgespaltenen Molekülteil (eventuell in Form eines geeigneten Derivates) direkt messen oder den Isotopengehalt indirekt aus der Ausgangsverbindung und der des zweiten Reaktionsproduktes durch Differenzbildung ermitteln. Die direkte Bestimmung ist im allgemeinen vorzuziehen, da bei der Differenzbildung zwei Meßfehler in die Rechnung eingehen und unter Umständen ein geringer Isotopengehalt als Differenz zweier großer Zahlen bestimmt werden muß. Zudem entfällt die Möglichkeit der Kontrolle durch die Bilanz. Trotzdem kann die Differenzbestimmung nötig oder vorteilhaft sein, etwa wenn sich das abgespaltene Bruchstück nicht isolieren läßt oder (wie z. B. das CO_2 bei vielen Oxydationsreaktionen) nicht den Isotopengehalt der zu bestimmenden Atome der Ausgangsverbindung repräsentiert. Man sollte einen Abbau so planen, daß der Isotopengehalt der Stellung, die für das Problem besonders wichtig ist, möglichst genau ermittelt werden kann.

1.3. Abbau Kohlenstoff-markierter Verbindungen

Man benutzt überwiegend Oxydationsreaktionen, durch die C–C-Bindungen gespalten werden. Dabei spielt die Überführung in Carbonsäuren und deren anschließende stufenweise Kettenverkürzung eine große Rolle. Die unter 1.2. genannten 4 Punkte umfassen die wichtigsten Vorsichtsmaßregeln, die beim Abbau Kohlenstoff-markierter Verbindungen zu beachten sind.

1.4. Abbau Wasserstoff-markierter Verbindungen

In letzter Zeit tritt zunehmend das Problem auf, Wasserstoff-markierte Verbindungen abzubauen. Von speziellen Fällen abgesehen, kommen dafür nur Verbindungen in Frage, deren Wasserstoffisotope an Kohlenstoff gebunden sind, da an Sauerstoff, Stickstoff oder Schwefel gebundener Wasserstoff in Protonen-haltigen Lösungsmitteln meist augenblicklich austauscht.

Bei der Reinigung von Wasserstoff-markierten Verbindungen können insbesondere bei chromatographischen Verfahren nennenswerte Isotopeneffekte auftreten (*175, 401, 402, 677*). Dadurch kann es schwierig sein zu beurteilen, ob die Inkonstanz der Isotopengehalte durch Verunreinigungen oder durch Fraktionierungen bedingt ist. Von KLEIN (*401*) wurden für diesen Fall Kriterien angegeben*. Die Abbaumethoden Wasserstoff-markierter Verbindungen unterscheiden sich zum Teil erheblich von den zum Abbau Kohlenstoff-markierter Verbindungen verwendeten. Man ist häufig gezwungen, den Isotopengehalt der interessierenden Wasserstoffpositionen indirekt zu bestimmen, d. h., man führt eine Reaktion aus, bei der die betreffenden Wasserstoffatome eliminiert werden und mißt, um welchen Betrag der Isotopengehalt der Verbindung abgenommen hat. Als Alternative kann man bisweilen den Isotopengehalt des Lösungsmittels nach der Reaktion messen, da die eliminierten Wasserstoffe meist als Protonen anfallen.

Es sind folgende Prinzipien anwendbar:

1. Abspaltung einzelner Kohlenstoffatome einschließlich der an sie gebundenen Wasserstoffatome. Der Isotopengehalt kann entweder direkt durch Messung des abgespaltenen Bruchstückes bestimmt werden oder indirekt durch Differenzbildung.

Beispiel: Perjodat-Spaltung eines Wasserstoff-markierten Zuckers und Messung des Formaldehyds und der Ameisensäure. Natürlich ist bei der direkten Bestimmung Voraussetzung, daß die betreffenden Wasserstoffatome während der Reaktion nicht ausgetauscht werden.

2. Substitutionsreaktionen: Das zu bestimmende Wasserstoffatom wird durch ein anderes Atom oder eine Atomgruppe ersetzt.

Beispiel: Nitrierung oder Halogenierung eines aromatischen Ringes. Hier ist besonders darauf zu achten, daß keine Austauschreaktionen am restlichen Molekül stattfinden.

3. Durch Oxydation werden bestimmte Wasserstoffatome durch Sauerstoff bzw. OH ersetzt.

Beispiel: Chromsäureoxydation von Äthanol zu Essigsäure.

---

* In speziellen Fällen können auch beim Umkristallisieren (*761, 762*) und beim einfachen Destillieren (*673*) von Wasserstoff-markierten Verbindungen überraschend große Isotopeneffekte auftreten (*677*).

4. Austausch. Markierte Wasserstoffatome werden durch nicht-markierte ersetzt.

Beispiel: Austausch der zu Carbonyl-Gruppen α-ständigen Wasser-stoffatome in saurem oder alkalischem Milieu.

5. Enzymatische Methoden. Mitunter gelingen die obigen Verfahren enzymatisch besonders elegant. Dabei hat man häufig den Vorteil großer Spezifität und bei meso-C-Atomen den der Stereospezifität (vgl. unter 1.6.).

Beispiele: Dehydrierung von Alkoholen mit Alkoholdehydrogenasen und NAD. Stereospezifischer Austausch eines Wasserstoffs an C-3 von Dihydroxy-acetonphosphat durch Aldolase.

Große Schwierigkeiten können beim Abbau Wasserstoff-markierter Verbindungen die großen Isotopeneffekte machen (s. 677). Wird bei einer chemischen Substitutions- oder Oxydationsreaktion nur eines von 2 gleichwertigen markierten Wasserstoffatomen eliminiert, so können intramolekulare Isotopeneffekte in der Größe von 100–1000% auf-treten, wobei die Isotopenbindungen stets langsamer gespalten werden. Solche Reaktionen sind daher im allgemeinen für Abbauzwecke un-brauchbar. Dagegen tritt kein solcher Fehler auf, wenn bei der Reaktion alle gleichwertigen Wasserstoffe eliminiert werden, sofern man den Iso-topengehalt der abgespaltenen Wasserstoffe aus der Differenz bestimmt. Will man sie dagegen direkt, d.h. durch Messung des Lösungsmittels nach der Reaktion bestimmen, so ist dies nur zulässig, wenn der Umsatz mit Sicherheit 100% beträgt. Andernfalls kann das Ergebnis durch einen kinetischen Isotopeneffekt verfälscht sein. Bereits ein Umsatz, der nur zu 98% abläuft, kann zu Fehlern von 10 bis 20% führen.

Wird an einem C-Atom, das markierte Wasserstoffatome trägt, eine Reaktion durchgeführt, bei der die C–H-Bindungen nicht angegriffen werden (z. B. Spaltung einer C–C-Bindung), so kann ein sekundärer Isotopeneffekt auftreten. Mit dieser Möglichkeit hat man z. B. zu rechnen, wenn man von Tritium-markierten Verbindungen Derivate herstellt. Die Unterschiede der Reaktionsgeschwindigkeiten betragen bei sekundären Isotopeneffekten meist nur 10 bis 20%, wobei die markierte Verbindung sowohl langsamer als auch rascher reagieren kann. So tritt bei der Fällung von Formaldehyd-T sowohl mit Dimedon als auch mit 2,4-Dinitrophenyl-hydrazin ein sekundärer Isotopeneffekt auf (672). Zum anderen ist mit dieser Fehlermöglichkeit bei der Spaltung von C–C-Bindungen zu rechnen, d. h. bei dem unter Punkt 1 genannten Verfahren. In allen Fällen, in denen ein sekundärer Isotopeneffekt auftritt, erhält man nur dann einwandfreie Ergebnisse, wenn die Reaktion zu 100% abläuft.

Eine weitere Fehlermöglichkeit besteht darin, daß außer der ge-wünschten Reaktion Neben- oder Folgereaktionen eintreten können. Hat die Nebenreaktion einen anderen Isotopeneffekt als die erwünschte Reaktion, so kann es zu großen Fehlern kommen. Soll z. B. der Tritium- oder Deuterium-Gehalt an C-2 und C-3 einer Buttersäure bestimmt werden, so kann man zunächst nach SCHMIDT-PHARES (vgl. 2.10.) die Buttersäure zu Propylamin abbauen und dieses dann zu Propionsäure oxydieren. Dabei kann durch zu drastische Bedingungen ein wesentlicher Teil des Propylamins zu Essigsäure oxydiert werden.

$$CH_3-\overset{*}{C}H_2-\overset{*}{C}H_2-COOH \rightarrow CH_3-\overset{*}{C}H_2-\overset{*}{C}H_2-NH_2 \rightarrow CH_3\overset{*}{C}H_2-COOH \rightarrow$$
$$\rightarrow CH_3COOH$$

Falls nun bei der Oxydation der Propionsäure zu Essigsäure ein hoher Isotopeneffekt auftritt, so werden die nichtmarkierten Propionsäure-Molekeln bevorzugt oxydiert und die verbleibende Propionsäure täuscht einen zu hohen Isotopengehalt der Buttersäure an C-3 vor. Ein anderes Beispiel für eine mögliche Verfälschung ist die Perjodat-Spaltung, bei der entstandener Wasserstoff-markierter Formaldehyd durch überschüssiges Perjodat teilweise weiteroxydiert wird. Dabei tritt ein Isotopeneffekt auf und der isolierte Formaldehyd hat einen zu hohen Isotopengehalt (672).

Insgesamt läßt sich sagen, daß man beim Abbau Wasserstoff-markierter Verbindungen mit allergrößter Sorgfalt die zahlreichen Fehlermöglichkeiten beachten muß.

1.5. Mit sonstigen Isotopen markierte Verbindungen

Sonstige Tracer kommen meist entweder nur einmal im Molekül vor, oder sie stellen einen Teil einer charakteristisch-funktionellen Gruppe dar, die leicht umgewandelt oder eliminiert werden kann. Daher ist die Bestimmung der Isotopenverteilung meist ohne weitgehende Abbaureaktionen möglich. Soweit ^{15}N oder ^{17}O bzw. ^{18}O in Betracht kommen, sollte es meist charakteristische Bruchstücke bei der Fragmentierung im Massenspektrometer geben, die eine Auswertung erlauben (vgl. 11). Bei Verbindungen, die NH_2-Gruppen neben anderen Stickstoffgruppen tragen, kann die van Slyke-Reaktion* zur Unterscheidung verwendet werden. Im Falle der Sauerstoff-Isotope muß bei der Präparation der Proben auf mögliche Austauschreaktionen geachtet werden. Carbonyl-Gruppen von Aldehyden und Ketonen tauschen in Wasser relativ leicht aus. Das ist z. B. auch bei Perjodat-Spaltungen zu beachten, bei denen intermediär oder in den Endprodukten Carbonyl-Gruppen auftauchen. Carboxyl-Gruppen sind in alkalischem Medium infolge der Resonanz des Carboxylat-Anions stabil. In saurem Medium ist der Austausch meist sehr langsam. Über Sauerstoff-Markierung informieren neben einer Bibliographie (615) auch Übersichtsreferate (236, 209).

---

* Man versteht darunter den Umsatz mit salpetriger Säure, wodurch der Stickstoff primärer Aminogruppen in N_2 übergeht. Das zweite N-Atom stammt aus der salpetrigen Säure.

Über die Unterscheidung der beiden Schwefel-Atome im $S_2O_3^{2-}$-Anion siehe die angegebene Literatur (*353*).

Die Stellung von ^{32}P z. B. in Adenosindi- bzw. Adenosintriphosphat kann leicht durch entsprechende Enzymreaktionen ermittelt werden. Siehe Fußnote S. 2.

1.6. Stereospezifischer Abbau

Die Stereospezifität von Enzymen bei Reaktionen an Verbindungen mit meso-C-Atomen (*464, 646*) (Ogston-Effekt) hat in den letzten Jahren zunehmend das Interesse der Biochemiker gefunden. Während z. B. beim chemischen Abbau die beiden Carboxymethylen-Gruppen einer biologisch gebildeten Citronensäure meist nicht unterschieden werden können, ist dies enzymatisch durch Abbau zur α-Ketoglutarsäure möglich. Eine besonders häufig auftretende Form solcher meso-C-Atome sind Methylen-Gruppen, die zwei verschiedene Liganden tragen. Beispiele sind primäre Alkohole oder alle Methylen-Gruppen von Alkyl-Resten. Stereospezifische Enzymreaktionen dieser Art wurden vor allem bei biologischen Hydrierungen und Hydratisierungen beobachtet, ferner bei Aldolase- und Isomerase-Reaktionen [Übersicht s. (*464*)].

Zum Erkennen einer Reaktion, bei der die beiden gleichen Liganden an einem meso-Kohlenstoffatom verschieden markiert werden, ist es nötig, einen stereospezifischen Abbau oder Austausch (vgl. S. 51, 102) durchzuführen. Dieser ist nach zwei Prinzipien möglich.

1. Durch eine stereospezifische Enzymreaktion. Ein Enzym kann als asymmetrisches Agens zwischen den beiden gleichen Liganden unterscheiden. Das bekannteste Beispiel ist der bereits erwähnte enzymatische Abbau von Citronensäure zu α-Ketoglutarsäure (*186, 467, 484, 516, 563, 767*). Prinzipiell läßt sich eine stereoselektive Reaktion an einem meso-Kohlenstoffatom auch mit einem asymmetrischen chemischen Agens erreichen, jedoch ist die Stereospezifität der bisher bekanntgewordenen Reaktionen dieser Art für Abbauzwecke nicht ausreichend.

2. Substituiert man an einem meso-C-Atom einen der identischen Liganden durch ein symmetrisches Agens, so entstehen die D- und L-Formen eines asymmetrischen C-Atoms in genau gleichen Mengen. Durch Spaltung des Racemates in die optischen Antipoden lassen sich die beiden ursprünglich gleichen Liganden $A_a\,A_b$ unterscheiden.

Voraussetzung ist allerdings, daß die verwendete Reaktion entweder unter völliger Konfigurationserhaltung oder unter völliger Konfigurationsumkehr in bezug auf die Liganden am meso-Kohlenstoffatom verläuft.

Ein sehr schönes Beispiel für diese Art eines stereospezifischen Abbaus ist die von BOTHNER-BY (*133*) angegebene Trennung von C-1 und C-5 des Hyoscyamins (Schema 1):

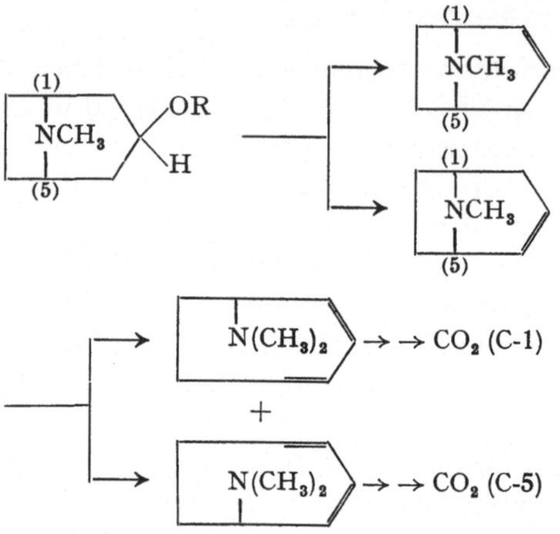

Schema 1. Stereospezifischer Abbau des Hyoscyamins

1.7. Einige allgemeine Reaktionen, die an bestimmten Strukturelementen angreifen

1.70. Kuhn-Roth-Oxydation*

Durch Oxydation mit Chromsäure/Schwefelsäure nach KUHN und ROTH (*420*) erhält man aus C-ständigen Methyl-Gruppen Essigsäure, die weiter abgebaut werden kann.

$$H_3C-C\overset{H_2SO_4/CrO_3}{\longrightarrow} H_3CCOOH$$

Auf diese Weise kann man in einem Molekül, das eine solche Gruppe enthält, sofort zwei C-Atome direkt bestimmen. Die Essigsäure wird unter den Bedingungen der Reaktion nicht weiteroxydiert. Die Ausbeute hängt von der Art der Bindung der C-Methyl-Gruppe ab (*419, 607*). Sie ist zwar im allgemeinen gut (50 bis 100%), doch sind auch Verbindungen bekannt, die nur sehr wenig Essigsäure liefern (z. B. Acetophenon 10% d. Th., m-Xylol 12% d. Th.). Das ist zu beachten, wenn eine Substanz mehrere C-Methyl-Gruppen in verschiedener Bindungsart enthält.

---

* Nach R. ROGENSTAD et al. stammen bei der Kuhn-Roth-Oxydation von Palmitinsäure 20—40% der Essigsäure nicht aus dem Methylende! (Privatmitteilung).

Arbeitsvorschrift

Essigsäure aus C-Methyl-Gruppen

25—50 mg Substanz werden mit 20 ml 5 n-Chromsäure-Lösung und 5 ml konz. Schwefelsäure ($D = 1,84$) 1,5 Std unter Rückfluß gekocht. Enthält die Substanz Halogen, so muß es durch Zugabe von Silbersulfat entfernt werden. Dann destilliert man die Essigsäure mit Wasserdampf ab. Wenn die Flüssigkeit im Destillationskolben auf etwa 10 bis 15 ml zurückgegangen ist, wird von Zeit zu Zeit etwas Wasser nachgefüllt, ohne die Destillation zu unterbrechen (Tropftrichter). Es darf keine Schwefelsäure in die Vorlage gelangen, weshalb man in den Destillationsaufsatz etwas Glaswolle gibt.

Besonders vorteilhaft ist die von WIESENBERGER (*766*) angegebene Apparatur. Zur vollständigen Isolierung der Essigsäure müssen etwa 50 ml Destillat aufgefangen werden. Soll die Essigsäure in Natriumacetat übergeführt werden, so titriert man mit n/10 NaOH gegen Phenolphthalein oder mit Hilfe einer Glaselektrode bis pH 8,5 (letzteres hat den Vorteil, daß man eine Verunreinigung durch Schwefelsäure sofort am pH der Lösung und am Auftreten eines zweiten Wendepunktes in der Titrationskurve erkennt) und dampft danach zur Trockne ein. Zur Isolierung von Silberacetat siehe 1.85.

Flüchtige Substanzen werden in einem geschlossenen Glasrohr bei 120°C oxydiert. Detaillierte Vorschriften finden sich in Büchern über organische Gruppenanalyse z. B. (*12, 607*). Die Arbeitsweise ist ansonsten unverändert. Eine schonendere Modifikation des Verfahrens benutzten CORNFORTH et al. (*197*) zum Abbau von Cholesterin, um die Gefahr einer Methylgruppen-Wanderung herabzusetzen. Die Substanz wird hier nur mit kochender 5 n-Chromsäure oxydiert.

Aus längeren, unverzweigten, gesättigten Kohlenstoffketten, z. B. höheren Fettsäuren, erhält man neben Essigsäure meist auch höhere Homologe, vor allem Propionsäure. Durch einen einfachen Kunstgriff läßt sich die Ausbeute an höheren Homologen steigern. Beginnt man nämlich bei der Kuhn-Roth-Oxydation sofort mit der Destillation, ohne zuvor unter Rückfluß zu kochen, so werden die primär gebildeten Säuren auf Grund ihrer Wasserdampfflüchtigkeit dem weiteren Angriff des Oxydationsmittels entzogen (*84*). Auf diese Weise erhält man aus einer C-Äthyl-Gruppe ein Gemisch von Essig- und Propionsäure.

Abbau von C-Alkylgruppen zu niederen Fettsäuren

Eine Lösung der zu oxydierenden Substanz (0,7 mM) in 10 ml 2 n H_2SO_4 gibt man zur kochenden Lösung von 8 g CrO_3 in 20 ml 2 n H_2SO_4. Man destilliert, bis sich etwa 100 ml Destillat angesammelt haben. Die Lösung im Destillationskolben wird dabei durch Zugabe von Wasser bei 20 bis 25 ml gehalten. Das Destillat wird mit 0,1 n NaOH neutralisiert und zur Trockne eingedampft. Es hinterbleibt bei Vorliegen einer C-Äthyl-Verbindung eine Mischung der Natriumsalze von Propionsäure und Essigsäure.

Für die Trennung dieser Säuren sind eine ganze Reihe von säulenchromatographischen Verfahren beschrieben worden (*48, 152, 497, 516, 523*). Bewährt hat sich z. B. das von MARVEL und RANDS angegebene Verfahren (*497*).

Säulenchromatographische Trennung organischer Säuren

In einem Mörser verreibt man 20 g Kieselsäure (Mallinckrodt, Reagent Grade, 100 mesh) und 12 ml destilliertes Wasser und rührt die Mischung dann mit 80 ml Chloroform zu einem dünnen Brei an. Dieser wird in die Säule gegeben. Unter einem Überdruck von 20—60 cm Wassersäule läßt man den Überschuß Chloroform abfließen. 10—80 mg der Säuremischung werden in 2 ml Chloroform gelöst und auf die Säule gegeben. Man spült 2mal mit 1 ml Chloroform nach und eluiert nacheinander mit je 100 ml Chloroform, Chloroform/n-Butanol 95:5, Chloroform/ n-Butanol 90:10 usw. Es werden Fraktionen von 10 ml aufgefangen. (Zweckmäßig bleibt die Säule unter Überdruck.) Die Fraktionen werden mit 0,02 n NaOH titriert. Als Anhaltspunkte seien einige Elutionsvolumina angegeben (die Werte können jedoch stark schwanken): Essigsäure 185 ml, Propionsäure 130 ml, Buttersäure 55 ml.

Die niederen Fettsäuren lassen sich auch ohne Umwandlung direkt gaschromatographisch trennen. Eine Trennung der p-Bromphenacylester haben BATTERSBY et al. (*48*) ausgearbeitet.

Die Kuhn-Roth-Oxydation wurde verschiedentlich zur Bestimmung der Tritium-Aktivität C-ständiger Methyl-Gruppen herangezogen (*37, 411, 755*). Bei der Essigsäure tauschen die Wasserstoffatome in der Methyl-Gruppe unter den Reaktionsbedingungen nicht aus (*355, 411, 755*). Andererseits wurde bei höheren Fettsäuren, die tritiert waren, beobachtet (*37*), daß bei der Oxydation zu 30% Austausch der Methyl-wasserstoffatome stattfand. Man muß also damit rechnen, daß am Ausgangsmaterial oder an Zwischenprodukten der Reaktion Wasserstoffaustausch eintreten kann. In allen Zweifelsfällen bringt ein leicht auszuführender Kontrollversuch Klarheit. Dazu gibt man in die Oxydationsmischung eine kleine Menge entsprechend stark markiertes HOT, um z. B. pro mAtom austauschbarer Protonen im System eine spezifische T-Aktivität von 0,01 µC zu erreichen. Unterwirft man nun die fragliche Verbindung in unmarkierter Form der Oxydation, so kommt es in den Fällen, in denen Protonenaustausch stattfindet, zu einer T-Fixierung in der Essig- oder Propionsäure.

1.71. Jodoform-Reaktion

Gruppierungen der Struktur R–CO–CH$_3$ und R–CHOH–CH$_3$ lassen sich mit Hypojodit zu R–COOH und Jodoform umsetzen. Auch die zentrale Methylen-Gruppe von β-Diketonen kann als Jodoform isoliert werden (*361*); (Vorschriften s. 5.01 und 5.10). Will man Verbindungen abbauen, die in Wasser schwer löslich sind, so kann man Methanol als Lösungsvermittler zusetzen. Zur Isolierung und Reinigung von Jodoform s. 1.84.

1.72. Spaltung von C–C-Doppelbindungen

Das verbreitetste Verfahren zur Spaltung einer C–C-Doppelbindung ist die Umsetzung mit Ozon [Übersicht (*28*)]. Man erhält primär ein

Ozonid, das in verschiedener Weise weiter umgesetzt werden kann (Schema 2). Hydrolyse gibt zwei Carbonyl-Gruppen; das daneben entstehende Wasserstoffperoxyd kann Aldehyde weiteroxydieren. Seine Bildung wird vermieden, wenn man das Ozonid katalytisch hydriert oder mit Zinkstaub in Eisessig reduziert. Für das Arbeiten in kleinem Maßstab hat sich auch die Spaltung mit Triphenylphosphin bewährt [vgl. (*365*)].

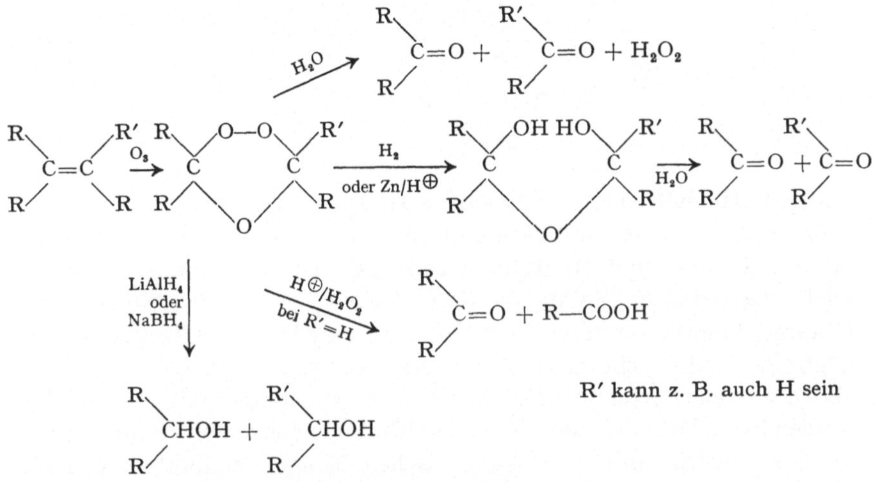

Schema 2. Aufarbeitungsmöglichkeiten von Ozoniden

Bei der oxydativen Aufarbeitung, z. B. durch Behandlung des Ozonids mit Essigsäure und Wasserstoffperoxyd, erhält man anstelle von Aldehyden Carbonsäuren, falls ein R=H ist (Vorschrift s. 8.10). Schließlich kann man reduktiv aufarbeiten, indem man das Ozonid mit LiAlH$_4$ oder NaBH$_4$ zersetzt und erhält dann die entsprechenden Alkohole.

Man arbeitet üblicherweise mit einer Ozonkonzentration von etwa 3 bis 5%. Normale Olefine werden bei $-70°$ bis $-80°$C ozonisiert, konjugierte Doppelbindungen reagieren etwas träger und die meisten Aromaten setzen sich erst bei 0°C bis Zimmertemperatur mit Ozon um. Die Auswahl an Lösungsmitteln ist relativ groß. Besonders bewährt hat sich Essigester. Auch Methylenchlorid, Methanol, Äthanol, Eisessig und Petroläther werden viel verwendet. Das Ende der Reaktion erkennt man an der Blaufärbung eines an den Gasauslaß gehaltenen Kaliumjodid-Stärke-Papiers. Manche Verbindungen reagieren allerdings mit Ozon nur langsam, so daß der Endpunkt schwer festzustellen ist. Da viele Ozonide explosiv sind, und Ozon außerdem sehr giftig ist, empfiehlt es sich, in einem *splittersicheren Abzug* zu arbeiten. Wegen der Labilität der meisten Ozonide sollen die Reaktionen möglichst rasch und bei tiefer Temperatur ausgeführt werden. Das Ozonid muß sofort weiter umgesetzt werden.

Eine weitere Methode zur Spaltung einer C–C-Doppelbindung in zwei Carbonyl-Verbindungen besteht in der Hydroxylierung der Doppelbindung zu einem 1.2-Diol und anschließender Perjodat-Spaltung. Die Hydroxylierung kann durch Persäuren

erfolgen (HCOOH oder $CH_3COOH + H_2O_2$), wobei das trans-Diol entsteht (*712*) oder besser mit Osmiumtetroxyd, das ein cis-Diol liefert (*525*). Mit Osmiumtetroxyd erhält man zunächst den Osmiumsäureester des Diols, der reduktiv (Sulfit), oxydativ ($KClO_3$) oder durch Umesterung (Mannit, Weinsäure) zerlegt wird. Bei der oxydativen Arbeitsweise genügt eine katalytische Menge OsO_4, da dieses stets regeneriert wird. Da als Oxydationsmittel für den Ester auch Natriumperjodat verwendet werden kann, läuft die ganze Reaktion bis zu den Carbonyl-Verbindungen in einem Schritt mit einer katalytischen Menge Osmiumtetroxyd ab [Vorschriften (*542*)].

Weiterhin kann man C–C-Doppelbindungen oft sehr elegant durch Oxydation mit einer Permanganat-Perjodat-Mischung spalten [(*610*) und dort zitierte Arbeiten]. Man erhält nicht die Aldehyde, sondern die Carbonsäuren [Vorschrift s. (2.31)].

1.73. Glykolspaltung

1.2-Diole lassen sich mit Perjodat oder mit Bleitetraacetat in zwei Carbonyl-Verbindungen spalten [Übersicht s. (*204, 376*)].

Im allgemeinen ist Perjodat als das mildere und spezifischere Oxydationsmittel vorzuziehen. Einige Verbindungen, z. B. ditertiäre Glykole, reagieren jedoch besser mit Bleitetraacetat. Zur Perjodatoxydation verwendet man freie Perjodsäure oder Natriumperjodat in neutraler oder saurer Lösung. Als Lösungsmittel dient vor allem Wasser, jedoch sind auch Mischungen von Wasser und Methanol, Eisessig oder Dioxan geeignet. Die Oxydation mit Bleitetraacetat [Herstellung (204)] wird vorzugsweise in Benzol vorgenommen (Spuren Methanol erhöhen die Reaktionsgeschwindigkeit), daneben auch in Eisessig und bisweilen in Wasser. Beide Reaktionen verlaufen meist bereits bei Raumtemperatur.

In vic. Polyolen werden alle Bindungen zwischen zwei OH-Gruppen gespalten. Aus den „mittleren" Alkoholgruppierungen erhält man mit Perjodat Ameisensäure, mit Bleitetraacetat jedoch CO_2, da dieses Ameisensäure dehydriert.

$$R-CH-\underset{|}{\overset{R'}{C}}-CH-R'' \quad \begin{array}{l} \xrightarrow{\;JO_4'\;} \text{ (R'=H oder Alkyl)} \quad RCHO + R'COOH + R''CHO \\[2mm] \xrightarrow{\;Pb(OCOCH_3)_4\;} \text{ (R'=H)} \quad RCHO + CO_2 + R''CHO \end{array}$$
$$\underset{OH\;\;OH\,OH}{}$$

Die Reaktion ist nicht auf 1.2-Diole beschränkt. Es lassen sich, manchmal unter etwas energischeren Bedingungen, auch α-Aminoalkohole, 1.2-Diamine, α-Hydroxyketone und -aldehyde sowie α-Aminoketone und -aldehyde spalten, ferner sind auch α-Hydroxy-, α-Keto- und α-Aminosäuren der Reaktion zugänglich. Allerdings ist die Reaktionsgeschwindigkeit abgestuft. So läßt sich aus Glycerinsäure mit einem Mol Perjodat glatt Glyoxylsäure erhalten.

DOERSCHUK (235) hat die Spaltung von Glycerin-1-^{14}C mit Perjodat und mit Bleitetraacetat untersucht und fand, daß mit Bleitetraacetat eine teilweise Oxydation von Formaldehyd zu Ameisensäure eintritt (4,2%), mit Perjodat dagegen kaum (0,25%). Nach Möglichkeit ist daher Perjodat für Abbaureaktionen vorzuziehen. Markierter Wasserstoff an den Kohlenstoffatomen, zwischen denen die Spaltung eintritt, wird bei der Reaktion nicht ausgetauscht. Bei der Perjodatspaltung von Glucose–6-T wurde auch kein sekundärer Isotopeneffekt beobachtet (672). Man darf jedoch bei der Perjodatspaltung Wasserstoff-markierter Verbindungen nicht mit einem Überschuß an Reagens arbeiten, da sonst Sekundärreaktionen mit einem Isotopeneffekt auftreten können (672) (vgl. 1.4).

1.8. Die wichtigsten bei Abbaureaktionen anfallenden Bruchstücke und ihre Isolierung

1.80. Kohlendioxyd

Kohlendioxyd wird üblicherweise mit einem CO_2-freien Trägergas aus der Reaktionsmischung ausgetrieben, in Carbonat-freier Natronlauge absorbiert und danach mit einer Lösung von Bariumchlorid und Ammoniumchlorid (als Puffer) als Bariumcarbonat gefällt. Besonders bewährt hat sich die in Abb. 1 gezeigte Anordnung zur CO_2-Absorption und Fällung des Bariumcarbonats. (Siehe auch Abb. 3 und 4.)

In $W1$ befindet sich konz. Schwefelsäure, in $W2$ Natronasbest oder Natronkalk. T ist ein Umwegtropftrichter. Im Kolben V findet die Decarboxylierung oder Naßverbrennung statt. K ist ein Rückflußkühler, in dem sich etwas Glaswolle und Zinkschnitzel befinden (sie sollen bei der Naßverbrennung das Übergehen von Schwefelsäuredämpfen verhindern). In A wird das Kohlendioxyd in Natronlauge absorbiert. Durch die Spirale S haben die Gasblasen eine lange Verweilzeit in der Lauge. Statt der Spirale kann auch eine Fritte verwendet werden. Im Kolben B wird die Fällung ausgeführt. $H2$ ist ein Mondhahn. $F1$ und $F2$ sind Vorratsflaschen für destilliertes Wasser bzw. Natronlauge. $S1$, $S2$ und $S3$ stellen Natronkalkschutzrohre dar und $G1$ und $G2$ sind Gummigebläse. Falls nötig, dichtet man die

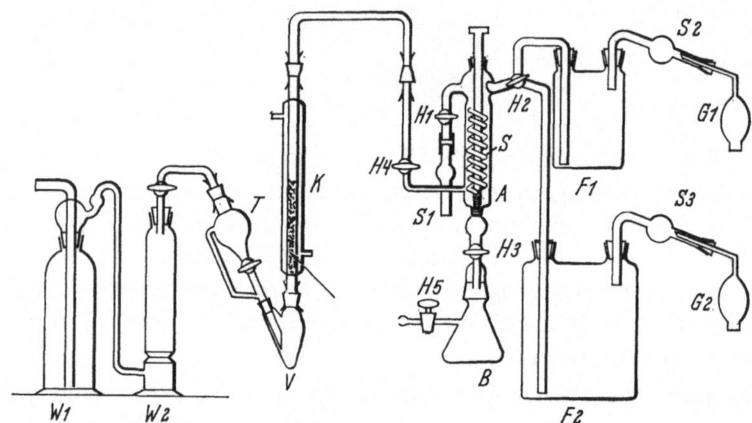

Abb. 1. Apparatur zur Decarboxylierung oder Naßverbrennung und blindwertfreien Bariumcarbonat-Fällung

Schliffe von V und dem Umwegtropftrichter T mit zerlaufenem Phosphorpentoxyd (nicht mit organischen Fetten!). Die Absorptionsapparatur ist oben mit einem durchbohrten Gummistopfen versehen, durch den der die Spirale haltende Glasstab führt. Sind flüchtige Verunreinigungen zu erwarten, die bei der Isolierung des CO_2 stören könnten (z. B. SO_2, flüchtige Säuren), so wird vor die CO_2-Absorptionsfalle eine Waschflüssigkeit geschaltet (mit verd. Schwefelsäure versetzte $KMnO_4$-Lösung). Bei Verwendung von $KMnO_4$-Lösung darf das Trägergas natürlich keine organischen Verbindungen mitreißen, die von Permanganat zu CO_2 oxydiert werden.

Die zusammengebaute Apparatur wird zunächst mit einem lebhaften Stickstoff-Strom durchspült, damit die Kohlensäure der Luft entfernt wird. Dabei ist $H1$ geöffnet. Jetzt wird mit Hilfe des Mondhahns die Verbindung zu $F1$, dem Natronlauge-Reservoir, hergestellt und ein etwa vierfacher Laugeüberschuß, bezogen auf das zu erwartende CO_2, nach A gepumpt. (Das Volumen von A hat man vorher bestimmt und außen markiert. Der Schliffkern am Ende des Stabes, der die Spirale trägt, steckt dabei in seiner Hülse.) Nachdem die Lauge eingefüllt ist, wird der Mondhahn gedreht und destilliertes Wasser, das etwas Phenolphthalein enthält, eingedrückt, bis 1 cm unter dem Ausgang zu $H1$. Nun läßt man den Inhalt von T nach V einfließen. Der Stickstoff-Strom wird verlangsamt (2 Blasen/sec) und die Reaktion ausgeführt. Danach wird die Strömungsgeschwindigkeit des Stickstoffs wieder erhöht. Dabei darf es jedoch nicht vorkommen, daß im Absorptionsteil die Blasen sich einholen und vereinigen. Nach etwa 15 min Spülen ist die Überführung des Kohlendioxyds quantitativ. Während der Spülperiode bringt man in B eine Lösung von Ammonchlorid und Bariumchlorid. Das Ammonchlorid soll der zur Absorption eingesetzten Natronlauge äquivalent sein und das Bariumchlorid soll bezogen auf die erwartete CO_2-Menge etwa zwei Äquivalente betragen. Die Lösung wird aufgekocht, von der Flamme genommen, ein paar Tropfen Alkohol werden zugesetzt und B wird an A angeschlossen. An $H\,5$ wird ein kleines Natronkalkrohr angebracht und der Hahn geöffnet. Der Stickstoff-Strom wird abgestellt und $H\,4$ geschlossen, bevor die Lösung aus A in das Capillarrohr zurücksteigt. Durch Hochziehen der Spirale und Öffnen von $H\,3$ läßt man den Inhalt langsam von A nach B einlaufen. Daraufhin wird $H\,3$ wieder geschlossen und destilliertes Wasser eingespritzt. Dieses läßt man wieder zu B laufen. Das Spülen wird so oft wiederholt, bis sich das Waschwasser nicht mehr rot färbt. Nach 20 min kann die Fällung weiter verarbeitet werden.

Bedient man sich zur Radioaktivitätsanalyse der Gasphasen-Messung (667, 668), so kann man das CO_2 direkt mit flüssiger Luft in einer mit 2 Hähnen versehenen Spiralfalle ausfrieren, aus der es in die CO_2-Abfüllapparatur kondensiert werden kann. Dabei muß die Spiralfalle an ihrem tiefsten Punkt unbedingt, zweckmäßigerweise durch eine Verengung gehalten, einen Glas- oder Quarzwollpfropf enthalten, da sonst das CO_2 durch das Trägergas in Form kleinster Kriställchen herausgeblasen wird. Enthält das Trägergas größere Mengen Wasserdampf, so empfiehlt es sich, eine auf $-70°C$ gekühlte Falle vorzuschalten, um ein Verstopfen der Spirale zu vermeiden.

Decarboxylierungsreaktionen sind bei Verwendung der Gasphasen-Messung sehr elegant in Bombenrohren mit leicht brechbarer Spitze (*"break tip"*) möglich, aus denen das CO_2 wie bei einer normalen Bombenverbrennung abgefüllt werden kann. Auch die Decarboxylierung von Aminosäuren mit Ninhydrin gelingt so (Vorschrift s. 2.330).

1.81. Kohlenmonoxyd

CO wird zu CO_2 oxydiert und dann in Bariumcarbonat übergeführt. Zur Oxydation leitet man das Kohlenmonoxyd bei 450 bis 650°C über Kupferoxyd. Den aus dem Reaktionsgefäß kommenden Trägergasstrom, der neben dem CO meist etwas CO_2 enthält, leitet man zunächst durch eine CO_2-Absorptionsfalle, dann durch ein geheiztes Quarzrohr mit der CuO-Füllung und danach wieder durch eine CO_2-Absorptionsfalle. In der ersten Falle wird das aus der Reaktion stammende CO_2 absorbiert, in der zweiten das aus dem CO entstandene. Man kann auch die Reaktion, bei der das CO entsteht, in einem Vakuumsystem vornehmen und das CO dann mit Hilfe einer Toeplerpumpe (162) oder durch Adsorption an Molekularsieben oder an frischem Silikagel (666) bei $-190°C$ manipulieren. Auf diese Weise kann es mehrmals mit dem CuO in Berührung gebracht werden. Beim Arbeiten mit CuO ist zu beachten, daß bei der hohen Reaktionstemperatur auch andere organische Verbindungen zu CO_2 oxydiert werden. Ein spezifisches Oxydationsmittel zur Umwandlung von CO

2*

in CO_2 ist Jodpentoxyd (*645*). Mit J_2O_5 arbeitet man bei 120°C [Vorschrift (*198*)], mit einer Mischung von J_2O_5, Kieselgel und konz. Schwefelsäure bei Zimmertemperatur (*645, 679*).

1.82. Ameisensäure

Ameisensäure fällt meist in verdünnter wäßriger Lösung an. Sie kann mit HgO (*539*) oder Hg-(II)-salzen wie Quecksilber-(II)-sulfat (*752*) oder -acetat (*678*) spezifisch zu CO_2 oxydiert werden (Vorschrift s. 6.101). Da Essigsäure und höhere Fettsäuren sowie Milchsäure und Brenztraubensäure nicht stören (*539*), kann die Oxydation häufig direkt in der Reaktionslösung vorgenommen werden. Daneben wird als Oxydationsmittel auch Perchlorato-cerat ($H_2[Ce(ClO_4)_6]$) verwendet (*15, 41*), jedoch ist dies weniger spezifisch. Wasserstoff-markierte Ameisensäure wird mit Wasserdampf abdestilliert und als Natriumsalz isoliert. Der C-ständige Wasserstoff wird unter solchen Bedingungen nicht ausgetauscht (*524*). Eine weitere Möglichkeit ist die Isolierung der Ameisensäure als p-Brom-phenacylester (*331*).

Ameisensäure-p-brom-phenacylester. Die Ameisensäure wird aus der Reaktionsmischung mit Wasserdampf abdestilliert. Das Destillat wird mit 0,1 n NaOH gegen Phenolphthalein titriert und auf 1 ml eingeengt. Nach Zusatz einiger Tropfen Salzsäure wird mit 1,05 Äquivalenten p-Brom-phenacylbromid (M = 278) in Äthanol (5 bis 10 ml/0,1 mM) eine Std unter Rückfluß gekocht. Nach Abkühlen und Zusatz von etwas Wasser kristallisiert der Ester aus. Umkristallisation aus Äthanol oder Petroläther; Fp 101—102° C.

1.83. Formaldehyd

Formaldehyd wird direkt aus der Reaktionslösung oder nach vorheriger Wasserdampfdestillation als 2.4-Dinitrophenylhydrazon oder als Dimedon-Derivat gefällt*. Falls die Lösung nur abdestilliert wird, ist es erforderlich, den Rückstand noch 2- bis 3mal mit einigen ml Wasser zu versetzen und erneut abzudestillieren. Eine heute weniger gebräuchliche Isolierungsmethode ist die Oxydation des Aldehyds mit Hypojodit zu Ameisensäure und deren Überführung in CO_2 mit Quecksilber-(II)-salzen (*782*).

Mitunter fällt Formaldehyd neben anderen Aldehyden, besonders Acetaldehyd, an. Die Abtrennung von anderen flüchtigen Carbonyl-Verbindungen gelingt mit Hilfe der Urotropin-Reaktion (*552, 654*). Man versetzt die Aldehydmischung in Wasser mit konz. Ammoniak, neutralisiert gegen Methylrot und destilliert die höheren Aldehyde mit Wasserdampf ab. Der Formaldehyd wird anschließend mit Schwefelsäure freigesetzt.

---

* Bei der Fällung aus Wasserstoff-markiertem Wasser oder Alkohol (ROH*) werden Wasserstoffisotope in das Dimedonderivat inkorporiert.

Bei der Trennung einer Mischung von Formaldeyd-^{14}C und nichtmarkiertem Acetaldehyd fanden sich nur etwa 0,1% der Aktivität im isolierten Acetaldehyd (*676*). Eine Trennung der Dimedon-Derivate von Formaldehyd und Acetaldehyd, die jedoch nicht so sicher erscheint, beschreiben BHATTACHARJI et al. (*83*).

Die beiden Wasserstoffatome des Formaldehyds sind nicht austauschbar (*672, 774*); man kann daher Formaldehyd aus Perjodat- oder Ozon-Spaltungen in Form eines Derivates direkt für die Bestimmung der Wasserstoff-Isotope benutzen. Sowohl beim Abdestillieren des Formaldehyds als auch bei der Herstellung des Derivates ist jedoch darauf zu achten, daß die Operationen quantitativ ausgeführt werden, da sie mit Isotopeneffekten behaftet sind (*672, 673*), (vgl. auch 1.4).

Über die Austauschbarkeit von Wasserstoff an Hydrazonen, Semicarbazonen usw. siehe SIMON und MOLDENHAUER (*675*).

1.84. Jodoform

Jodoform läßt sich verhältnismäßig schlecht reinigen (*483*); es wird im allgemeinen nur aus der Reaktionsmischung abzentrifugiert und mehrmals gewaschen. Nachteilig ist der sehr geringe Kohlenstoffgehalt. Daher verursachen auch schon geringfügige kohlenstoffhaltige Verunreinigungen einen erheblichen Fehler bei der Bestimmung der spezifischen Radioaktivität (*247, 470, 474*).

ROBERTS et al. (*590*) umgehen diese Schwierigkeit, indem sie statt mit Natriumhypojodit mit einem Überschuß an Natriumhypobromit arbeiten. Sie erhalten dann Tetrabromkohlenstoff, der leichter zu reinigen ist. Sicherer erscheint das von SHREEVE et al. (*660*) angegebene, allerdings recht aufwendige Verfahren: Sie überführen das Jodoform zunächst mit Silbernitrat in Kohlenmonoxyd, das dann mit Jodpentoxyd zu CO_2 oxydiert wird. Die Ausbeute beträgt 95 bis 98%.

1.85. Essigsäure

Gebräuchlich ist die Isolierung als Natriumacetat (durch Titration der Säure mit NaOH und Eindampfen) oder als Silberacetat [vgl. (*14*)]. Ersteres kann aus Äthanol/Äther, letzteres aus Wasser/Aceton umkristallisiert werden.

Silberacetat aus Essigsäure

Die wäßrige Essigsäurelösung wird mit der doppelten Molmenge Silbercarbonat 20 min geschüttelt und leicht erwärmt ($\sim 60°$ C). Man filtriert vom überschüssigen Silbercarbonat ab, engt die Lösung im Vakuum auf 1 bis 2 ml ein und bringt das Silberacetat durch Zusatz von Aceton zur Kristallisation. Trocknung über P_2O_5 im Dunkeln.

Zur Isolierung in Form eines Derivates kann die Essigsäure mit p-Brom-phenacylbromid umgesetzt werden [vgl. 1.82 und (48)]. Ein für die Scintillationszählung besonders geeignetes Derivat ist das 1-Acetamido-naphthalin (454). Es läßt sich noch aus wenigen Milligrammen Natriumacetat leicht darstellen.

1-Acetamido-naphthalin aus Essigsäure

2 mg Natriumacetat und 4 mg 1-Aminonapthalin-hydrochlorid werden in 1 ml Wasser gelöst. Dazu gibt man 20 mg 1-Äthyl-3-(3-dimethylaminopropyl)-carbodiimid-hydrochlorid (652) und rührt mit einem Glasstab. Der zunächst ölige Niederschlag kristallisiert und wird nach 10 min abfiltriert. Nach Trocknung bei 60° C wird er bei 140° C/0,01 Torr sublimiert. Das weiße Sublimat löst man in wenig siedendem Benzol; nach Zusatz von Petroläther kristallisiert 1-Acetamido-naphthalin in farblosen Nadeln aus; 2 bis 3 mg; Fp. 159—160° C.

1.86. Methyljodid, Methylamin, Tribromnitromethan, Blausäure, Äthanol und nichtkristalline Säuren

Methyljodid wird nach Umsetzung mit Trimethyl- oder Triäthylamin als quartäres Salz isoliert. BIRCH et al. (96) beschreiben die Umsetzung zu S-Methyl-thioharnstoff, der als Pikrat gefällt wird.

Methylamin wird häufig direkt mit Permanganat in Alkali zu CO_2 oxydiert (553). Es kann aber auch als Pikrat, Hydrochlorid oder Tetraphenyloborat isoliert werden. Auch die Umwandlung in N-Methylbenzamid (461) und 3.5-Dinitro-N-methylanilin (93) wird angegeben.

Tribromnitromethan (Brompikrin), das häufig beim Abbau aromatischer Verbindungen anfällt, ist ein Öl und wird im allgemeinen nach der Wasserdampfdestillation direkt analysiert. Es enthält jedoch häufig Nebenprodukte des Abbaus wie Bromoform und Tetrabromkohlenstoff. BIRCH et al. (93) empfehlen daher die Reduktion zu Methylamin (Vorschrift s. 7.01).

Blausäure wird nach Wasserdampfdestillation als Silbercyanid isoliert (Vorschrift s. 6.10.1).

Äthanol wird im allgemeinen nach Oxydation mit Bichromat/Schwefelsäure (Vorschrift s. 1.70) als Essigsäure isoliert. Kleine Mengen Äthanol können aus wäßriger Lösung als p-Nitrobenzyl-xanthogenat isoliert werden (418).

Nichtkristalline Säuren werden nach Möglichkeit in kristalline Derivate übergeführt. Besonders eingebürgert hat sich die Umsetzung mit p-Brom-phenacylbromid (Vorschrift s. 1.82). In Form der p-Bromphenacylester wurden beispielsweise Essigsäure und Propionsäure [s. 1.70 oder Glykolsäure (454)] isoliert.

2. Carbonsäuren

2.0. Allgemeines

Beim Abbau organischer Verbindungen verwendet man überwiegend Oxydationsreaktionen und diese führen naturgemäß häufig zu Carbonsäuren, die dann weiter zu zerlegen sind. Wegen ihrer großen Bedeutung im tierischen und pflanzlichen Stoffwechsel ist zudem besonders die Gruppe der aliphatischen Carbonsäuren das Objekt ausgedehnter biochemischer Untersuchungen mit Hilfe markierter Substanzen geworden. Aus diesen beiden Gründen ist es nicht verwunderlich, daß eine große Zahl von Verfahren zum gezielten Abbau von Carbonsäuren entwickelt worden ist. Sieht man von ganz wenigen Ausnahmen ab (Kuhn-Roth-Oxydation*, oxydative Spaltung von Doppelbindungen), so greifen praktisch alle diese Methoden die Säure am Carboxyl-Ende an. Am wertvollsten sind dabei natürlich allgemein anwendbare Verfahren, die nicht nur die Isolierung des Carboxyl-Kohlenstoffs erlauben, sondern es auch ermöglichen, das zweite Bruchstück wieder in die Carbonsäure zu überführen und so durch stufenweisen Abbau nacheinander alle C-Atome zu bestimmen.

Im folgenden werden zuerst Verfahren zum stufenweisen Abbau von Carbonsäuren besprochen, danach Methoden zur Decarboxylierung und schließlich wird auf speziellere Abbaureaktionen eingegangen, die auf einzelne Carbonsäuren oder Carbonsäure-Gruppen angewandt werden können.

2.1. Verfahren zum stufenweisen Abbau von Carbonsäuren

2.10. Schmidt-Abbau und verwandte Verfahren

Am weitesten verbreitet ist der Abbau nach SCHMIDT (*779*). Es handelt sich dabei um eine Modifikation des Curtiusschen Abbaus. Die Carbonsäure wird mit Stickstoffwasserstoffsäure in Gegenwart von konz. Schwefelsäure in CO_2 und das um ein C-Atom ärmere Amin übergeführt.

$$R-COOH + HN_3 \xrightarrow{H_2SO_4} RNH_2 + CO_2 + N_2$$

Man löst die abzubauende Säure oder ihr trockenes Natriumsalz in 100%iger Schwefelsäure (bereits geringe Wassergehalte vermindern die Ausbeute empfindlich!) und gibt Natriumazid dazu. Falls erforderlich, kann Chloroform (dabei muß unter strengem Sauerstoff-Ausschluß gearbeitet werden; vgl. weiter unten), Benzol oder 1.2-Dichloräthan zugesetzt werden, um die Carbonsäure in Lösung zu bringen. Da Stickstoffwasserstoffsäure Schwefelsäure unter Bildung von SO_2 reduzieren kann, muß man vor die CO_2-Absorptionsfalle eine Waschflasche mit Permanganat-

---

* Siehe hierzu Fußnote S. 12.

Lösung schalten, um das Mitfällen von Bariumsulfit bei der Fällung des Bariumcarbonats zu verhindern. Allgemein anwendbare Arbeitsvorschriften geben PHARES (*553*) und BLOMSTRAND (*119*).

Eine sehr vereinfachte zeitsparende Diffusions-Methode zur Durchführung der Reaktion, die sich besonders für den routinemäßigen Abbau vieler Proben eignet, beschrieben KATZ, ABRAHAM und CHAIKOFF (*391*).

Da die entstehenden Amine im Falle aliphatischer Mono- und Dicarbonsäuren mit alkalischem Permanganat zu den Säuren oxydiert werden können (*514, 553, 706*), läßt sich der Abbau bis herunter zum Methylamin bzw. Äthylendiamin wiederholen. Die bei der Oxydation der Amine entstehenden Carbonsäuren müssen, außer im Fall der Essigsäure, durch Säulenchromatographie gereinigt werden (*514*) (vgl. auch 1.70), da infolge Überoxydation auch kürzerkettige Säuren entstehen. Da die Carboxyl-Gruppe der Carbonsäure als CO_2 isoliert wird, besteht die Gefahr der Verdünnung durch CO_2 aus der Atmosphäre oder den Reagentien. Bei der Arbeitsweise mit Chloroform als Lösungsmittel wurde verschiedentlich beobachtet, daß die spezifische Aktivität des CO_2 einige Prozente niedriger war, als zu erwarten gewesen wäre (*566, 592, 597*). Nach PRELOG et al. (*566*) wird Chloroform durch Spuren von Sauerstoff in dem als Spülgas verwendeten Stickstoff zu Phosgen oxydiert, das bei der Absorption in NaOH nichtmarkiertes Carbonat liefert. Der Fehler ließ sich ausschalten, indem der Stickstoff zur Entfernung der Sauerstoff-Spuren bei 180°C über Kupfer geleitet wurde. In einem anderen Falle ergab das verwendete Natriumazid (Merck p.A.) einen CO_2-Blindwert (*257*). Hier ließ sich der Fehler ausschalten, indem durch die Mischung aus Carbonsäure, H_2SO_4 und Natriumazid vor der Reaktion 1 Std bei 0°C Stickstoff geleitet wurde.

Auch manche anderen funktionellen Gruppen können unter den Bedingungen der Schmidt-Reaktion etwas CO_2 liefern (*568a*). Dies gilt vor allem für Alkohol-, Aldehyd- und Methyl-Gruppen. Der Effekt kann bis zu 5% betragen (z. B. bei Toluol, Benzylalkohol, Allylalkohol).

Die Anwendbarkeit des Schmidt-Abbaus ist sehr universell. Einen Überblick findet man bei WOLFF (*779*). In der Reihe der aromatischen Carbonsäuren liefert nach FISHER und BOURNS (*261*) der Schmidt-Abbau dann hohe CO_2-Ausbeuten, wenn der Ring elektronenliefernde Gruppen trägt, bei elektronenziehenden dagegen gibt der Abbau nach HUNSDIEKER höhere Ausbeuten. Es konnte jedoch gezeigt werden, daß elektronegativ substituierte Benzoesäuren, die in handelsüblicher konz. Schwefelsäure (96%ig) nicht oder nur schlecht decarboxyliert werden, in 100%iger Schwefelsäure oder in 20%igem Oleum quantitativ reagieren (*505*). So gibt p-Nitrobenzoesäure in 96%iger Schwefelsäure nur 8% CO_2, in 100%iger Schwefelsäure dagegen 99%. 3,5-Dinitrobenzoesäure, die auch in 100%-iger Schwefelsäure nur 3% CO_2 liefert, wird in 20%igem Oleum ebenfalls quantitativ decarboxyliert. Auch für einige andere Verbindungen, bei denen nach den Angaben der älteren Literatur der Schmidt-Abbau versagt, konnten inzwischen Bedingungen gefunden werden, unter denen befriedigende Ausbeuten erhalten werden. Dies gilt vor allem für den Abbau der Bernsteinsäure, die nach OESTERLIN (537) nur 8% Äthylendiamin liefert. Nach den Untersuchungen von PHARES und LONG (554) kann die Base unter geeigneten Bedingungen in 45%, bei vorheriger Überführung der Bernsteinsäure in das Anhydrid sogar in 70% Ausbeute isoliert werden. Da α-Aminosäuren beim Schmidt-Abbau nicht angegriffen werden (537), kann man aus α-Amino-dicarbonsäuren die nicht zur Amino-Gruppe benachbarte Carboxyl-Gruppe selektiv entfernen (5). Dies wurde z. B. zum Abbau der Glutaminsäure benutzt (247, 701, 746). Eine genaue Untersuchung an Glutaminsäure–1-^{14}C zeigte jedoch, daß bis zu 6% des Kohlendioxyds aus der der Aminogruppe benachbarten Carboxyl-Gruppe stammen (665). Im Falle der Phthalsäure führt der Abbau nur bis zur Anthranilsäure. Schließlich können auch cyclische Ketone abgebaut werden, da diese bei der Schmidtschen Reaktion Ringöffnung zu ω-Aminocarbonsäuren erleiden, deren weiterer Abbau das Carbonyl-C-Atom des Ketons als CO_2 liefert. Diese Reaktionsfolge wurde zum Abbau von Cyclopentanon (481), Cyclohexanon (596) und α-Methyl-cyclohexanon (200) benutzt.

Tab. 1 gibt einen Überblick über die Anwendung des Schmidt-Abbaus.

Tabelle 1. *Abbau markierter Carbonsäuren durch die Schmidt-Reaktion*

Abgebaute Verbindung	Ausbeute %		Lit.
	Amin	CO_2	
Essigsäure	65—90		*553*
Essigsäure	90—93	90—95	*391*
Propionsäure	65—90		*553*
Propionsäure	30	73	*591*
Oxalsäure-mono-N-methylamid			*713*
Buttersäure	70—90		*514*
Isobuttersäure			*504, 704, 713*
Cyclopropan-carbonsäure			*170, 501, 593*
γ-Aminobuttersäure			*350*
γ-Aminobuttersäure		76	*636*
Bernsteinsäure (Curtius-Abbau)	25—30		*67*
Bernsteinsäure			*706*
Bernsteinsäure	45	75	*554*
Bernsteinsäure (ü. Bernsteinsäure-anhydrid) .	70	90	*554*
Epoxy-bernsteinsäure			*770*
Valeriansäure			*297*
Isovaleriansäure			*577, 583, 702*
α-Methyl-buttersäure			*703*
Lävulinsäure (als 2,4-Dinitro-phenylhydrazon)			*715*
δ-Amino-valeriansäure.	50		*481, 706*
ε-Amino-valeriansäure.			*723*

Tabelle 1 (Fortsetzung)

Abgebaute Verbindung	Ausbeute %		Lit.
	Amin	CO_2	
Cyclopropyl-essigsäure			170
Glutarsäure	80	85	596, 706, 719
Glutarsäure (nach CURTIUS)	40	40	565
Glutaminsäure			247, 701, 746
Capronsäure			88
α,β-Dimethyl-buttersäure		95	338
α-Methyl-valeriansäure			624
6-Amino-capronsäure		84	596
Adipinsäure	72	75	481, 566
α-Amino-adipinsäure	57		244
α,α-Dimethyl-bernsteinsäure		10—50	327
β-Hydroxy-β-methylglutarsäure			612
Benzoesäure		55	234
Benzoesäure	78		299
Pimelinsäure	82	80	565
α,α-Dimethyl-glutarsäure		40—60	327
cis-Cyclopentan–1,3-dicarbonsäure	70—90	70—80	592
Korksäure	87		566
Phthalsäure	73		441
3-Hydroxy-m-phthalsäure			68
Veratrumsäure (3,4-Dimethoxy-benzoesäure)			658, 659
3-Phenylpropionsäure	65		434
p-Hydroxy-3-phenylpropionsäure			388
Azelainsäure	91	93	565
Caprinsäure			153
Hildebrandt's Säure (2,6-Dimethyl-octadi-2,6-ensäure)			103
Sebacinsäure	90	88	566
Biotin			69
Biotin (nach CURTIUS)			468
3-Carboxy-caprinsäure			102
3,4-Dimethoxy-6-äthylbenzoesäure			56
Palmitinsäure		63	282
Lysergsäure			60
Arachinsäure		77	507
Serpentinsäure			452
3-β-Acetoxy-14-β-hydroxy-ätiansäure			308
3-β-Acetoxy-5-β-14β-dihydroxy-ätiansäure			308
6-Nor-5,7-seco-7-carboxy-cholestan	65	94	215
Mesoporphyrin			9

Abbau von Essig- bzw. Propionsäure

a) Schmidt-Abbau der Essig- bzw. Propionsäure. In einen kleinen Spitzkolben,
der mit Gaseinleitungsrohr und einer mit Kaliumpermanganat gefüllten Gaswasch-
flasche verbunden ist, gibt man 0,5 mM im Vakuum getrocknetes Natriumsalz und
0,3 ml 100% Schwefelsäure. Durch leichtes Erwärmen und Schütteln wird die Substanz gelöst. Während dieser Zeit leitet man einen trockenen CO_2-freien Gasstrom
durch die Apparatur, um alles Kohlendioxyd zu entfernen. Nach Abkühlen des Kölb-
chens gibt man 50 mg (0,77 mM) Natriumazid zu. Dann verbindet man den Ausgang
der Waschflasche mit dem CO_2-Absorptionsgefäß. (Dazu kann auch die auf S. 18

beschriebene und abgebildete Apparatur verwendet werden.) Den Kolben bringt man in ein Bad von 35°C. Die Mischung wird innerhalb 30 min auf 60 bis 70°C erwärmt und 30 min bei dieser Temperatur belassen; dann spült man das CO_2 10 min lang in die Natronlauge, aus der es als $BaCO_3$ gefällt wird (vgl. S. 18/19). Um das Amin zu isolieren, ersetzt man den Permanganat-Wäscher durch eine Falle mit 5 ml 0,2n H_2SO_4 (falls das Äthylamin anschließend mit $KMnO_4$ zur Essigsäure oxydiert werden soll) oder HCl (falls das Hydrochlorid isoliert werden soll), bringt die Reaktionslösung mit 5n NaOH auf pH 11 bis 12 und spült 15 min mit Luft bei 90 bis 100°C Badtemperatur das Amin in die Säure über. Die Ausbeuten betragen 65 bis 90%.

b) Oxydation des Äthylamins zur Essigsäure. Die Äthylaminsulfat-Lösung wird in einem Rundkolben zu 5 ml 5%iger $KMnO_4$-Lösung gegeben, mit 0,5n NaOH neutralisiert und mit weiteren 0,5 ml der Lauge versetzt. Der Kolben wird druckfest verschlossen, 15 min in einem Bad von 90 bis 100°C erhitzt, mit Schwefelsäure angesäuert und die Essigsäure mit Wasserdampf abdestilliert, wobei im Destillationskolben das abdestillierte Wasser von Zeit zu Zeit ersetzt wird. Das Destillat (etwa 50 ml) wird mit n/10 NaOH auf pH 8,5 titriert und eingedampft (vgl. 1.70).

Abbau von Wasserstoff-markierter Buttersäure

1,0 mM scharf getrocknetes Natriumbutyrat wird mit 0,7 ml 100proz. Schwefelsäure versetzt. Durch gelindes Erwärmen löst sich das Salz. Nach Kühlen in Eis wird 1,0 g Natriumazid zugefügt, die Mischung in einem Bad von 80°C für etwa 1 Std belassen und bei 0°C mit 5n NaOH alkalisch gemacht. Das Propylamin wird in eine Vorlage mit 25 ml 2n H_2SO_4 destilliert. Die Oxydation des Amins erfolgt mit 5 ml 7proz. Kaliumpermanganat-Lösung bei pH 10 während 1 Std bei Raumtemperatur. Danach säuert man mit Schwefelsäure an, destilliert die Propionsäure und Essigsäure mit Wasserdampf über und titriert mit 0,03 n Natronlauge. Bezogen auf Natriumbutyrat ist die Ausbeute etwa 60%, das Verhältnis Essigsäure zu Propionsäure etwa 1 : 5. Die neutralisierte Lösung wird auf 10 ml eingeengt, mit Schwefelsäure angesäuert, mit Äther extrahiert und auf Silicagel die Säuren nach MARVEL und RAND (*497*) getrennt (vgl. S. 14). Die getrennten Säuren werden durch den Laugeverbrauch der einzelnen Fraktionen lokalisiert und die Natriumsalze zur Tritium-Analyse in Silbersalze überführt. Der Abbau wurde mit Buttersäure-3-T überprüft. Insbesondere wurde sichergestellt, daß bei der Oxydation des Propylamins zu Propionsäure und Essigsäure kein ins Gewicht fallender Isotopeneffekt auftritt, wenn das Verhältnis Essigsäure : Propionsäure 1 : 4 oder extremer ist.

Die weiteren Verfahren zur Überführung einer Carbonsäure in das um ein C-Atom ärmere Amin und CO_2 (Curtius-, Lossen- und Hofmann-Abbau) bieten gegenüber dem Schmidt-Abbau selten Vorteile, sondern sind meist wesentlich aufwendiger. Sie wurden daher selten zum Abbau markierter Verbindungen verwendet.

Da nach den Angaben der älteren Literatur der Schmidt-Abbau bei der Bernsteinsäure versagen soll, wendeten BENSON und BASSHAM den Curtiusschen Abbau an (*67*) und erhielten Äthylendiamin in etwa 25% Ausbeute. Nach den bereits erwähnten Untersuchungen (*554*) ist jedoch auch hier der Schmidt-Abbau vorteilhafter.

LEZIUS et al. (*468*) isolierten C-10 des Biotins durch Curtius-Abbau. Der Abbau der Säureamide mit Hypobromit nach HOFMANN wurde zum Abbau von Phenylacetamid (*145, 214*) 3,4-Methylendioxy-phthalimid

(*446*), sowie n-Butyramid, n-Valeramid und n-Heptanamid (*176*) verwendet. Da Natronlauge meist etwas Carbonat enthält, führt man die Reaktion besser mit Bariumhypobromit in einer geschlossenen, evakuierten Bombe aus (*145, 214*). Die Ausbeuten an $BaCO_3$ liegen bei 70 bis 100%, die der Amine bei 60 bis 80%. Zum Abbau der Carbonsäuren selbst ist der Hofmann-Abbau weniger geeignet, da man erst das Amid herstellen muß. Er wurde aber z. B. zum Abbau von Phenylessigsäure-^{14}C (*145*), p-Methoxy-benzoesäure-^{14}C (*598*), 2-Hydroxy-naphthoesäure-3 (*156*) und Benzoesäure-D (*124*) herangezogen. Im letzteren Falle war der wesentlich einfachere Schmidt-Abbau wegen der Gefahr eines unkontrollierten Deuterium-Austausches nicht anwendbar. Die Ausbeuten für die Überführung der Carbonsäuren in die Amide betrugen 40 bis 75%.

Die als Thioester vorliegende Carboxyl-Gruppe des Succinyl-Coenzym A wurde durch Umsetzung mit Hydroxylamin und anschließenden Hofmann-Abbau als CO_2 isoliert (*344*).

Ein sehr einfach auszuführendes Verfahren besteht nach SNYDER et al. (*683*) in der Umsetzung der Carbonsäure mit Hydroxylamin und Polyphosphorsäure bei 150 bis 170°C. Die Ausbeuten an Amin liegen zwischen 30 und 80%. Das Verfahren ist auf aromatische Carbonsäuren beschränkt. Elektronenziehende Substituenten vermindern die Ausbeute. RACUSEN und ARONOFF (*570*) haben diese Methode zum Abbau der Benzoesäure benutzt.

2.11. Hunsdiecker-Abbau

Der Abbau nach HUNSDIECKER (*369, 488*) hat sich verschiedentlich bewährt. Das Silbersalz einer Carbonsäure wird mit Brom zum nächstniederen Alkylbromid und CO_2 abgebaut.

$$R-COOAg + Br_2 \rightarrow R-Br + CO_2 + AgBr$$

Diese Reaktion ist einfach auszuführen und recht allgemein anwendbar. Aliphatische und cycloaliphatische Carbonsäuren geben meist Ausbeuten von 50 bis 100%, wobei Substituenten, sofern sie nicht mit Brom reagieren, im allgemeinen nicht stören. Für aromatische Carbonsäuren ist der Hunsdiecker-Abbau dann geeignet, wenn der Ring elektronenziehende Gruppen trägt. Andernfalls ist der Schmidt-Abbau empfehlenswerter (*261*). Einen Überblick über die Anwendungsmöglichkeiten geben WILSON (*772*) sowie JOHNSON und INGHAM (*379*). Zum Abbau markierter Carbonsäuren wird im allgemeinen das Silbersalz unter völligem Wasserausschluß in Tetrachlorkohlenstoff suspendiert, Brom im Überschuß zugetropft und zum Sieden erhitzt. Das CO_2 treibt man im Stickstoff-Strom über einen CCl_4-Wäscher (zur Entfernung von Brom) in eine Absorptionsfalle über. Das Bromid kann nach Filtration der CCl_4-Lösung durch fraktionierte Destillation oder bei hochsiedenden Verbindungen durch Abdampfen des

Lösungsmittels isoliert werden. Eine Modifikation des Verfahrens, bei der statt des Silbersalzes die freie Säure und rotes Quecksilberoxyd benutzt werden, beschrieben DAVIS et al. *(223)*.

Der Hunsdiecker-Abbau wurde bisher zum Abbau von Essigsäure *(298)*, Methoxy- und Äthoxy-essigsäure *(14)*, Bernsteinsäure *(232)*, 2,6-Dimethyl-önanthsäure *(198)* und Palmitinsäure *(13)* verwendet. Da das entstehende Bromid zum Alkohol verseift werden kann, dessen Oxydation mit CrO_3 in Eisessig die um ein C-Atom verkürzte Carbonsäure ergibt, ist der stufenweise Abbau von Carbonsäuren möglich. ANKER *(13)* hat auf diese Weise Palmitinsäure bis zum Tridecylbromid abgebaut. Die Gesamtausbeute in einer Stufe (Palmitinsäure → Pentadecansäure) betrug 62%.

Eine Radioaktivitätsverschmierung scheint beim Hunsdiecker-Abbau nicht einzutreten. DISCHE und RITTENBERG *(232)* fanden bei der Decarboxylierung von Bernsteinsäure–2,3-^{14}C weniger als 1% der Radioaktivität im CO_2. Man hat zu beachten, daß neben dem Bromid in beachtlicher Menge das Chlorid gebildet wird, da das intermediär auftretende Alkylradikal nicht nur mit Brom, sondern auch mit CCl_4 reagieren kann. Der Anteil des Chlorids kann bis zu 20% betragen *(697)*. Daher wird die Radioaktivität des Halogenids im allgemeinen nicht direkt gemessen, sondern als Differenz von CO_2 und Silbersalz bestimmt. Auch der stufenweise Abbau Tritium-markierter Fettsäuren ist nach diesem Verfahren möglich, wie BRADY et al. *(136)* am Beispiel der Palmitinsäure gezeigt haben. Der Tritium-Gehalt jeweils einer Methylengruppe wird dabei durch Messung des bei der Oxydation Alkohol → Säure entstehenden Wassers bestimmt. Die Palmitinsäure wurde hier bis zur C_{12}-Säure abgebaut.

Abbau der Methoxyessigsäure nach HUNSDIECKER

a) Silbermethoxyacetat. Die in Wasser gelöste Methoxyessigsäure wird mit überschüssigem Silbercarbonat etwa 1 Std im Dunkeln geschüttelt. Man filtriert und dampft die wäßrige Lösung im Vak. bei 40°C Badtemperatur nahezu bis zur Trockne ein. Nach Zugabe von Aceton wird das kristalline Silbermethoxyacetat abgesaugt, mit Aceton gewaschen und gut getrocknet.

b) Decarboxylierung des Silbersalzes. Die Suspension von 150 mg Silbermethoxyacetat in 35 ml trockenem Tetrachlorkohlenstoff wird mit 1 ml trockenem Brom am Rückfluß gekocht. Das entstehende CO_2 wird mit einem CO_2-freien Stickstoff-Strom durch eine CCl_4-Waschflasche (zur Entfernung von Br_2) in eine CO_2-Absorptionsfalle gespült und in Natronlauge oder Barytwasser absorbiert.

Modifiziertes Verfahren (223)

Abbau von Palmitinsäure. Zu einer Mischung von 10 mM Palmitinsäure, 5 g rotem Quecksilberoxyd und 50 ml Tetrachlorkohlenstoff gibt man langsam unter Rühren 2 ml Brom. Es wird 1 Std unter Rückfluß gekocht und dabei das CO_2 mit CO_2-freiem Stickstoff durch einen CCl_4-Wäscher in eine Absorptionsfalle übergetrieben. Ausbeute an $CO_2 = 90\%$.

2.12. Abbau nach Dauben

Ein Verfahren, das für den stufenweisen Abbau längerkettiger Fettsäuren sehr geeignet ist, beschreiben DAUBEN et al. (*212*) (vgl. Schema 3). Die Fettsäure wird in das Säurechlorid überführt, nach FRIEDEL-CRAFTS zum Phenylketon umgesetzt und mit Isoamylnitrit nitrosiert. Das entstehende Monoxim des α-Diketons spaltet man durch eine Beckmann-Umlagerung mit p-Toluolsulfochlorid in Benzoesäure, und das Nitril der um ein C-Atom verkürzten Fettsäure, nach dessen Verseifung der Cyclus von neuem beginnen kann.

$$R{-}CH_2{-}COOH \xrightarrow{\;SOCl_2\;} R{-}CH_2{-}COCl$$

$$R{-}CH_2{-}COCl \xrightarrow[\text{Benzol}]{\;AlCl_3\;} R{-}CH_2{-}CO{-}\langle\bigcirc\rangle$$

$$R{-}CH_2{-}CO{-}\langle\bigcirc\rangle \xrightarrow[H^{\oplus}]{\;R'ONO\;} R{-}\underset{NOH}{\overset{\|}{C}}{-}CO{-}\langle\bigcirc\rangle$$

$$R{-}\underset{NOH}{\overset{\|}{C}}{-}CO{-}\langle\bigcirc\rangle \xrightarrow[OH^{\ominus}]{\;\text{Tosylchlorid}\;} R{-}CN + \langle\bigcirc\rangle{-}COOH$$

$$R{-}CN \xrightarrow{\;OH^{\ominus}\;} R{-}COOH$$

Schema 3. Säureabbau nach DAUBEN (*212*)

Die abgespaltenen C-Atome werden als Benzoesäure isoliert. Dies hat den Vorteil, daß keine Verdünnung durch Kohlendioxyd aus der Atmosphäre eintreten kann. Die Ausbeuten der einzelnen Reaktionsschritte beim Dauben-Abbau sind gut. Benzoesäure wird in etwa 50 bis 80% Ausbeute isoliert, die Ausbeute von Fettsäure zur nächst niederen liegt bei 50 bis 70%. Beim Arbeiten in sehr kleinem Maßstab (etwa unter 100 mg) werden allerdings die Ausbeuten merklich schlechter. DAUBEN et al. haben nach diesem Verfahren Stearinsäure bis zur Myristinsäure und Palmitinsäure bis zur Laurinsäure abgebaut (*212*); ferner wurde Arachinsäure (C_{20}) zur Margarinsäure (C_{17}) (*698*) und Lignocerinsäure (C_{24}) zur C_{21}-Säure abgebaut (*279*).

Bei Dicarbonsäuren, z. B. Azelainsäure (*582*) erfolgt der Abbau an beiden Enden der Kette. MEAD und HOWTON (*506*) beobachteten beim Abbau der Arachinsäure eine Radioaktivitätsverschmierung. C-2 war zu etwa 3% mit Aktivität aus C-3 kontaminiert.

Abbau von Palmitinsäure (212)

a) Palmitophenon. Eine Mischung von 823 mg (3,2 mM) Palmitinsäure, 1,5 ml reinem Thionylchlorid und 10 µl Pyridin erhitzt man unter Rühren 30 min auf 40°C und destilliert danach das Thionylchlorid im Vak. ab. Das nahezu farblose Palmitinsäurechlorid wird in 3,5 ml trockenem Benzol gelöst. Nach Kühlen auf 0°C werden unter Rühren 750 mg wasserfreies Aluminiumchlorid auf einmal zugegeben. Man rührt die Mischung 12 bis 16 Std bei Zimmertemperatur, gibt dann verdünnte HCl zu und verdünnt die organische Phase mit Hexan. Unumgesetzte Palmitinsäure wird mit 5 ml n-Natronlauge ausgeschüttelt. Danach wäscht man die organische Phase noch mit Methanol/Wasser (1 : 2), dampft das Lösungsmittel ab und kristallisiert das Palmitophenon zweimal aus wenig Hexan um. Fp. 58 bis 59°C, Ausbeute 908 mg = 89%.

b) Benzoesäure und Pentadecansäure. Zu einer Lösung von 908 mg (2,87 mM) Palmitophenon in 10 ml gereinigtem Dioxan und 0,6 ml konzentrierter Salzsäure, tropft man bei 50°C unter Rühren innerhalb 45 min eine Lösung von 0,49 ml (3,9 mM) frisch destilliertem Isoamylnitrit in 5 ml reinem Dioxan [DAUBEN et al. (212) benutzten dazu einen Hershberg-Tropftrichter (354)]. Nach weiteren 15 min bei 50°C wird die Lösung mit 12 ml 3n-Natronlauge alkalisch gemacht, auf Raumtemperatur abgekühlt und unter Rühren portionsweise innerhalb 20 min mit 2,0 g p-Toluolsulfonsäurechlorid versetzt. Man rührt danach weitere 2 Std bei 50°C, versetzt mit 300 ml Wasser und nimmt die organische Phase in Pentan auf. Die abgetrennte wäßrige Phase enthält etwas Pentadecansäure als Na-Salz in Form feiner Partikel, die durch längeres Erhitzen auf dem Wasserbad gelöst werden. Anschließendes langsames Kühlen der Lösung ergibt größere Partikel, die abgesaugt werden und etwa 30 mg Pentadecansäure liefern. Die wäßrige Lösung wird mit HCl angesäuert, ausgeäthert und der Ätherrückstand bei 80°C/200 Torr sublimiert. Die ersten wenigen Prozent des Sublimats werden verworfen, danach erhält man reine Benzoesäure, Fp. 121 bis 122°C; Ausbeute: 278 mg = 79%.

Die oben erhaltene Pentan-Lösung wird im Vak. eingedampft und das zurückbleibende Pentadecanonitril durch 24stündiges Kochen mit 10 ml 15proz. KOH in n-Propanol verseift. Beim Verdünnen der Lösung mit Hexan fällt das Kaliumsalz der Pentadecansäure aus. Es wird abgesaugt. Das Filtrat dampft man zur Trockne ein und behandelt den Rückstand zur Entfernung von Neutralstoffen mehrmals mit Hexan. Rückstand und Kaliumsalz werden in Säure aufgelöst und mit Pentan extrahiert. Das Lösungsmittel wird verdampft und die Pentadecansäure zweimal aus wenig Pentan umkristallisiert. Gesamtausbeute 485 mg = 70%; Fp 51 bis 52°.

2.13. Barbier-Wieland-Abbau

BARBIER und LOCQUIN (34) sowie H. WIELAND et al. (765) beschrieben einen Carbonsäureabbau, der sich besonders in der Steroidreihe bewährt hat. Die Carbonsäure wird verestert und mit Phenylmagnesiumbromid zum tertiären Alkohol umgesetzt. Dieser gibt bei der Oxydation mit Permanganat (34) oder Chromsäure/Eisessig (765) Benzophenon und die um ein C-Atom verkürzte Carbonsäure. Häufiger noch wird das Carbinol vor der Chromsäure-Behandlung durch Kochen mit Acetanhydrid zum Olefin dehydratisiert, das dann der Oxydation unterworfen wird.

$$R\text{—}CH_2\text{—}COOCH_3 \xrightarrow{2\ C_6H_5MgBr} R\text{—}CH_2\text{—}\underset{\underset{C_6H_5}{|}}{\overset{\overset{HO}{|}}{C}}\text{—}C_6H_5$$

$$R\text{—}CH_2\text{—}\underset{\underset{C_6H_5}{|}}{\overset{\overset{HO}{|}}{C}}\text{—}C_6H_5 \xrightarrow{(CH_3CO)_2O} R\text{—}CH=\underset{\underset{C_6H_5}{}}{\overset{\overset{C_6H_5}{}}{C}}$$

$$R\text{—}CH=\underset{\underset{C_6H_5}{}}{\overset{\overset{C_6H_5}{}}{C}} \xrightarrow{CrO_3\ in\ Eisessig} R\text{—}COOH + (C_6H_5)_2CO$$

Ist bei der CrO_3-Oxydation des Diphenyläthylen-Derivates ein weitergehender Abbau zu befürchten, wie beispielsweise beim Vorliegen der Struktur

$$R—\overset{\overset{\displaystyle CH_3}{|}}{C}=C(C_6H_5)_2,$$

so spaltet man das Olefin zweckmäßiger mit Ozon (*459, 792*). Während in den älteren Arbeiten stets relativ große Substanzmengen verwendet wurden, beschreiben LANE und WALLIS (*428*) die Durchführung des Abbaus in kleinerem Maßstab. STADTMAN et al. (*694*) haben im wesentlichen nach den Vorschriften von LANE und WALLIS ^{14}C-markierte Capronsäure über Valeriansäure zu Buttersäure abgebaut. Die Ausbeute betrug im 0,5 mM-Maßstab etwa 50% in einer Abbaustufe. In der Steroidreihe wurde der Barbier-Wieland-Abbau zum stufenweisen Abbau der Seitenkette von biosynthetisch markiertem Cholesterin benutzt (*792*). LEETE, MARION und SPENSER (*459*) wandten ihn beim Abbau des Alkaloids Stachydrin an, ROBERTS et al. (*501*) beim γ-Butyrolacton.

2.14. Abbau nach Hunter-Popják

HUNTER und POPJÁK (*371*) benutzten zum stufenweisen Abbau von Fettsäuren die von VARRENTRAP (*736*) beobachtete Reaktion, nach der einfach ungesättigte Fettsäuren bei der Kalischmelze in die um 2 C-Atome verkürzte gesättigte Fettsäure und Essigsäure zerfallen.

Die abzubauende Fettsäure wird mit Thionylchlorid chloriert, das Säurechlorid in α-Stellung bromiert und mit einem Alkohol zum α-Bromsäureester umgesetzt. Durch Kochen mit Diäthylanilin wird aus letzterem HBr abgespalten. Der α,β-ungesättigte Ester wird verseift und der KOH-Schmelze bei 300 bis 340°C unterworfen.

$$\overset{(3)}{R}—\overset{(2)}{CH_2}—\overset{(1)}{CH_2}—COOH \xrightarrow{SOCl_2} R—CH_2—CH_2—COCl \xrightarrow{Br_2} R—CH_2—\overset{\overset{\displaystyle}{|}}{CH}—COCl$$

$$\overset{|}{Br}$$

$$\xrightarrow{R'OH} R—CH_2—CHBr—COOR' \xrightarrow[\text{Kochen}]{\text{Diäthylanilin}} R—CH=CH—COOR'$$

$$\xrightarrow{10\% \text{ KOH}} R—CH=CH—COOH \xrightarrow[300—340° C]{\text{KOH, 5—10 min}} \overset{(3)}{R}—COOH + \overset{(2)}{C}\overset{(1)}{H_3}COOH$$

Die resultierenden Säuren werden durch azeotrope Destillation oder Säulenchromatographie getrennt.

Die Wahl des zur Veresterung verwendeten Alkohols ist etwas kritisch; am geeignetsten ist Neopentylalkohol. Bei der Bromwasserstoff-Abspaltung entsteht neben der α,β- auch etwas β,γ-ungesättigte Verbindung, jedoch ist dies für den weiteren Abbau unerheblich, da sich die Doppelbindung bei der KOH-Schmelze in die α,β-Stellung verschiebt.

Daher ist der Abbau auch nicht auf α,β-ungesättigte Fettsäuren beschränkt, sondern kann allgemein für ungesättigte Fettsäuren verwendet werden. HUNTER und POPJÁK (371) haben den Abbau mit Capronsäure-1-^{14}C überprüft und fanden die gesamte Radioaktivität in der Carboxyl-Gruppe der Essigsäure. Außer dem Abbau der Capronsäure beschreiben diese Autoren auch den der Caprylsäure (371) und der Valeriansäure (200). Die Ausbeute der gesamten Reaktionsfolge bis zu der um zwei C-Atome verkürzten Säure beträgt 40 bis 50%. Die Ausbeute an Essigsäure ist bisweilen etwas niedriger (371). In etwas abgewandelter Form wurde das Verfahren beim Abbau des α-Methyl-cyclohexanons verwendet (200). Das durch Schmidt-Reaktion erhaltene Gemisch von 6-Amino-heptansäure und 6-Amino-2-methyl-capronsäure wurde mit Methyljodid zum Gemisch der entsprechenden Trimethylbetaine methyliert. Bei der folgenden KOH-Schmelze fand ein Hofmann-Abbau statt, die gebildete, endständige Doppelbindung wanderte in die α,β-Stellung und es trat Spaltung in Essigsäure bzw. Propionsäure und die um zwei bzw. drei C-Atome verkürzte Fettsäure ein.

$$\overset{\oplus}{N}(CH_3)_3$$
$$CH_3-\overset{|}{C}H-CH_2-CH_2-CH_2-CH_2-COO^{\ominus} \qquad \overset{\oplus}{N}(CH_3)_3$$
$$CH_2-CH_2-CH_2-CH_2-\overset{|}{C}H-COO^{\ominus}$$
$$\downarrow \text{ KOH, } 350°\text{ C} \qquad\qquad \overset{|}{C}H_3$$
$$\downarrow \text{ KOH, } 350°\text{ C}$$
$$CH_3-CH_2-CH_2-CH_2-COOH + CH_3-COOH \qquad CH_3-CH_2-CH_2-COOH + \underset{\underset{CH_3}{|}}{CH_2}-COOH$$

Die Ausbeute lag um 44%. Die gleiche Kombination von Hofmann-Abbau und Varrentrap-Reaktion wurde zum Abbau des aus Lävulinsäure erhaltenen Valeriansäure-4-trimethylbetains (201) und des aus Nicotinsäure erhaltenen Valeriansäure-5-trimethylbetains (263) verwendet. Im letzteren Falle wurde auch die kombinierte Reaktion noch einmal durch Verwendung positions-markierten Ausgangsmaterials überprüft.

Abbau von Caprylsäure zu Capronsäure und Essigsäure nach HUNTER *und* POPJÁK (371)

a) 2-Brom-caprylsäure-neopentylester. 10 g Caprylsäure werden mit 14 ml Thionylchlorid 2 Std unter Rückfluß erhitzt. Nach Abdestillieren des überschüssigen Thionylchlorids bei Normaldruck über eine kleine Kolonne wird der Rückstand mit 3,8 ml Brom (mit H_2SO_4 getrocknet) 2 bis 3 Std auf 80 bis 100° C erhitzt, wobei alles Brom verbraucht wird. Dann gibt man das Reaktionsprodukt zu der dreifachen Menge Neopentylalkohol und läßt einige Stunden stehen. Unter Vakuum entfernt man zuerst den überschüssigen Alkohol und destilliert danach den Ester. Kp_{22} 148 bis 155° C; Ausbeute 19,53 g = 95%.

b) n-Octensäure-2-neopentylester. 13,58 g des 2-Brom-caprylsäureesters werden mit 21 g Diäthylanilin 6 Std unter Rückfluß gekocht und anschließend in einen großen Überschuß 20proz. H_2SO_4 gegossen. Die wäßrige Lösung extrahiert man dreimal mit dem gleichen Volumen Äther, trocknet die Ätherphase und destilliert nach Verdampfen des Äthers das Produkt. Kp_{19} 124 bis 127°C; Ausbeute 6,05 g = 62%.

c) Capronsäure und Essigsäure. 0,48 g n-Octensäure-2-neopentylester in 3 ml Äthanol und 0,5 g KOH in 1,5 ml Wasser werden 2 Std unter Rückfluß gekocht und sodann die Lösung auf dem Wasserbad zur Trockne eingedampft. Man gibt 2 g KOH dazu und erhitzt auf 300 bis 350°C, bis aus der Schmelze kein Gas mehr entweicht. Die erstarrte Schmelze wird in Wasser gelöst und zur Entfernung nichtsaurer Verunreinigungen ausgeäthert, mit H_2SO_4 angesäuert und der Wasserdampfdestillation unterworfen. Das Destillat wird neutralisiert und im Vakuum zur Trockne eingedampft. Aus dem Gemisch der Salze macht man durch Behandeln mit einem großen Überschuß an p-Toluolsulfonsäure in absol. Benzol die Säuren frei und trennt die Essigsäure von der Capronsäure durch azeotrope Destillation zuerst mit Benzol, dann mit Xylol. Etwas daneben entstandene Caprylsäure bleibt dabei im Destillationsrückstand. Es werden 45% Essigsäure und 85% Capronsäure erhalten. Die Gesamtausbeute an Capronsäure über alle Schritte beträgt etwa 50%.

2.15. Benzimidazol-Abbau

Ein interessanter, aber nicht allgemein anwendbarer Abbau wurde von ROSEMAN (606) beschrieben. Er beruht auf der Umsetzung der Carbonsäure mit o-Phenylendiamin zu einem Benzimidazol-Derivat. Zum Abbau der Essigsäure wird das aus ihr gebildete 2-Methyl-benzimidazol mit Benzaldehyd kondensiert und sodann an der Doppelbindung oxydativ gespalten. Die erhaltene Benzimidazol-2-carbonsäure zerfällt beim Schmelzen in CO_2 und Benzimidazol.

Das aus Milchsäure erhaltene Benzimidazol-Derivat gibt bei der Jodoform-Reaktion C-3 der Milchsäure als CHJ_3 und kann andererseits mit $KMnO_4$ zu Benzimidazolcarbonsäure oxydiert werden.

BERNSTEIN et al. (77) haben Gluconsäure durch Perjodat-Spaltung des Benzimidazol-Derivates abgebaut. Der entstandene Benzimidazol-2-

aldehyd wurde zur Carbonsäure oxydiert. Aus Glutarsäure erhält man ein Bisbenzimidazol-Derivat, das zu Benzimidazol-2-carbonsäure oxydiert werden kann (*395*).

Roseman (*606*) hat den Abbau mit Essigsäure-1-^{14}C und -2-^{14}C sowie Milchsäure-2-^{14}C und -3-^{14}C geprüft und gefunden, daß die Aktivitätsverschmierungen unter 0,4% liegen.

Der Benzimidazol-Abbau ist nicht allgemein zur stufenweisen Degradation von Carbonsäuren verwendbar. Sein Vorteil liegt darin, daß er in sehr kleinem Maßstab ausgeführt werden kann (z. B. mit 0,1 mM Essigsäure) und daß die Darstellung der Benzimidazol-Derivate zugleich eine gute Methode zur Isolierung, Reinigung und Charakterisierung sehr kleiner Mengen von Carbonsäuren ist.

2.2. Verfahren zur Decarboxylierung von Carbonsäuren

2.20. Allgemeines über thermische Decarboxylierung

Neben dem stufenweisen Abbau der aliphatischen Ketten von Carbonsäuren ergibt sich sehr oft die Notwendigkeit, aus einer Säure lediglich die Carboxylgruppe zu eliminieren. Natürlich können die meisten der für den stufenweisen Abbau angegebenen Verfahren auch hierfür verwendet werden, besonders der Schmidt-Abbau und der Hunsdiecker-Abbau. Sehr oft wendet man jedoch thermische Decarboxylierungsverfahren an, da diese meist einfacher auszuführen sind, und da sich sehr viele Carbonsäuren durch Erhitzen allein, mit Katalysatoren, oder in Form von Salzen decarboxylieren lassen.

Der Nachteil dieser Verfahren liegt darin, daß bisweilen sehr energische Bedingungen angewendet werden müssen, unter denen, außer der erwünschten Decarboxylierung, Nebenreaktionen eintreten, die zu einer Aktivitätsverschmierung führen können. Derartiges wurde verschiedentlich beobachtet (z. B. bei der Kupferchromit-Methode, der Eisen-katalysierten Decarboxylierung, siehe dazu weiter unten). Oft ist auch eine sehr genaue Einhaltung der Reaktionsbedingungen erforderlich, um fehlerfreie Abbauresultate zu erhalten (z. B. bei der Pyrolyse der Bariumsalze). Trotz dieser Gefahren, die eine besonders kritische Überprüfung der Abbaureaktionen erfordern, werden die thermischen Decarboxylierungsverfahren jedoch wegen ihrer Einfachheit und ihrer vielseitigen Anwendbarkeit für den Abbau markierter Verbindungen gern herangezogen.

Normale Alkyl- oder Arylcarbonsäuren lassen sich durch einfaches Erhitzen nicht oder nur unter sehr drastischen Bedingungen decarboxylieren. Für die Haftfestigkeit der Carboxylgruppe entscheidend ist der Elektronenzustand des aromatischen Ringes bzw. des α-C-Atoms. Man unterscheidet zwei die Decarboxylierung erleichternde Einflüsse [vgl. z. B. (*351*)]:

3*

1. Das α-C-Atom hat eine geringe Elektronendichte, also eine hohe Affinität für das die COOH-Gruppe bindende Elektronenpaar (Decarboxylierung 1. Art, z. B. Carbonsäuren mit elektronegativen Substituenten in α-Stellung, α,β-ungesättigte Säuren, viele heterocyclische Carbonsäuren).

2. Das α-C-Atom hat eine hohe Elektronendichte, ein positiviertes C-Atom in der β-Stellung ermöglicht die vorübergehende Aufnahme des die COOH-Gruppe bindenden Elektronenpaares in einer α,β-Doppelbindung (Decarboxylierung 2. Art, z. B. β-Ketosäuren, Malonsäure-Derivate, aromatische o- und p-Hydroxysäuren).

Beide Reaktionsarten sind meist katalytisch beeinflußbar und zwar zum einen besonders durch Basen, bisweilen aber auch durch Säuren, zum anderen durch verschiedene Metalle und Metalloxyde.

2.21. Thermische Decarboxylierung ohne Katalysator

Infolge günstiger Struktureinflüsse kann eine beachtliche Zahl von Carbonsäuren bereits durch einfaches Erhitzen ohne Katalysator decarboxyliert werden, wobei die CO_2-Abspaltung meist beim Schmelzen eintritt. Üblicherweise erhitzt man die Säure im Stickstoff-Strom in einem Kolben oder einem Verbrennungsrohr und absorbiert das CO_2 in NaOH- oder $Ba(OH)_2$-Lösung. Ist das Reaktionsprodukt flüchtig, so ist es nötig, den Decarboxylierungskolben mit einem Kühler oder Kühlfinger zu versehen, um ein Abdestillieren oder Absublimieren zu verhindern. Zweckmäßiger ist es jedoch, in einem solchen Falle die Reaktion im evakuierten Bombenrohr auszuführen. Diese Ausführungsart ist besonders dann empfehlenswert, wenn zur Radioaktivitätsanalyse die Gasphasenmessung verwendet wird, da dann das CO_2 direkt aus dem Glasrohr in die Analysenapparatur abgefüllt werden kann (*667, 668*).

Sehr viele markierte Carbonsäuren sind bereits ohne Zuhilfenahme eines Katalysators thermisch decarboxyliert worden, z. B.

Malonsäure (*68, 85*)
substituierte Malonsäuren (*219*)
Acetessigsäure (*752*)
Methyltartronsäure (*222*)
β-Ketoadipinsäure (*715*)
Glyoxylsäure-2,4-dinitrophenylhydrazon (*146, 208*)
Phenylhydrazino-essigsäure (*678*)
Aconitsäure (*587*)
2,4- und 3,4-Dihydroxybenzoesäure (*312—314, 715*)
2-Hydroxy-3-chlor-4,6-dimethoxybenzoesäure (*106*)
3,5-Dihydroxyphenyl-essigsäure (*714*)
o-Cumarsäure (*149*)
Puberulsäure (*587*)

Indol-2- (*710*) und -3-carbonsäure (*135, 573*)

Indol-3-essigsäure (*264*)

4-Hydroxy-chinolin-2-carbonsäure (*345*)

3-Chlor-chinolin-4-carbonsäure (*572*)

2-Phenyl-1,2,3-triazol-4-carbonsäure (*82*)

1-Methyl-1,2,3-triazol-4,5-dicarbonsäure (*557*)

Benzimidazol-2-carbonsäure (*74, 77, 606*)

Chinoxalin-2-carbonsäure (*757*)

1,7,8-Trimethyl-2-oxo-chinoxalin-3-carbonsäure (*556*)

1-Phenyl-flavazol-3-carbonsäure (*757*).

N-Oxalyl-anthranilsäure gab beim Erhitzen auf 215°C ein Gemisch von Kohlenmonoxyd und Kohlendioxyd, wobei gezeigt werden konnte (*345*), daß zuerst unter CO_2-Abspaltung N-Formylanthranilsäure entsteht, deren weiterer Zerfall CO und Anthranilsäure liefert. Die thermische Decarboxylierung der Chinolinsäure (*573*) und ihres 5-Chlor-Derivats (*572*) gelingt auch stufenweise: Bei 220°C wird nur die Carboxylgruppe aus der 2-Stellung eliminiert; die Abspaltung der Carboxylgruppe der 3-Stellung erfordert energischere Bedingungen.

α-Nitrocarbonsäuren decarboxylieren besonders leicht. Aus 1-Nitrocyclopropan-1,2-dicarbonsäure wird beim Erhitzen nur die Carboxylgruppe der 1-Stellung als CO_2 abgespalten (*226, 227*).

In einigen Fällen wurde die Zuverlässigkeit der thermischen Decarboxylierung durch Abbau von positionsmarkierten Carbonsäuren überprüft. Bei der Decarboxylierung der Benzimidazol-2-carbonsäure (174°C) beträgt die Verdünnung des CO_2 durch das benachbarte C-Atom 0,02% (*606*). Bei der Decarboxylierung der Indol-3-essigsäure bei 180°C liegt die Verunreinigung des CO_2 durch Aktivität aus dem α-C-Atom unter 0,1% (*264*). Andererseits enthielt das durch Decarboxylierung von Glyoxylsäure-2-^{14}C-2,4-dinitrophenylhydrazon bei 205°C gewonnene CO_2 5% der Radioaktivität (*208*). Hier finden offenbar Nebenreaktionen statt (der Rückstand enthält nur Spuren Formaldehyd-2,4-dinitrophenylhydrazon). Dieser Fall scheint aber besonders ungünstig zu sein, in der Regel treten keine so großen Radioaktivitätsverschmierungen auf.

2.22. Decarboxylierung mit Chinolin und Kupfer-Pulver oder Kupfer-Verbindungen

Diese, in der präparativen Chemie sehr beliebte Methode wird auch zum Abbau ^{14}C-markierter Verbindungen häufig verwendet. Außer Kupferpulver werden als Katalysatoren auch Kupfer-(II)-oxyd (*726*), basisches Kupfercarbonat (*189*) und Kupferchromit [Darstellung (*116*)] verwendet (*213*). Man kocht gewöhnlich gleiche Gewichtsmengen Säure und Katalysator in gereinigtem Chinolin (z. B. 3 bis 5 ml für etwa 50 mg) am

Rückfluß. Als Reaktionsgefäß dient ein Kolben mit Gaseinleitungsrohr, der über einen Rückflußkühler an eine CO_2-Absorptionsfalle angeschlossen wird. Die Reaktionszeit liegt meist zwischen 15 min und 1 Std; während dieser Zeit und während des nachfolgenden Abkühlens wird ein Strom von CO_2-freiem Stickstoff durch die Apparatur geleitet. Falls erforderlich, kann man mit einem höher siedenden Lösungmittel arbeiten, z. B. mit Kupfer-Pulver in Diphenyläther (*169*).

Besondere Verbreitung hat die Methode in der aromatischen Reihe gefunden. Sie wurde z. B. verwendet zur Decarboxylierung von Benzoesäure (*439*) und substituierten Benzoesäuren (*25, 105, 324, 460, 572, 613, 714, 800*), Phthalsäure (*25*), Shikimisäure (*693*), Phenylessigsäure (*145, 213, 214*) und substituierten Phenylessigsäuren (*613*), Tropasäure (*305, 726*), Carlossäure (*69*), Stipitatsäure (*68*), Nicotinsäure (*438*), 6-Methoxychinolin-4-carbonsäure (*414*), Cupriminsäure (*634*) sowie Carbonsäuren von höher kondensierten aromatischen Ringsystemen (*65, 125, 189, 191, 285*).

Obgleich die Reaktion oft benutzt wird, muß mit großer Vorsicht gearbeitet werden, da man mit der Möglichkeit erheblicher Radioaktivitätsverschmierungen zu rechnen hat. Besonders eindrucksvoll zeigt dies der folgende Fall: Im Arbeitskreis von Calvin (*213, 214*) wurde gefunden, daß bei der Willgerodt-Reaktion von Acetophenon-(carbonyl-^{14}C) Phenylacetamid gebildet wird, das beim Abbau mit Hypobromit nichtradioaktives CO_2 liefert. Daneben wurde etwas Phenylessigsäure isoliert, deren Decarboxylierung mit Kupferchromit in Chinolin ein CO_2 lieferte, das 75% der Radioaktivität enthielt. Die Autoren schlossen daraus, daß zwei Mechanismen ablaufen, d. h. daß neben der ohne Umlagerung des Kohlenstoffgerüstes verlaufenden Hauptreaktion in geringem Maße noch eine Umgruppierung der Kohlenstoffkette eintritt. Brown, Cerwonka und Anderson (*145*) konnten später diese These widerlegen, indem sie zeigten, daß die Phenylessigsäure beim Hofmann-Abbau über das Amid ebenfalls nichtradioaktives CO_2 gibt. Es war daher wahrscheinlich, daß die thermische Decarboxylierung der Phenylessigsäure nicht komplikationslos verlief. Eine nähere Untersuchung dieser Reaktion ergab zwar kein ganz klares Bild, bestätigte aber jedenfalls diesen Verdacht. Dauben und Coad (*211*) überprüften die Decarboxylierung von Phenylessigsäure-2-^{14}C mit Kupferchromit in Chinolin bei Badtemperaturen bis 230°C und fanden bis zu 0,6% der Radioaktivität im CO_2. Sie nehmen an, daß bei der Reaktion Toluol entsteht, das z. T. weiter oxydiert wird und CO_2 liefert. Sie schreiben die oxydierende Wirkung dem im Kupferchromit enthaltenen Kupferoxyd zu, da ein vorreduzierter Katalysator eine geringere Radioaktivitätsverschmierung ergibt und sie empfehlen daher die Verwendung von Kupferpulver, anstelle des Kupferchromits. Brown et al. (*145*) beobachteten dagegen mit Kupferpulver in Chinolin bis 260°C keine

Decarboxylierung der Phenylessigsäure und fanden mit Kupferchromit Radioaktivitätsverschmierungen, die bei 230°C bis zu 5% und bei 265°C sogar bis zu 17% betrugen.

Andererseits sind jedoch viele Fälle bekannt, bei denen die Methode nachweislich einwandfreie Resultate liefert. LEETE (*439*) beispielsweise erhielt bei der Decarboxylierung einer aus Nor-pseudoephedrin gewonnenen Benzoesäure der spezifischen Aktivität $2,75 \cdot 10^5$ tpm/mM CO_2 der spezifischen Aktivität von $2,71 \cdot 10^5$ tpm/mM.

Allgemein ist zu sagen, daß man nur dann völlig sicher sein kann, wenn der Abbau mit positionsmarkiertem Material überprüft wurde. Weiterhin sollte man stets die mildesten noch möglichen Bedingungen (z. B. Kupferpulver, niedrige Temperatur) anwenden.

2.23. Decarboxylierung mit Eisen als Katalysator

Erhitzt man eine höhere Fettsäure mit einer äquimolaren oder größeren Menge reinem Eisendraht oder mit Eisenspänen auf etwa 300 bis 350°C, so erhält man CO_2 und das entsprechende Keton.

$$2 \text{ R—COOH} \rightarrow \text{R—CO—R} + CO_2 + H_2O \,.$$

Es entstehen intermediär die Eisensalze, die dann analog den Barium- oder Lithiumsalzen von Fettsäuren zerfallen, denn bei Verwendung kleinerer als äquimolarer Mengen Eisen sinkt die Ausbeute entsprechend ab (*242*). DAVIS und SCHULTZ konnten zeigen (*224*), daß es sich dabei um die Eisen-(II)-salze handelt. Diese Autoren verwenden als Katalysator mit gutem Erfolg Wasserstoff-reduziertes Eisenpulver. Sie geben einen Überblick über die Anwendbarkeit dieser Methode zur Darstellung symmetrischer Ketone in der aliphatischen Reihe. Die Reaktion verläuft bei den höheren Fettsäuren meist mit sehr befriedigender Ausbeute (60 bis 90%) und wurde daher verschiedentlich zur Decarboxylierung von biosynthetisch gewonnenen ^{14}C-Fettsäuren bzw. Fettsäuregemischen (Palmitin- und Stearinsäure) verwendet (*137*, *589*, *796*). RITTENBERG und BLOCH (*589*) haben auch die Ketone, in Form der Oxime, gereinigt und analysiert. Außerhalb der rein aliphatischen Reihe sind die Ausbeuten unterschiedlich. Die durch stufenweisen Abbau der Cholesterin-Seitenkette erhaltenen homologen Allocholansäuren mit 24, 23 und 22 C-Atomen z. B. gaben beim Erhitzen mit Eisenpulver auf 300°C CO_2 in 70, 30 und 10% Ausbeute (*792*). Auch führt die Reaktion hier nicht immer zum Keton, sondern bisweilen auch, wie z. B. bei der Abietinsäure beobachtet (*241*), unter vollständiger Decarboxylierung zum Kohlenwasserstoff.

Vorsicht scheint bezüglich der Möglichkeit von Radioaktivitätsverschmierungen geboten zu sein. Wie BRADY und GURIN (*137*) fanden, hatte das CO_2 aus Caprylsäure nur 85% der spezifischen Aktivität der Carboxylgruppe. Andererseits wurde gefunden, daß bei der Eisen-katalysierten

Decarboxylierung der Phenyl-essigsäure-2-^{13}C bei 250°C das CO_2 keinen [13]C-Überschuß enthielt (*650*).

2.24. Pyrolyse von Barium- bzw. Lithiumsalzen

Die Pyrolyse der Erdalkalisalze von Fettsäuren führt unter Decarboxylierung zum Keton und dem Erdalkalicarbonat. Es werden überwiegend die Bariumsalze verwendet.

$$(RCOO)_2Ba \xrightarrow{\Delta} RCOR + BaCO_3$$

Die Methode ist einfach und gibt bei den niederen Fettsäuren gute Ausbeuten [z. B. Aceton aus $(CH_3COO)_2Ba$ 70%]. Sie wurde daher bald zu einem Standard-Verfahren entwickelt. Insbesondere der Abbau Kohlenstoff-markierter Essigsäuren, eine bei Tracer-Arbeiten sehr häufig wiederkehrende Aufgabe, geschah früher fast ausschließlich auf diese Weise. Das Aceton kann der Jodoform-Reaktion unterworfen werden. Es stellt sich allerdings heraus, daß dem Verfahren erhebliche Nachteile anhaften.

Die Pyrolyse des Bariumacetats gelingt durch 10 minütiges Erhitzen auf 530°C. CALVIN et al. (*162*) beschreiben die Durchführung der Reaktion im Argon-Strom in einem Glasrohr, das im elektrischen Ofen erhitzt wird. Das mit dem Argon abgetriebene Aceton wird in Wasser absorbiert. Aus dem zurückbleibenden Bariumcarbonat wird anschließend mit Milchsäure das CO_2 freigemacht und erneut als $BaCO_3$ gefällt. Untersuchungen über die Zuverlässigkeit des Abbaus ergaben, daß die Pyrolyse-Temperatur entscheidenden Einfluß auf die Radioaktivitätsverteilung im Produkt hat (*21, 162*). Es treten im ungünstigsten Falle (450°C) bis zu 15% der Radioaktivität von Bariumacetat-2-^{14}C im CO_2 auf, während umgekehrt beim Abbau von Bariumacetat-1-^{14}C unter diesen Bedingungen etwa 0,5% der Aktivität im Jodoform erscheinen. Für die empfohlenen Reaktionsbedingungen (530°C, 10 min) werden folgende Zahlen angegeben: 0,86 bis 3,5% der Aktivität von Bariumacetat-2-^{14}C im gereinigten $BaCO_3$, keine nachweisbare Aktivität im Jodoform beim Abbau von Bariumacetat-1-[14]C (*21, 162, 273*). Nach KOSHLAND und WESTHEIMER (*413*) ist nicht nur die genaue Einhaltung der Reaktionstemperatur von 530°C, sondern auch ein schnelles Aufheizen auf diese Temperatur wichtig. Diese Autoren führen die Pyrolyse in einem evakuierten rechtwinkligen 2-Schenkelrohr durch. Beim Abbau von Bariumacetat-2-^{14}C fanden sie 0,1 bis 0,4% der Aktivität im gereinigten $BaCO_3$; wurde langsam auf 530°C aufgeheizt, so waren es 1,7%.

Anstelle der Bariumsalze wurden später in zunehmendem Maße die Lithiumsalze der Pyrolyse unterworfen (*200, 562*). Die Arbeitsweise ist die gleiche, jedoch läßt sich die Reaktionstemperatur damit auf 380°C senken. POPJÁK et al. (*562*) fanden, daß unter diesen Bedingungen 2% der

Aktivität der Methyl-Gruppe im CO_2 und 1,2% der Aktivität der Carboxyl-Gruppe in Jodoform erscheinen. Die Pyrolyse des Barium- oder Lithiumacetats erscheint wegen des geringen zeitlichen und apparativen Aufwandes als ein nahezu ideales Verfahren für routinemäßigen Abbau zahlreicher Essigsäure-Proben. Dies darf jedoch nicht darüber hinwegtäuschen, daß dem Verfahren beachtliche Fehlermöglichkeiten anhaften.

Bei der Untersuchung der Biogenese der Mutterkornalkaloide unterwarfen BIRCH et al. (*107*) Agroclavin der Kuhn-Roth-Oxydation und bauten die Essigsäure danach durch Pyrolyse des Lithiumacetats ab. Sie fanden im C-17 des Alkaloids (C-2 der Essigsäure) 31% der Aktivität. Das aus dem gleichen Ansatz stammende Alkaloid Elymoclavin, das sich nur durch eine Hydroxylgruppe vom Agroclavin unterscheidet, enthielt dagegen 88% der Aktivität in C-17. In einer späteren Arbeit (*83*) wurde der Abbau des Agroclavins wiederholt, die Essigsäure jedoch nach SCHMIDT zerlegt. Nun fanden sich 78% der Aktivität in C-17, was weitaus mehr den Erwartungen entspricht.

Es erscheint insbesondere auch nicht gerechtfertigt, wie dies bisweilen getan wird, einen konstanten Fehler von vornherein zu berücksichtigen. Daher ist nicht verwunderlich, daß dieser Abbau der Essigsäure in zunehmendem Maße durch den wesentlich sichereren Schmidt-Abbau oder andere Reaktionen ersetzt wird.

WOOD et al. (*787*) beschreiben die Pyrolyse von Bariumpropionat bei 460°C, die als trockene Destillation ausgeführt wurde. Die Ausbeuten betrugen 96% $BaCO_3$ und 64% Diäthylketon. Prüfung mit Propionsäure-1-^{13}C ergab ein $BaCO_3$, dessen ^{13}C-Gehalt innerhalb von 2% mit dem des Ausgangsmaterials übereinstimmte. Dennoch dürften dem Verfahren hier die gleichen Mängel anhaften, wie bei der Essigsäure. Die früher (*168*) beschriebene Pyrolyse des Bariumpropionats bei 350°C erwies sich als nicht reproduzierbar (*787*).

STADTMAN et al. (*694*) berichten, daß sie Buttersäure und Valeriansäure in Form der Bariumsalze decarboxyliert haben, machen jedoch keine Angaben über die Art der Ausführung. Häufiger wurde die Pyrolyse von Bariumsuccinat zum Abbau der Bernsteinsäure verwendet. KUSHNER und WEINHOUSE (*422*) erhitzten Bariumsuccinat-2,3-^{13}C im Hochvakuum 1 Std auf 500°C. Unter diesen Bedingungen erscheint nur etwas über 1% des Methylen-Kohlenstoffs im $BaCO_3$. Sorgfältiger Ausschluß von Sauerstoff ist jedoch nötig, da sonst durch Oxydation der Methylen-Kohlenstoffe eine größere Verschmierung auftritt. WOLF (*778*) fand es nötig, das Bariumsuccinat in dünner Schicht auf der Wand des Pyrolysegefäßes auszubreiten und 2 Std auf 600°C zu erhitzen. Er erhielt eine Ausbeute von 65 bis 70% an Bariumcarbonat. Eine massenspektrometrische Analyse der flüchtigen Produkte ergab die Anwesenheit von CO_2, CO, Methan, Äthan, Äthylen und Wasserstoff (*422*).

2.25. Säurekatalysierte Decarboxylierung von β-Ketosäuren

Die oft schon beim Erhitzen einsetzende Decarboxylierung von
β-Ketosäuren wird durch Mineralsäuren erleichtert. Auf diese Weise wurden verschiedentlich markierte β-Ketosäuren abgebaut. Acetessigsäure
wird durch Kochen mit verdünnter Schwefelsäure oder Salzsäure decarboxyliert, wobei man Quecksilber-(II)-sulfat zusetzt, um das gebildete
Aceton als Quecksilber-Komplex zu fällen (*232, 628, 750, 752*). Das Verfahren geht auf eine alte Vorschrift von VAN SLYKE zur gravimetrischen
Bestimmung der β-Hydroxybuttersäure (*730, 731*) zurück. Danach wird
diese mit Bichromat in $H_2SO_4/HgSO_4$ zu Acetoacetat oxydiert, das in CO_2
und den Quecksilber-Komplex des Acetons zerfällt. In dieser Form
diente das Verfahren auch zum Abbau von β-Hydroxybuttersäure (*661*).

Oxalessigsäure wurde von UTTER (*728*) in Gegenwart von Aluminium-
Ionen und saurem Kaliumphthalat, entsprechend einer Vorschrift von
KREBS et al. (*416*), decarboxyliert. Bei der Decarboxylierung in Gegen-
wart von Anilin (*785*) wird das entstehende Pyruvat als Anilid erhalten.

Die Decarboxylierung der Ascorbinsäure gelingt in 90% Ausbeute bei
3stündigem Kochen mit 8 n-Schwefelsäure (*363, 375*).

2.26. Verschiedene andere thermische Verfahren

Außer den bisher geschilderten Standard-Verfahren wurden in speziellen Fällen andere Methoden zur Decarboxylierung bestimmter Carbonsäuren verwendet. Es sollen hierfür nur einige Beispiele gegeben werden.
Benzoesäure (*650*) und 2-p-Nitrophenyl-osotriazol-4-carbonsäure (*114*)
wurden in Form ihrer Silbersalze thermisch decarboxyliert. INGRAM und
BLACKWOOD (*374*) haben Chinoxalin-2,3-dicarbonsäure durch Pyrolyse
des Ammoniumsalzes vollständig decarboxyliert. Die Abspaltung von C-1
der 2,5-Diketo-gluconsäure als CO_2 gelang mit Hilfe von 3-Amino-
oxindol (*392*), einer Verbindung, die selektiv die Decarboxylierung von
α-Ketosäuren katalysiert (*429*). Für die CO_2-Abspaltung aus Nicotinsäure
(*230, 521*) und Hygrinsäure (*311*) hat sich die trockene Destillation mit
Kalk bewährt. Salicylsäure wurde von WEYGAND und WENDT (*763*) durch
trockenes Erhitzen mit Kupferpulver auf 380 bis 400°C und p-Hydroxybenzoesäure von REIO und EHRENSVÄRD (*581*) durch Schmelzen mit
KHF_2 decarboxyliert. Die beiden letztgenannten Reaktionen dienten der
Gewinnung des Phenols für den weiteren Abbau; das entstehende CO_2
entstammt zumindest im letzten Falle nicht ausschließlich der Carboxyl-
Gruppe. MOSBACH (*517*) decarboxylierte Orsellinsäure (2,4-Dihydroxy-6-
methylbenzoesäure) durch Erhitzen in Glycerin, desgleichen GATENBECK
(*284*) die 2,4,6-Trinitro-3-hydroxybenzoesäure. Beim Behandeln von
3-Hydroxyphthalsäure mit 50% Schwefelsäure wird die 2ständige

Carboxyl-Gruppe als CO_2 eliminiert (*284*). Die Carboxyl-Gruppe der 2-Amino-6-hydroxypterin-8-carbonsäure wird bereits unter dem Einfluß von UV-Licht oder Erhitzen eliminiert (*739*).

2.27. Elektrolytische Decarboxylierung

Die anodische Decarboxylierung von Carbonsäuren ist ein Verfahren von großer Anwendungsbreite, das gegenüber den meisten anderen Verfahren den Vorteil hat, daß die Reaktionsbedingungen sehr milde sind und kaum Nebenreaktionen an anderen Substituenten auftreten. Die Reaktion verläuft nach der Gleichung

$$2R—COOH \rightarrow R—R + 2CO_2$$

Daneben können die Alkohole ROH entstehen, evtl. auch die Ester R–O–CO–R und die Ketone R–CO–R. Einen Überblick über die Anwendungsmöglichkeiten gibt WEEDON (*749*).

Das Verfahren wurde verschiedentlich zur Decarboxylierung ^{14}C-markierter Carbonsäuren benutzt, besonders in der Steroidreihe; so von CORNFORTH et al. beim Abbau des Cholesterins (*198*) und von CASPI et al. beim Abbau des Cholesterins und des Cortisols (*172*).

Bei der anodischen Oxydation von N-Acylglycinen in alkoholischer Lösung erfolgt eine Alkoxylierung (*472*):

$$Ac—N—CH_2—COOH + R'OH \rightarrow Ac—N—CH_2—OR' + CO_2$$
$$\quad\quad\;\; | \quad\quad\quad\quad\quad\quad\quad\quad\quad\quad\quad\quad | $$
$$\quad\quad\;\; R \quad\quad\quad\quad\quad\quad\quad\quad\quad\quad\quad\quad R$$

BATTERSBY et al. (*54*) bauten so N-Tosyl-sarkosin ab und hydrolysierten die Alkoxy-Verbindung danach zu Formaldehyd und N-Tosyl-methylamin. Analog ließ sich N,N-Dimethyl-glycin in CO_2, Formaldehyd und Dimethylamin zerlegen (*768*). Eine Vorschrift für die Ausführung derartiger Reaktionen in kleinem Maßstab geben CORNFORTH et al. (*198*).

Anodische Decarboxylierung von Carbonsäuren

Als Reaktionsgefäß (s. Abb. 2) dient ein Schliffreagenzglas. Durch den Stopfen führen 2 Rohre für Gasein- und -auslaß und zwei eingeschmolzene Platindrähte, die bis zum Boden reichen und durch Glasumschmelzungen in 3 mm Abstand gehalten werden.

Man beschickt die Zelle mit einer Lösung von etwa 0,1 bis 0,2 mM der Carbonsäure in 0,3 ml Pyridin-Wasser-Gemisch (Mischungsverhältnis je nach Löslichkeit). Dann verbindet man den Gasauslaß mit einer CO_2-Absorptionsfalle und leitet CO_2-freien Stickstoff durch die Apparatur. Die Elektroden werden über ein Milliamperemeter mit einer Gleichspannungsquelle verbunden. Man legt eine Spannung von etwa 12 bis 24 V an, so daß ein Anfangsstrom von etwa 30 bis 60 mA fließt. Ist der Anfangsstrom zu niedrig, so kann zur Erhöhung der Leitfähigkeit etwas Triäthylamin zugesetzt werden. Während der Elektrolyse sinkt der Strom ab; ist ein konstanter Wert erreicht (nach 30 bis 60 min), so unterbricht man den Stromkreis. Zur vollständigen Austreibung des CO_2 erhitzt man das Reaktionsgefäß noch $^1/_2$ Std im siedenden Wasserbad. Dies ist besonders bei Zusatz von Triäthylamin wichtig, das erhebliche Mengen von CO_2 zurückhält. Aus diesem Grunde sinkt auch der Strom hier nicht so weit ab wie ohne Triäthylamin-Zusatz. Ausbeute an CO_2 etwa 70%.

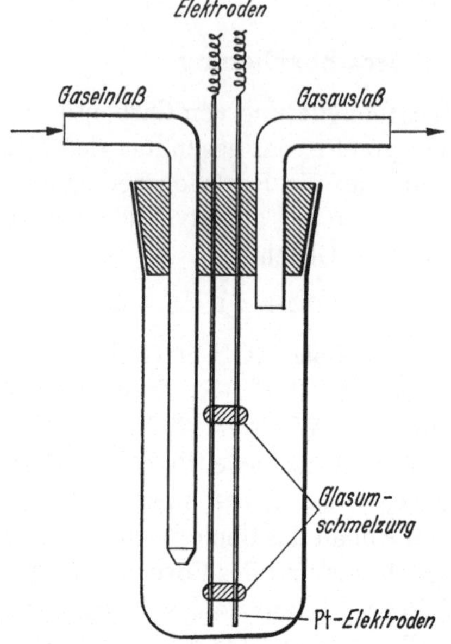

Abb. 2. Apparatur zur anodischen Oxydation von Carbonsäuren

2.3. Spezielle Verfahren zum Abbau von Carbonsäuren

2.30. Gesättigte Carbonsäuren

Bei allen gesättigten, geradkettigen Fettsäuren können die beiden letzten C-Atome am Methylende durch Kuhn-Roth-Oxydation zu Essigsäure erfaßt werden (*136, 304*)*. Daneben können in geringerer Menge auch die höheren Homologen entstehen, die nötigenfalls durch Chromatographie (*200, 497, 514, 522*) abgetrennt werden müssen (vgl. 1.70). Andererseits kann man die partielle Oxydation zum Abbau benutzen. JAMES et al. (*377*) unterwarfen Stearinsäure einer partiellen Permanganat-Oxydation und erhielten ein Gemisch der homologen Fettsäuren von 18 und weniger C-Atomen, das durch Gaschromatographie der Methylester aufgetrennt wurde.

Propionsäure. Der Abbau mit Bichromat/Schwefelsäure liefert CO_2 (C-1) und Essigsäure (C-2 + 3) (*530, 586*). Dagegen erhält man bei der Permanganat-Oxydation CO_2 und Oxalsäure (*168*). Wie bereits erwähnt, entsteht jedoch das CO_2 entgegen der ursprünglichen Annahme (*168*) nicht nur aus C-1, sondern zu einem großen Teil aus C-3 der Propionsäure (*494, 529, 787*), während die Oxalsäure aus allen 3 C-Atomen stammt.

* Siehe hierzu Fußnote S. 12.

Diese Reaktion ist daher für Abbauzwecke nicht verwendbar. WOOD et al. (784) bromierten die Propionsäure, setzten die α-Brompropionsäure mit Silberoxyd zu Milchsäure um und oxydierten diese mit Permanganat zu Acetaldehyd (C-2 + 3) und CO_2 (C-1).

Buttersäure. Oxydation mit Wasserstoffperoxyd in ammoniakalischer Lösung gibt CO_2, das nur aus C-1 stammt (781). Daneben entsteht hauptsächlich Aceton (C-2 + 3 + 4), außerdem Essigsäure, Acetaldehyd und Propionaldehyd. WOOD et al. (781) bauten nach diesem Verfahren ^{13}C-markierte Buttersäure ab.

Bernsteinsäure. WOOD et al. (785) beschrieben bereits 1941 einen weitgehend enzymatischen Abbau der Bernsteinsäure. Umsetzung mit Succinat-Dehydrogenase und Fumarase liefert Äpfelsäure, die entweder mit Permanganat zu Acetaldehyd (C-2 + 3) und CO_2 (C-1, C-4) zerlegt wird oder mit Malat-Dehydrogenase zu Oxalessigsäure umgesetzt wird. Deren Decarboxylierung in Gegenwart von Anilin gibt CO_2 (C-1, C-4) und Brenztraubensäure-anilid.

Ein sehr eleganter Abbau besteht in der Umsetzung der Bernsteinsäure mit Zimtaldehyd (636). Dabei erhält man unter vollständiger Decarboxylierung das 1,8-Diphenyl-octatetraen (C-2 + 3).

Einen Abbau des Succinyl-Coenzym A, bei dem die Asymmetrie erhalten bleibt, beschreiben HEGRE et al. (344). Die Thioester-Gruppierung wird mit Hydroxylamin zur Hydroxamsäure umgesetzt, deren Abbau mit Natriumhypobromit CO_2 und β-Alanin liefert.

Tertiäre Carbonsäuren. Diese Verbindungen spalten im allgemeinen beim Erwärmen mit konzentrierter Schwefelsäure Kohlenmonoxyd ab (115). CORNFORTH et al. (198) benutzten diese Methode, um aus einer Dicarbonsäure mit einer tertiären und einer primären Carboxyl-Gruppe selektiv die tertiäre Carboxyl-Gruppe zu eliminieren.

Entgegen den Angaben von BISTRZYLKI (115) verlief dieser Abbau nach REIO und EHRENSVÄRD (581) bei der Pivalinsäure unbefriedigend. Diese Autoren erhielten nur wenig CO neben viel CO_2. Auch andere Standardverfahren (Hunsdieker-Abbau, Schmidt-Abbau) versagten bei der Pivalinsäure. REIO und EHRENSVÄRD überführten daher die Pivalinsäure (vgl. Schema 3a) in das Säurechlorid, das mit n-Valeroyl-anilid umgesetzt wurde. Dabei findet unter Abspaltung von CO aus der Carboxyl-Gruppe eine Alkylierung des Aromaten zu p-tert.-Butyl-n-valeroylanilid statt.

$$(CH_3)_3CCO_2H \xrightarrow{C_6H_5COCl} (CH_3)_3CCOCl \xrightarrow{C_6H_5NHCOC_4H_9}$$

$$CO(C\text{-}1) + (CH_3)_3C\text{—}\langle\text{—}\rangle\text{—}NHCOC_4H_9$$

Schema 3a. Abbau von Pivalinsäure

Gesättigte Carbonsäuren mit einem Phenyl-Substituenten z. B. 3-Phenylpropionsäure (*436*), lassen sich ebenso wie die meisten gemischt aliphatischen-aromatischen Verbindungen mit Permanganat in neutraler oder alkalischer Lösung zu Benzoesäure oxydieren. Auch viele andere aromatische und heterocyclische Ringsysteme sind unter diesen Bedingungen gegen Permanganat beständig.

2.31. Ungesättigte Carbonsäuren

Prinzipiell lassen sich die Methoden, die zum Abbau gesättigter Carbonsäuren benutzt werden, vielfach auch auf die ungesättigten Verbindungen anwenden. Bei manchen Reaktionen stören Doppelbindungen: In diesen Fällen kann man zuvor hydrieren, falls es sich um Kohlenstoff-markierte Verbindungen handelt. Beispielsweise erforderte der Abbau der Fumarsäure nach HUNSDIEKER vorherige Hydrierung (*232*), desgleichen der Abbau der Nervonsäure (*279*) nach der Methode von DAUBEN (s. S. 30). Bei Wasserstoff-markierten Verbindungen kann es bei Verwendung heterogener Katalyse zu Austauschreaktionen kommen. In jüngster Zeit wurde jedoch verschiedentlich gezeigt, daß homogene Hydrierkatalysatoren wie Rhodium-III-chlorid/Triphenylphosphin nur einen vernachlässigbaren Austausch von Wasserstoff bewirken (A. J. BIRCH, K. A. M. WALKER, J. Chem. Soc. (C) *1966*, 1894). Wir konnten Crotonsäure ohne Austausch zu Buttersäure hydrieren (H. SIMON, O. BERNGRUBER, unveröffentlicht).

Eine Reihe von Abbaureaktionen beruht jedoch gerade auf dem Vorhandensein der Doppelbindung. So läßt sich beispielsweise die Aconitsäure als vinyloge 1,3-Dicarbonsäure leicht durch einfaches Erhitzen zur Itaconsäure decarboxylieren (*587, 693*).

Die von HUNTER und POPJÁK (*371*) (vgl. 2.14) für den Abbau gesättigter Fettsäuren eingesetzte Varrentrap-Reaktion (*736*) kann auf ungesättigte Fettsäuren direkt angewandt werden. Da bei der Alkalischmelze entferntere Doppelbindungen in die α,β-Stellung verschoben werden, ist das Verfahren auf ungesättigte Fettsäuren allgemein anwendbar. Im Falle der 2-Phenylacrylsäure, bei der eine Abspaltung von Essigsäure nicht möglich ist, erhält man Phenylessigsäure und Ameisensäure (*130*).

Eine Spaltung an der Doppelbindung wird durch Ozonisierung erreicht z. B. bei der Allylbernsteinsäure (*708*) oder der Retronecinsäure (*368*). KLENK et al. (*404, 405*) beschreiben den Ozonabbau höherer, ungesättigter Fettsäuren. In dem älteren Verfahren (*404*) wird nach Ozonisierung in Essigsäure/Essigester mit Wasserstoffperoxyd bei 35°C oxydiert. Das entstehende Gemisch von Mono- und Dicarbonsäuren wird säulenchromatographisch an Kieselgel getrennt (*404, 405*). Unbefriedigend ist dieses Verfahren für die Gewinnung der Monocarbonsäuren. Die Spaltprodukte lassen sich dagegen gut in Form der entsprechenden Aldehyde isolieren, wenn man das Ozonid mit Platin-Katalysator hydriert und anschließend 2,4-Dinitrophenylhydrazin zusetzt. Die Derivate der Aldehydsäuren werden mit Bicarbonat entfernt und dann die Dinitrophenylhydrazone der Aldehyde säulenchromatographisch getrennt (405).

Bisweilen wird zur Spaltung ungesättigter Fettsäuren auch die Oxydation mit Permanganat verwendet, z. B. von RUDNEY (612) zum Abbau der Aconitsäure zu Acetessigsäure. Abnorm verläuft die Permanganat-Oxydation der Fumarsäure. Hier werden 3 Mole CO_2 und 1 Mol Ameisensäure gebildet. Letztere stammt nach ALLEN und RUBEN (7) nur aus den Methin-Gruppen. FULCO und MEAD (277, 278) oxydieren höhere ungesättigte Fettsäuren (Ölsäure, Eikosatriensäure, Octadecadiensäure) mit festem Permanganat in Eisessig. Nach Reduktion des MnO_2 und Zugabe von Wasser werden nacheinander die Monocarbonsäuren mit Pentan und die Dicarbonsäuren mit Äther extrahiert und in Form der Methylester gaschromatographisch getrennt. Stehen genügend hohe Isotopengehalte zur Verfügung, so kann man die Dicarbonsäuren auch trennen, indem man zur Mischung nacheinander jeweils eine der vermuteten Säuren als Träger zusetzt und wieder auskristallisieren läßt (278).

Häufiger als die Oxydation mit Permanganat allein wird neuerdings jedoch die Spaltung mit Permanganat/Perjodat zum Abbau ungesättigter Fettsäuren verwendet. Diese Reaktion wurde von v. RUDLOFF [(610) und dort zitierte Arbeiten] untersucht. Sie verläuft nach der Gleichung

$$R\text{—}CH\text{=}CH\text{—}(CH_2)_n\text{—}COOH \rightarrow R\text{—}COOH + HOOC\text{—}(CH_2)_n\text{—}COOH \, .$$

Die Ausbeute an Mono- und Dicarbonsäuren ist praktisch quantitativ. Die Reaktion wird in wäßriger Lösung ausgeführt, der man im Falle längerkettiger Verbindungen Pyridin oder tert.-Butanol zusetzt. Man kann sowohl von den freien Säuren, als auch von ihren Estern ausgehen.

Oxydation von Ölsäuremethylester (610)

74,1 mg des Esters werden 6 Std bei Raumtemperatur mit einer Mischung aus 30 ml tert.-Butanol, 25 mg Kaliumcarbonat, 20 ml Oxydationslösung (97,5 mM Natriumperjodat und 25 mM Kaliumpermanganat/l) und 50 ml Wasser geschüttelt. Es wird Natriumbisulfit zugegeben, bis alles Jod reduziert ist. Man versetzt mit 1 g KOH und dampft das tert.-Butanol am Rotationsverdampfer bei 50°C ab. Dabei wird auch der Ester verseift. Nach Ansäuern mit 10proz. H_2SO_4 extrahiert man 8 bis 10 Std mit Äther, trocknet die Ätherphase und dampft sie ein. Es ergeben sich 85,6 mg rohes Carbonsäuregemisch, dessen Auftrennung durch Herauslösen der Monocarbonsäure mit Petroläther (30 bis 60°C) 38,5 mg (97,5%) Pelargonsäure und 46,7 mg (99%) Azelainsäure liefert.

SCHEUERBRANDT und BLOCH (582, 629) haben nach dieser Methode eine ganze Reihe markierter ungesättigter Fettsäuren abgebaut; sie wurde ferner auf Linolsäure angewandt (582) und zum Abbau des aus Lactobacillsäure durch Ringöffnung entstehenden Säuregemisches (475). Wird bei der Oxydation ein Gemisch ungesättigter Fettsäuren eingesetzt, wie es häufig der Fall ist, so empfiehlt es sich, zur Auftrennung des Gemisches der Oxydationsprodukte mit Diazomethan zu verestern und die Methylester gaschromatographisch zu trennen. Eine Arbeitsvorschrift, nach der alle diese Operationen einschließlich der Oxydation mit Mengen von etwa 100 µg durchgeführt werden können, geben SCHEUERBRANDT und BLOCH (*629*) an.

Spaltung ungesättigter Fettsäuren im Submikromaßstab (629)

100 µg des Fettsäuregemisches, 40 µl tert.-Butanol, 27 µl Oxydationsmischung (9,75 mM $NaJO_4$ + 2,5 mM $KMnO_4$ in 100 ml Wasser), 12 µl 0,02 m K_2CO_3-Lösung und 60 µl Wasser werden in einem verschlossenen Kolben 2 Std bei Zimmertemperatur am Vibro-Mischer geschüttelt. Dann entfärbt man die Mischung mit wenigen Kristallen $NaHSO_3$, gibt 25 µl 1 n Kalilauge zu und dampft im warmen Wasserbad durch Aufblasen von Stickstoff zur Trockne ein. Zum Rückstand gibt man 50 µl 1 n HCl und dampft wieder zur Trockne ein. Zur Entfernung der Monocarbonsäuren wird der Rückstand 3 × mit je 0,5 ml Petroläther ausgezogen, danach extrahiert man die Dicarbonsäuren mit 3 × 0,5 ml Äther; Ausbeute etwa 85%. Zur weiteren Aufarbeitung überführt man in die Methylester, indem man zur eingeengten Ätherlösung der Säuren einen Tropfen Methanol und Diazomethan (destilliert aus einer Vorratslösung) zusetzt. Nach 5 min wird eingedampft und die Ester werden gaschromatographisch getrennt (Säule aus Polyäthylenglykolsuccinat auf Chromosorb B; Temperatur: 82°C für Monoester, 175°C für Dimethylester).

Cyclopropenfettsäuren wurden durch Ozonspaltung (*361*) oder Permanganatoxydation (*681*) abgebaut. In beiden Fällen erhält man durch Öffnung des Cyclopropen-Ringes an der Doppelbindung eine Diketosäure, deren weitere oxidative Zerlegung eine Monocarbonsäure aus dem Methyl-Ende und eine Dicarbonsäure aus dem Carbonyl-Ende der Ausgangsverbindung liefert.

2.32. Hydroxysäuren

2.320. α-Hydroxysäuren

Eine allgemeine Reaktion von α-Hydroxysäuren ist die Abspaltung von Kohlenmonoxyd aus der Carboxyl-Gruppe beim Erwärmen mit konzentrierter Schwefelsäure. Durch diese Reaktion wurde Äpfelsäure (*569, 728, 783*), Citronensäure (*466, 751*) und Citramalsäure (*666*) abgebaut. Das CO wird mit Jodpentoxyd oder Kupferoxyd zu CO_2 oxydiert (vgl. **1.81**).

Kohlenmonoxyd aus Äpfelsäure

In einen Kolben mit Gaseinleitungsrohr und Seitenarm bringt man 25 mg Äpfelsäure, in den Seitenarm 0,5 ml konzentrierte H_2SO_4. Der Kolben wird mit einer Waschflasche mit Natronlauge, dem Rohr mit dem Oxydationsmittel für das CO [CuO oder Jodpentoxyd (vgl. 1.81)] und einer weiteren CO_2-Absorptionsfalle verbunden. Man heizt den Oxydationskatalysator auf, leitet einen Stickstoff-Strom durch die Apparatur, gibt die Schwefelsäure in den Hauptraum und erwärmt 2 Std auf 50°C. Anschließend wird langsam auf 80°C aufgeheizt. In der zweiten Falle fällt man wie üblich das Bariumcarbonat (vgl. S. 18).

Sehr häufig werden α-Hydroxysäuren mit Permanganat oder Chromsäure oxydiert, wobei die Carboxyl-Gruppe als CO_2 eliminiert wird. Bei der Oxydation mit Permanganat muß das Reaktionsprodukt besonders stabil sein, z. B. Benzoesäure als Abbauprodukt der Mandelsäure (234) oder Cyclopentanon aus 1-Hydroxy-cyclopentan-1-carbonsäure (481) oder man muß unter sehr schonenden Bedingungen arbeiten, z. B. Permanganat in Eisessig (297). Auch die rasche Entfernung der Reaktionsprodukte, z. B. des bei der Oxydation von Milchsäure (74, 332, 782) und Äpfelsäure (783) entstehenden Acetaldehyds, hat sich bewährt. Trotzdem muß man mit einer gewissen Überoxydation rechnen, so daß das entstehende Kohlendioxyd für das Carboxyl-C-Atom nicht repräsentativ ist. Etwas schonender wirkt Chromsäure, besonders in Eisessig. Man kann damit z. B. α-Hydroxysäuren zu Ketonen oxidieren (192, 349, 590, 680). Der Abbau von Milchsäure (21, 217) und Äpfelsäure (67), in Bichromat-Schwefelsäure unter Kochen am Rückfluß, liefert Essigsäure (Vorschrift s. S. 50). Dennoch muß man auch bei der Chromsäure-Oxydation damit rechnen, daß das CO_2 nicht nur aus der Carboxyl-Gruppe stammt. So wurden beim Abbau der Milchsäure bis zu 10% der Aktivität des α-Kohlenstoffs im CO_2 gefunden (217).

Im Gegensatz zu den Vorgenannten ist das Cer-(IV)-Ion ein spezifisches Oxydationsmittel. Es greift nur α-Hydroxy- und α-Ketosäuren an. Bei der Reaktion entsteht CO_2 (Carboxyl-Gruppe) und das Keton bzw. die nächst niedere Carbonsäure.

$$R—CHOH—COOH \rightarrow R—COOH + CO_2$$

$$\begin{array}{ccc} R\diagdown\!\!\diagup OH & & R\diagdown \\ C & \rightarrow CO_2 + & C{=}O \\ R'\diagup\!\!\diagdown COOH & & R'\diagup \end{array}$$

So liefert Glykolsäure Ameisensäure und CO_2 (15, 696) und Citronensäure 3 Mol CO_2 und Aceton (6). Bei raschem Abdestillieren läßt sich aber auch der Aldehyd fassen, z. B. bei der Oxydation der Milchsäure (252) der Acetaldehyd.

Zur Oxydation wird Cer-(IV)-sulfat oder Cer-(IV)-ammoniumsulfat in Schwefelsäure bzw. Cer-(IV)-perchlorat in $HClO_4$ verwendet. Der Vorteil des Verfahrens besteht darin, daß andere C-C-Bindungen nicht angegriffen werden, so daß das entstehende CO_2 für die Carboxyl-Gruppe repräsentativ ist. Dies gilt auch für den Abbau der Glykolsäure, da Ameisensäure, zumindest von Cer-(IV)-ammmoniumsulfat, nicht angegriffen wird (696).

Eine weitere für α-Hydroxysäuren charakteristische Reaktion, die zum Abbau geeignet sein sollte, ist die Umsetzung mit N-Bromsuccinimid

(33). Diese Umsetzung verläuft nach der Gleichung

$$\underset{R'}{\overset{R}{>}}C\underset{COOH}{\overset{OH}{<}} \;+\; 2\;\begin{matrix}CH_2\\|\\CH_2\end{matrix}\underset{CO}{\overset{CO}{>}}NBr \;\rightarrow\; \underset{R'}{\overset{R}{>}}C{=}O \;+\; CO_2 \;+\; Br_2 \;+\; 2\;\begin{matrix}CH_2\\|\\CH_2\end{matrix}\underset{CO}{\overset{CO}{>}}NH$$

R und R' können H, Alkyl- oder Arylreste sein. Die Reaktionspartner werden in Wasser erhitzt, die Aldehyde bzw. Ketone abdestilliert oder ausgeäthert.

Glykolsäure

Abbau von Glykolsäure mit Cer-(IV)-ammoniumsulfat *(696).*

In einem mit Gaseinleitungsrohr versehenen Kölbchen, das über einen Liebig-kühler mit einer CO_2-Absorptionsfalle verbunden ist, wird die wäßrige Glykolsäure-lösung (etwa 0,8 mM) mit 5 ml 5proz. Schwefelsäure und 20 ml einer Cer-(IV)-ammo-niumsulfat-Lösung (12,7 g/15 ml konzentrierte H_2SO_4 + 85 ml H_2O) 1 Std im CO_2-freien Stickstoff-Strom zum Sieden erhitzt; Ausbeute an $BaCO_3$ 99 bis 100%. Die Ameisensäure kann anschließend in der gleichen Apparatur nach Reduktion des überschüssigen Cer-(IV)- durch Sn-(II)-salz mit Hg-(II)-acetat zu CO_2 oxydiert wer-den (Ausbeute etwa 92%); (vgl. 6.1010).

Außer der Oxydation mit Cer-(IV)-salzen wurde die Spaltung mit Bleitetraacetat benutzt *(633).* Hierbei fällt C-1 als CO_2 und C-2 als Formaldehyd an.

Milchsäure

Überwiegend wird die Oxydation mit Bichromat/Schwefelsäure zu Essigsäure *(18, 19, 21, 217)* für den Abbau verwendet. Bei dieser Oxyda-tion enthält das CO_2 bis zu 10% der Aktivität von C-2 *(217, 391).* ARONOFF gibt eine Vorschrift an *(18),* nach der keine Überoxydation stattfinden soll. Oxydation mit Permanganat in Schwefelsäure gibt ebenfalls Essig-säure, wobei das CO_2 nur zu etwa 2 bis 3% mit Aktivität aus anderen C-Atomen kontaminiert sein soll *(391).* Die Ausführung dieser Reaktion in einem einfachen Diffusionsgefäß wird beschrieben *(391).*

Dagegen führt die alkalische Permanganatoxydation zu Acetaldehyd *(74, 332, 782).* Dieser muß rasch aus der Reaktionslösung entfernt werden. Besser führt man diese Reaktion mit Cer-(IV)-sulfat aus *(18, 252),* da hierbei die Ausbeute an Aldehyd quantitativ ist und das CO_2 nur aus C-1 stammt.

Schließlich sei noch auf den bereits früher beschriebenen Abbau nach ROSEMAN *(606)* über das Benzimidazol-Derivat hingewiesen (vgl. 2.15).

Bichromatoxydation von Milchsäure (18)

Als Reaktionsgefäß dient ein Kolben mit Gaseinleitungsrohr und Seitenarm, der über einen Kühler mit der CO_2-Absorptionsfalle verbunden wird. In den Hauptraum bringt man die Oxydationsmischung (153 mg $K_2Cr_2O_7$, 24 ml konzentrierte H_2SO_4, H_2O ad 100 ml; 12,5 ml für 7,4 mg Milchsäure), in den Seitenarm die Lactat-Probe.

Dann wird mit CO_2-freiem Stickstoff gespült, die Probe in den Hauptraum gebracht und 20 min auf dem Dampfbad erhitzt. Das CO_2 fällt man als Bariumcarbonat, die Essigsäure wird mit Wasserdampf abdestilliert.

Äpfelsäure

C-1 kann durch Erwärmen mit konzentrierter H_2SO_4 als CO erhalten werden (*569, 728, 783*) (S. 48). Dabei tritt keine Verschmierung aus C-4 ein. C-2 und C-3 lassen sich durch Bichromatoxydation als Essigsäure (*67*) oder mit Permanganat als Acetaldehyd (*783*) isolieren. Bei der Fermentation der Äpfelsäure mit einem Malat-adaptierten Stamm von *Lactobacillus arabinosus* wird C-4 in CO_2 übergeführt (*534, 569, 728*). Als zweites Bruchstück fällt Milchsäure an.

$$\underset{(4)}{HOOC}—\underset{(3)}{CH_2}—\underset{(2)}{CHOH}—\underset{(1)}{COOH} \xrightarrow{\;L.\;arabinosus\;} \underset{(4)}{CO_2} + \underset{(3)}{CH_3}—\underset{(2)}{CHOH}—\underset{(1)}{COOH}$$

Methyltartronsäure

Diese läßt sich bereits bei $80°C$ in wäßriger Lösung zu CO_2 und Milchsäure decarboxylieren (*222*).

Citronensäure

Ein sehr einfaches Abbauverfahren besteht in der Oxydation zu Aceton, die mit Bichromat (*466, 751*) oder mit Cer-(IV)-sulfat (*6*) in Schwefelsäure gelingt. Im letzteren Falle entspricht das CO_2 den C-Atomen 1, 5 und 6. Behandlung mit konzentrierter H_2SO_4 gibt CO aus C-6 und CO_2 aus C-1 und C-5 (*466, 751*). Die C-Atome 1 und 5 sowie 2 und 4 werden bei diesem Abbau jedoch nur paarweise erfaßt. Es sind auch Abbauverfahren beschrieben worden, die die Einzelbestimmung aller C-Atome erlauben, d. h. bei denen die beiden chemisch nicht unterscheidbaren Hälften des Moleküls auseinandergehalten werden können. Diese Verfahren bedienen sich einer stereospezifischen Enzymreaktion, nämlich der asymmetrisch verlaufenden Umwandlung der Citronensäure in α-Ketoglutarsäure durch Enzyme des Citratcyclus (*186, 467, 484, 516*). Diese Umwandlung, bei der C-6 als CO_2 eliminiert wird, verläuft mit geeigneten Enzympräparaten in 95% Ausbeute (*186*). Die α-Ketoglutarsäure kann man in Form ihres 2,4-Dinitrophenylhydrazons isolieren und mit Permanganat zu Bernsteinsäure oxydieren (*186, 467*). Durch deren Abbau werden die C-Atome 2 + 5 und 3 + 4 der Citronensäure gemeinsam erfaßt. Will man alle C-Atome getrennt bestimmen, so kann man die α-Ketoglutarsäure nach MOSBACH et al. (*516*) in Gegenwart von Ammoniak zur Glutaminsäure hydrieren. Deren Behandlung mit Chloramin T gibt die nächstniedere Aldehydsäure, die nach WOLFF-KISHNER zur Buttersäure reduziert wird. Wiederholter Schmidt-Abbau liefert dann alle restlichen C-Atome als CO_2 (vgl. Schema 4).

4*

$$\begin{array}{cccc}
\text{(1)COOH} & \text{(1)COOH} & \text{COOH} & \text{CO}_2\text{(C-1)} \\
| & | & | & \\
\text{(2)CH}_2 & \text{(2)CO} & \text{CHNH}_2 & \text{CHO} \\
| & | & | & | \\
\text{(3)} \quad \text{(6)} & \text{(3)CH}_2 & \text{CH}_2 & \text{CH}_2 \\
\text{HO—C—COOH} & | & | & | \\
| & \text{(4)CH}_2 & \text{CH}_2 & \text{CH}_2 \\
\text{(4)CH}_2 & | & | & | \\
| & \text{(5)COOH} & \text{COOH} & \text{COOH} \\
\text{(5)COOH} & & &
\end{array}$$

Reihenfolge: enzymatisch → ; NH_3, Pd/H_2 → ; Ninhydrin → ; Chloramin T →

$$\begin{array}{cc}
\text{CHO} & \text{CH}_3 \\
| & | \\
\text{CH}_2 & \text{CH}_2 \\
| & | \\
\text{CH}_2 & \text{CH}_2 \\
| & | \\
\text{COOH} & \text{COOH}
\end{array}$$

Wolff-Kishner Reduktion →

Anschließend kann 3 mal nach SCHMIDT-PHARES abgebaut werden.

Schema 4. Abbau von Citronensäure

2.321. β-Hydroxysäuren

Diese Verbindungen gehen bekanntlich leicht unter Wasserabspaltung in α,β-ungesättigte Säuren über. Darauf beruht z. B. der Abbau der β-Hydroxypropionsäure (*425*). Säurebehandlung liefert Acrylsäure, die zu Propionsäure hydriert wird. Die Wasserabspaltung aus der Tropasäure erfolgt beim Kochen mit Kalilauge (*485*). Die Doppelbindung wird anschließend mit Osmiumtetroxyd hydroxyliert und das Glykol mit Perjodat gespalten.

Ein weiteres Charakteristikum ist die leichte Decarboxylierung nach Oxydation der Hydroxy- zur Keto-Gruppe. So gibt β-Hydroxy-buttersäure bei der Oxydation mit Bichromat in Schwefelsäure Aceton und CO_2 (*661, 731*). Nach dem gleichen Prinzip läßt sich die Carboxyl-Gruppe der Corynomycolsäure abspalten (*282*). Das entstehende Keton ist ein geeignetes Ausgangsmaterial für den weiteren Abbau.

β-Hydroxy-valeriansäure liefert bei der Oxydation mit Bichromat in Schwefelsäure überwiegend Propionsäure (*217*), vermutlich aus C-3 bis C-5. Offenbar konkurrieren Spaltung zwischen C-2 und C-3 und Decarboxylierung miteinander.

Ein Abbau der β-Hydroxy-β-methyl-glutarsäure wird von RUDNEY (*612*) angegeben. Schmidt-Reaktion gibt C-1 und C-5 als CO_2. Wasserabspaltung mit Schwefelsäure liefert die α,β-ungesättigte Säure, die mit Permanganat zu Acetessigsäure oxydiert wird.

$$\begin{array}{cccc}
 & \text{COOH} & \text{COOH} & \\
 & | & | & \\
\text{CH}_2\text{NH}_2 & \text{CH}_2 & \text{CH} & \\
| & | & \| & \\
\text{HO—C—CH}_3 & \text{HO—C—CH}_3 & \text{C—CH}_3 & \text{CO—CH}_3 \\
| & | & | & | \\
\text{CH}_2\text{NH}_2 & \text{CH}_2 & \text{CH}_2 & \text{CH}_2 \\
 & | & | & | \\
 & \text{COOH} & \text{COOH} & \text{COOH}
\end{array}$$

← NaN_3/H_2SO_4 — ; H_2SO_4 → ; $KMnO_4$ →

2.322. ω-Hydroxysäuren

Hydroxysäuren, in denen die Hydroxyl-Gruppe mehr als 2 C-Atome von der Carboxyl-Gruppe entfernt steht, können zu den Fettsäuren reduziert werden, die dann nach einem Verfahren zum stufenweisen Abbau zerlegt werden. Die Entfernung der Hydroxyl-Gruppe gelingt durch Überführung in das Jodid und reduktive Abspaltung des Jods. Beim γ-Butyrolakton lassen sich beide Reaktionen in einem Schritt mit Jodwasserstoffsäure ausführen (*69, 489*). Bei der aus Patulin entstehenden ω-Hydroxy-γ-keto-capronsäure erfolgte die Umwandlung in das Jodid ebenfalls mit Jodwasserstoffsäure, die Reduktion mit Zinkamalgam in Salzsäure (*714*).

2.323. Polyhydroxysäuren

Der Abbau der Glycerinsäure durch Perjodat-Spaltung liefert Formaldehyd und Glyoxylsäure. Letztere wird bei Raumtemperatur und kurzer Reaktionszeit nicht weiter oxydiert. Die beschriebenen Verfahren unterscheiden sich im weiteren Abbau der Glyoxylsäure. BASSHAM et al. (*41*) oxydieren diese durch längere Einwirkung des Perjodats zu CO_2 (C-1) und Ameisensäure (C-2). ARONOFF (*15*) empfiehlt, um eine Überoxydation der Ameisensäure zu CO_2 zu vermeiden, die Verwendung von Cer-(IV)-perchlorat. BOOTHROYD et al. (*132*) schließlich fällen die Glyoxylsäure als 2,4-Dinitrophenyl-hydrazon und decarboxylieren dieses durch Erhitzen.

Abbau der Glycerinsäure (15, 18)

In einen Zweihalskolben mit Seitenarm bringt man 0,4 mM Glycerinsäure oder eines ihrer Salze und 91 mg HJO_4 in 0,8 ml Wasser. Nach 2 Std wird 1 ml Wasser zugesetzt, und der Formaldehyd mit dem Wasser im Vak. in eine mit flüssiger Luft gekühlte Falle destilliert. (Es genügt auch gute Kühlung mit Eis-Kochsalz.) Es ist zweckmäßig, den Rückstand noch 2 bis 3 mal mit einigen ml Wasser zu versetzen und erneut abzudestillieren. Durch Zugabe von 200 mg Dimedon in 50 ml Wasser wird Formaldimedon gefällt. Das Reaktionsgefäß wird mit einem Gaseinleitungsrohr versehen und über einen Kühler an eine CO_2-Falle angeschlossen. Man beschickt den Seitenarm mit 5 ml einer 0,5 m Lösung von $H_2Ce(ClO_4)_6$ in 6 m $HClO_4$ und spült dann mit CO_2-freiem Stickstoff. Die Perchloratocerat-Lösung wird in den Hauptraum gegeben. Nach 20 min bei 25 bis 30° C ist die Reaktion beendet. Man wechselt die CO_2-Falle gegen eine neue aus und oxydiert die Ameisensäure durch 5 min Kochen. Nach weiteren 10 min ist alles CO_2 übergetrieben.

Alternative: Nach der Spaltung der Glyoxylsäure reduziert man den Überschuß Cer-(IV)-Ionen mit Zinn-(II)-salz und oxydiert die Ameisensäure dann mit Hg-(II)-acetat (s. Glykolsäure-Oxydation S. 50).

2.33. Aminosäuren

2.330. α-Aminosäuren

Die Umsetzung mit Ninhydrin ist die wichtigste Reaktion zum Abbau der α-Aminosäuren. Dabei wird die der Amino-Gruppe benachbarte

Carboxyl-Gruppe als CO_2 freigesetzt.

$$R\text{—}CH\text{—}COOH \xrightarrow{\text{Ninhydrin}} R\text{—}CHO + CO_2$$
$$\underset{NH_2}{|}$$

Diese Umsetzung ist allgemein anwendbar, sie gelingt auch dann noch, wenn der Stickstoff einfach alkyliert ist, jedoch nicht mehr bei einer dialkylierten Amino-Gruppe. Die Grundlagen und die Anwendungsbreite der Reaktion haben VAN SLYKE et al. (*732, 733*) untersucht. Die Isolierung der Aldehyde einer großen Zahl von Aminosäuren beschreiben VIRTANEN und RAUTANEN (*743*). Die benötigten Mindestmengen an Aminosäure liegen um 1 mg. Zur Erzielung einer 100proz. Ausbeute an Aldehyd sind bei reinen Aminosäuren 50% Überschuß Ninhydrin erforderlich, bei Lösungen, die z. B. noch Glucose oder Trifluoressigsäure enthalten, 150% Überschuß (*743*). Will man bei der Ninhydrin-Reaktion nur das CO_2 isolieren, so verfährt man nach folgender Vorschrift:

In einen 25 ml-Kolben mit Gaseinleitungsrohr und Kühler bringt man 0,1 bis 0,25 mM der Aminosäure, 200 mg Citratpuffer pH 2,5 (2,06 g Trinatriumcitrat · 2 H_2O und 19,15 g Citronensäure · H_2O fein pulvern und mischen) und 2 bis 5 ml Wasser. Unter Durchleiten von CO_2-freiem Stickstoff wird kurz aufgekocht und im Eisbad abgekühlt. Bei 10°C gibt man 150 mg Ninhydrin zu und verbindet den Kühler sofort mit einer CO_2-Absorptionsfalle. Die Lösung wird 10 min auf 100°C erhitzt und das CO_2 weitere 5 min übergetrieben.

Es kann auch bei anderen pH-Werten (zwischen 1 und 5) gearbeitet werden.

Die Ninhydrin-Reaktion ist bei nahezu allen Aminosäuren zur Bestimmung der Radioaktivität der Carboxyl-Gruppe verwendet worden. Während das CO_2 bei allen anderen Aminosäuren, auch bei der Glutaminsäure, nur aus der zur Amino-Gruppe benachbarten Carboxyl-Gruppe stammt, werden bei der Asparaginsäure beide Carboxyl-Gruppen abgespalten, da der entstehende Malonsäure-semialdehyd spontan decarboxyliert (*247, 732*) (vgl. Abbau mit Chloramin T, S. 55). Bei längerer Ninhydrin-Behandlung von Histidin wird auch der Imidazol-Ring teilweise angegriffen, wobei zusätzliches CO_2 entsteht (*247*). Unter den Reaktionsbedingungen von VAN SLYKE (*734*) bleibt jedoch nach Versuchen mit Histidin-2-^{14}C (*465*) der Imidazol-Ring intakt.

Bei den meisten neutralen aliphatischen Aminosäuren wurde auch der Aldehyd als zweites Bruchstück isoliert und für den weiteren Abbau verwendet. Die Isolierung geschieht im allgemeinen durch Wasserdampfdestillation der Lösung nach der Ninhydrin-Reaktion (*743*). Der Acetaldehyd aus Alanin wird schon mit dem N_2-Strom abgetrieben. Man fängt ihn in einem getrennten Ansatz in einer Falle, z. B. mit 2proz. $NaHSO_3$-Lösung auf.

Wie KAY und ROWLAND (*393*) zeigten, findet zumindest beim Alanin während der Ninhydrin-Reaktion kein Austausch von Tritium aus der α-Stellung statt.

$$H_3C\text{—}C^3H\text{—}COOH \xrightarrow{\text{Ninhydrin}} H_3C\text{—}C^3HO + CO_2$$
$$\hspace{2.3cm} | $$
$$\hspace{2.3cm} NH_2$$

Ein schönes Anwendungsbeispiel der Ninhydrin-Reaktion ist der Abbau der N-Succinyl-α,α′-diaminopimelinsäure (*244*). Bei der Ninhydrin-Reaktion wird nur C-7 als CO_2 freigesetzt. Behandelt man dagegen die Verbindung mit 2,4-Dinitrofluorbenzol, so wird die Amino-Gruppe an C-6 blockiert. Nach hydrolytischer Abspaltung der Bernsteinsäure kann C-1 mit Ninhydrin bestimmt werden.

Die Abspaltung der Carboxyl-Gruppe von α-Aminosäuren als CO_2 kann außer mit Ninhydrin auch mit verschiedenen anderen Reagentien erreicht werden (*732*), jedoch bieten diese für den Abbau markierter Aminosäuren im allgemeinen keine Vorteile gegenüber dem Ninhydrin. Das Chloramin T (= Natriumsalz des N-Chlor-p-toluol-sulfonamids) wird bisweilen zum Abbau verwendet. Verschiedene Autoren beschreiben die Decarboxylierung von Glutaminsäure zu Bernsteinsäure-semialdehyd mit Hilfe von Chloramin T (*350, 516, 555*). Bei der Umsetzung von Asparaginsäure mit Chloramin T wird C-1 rascher als CO_2 abgespalten als C-4 (*247*). Mit positionsmarkierter Asparaginsäure fanden EHRENSVÄRD et al. (*247*), daß das in den ersten 10 min aufgefangene CO_2 zu 80% aus C-1 und zu 20% aus C-4 stammt. Sie bestimmten an Hand dieses Verhältnisses die Aktivität dieser beiden C-Atome. Das Verfahren ist jedoch für genaue Bestimmungen wenig geeignet.

Ebenfalls nur für Übersichtsanalysen geeignet ist die Decarboxylierung mit N-Bromsuccinimid (*121, 178, 265*). Sie verläuft bereits bei Zimmertemperatur quantitativ und läßt sich daher bequem serienmäßig im Warburg-Apparat durchführen. N-Bromsuccinimid ist ein energischeres Oxydationsmittel als Ninhydrin, es besteht daher, besonders in der Reihe der aromatischen und heterocyclischen Aminosäuren, die Gefahr der Überoxydation.

Decarboxylierung von Aminosäuren mit N-Bromsuccinimid

In den Hauptraum eines Warburg-Gefäßes mit 2 Seitenarmen bringt man die Aminosäure (etwa 5 μM in 1 ml Wasser) und 2 ml einer Lösung von 10% Succinimid in 1 m Natriumacetat-Puffer pH 4,7. In einen Seitenarm gibt man 0,5 ml 40proz. Kaliumjodid-Lösung, in den anderen 0,5 ml N-Bromsuccinimid-Suspension (2,5 g N-Bromsuccinimid + 2,5 g Succinimid in 25 ml 1 m Natriumacetat-Puffer pH 4,7) und in das Zentralgefäß 0,2 ml 2n KOH. Man schließt an das Manometer an, äquilibriert bei 30°C, startet die Reaktion durch Eingießen des Reagens in den Hauptraum und inkubiert 30 min bei 30°C unter Schütteln. Nach Reaktionsende spült man die Kaliumhydroxyd-Lösung aus dem Zentralgefäß quantitativ in ein Zählgläschen und bestimmt ihre Radioaktivität direkt im Scintillationszähler.

Glycin

Die Ninhydrin-Reaktion liefert CO_2 und Formaldehyd, der als Dimedon-Derivat isoliert wird (*668, 738*). CAVALIERI et al. (*174*) isolieren das Glycin als N-Tosyl-Derivat, das beim Erhitzen C-1 als CO_2 abspaltet.

Alanin

Auch hier wird im allgemeinen die Ninhydrin-Reaktion angewandt (*217, 247, 358, 393, 738*). Vorschrift s. (*738*). Der Acetaldehyd wird mit Hypojodit zu Ameisensäure (C-2) und Jodoform (C-3) abgebaut (*247, 738*) oder mit Bichromat zu Essigsäure oxydiert (*358, 393*). Beim Abbau von Tritium-markiertem Alanin mit Ninhydrin tritt an C-2 kein Austausch des Tritiums ein (*393*). Die C-Atome 2 und 3 des Alanins lassen sich auch durch Oxydation mit Permanganat in Phosphorsäure als Essigsäure fassen (*298*).

Valin

Von McMANUS (*504*) und von STRASSMAN et al. (*704*) wurden zwei sehr ähnliche Verfahren beschrieben (vgl. Schema 5). Ninhydrin-Reaktion gibt C-1 als CO_2 und Isobutyraldehyd, der zur Isobuttersäure oxydiert wird. Deren Abbau nach SCHMIDT liefert C-2 als CO_2 und Isopropylamin, das zu Aceton oxydiert und durch Jodoform-Reaktion und anschließenden Schmidt-Abbau weiter zerlegt wird. Das Aceton aus den C-Atomen 3, 4 und 4' kann andererseits auch durch direkte Oxydation des Valins mit Bichromat erhalten werden (*504*).

$$\begin{array}{c}
\overset{(4)}{H_3C}\diagdown \\
\qquad\overset{(3)}{C}H-\overset{(2)}{C}H-\overset{(1)}{C}OOH \xrightarrow{\text{Ninhydrin}} \\
\underset{(4')}{H_3C}\diagup \quad\ | \\
\qquad\qquad NH_2
\end{array}
\quad
\begin{array}{c}
H_3C\diagdown \\
\quad CH-CHO \\
H_3C\diagup \ +CO_2(C\text{-}1)
\end{array}
\xrightarrow{K_2Cr_2O_7}
\begin{array}{c}
H_3C\diagdown \\
\quad CH-COOH \\
H_3C\diagup
\end{array}$$

$$\downarrow HN_3$$

$$\begin{array}{c}
(C\text{-}4+C\text{-}4') \\
H_3CNH_2 \xleftarrow{HN_3}
\begin{array}{c}
CHJ_3\ (C\text{-}4+C\text{-}4') \\
+ \\
CH_3COOH
\end{array}
\xleftarrow{NaOJ}
\begin{array}{c}
H_3C\diagdown \\
\quad C=O \\
H_3C\diagup
\end{array}
\xleftarrow{KMnO_4}
\begin{array}{c}
H_3C\diagdown \\
\quad CH-NH_2 + CO_2(C\text{-}2) \\
H_3C\diagup
\end{array}$$
$$CO_2\ (C\text{-}3)$$

Schema 5. Abbau von Valin

Abbau von Valin *(704)*

1,5 mM Valin werden in 35 ml Wasser + 0,15 ml konzentrierter H_3PO_4 gelöst. Man kühlt die Lösung in Eis, gibt 800 mg Ninhydrin zu und erhitzt 1 Std auf dem siedenden Wasserbad am Rückflußkühler. Das CO_2 wird mit Stickstoff in eine Falle mit NaOH übergetrieben. Zur Isolierung des Isobutyraldehyds verdünnt man die Reaktionslösung auf 50 ml und destilliert 7 bis 8 ml in eine eisgekühlte Vorlage. Das Destillat, das den Isobutyraldehyd enthält, gibt man danach rasch unter Rühren zu einer Mischung aus 544 mg $K_2Cr_2O_7$ und 25 ml 1 n H_2SO_4 von 80°C. Nach 3 Std bei 80°C (Rückflußkühler) ist die Oxydation beendet. Man kühlt in Eis, verdünnt mit Eiswasser auf 200 ml und bringt auf pH 8. Nach Zugabe von 30 g $MgSO_4 \cdot 7 H_2O$ wird das neben der Isobuttersäure entstandene Aceton mit Wasserdampf abdestilliert. Man fängt 100 ml Destillat auf, die mit 25 ml 10proz. $HgSO_4$-Lösung (1 Woche gealtert) und 10 ml 50proz. H_2SO_4 $^1/_2$ Std unter Rückfluß gekocht werden. Den Aceton-Quecksilber-Komplex saugt man ab und wäscht ihn mit heißem Wasser; Ausbeute etwa 50%. Zur Isolierung der Isobuttersäure wird der Rückstand der Aceton-Destillation mit 10 ml 50proz. H_2SO_4 angesäuert und wasserdampfdestilliert; Ausbeute 50%.

Die Isobuttersäure wird mit NaOH neutralisiert, die Lösung zur Trockne eingedampft. Die Decarboxylierung nach SCHMIDT erfolgt nach *(553)*, Vorschrift s. S. 26. Das Isopropylamin wird nach der Decarboxylierung in eine Falle mit 5 ml 0,2 n H_2SO_4 übergetrieben. Diese Lösung spült man mit 5 bis 8 ml Wasser in einen 50 ml-Kolben, gibt 1,1 ml 1 n NaOH und 10 ml 1,5 n $KMnO_4$ dazu, verschließt den Kolben und läßt 3 Std bei Raumtemperatur stehen. Danach wird auf 200 ml verdünnt und nach Zugabe von 30 g $MgSO_4 \cdot 7 H_2O$ wasserdampfdestilliert. Das Aceton wird wie oben als Hg-Komplex isoliert. Weiterer Abbau s. Aceton, S. 79.

Leucin

Der von STRASSMAN et al. *(702)* durchgeführte Abbau entspricht völlig dem des Valins. REISS und BLOCH *(583)* isolieren die C-Atome der endständigen Isopropylgruppe durch Kuhn-Roth-Oxydation als Essigsäure. REED et al. *(577)* geben die Umsetzung des Leucins mit Silberoxyd zu Isovaleriansäure sowie die Oxydation zu Aceton an.

Isoleucin

Auch diese Aminosäure wird in der beim Valin angegebenen Weise abgebaut *(703)*.

Serin

Perjodat liefert Formaldehyd (C-3) und Glyoxylsäure *(663, 738)*. Letztere wird mit weiterem Perjodat langsamer in CO_2 (C-1) und Ameisensäure (C-2) zerlegt *(738)*, so daß Perjodat im Überschuß Serin direkt in Formaldehyd, Ameisensäure und CO_2 spaltet *(614)*. (Vgl. auch S. 53.)

$$
\begin{array}{c}
\text{COOH} \\
| \\
\text{CHNH}_2 \\
| \\
\text{CH}_2\text{OH}
\end{array}
\xrightarrow{\text{NaJO}_4}
\begin{array}{c}
\text{COOH} \\
| \\
\text{CHO} \\
+ \\
\text{HCHO}
\end{array}
\xrightarrow{\text{NaJO}_4}
\begin{array}{c}
\text{CO}_2 \\
+ \\
\text{HCOOH} \\
+ \\
\text{HCHO}
\end{array}
$$

Eine Vorschrift gibt SAKAMI *(614)*. Diese Arbeitsweise führt jedoch zu einer Kontamination der Ameisensäure (C-2) mit Radioaktivität aus C-3

(*177, 512*). CHANG und TOLBERT (*177*) publizierten eine modifizierte Vorschrift, bei der diese Schwierigkeit vermieden wird. Die Radioaktivitätsverteilung wird hier über die Gesamtaktivität, nicht über die spezifische Aktivität der Bruchstücke bestimmt.

Abbau von Serin mit Perjodat (177)

In einen 100 ml Dreihalskolben mit Gaseinleitungsrohr, der über einen kurzen Kühler mit einer CO_2-Absorptionsfalle (beschickt mit 5 ml 2n NaOH) verbunden ist, gibt man 0,4 mM des abzubauenden Serins und 4 ml 0,5 m Phosphatpuffer pH 5,8. Durch den Seitenarm schüttet man rasch und quantitativ eine frisch bereitete Lösung von 1,5 mM $NaJO_4$ in 3 ml Wasser in den Kolben, läßt 1 Std bei Raumtemperatur stehen und treibt dabei das entstandene CO_2 mit Stickstoff oder Luft in die Falle über. Zur Umsetzung überschüssigen Perjodats fügt man 0,4 mM nichtmarkiertes Serin zu und treibt eine weitere Stunde lang das CO_2 über. Dann wechselt man die CO_2-Falle gegen eine neue aus, gibt zur Reaktionsmischung 3 ml 3 m Phosphatpuffer pH 2,5 und danach 2 g $HgCl_2$ in 10 ml heißem Wasser. Unter Übertreiben des aus der Ameisensäure entstandenen CO_2 hält man die Mischung 1 Std am Sieden. Zur Oxydation des Formaldehyds werden nach dem Abkühlen 2 ml 5% $AgNO_3$-Lösung zugegeben und danach 2 g Natriumpersulfat in 10 ml heißem Wasser. Man kocht erneut 1 Std unter Rückfluß und treibt das CO_2 in eine dritte Absorptionsfalle über.

Die drei CO_2-haltigen Lösungen füllt man jeweils auf ein definiertes Volumen auf und bestimmt aus einem Aliquot ihren ^{14}C-Gehalt.

Threonin (247)

C-1 wird durch Ninhydrin-Reaktion als CO_2 isoliert, C-3 und C-4 durch Perjodat-Spaltung als Acetaldehyd. Der Abbau sollte aber auch wie beim Serin vollständig mit Perjodat möglich sein.

Methionin

Die S-Methyl-Gruppe kann durch Behandlung mit Jodwasserstoffsäure als CH_3J erhalten werden (*306*).

Asparaginsäure

Die Ninhydrin-Reaktion liefert CO_2 aus C-1 und C-4 (*247*). Über die Reaktion mit Chloramin T s. S. 55. Eine Möglichkeit, C-4 allein zu bestimmen, besteht in der Fermentation mit *Clostridium welchii* (*508*) zu Alanin und CO_2 aus C-4. Durch weiteren Abbau des Alanins lassen sich alle C-Atome der Asparaginsäure einzeln erfassen (*533*). Die C-Atome 2 und 3 können aus der Asparaginsäure direkt durch Oxydation mit Hypochlorit als Acetaldehyd erhalten werden (*247*). Ein anderer Weg zur getrennten Bestimmung aller C-Atome wurde von RACUSEN und ARONOFF (*569*) eingeschlagen. Sie setzten die Asparaginsäure mit salpetriger Säure zu Äpfelsäure um, deren weiterer Abbau (s. S. 51) die Trennung von C-1 und C-4 erlaubt.

Im Asparagin lassen sich C-1 und C-4 leicht getrennt bestimmen, wenn man sowohl das Amid als auch die durch Hydrolyse daraus gewonnene Asparaginsäure der Reaktion mit Ninhydrin oder N-Bromsuccinimid

(*121*) unterwirft. Im ersten Fall erhält man nur C-1, im zweiten C-1 + C-4 als CO_2.

Glutaminsäure

Oxydation mit Bichromat gibt Bernsteinsäure (*778*). C-2 + C-5 und C-3 + C-4 lassen sich bei diesem Abbau nicht trennen. HENDLER und ANFINSEN (*350*) bestimmen C-1 durch Umsetzung mit Chloramin T und C-5 durch Fermentation mit *Clostridium welchii* zu γ-Aminobuttersäure und CO_2 (C-1) und anschließende Schmidt-Reaktion. Die Schmidt-Reaktion zur Bestimmung von C-5 wurde jedoch auch direkt auf die Glutaminsäure angewandt (*555, 746*). Nach SIMON (*665*) können dabei allerdings bis zu 6% des CO_2 aus C-1 stammen. Zum weiteren Abbau wird die α,γ-Diamino-buttersäure mit Silberoxyd zu CO_2 (C-1) und β-Alanin umgesetzt, dessen Alkalischmelze Essigsäure aus C-2 und C-3 liefert (*555, 746*).

$$
\begin{array}{l}
\text{(1)COOH} \\
| \\
\text{(2)CHNH}_2 \\
| \\
\text{(3)CH}_2 \\
| \\
\text{(4)CH}_2 \\
| \\
\text{(5)COOH}
\end{array}
\xrightarrow[\text{Chloramin T}]{\text{Ninhydrin od.}}
\begin{array}{l}
CO_2 \text{ (C-1)} \\
\\
\text{COOH} \\
| \\
\text{CHNH}_2 \\
| \\
\text{CH}_2 \\
| \\
\text{CH}_2\text{NH}_2 \\
+ CO_2\text{(C-5)}
\end{array}
$$

(Die Reaktionskette: mit NaN_3 / H_2SO_4, dann Ag_2O, dann Alkalischmelze)

$$
\begin{array}{l}
\text{COOH} \\
| \\
\text{CH}_2 \\
| \\
\text{CH}_2\text{NH}_2
\end{array}
\xrightarrow[\text{schmelze}]{\text{Alkali-}}
\begin{array}{l}
\text{(2)COOH} \\
| \\
\text{(3)CH}_3
\end{array}
$$

Schema 6. Abbau von Glutaminsäure

Das bei der Oxydation der α,γ-Diamino-buttersäure freiwerdende CO_2 stammt nur zum Teil aus C-1, etwa 40% entstehen durch weitere Oxydation des β-Alanins (*665*).

Der Abbau von MOSBACH et al. (*516*) (vgl. Schema 4 von Glutaminsäure ab) besteht in der Umsetzung mit Chloramin T zu Bernsteinsäuresemialdehyd, der nach WOLFF-KISHNER zu Buttersäure reduziert wird. Diese wird dann stufenweise mit Hilfe der Schmidt-Reaktion abgebaut. Dieses Verfahren ist wegen seiner Eindeutigkeit dem vorher angegebenen sicher überlegen.

Abbau von Glutaminsäure

Eine neutrale Glutaminsäure-Lösung (etwa 2 mM in 20 ml Wasser) wird in einem 50 ml-Kolben mit 98% der theoretisch notwendigen Menge Chloramin T gerührt. Unter Durchleiten von Stickstoff beläßt man die Lösung 5 min bei Zimmertemperatur und erhitzt sodann 20 min oder bis zum Ende der Reaktion (erkennbar am negativen KJ-Stärke-Test) auf 50 ± 2°C. Dann wird im Eisbad gekühlt und der Niederschlag von p-Toluolsulfonamid abgesaugt und ausgewaschen. Die Lösung, einschließlich Waschwasser, gibt man in einen 200 ml-Kolben zu 1 g KOH Plätzchen, 5 ml 85proz. Hydrazin-Lösung und 25 ml Diäthylenglykol (2 × destilliert). Im Verlauf einer Stunde wird das Wasser über eine kleine Kolonne abdestilliert, bis die Rückflußtemperatur 180—190°C erreicht hat. Bei dieser Temperatur wird eine weitere Stunde gekocht. Dann kühlt man ab, säuert mit 10 n H_2SO_4 an und destilliert die flüchtigen Säuren mit Wasserdampf über. Die Buttersäure im Destillat enthält infolge Zersetzung des Lösungsmittels noch Spuren Essigsäure, die durch Chromatographie an einer Säule aus Celite, befeuchtet mit 0,5 n H_2SO_4, mit Chloroform als Elutionsmittel abgetrennt werden können; Ausbeute 45 bis 55%. (Andere Trennmöglichkeiten vgl. S. 14.)

Arginin und Ornithin

Ninhydrin-Abbau des Arginins gibt C-1 als CO_2 (*358*). Hydrolyse mit Bariumhydroxyd (*358*) oder Natronlauge (*705*) liefert CO_2 aus C-6 und Ornithin. Letzteres wird mit Permanganat in saurer Lösung zu Bernsteinsäure oxydiert (*705*). Diese stammt vermutlich aus den C-Atomen 2 + 3 + 4 + 5, jedoch liegt dafür kein Beweis vor.

Lysin (706)

Außer der Decarboxylierung mit Ninhydrin (C-1) wurden zwei Arten der Oxydation mit Permanganat benutzt. Permanganat in Schwefelsäure bei 85°C gibt Glutarsäure, deren Schmidt-Abbau CO_2 aus C-2 + C-6 liefert. Dagegen wird bei der Permanganat-Oxydation bei Raumtemperatur die Aminogruppe an C-6 nicht angegriffen. Man erhält so δ-Amino-valeriansäure, deren Schmidt-Abbau CO_2 aus C-2 liefert. Das 1,4-Diaminobutan wird zur Bernsteinsäure (vgl. 2.10) oxydiert, erneute Schmidt-Reaktion gibt CO_2 aus C-3 + C-6. Durch eine Reihe von Differenzbildungen läßt sich die Aktivität aller C-Atome berechnen. Der Abbau wurde auch zur Bestimmung der Tritiumverteilung benutzt (*559*).

Phenylalanin

Ninhydrin gibt CO_2 aus der Carboxyl-Gruppe, Oxydation mit Chromsäure führt zur Benzoesäure, die mit Kupferpulver in Chinolin oder nach SCHMIDT decarboxyliert wird (*299*). Der Abbau des aromatischen Ringes geht von dem durch Schmidt-Reaktion aus der Benzoesäure erhaltenen Anilin aus (s. S. 123). C-1 des Phenylalanins kann auch enzymatisch mit einem Acetonpulver aus *Streptococcus faecalis* bestimmt werden (*722*). Die Reaktion liefert auch aus Rohpräparaten der L-Aminosäure reines Phenyläthylamin für weitere Abbaureaktionen. L-Tyrosin wird ebenfalls decarboxyliert, jedoch kann das Tyramin leicht mit Alkali abgetrennt werden.

Tyrosin (25, 581, 689) (vgl. Schema 7)

Die Alkalischmelze bei 260 bis 270°C liefert 4-Hydroxybenzoesäure und Essigsäure. Für den weiteren Abbau s. 4-Hydroxybenzoesäure.

Alkalischmelze von Tyrosin

Zu einer geschmolzenen Mischung von 2 g KOH, 2 g NaOH und 2 Tropfen Wasser in einem Silbertiegel gibt man portionsweise 430 mg Tyrosin. Die Schmelze wird 12 min bei 270°C gehalten. Zweckmäßig für die Weiterverarbeitung ist ein Tiegel, der sich nach oben trichterförmig erweitert. Nach dem Abkühlen setzt man 5 ml

Wasser zu und tropft dann vorsichtig 25proz. H_2SO_4 ein, bis das Volumen 25 ml beträgt. Die Lösung wird 16 Std kontinuierlich mit Äther extrahiert, der Äther und die Essigsäure werden dann bei 50 bis 60°C Badtemperatur überdestilliert. Der Rückstand enthält die 4-Hydroxybenzoesäure. Ein alkalischer Auszug der Ätherphase wird mit der Wasserphase vereinigt und die stark saure Lösung wasserdampfdestilliert. Man fängt 250 ml Destillat auf, neutralisiert dieses mit NaOH und dampft zur Trockne ein. Zur Reinigung der Essigsäure setzt man die berechnete Menge 50proz. H_2SO_4 und Chloroform zu und chromatographiert an einer Celite-Säule.

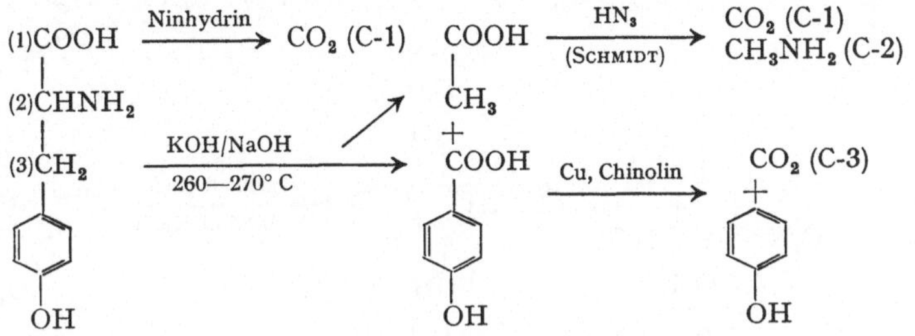

Schema 7. Abbau von Tyrosin

Eluiert wird zuerst mit 100 ml Chloroform, dann mit 100 ml Chloroform + 5% n-Butanol. Die Essigsäure-Fraktionen werden mit NaOH neutralisiert und eingedampft. Ausbeute 15 bis 20 mg Natriumacetat. [Andere Reinigungsmethoden vgl. 1.70.]

Zur Reinigung wird die 4-Hydroxybenzoesäure 5mal je 5 min mit 1 ml Chloroform unter Rückfluß gekocht und abgekühlt und filtriert; Ausbeute 282 mg = 86%; Fp. 208°C.

Aus kernsubstituierten aromatischen Aminosäuren läßt sich durch Permanganat-Oxydation Asparaginsäure erhalten, die aus der Seitenkette und dem C-1 des Ringes stammt. Hiervon wurde beim Abbau des Orcylalanins Gebrauch gemacht (96). Die Ausbeute ist mäßig.

Kynurenin

Bei der Umsetzung mit Hypojodit entsteht nach HEIDELBERGER et al. (345) Jodoform aus dem C-3 der Seitenkette. Es ist anzunehmen, daß außerdem C-2 als Ameisensäure anfällt, jedoch wurde diese nicht isoliert.

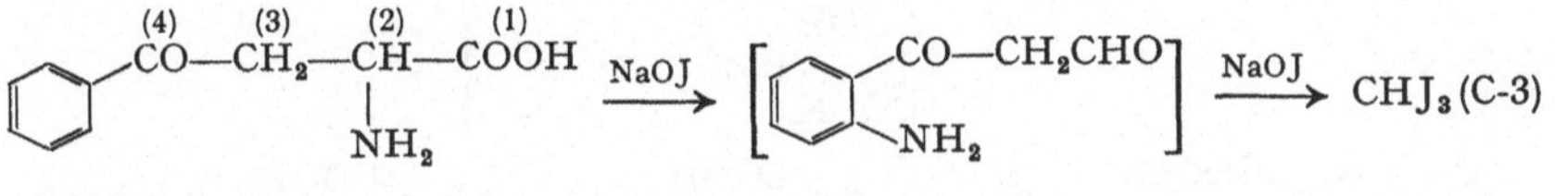

Tryptophan

RAFELSON et al. (573) haben Tryptophan nach Schema 8 abgebaut.

Dieser Abbau erlaubt keine Trennung der 4 C-Atome des Pyrrol-Ringes. Überdies ist nach eigener Erfahrung die Oxydation des Tryptophans zum Indol-3-aldehyd kritisch. RAFELSON (572) hat wenig später einen zweiten Abbau beschrieben, der die Einzelbestimmung aller C-Atome erlaubt (vgl. Schema 9).

Für den gesamten Abbau werden etwa 5 mM Substanz benötigt.

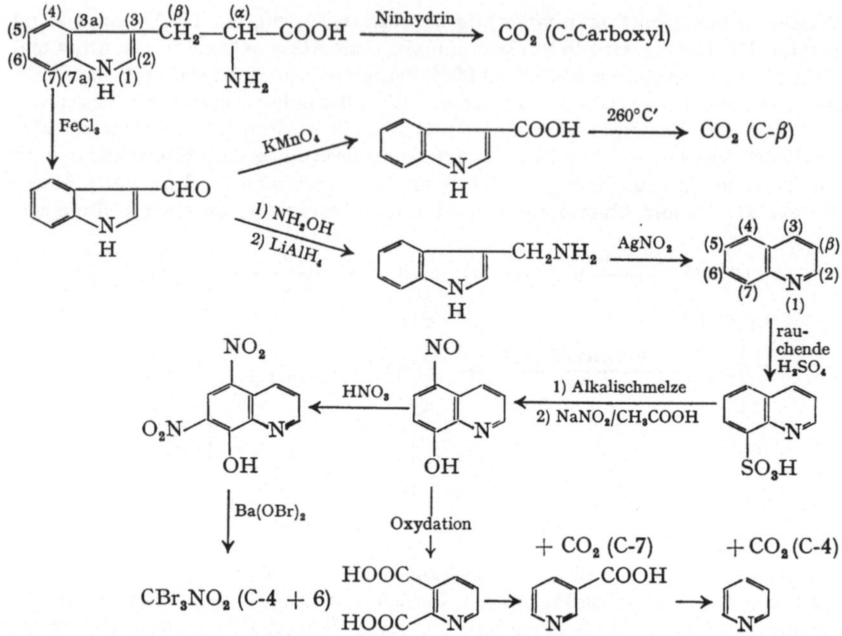

Schema 8. Abbau von Tryptophan

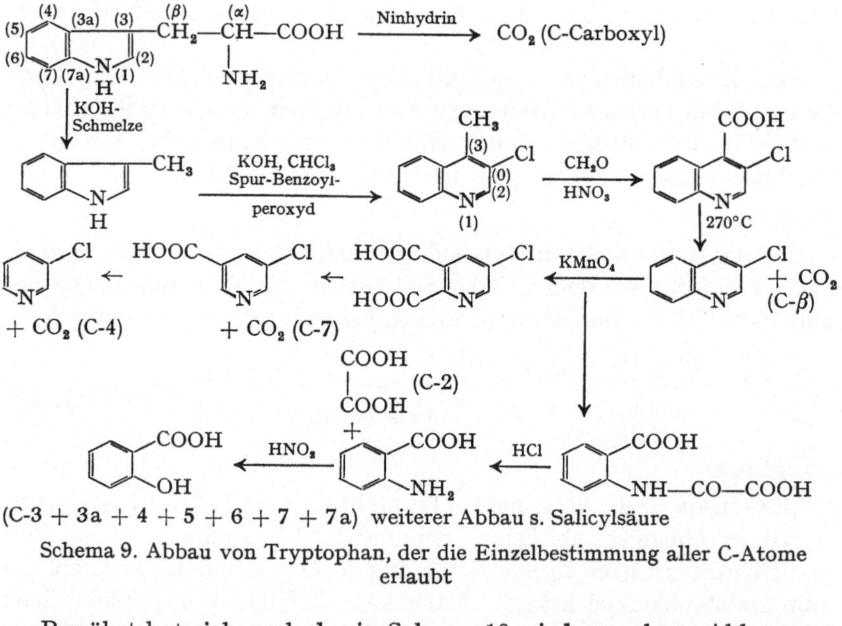

(C-3 + 3a + 4 + 5 + 6 + 7 + 7a) weiterer Abbau s. Salicylsäure

Schema 9. Abbau von Tryptophan, der die Einzelbestimmung aller C-Atome
erlaubt

Bewährt hat sich auch der in Schema 10 wiedergegebene Abbauweg,
der auch die Ermittlung der Deuterium- bzw. Tritium-Verteilung erlauben
sollte (*264*).

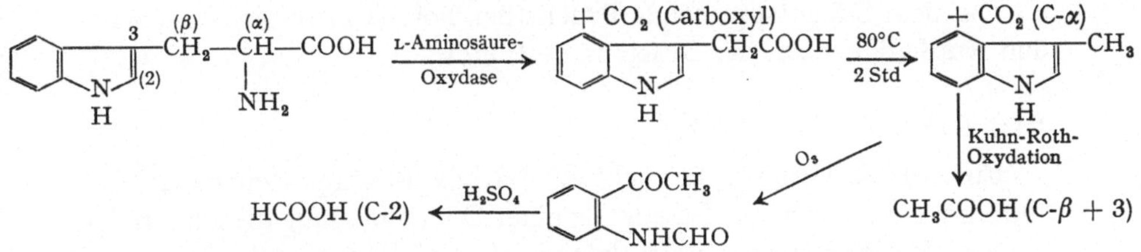

Schema 10. Abbau von Tryptophan über Indolylessigsäure

Zur Oxydation zu Indolylessigsäure inkubiert man bei 37°C und pH 7,2 unter Durchleiten von O_2 (CO_2-frei) mit käuflicher L-Aminosäure-oxydase aus Schlangengift ohne Zusatz von Katalase. Die Ozonisierung des Skatols geschieht nach der Vorschrift von WITKOP (775). Für den Abbau werden 1,5 bis 2,0 mM Tryptophan benötigt. Bei der Überprüfung mit Tryptophan-β-^{14}C und –[carboxyl-^{14}C] lagen die Radioaktivitätsver-schmierungen stets unter 0,2%.

Einige Reaktionen zur Bestimmung der Tritium-Verteilung im Tryptophan wurden von SCHELLENBERG (627) angegeben, jedoch ist es fraglich, ob sie nicht zum Teil mit unspezifischem Tritium-Austausch verbunden sind.

Histidin

LEVY und COON (465) geben den in Schema 11 wiedergegebenen Abbau an.

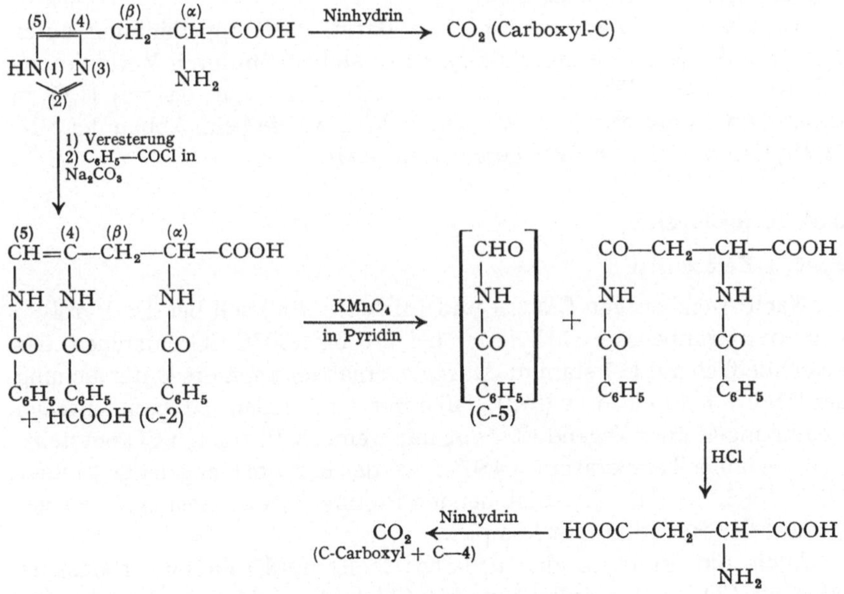

Schema 11. Abbau von Histidin

Das dem C-5 entsprechende Bruchstück konnte nicht isoliert werden und wurde daher aus der Differenz bestimmt.

2.331. Sonstige Aminosäuren

Eine Amino-Gruppe, die nicht zur Carboxyl-Gruppe benachbart ist, kann im allgemeinen zur Erzeugung einer Doppelbindung dienen, an der weitere Reaktionen einsetzen können (Oxydationen, Alkalischmelze, Hydrierung zur gesättigten Fettsäure).

LAGERKVIST (*425*) hat β-Alanin mit salpetriger Säure in β-Hydroxy-propionsäure überführt, aus dieser mit Schwefelsäure Wasser abgespalten und die entstehende Acrylsäure zur Propionsäure hydriert. Der weitere Abbau geschah mit Hilfe der Schmidt-Reaktion. Die Umwandlung in Acrylsäure kann einfacher auch durch Quarternierung mit Dimethyl-sulfat und Alkali erreicht werden, wie es beim N-Methyl-β-alanin beschrieben wird (*631*). Da die quartäre Verbindung in Alkali bereits bei Raumtemperatur zerfällt, erhält man unmittelbar Acrylsäure. Ausbeute beim N-Methyl-β-alanin 80%.

Andererseits läßt sich aus β-Alanin durch Alkalischmelze Essigsäure erhalten, die aus den Positionen 1 und 2 stammt (*555, 746*), doch sind die Ausbeuten an Essigsäure niedrig (*665*). Ebenfalls durch Alkalischmelze haben CORNFORTH et al. (*200*) das durch Ringöffnung von 2-Methyl-cyclohexanon erhaltene Gemisch von ω-Aminocarbonsäuren abgebaut. Die Doppelbindung wandert in die α, β-Stellung und es erfolgt Abspaltung von Essigsäure (vgl. unter 2.14).

Eine weitere Möglichkeit besteht darin, die Doppelbindung durch Pyrolyse des N-Oxyds zu schaffen. Dazu stellt man durch Methylierung mit Ameisensäure/Formaldehyd das tertiäre Amin dar, das mit H_2O_2 in das N-Oxyd umgewandelt wird. Dieser Weg wurde beim Abbau der δ-N-Methyl-aminovaleriansäure beschritten (*253*).

2.34. Ketosäuren

2.340. α-Ketosäuren

Nach Angaben von CALVIN und LEMMON (*164*) soll bei der Pyrolyse von Brenztraubensäure-äthylester bei 110 bis 130°C CO entstehen, das ausschließlich aus C-1 stammt. Dagegen ergab eine spätere Untersuchung der Reaktion durch FREY (*376*), daß unter verschiedenen experimentellen Bedingungen überwiegend CO_2 mit nur wenigen Prozenten CO entsteht. Erst bei hoher Temperatur ($\sim$ 450°C) werden größere Mengen CO gebildet (*437*). Nach der Zahl der entstehenden Produkte zu urteilen (*437*), ist der Verlauf der Reaktion sehr komplex.

Auch die Pyrolyse der 5:6-Seco-cholestan-5,7-dion-6-carbonsäure führt zu CO_2, wobei außerdem der Aldehyd gebildet wird (*200*). Die

Pyrolyse der Phenylglyoxylsäure gibt ein Gemisch von CO (60 bis 70%) und CO_2 (30 bis 40%). Das CO stammt zu etwa 85% aus C-1 und zu 15% aus C-2 (31). Dagegen erhält man CO ausschließlich aus C-1, wenn man die Verbindung der säurekatalysierten Decarbonylierung unterwirft (30). Desgleichen liefert die Pyrolyse verschiedener substituierter Oxalessigester ausschließlich CO, das nur aus C-1 stammt (31 a). Die Reaktion gelingt nur beim Vorliegen bestimmter Strukturelemente.

Aus den Beispielen geht hervor, daß die pyrolytische Zerlegung von α-Ketosäuren keine allgemein anwendbare Reaktion ist, und daß man mit Radioaktivitätsverschmierungen zu rechnen hat.

Als spezifischen Katalysator für die Decarboxylierung von α-Ketosäuren empfehlen LANGENBECK et al. (429) das 3-Amino-oxindol. Es wurde zur Decarboxylierung markierter 2,5-Diketogluconsäure verwendet (392).

Auch durch Kochen mit einem Säureanhydrid (z. B. Benzoesäureanhydrid) und Pyridin in Benzol lassen sich α-Ketosäuren decarboxylieren (187). Phenylglyoxylsäure liefert so CO_2 und Benzaldehyd in 88 bzw. 75% Ausbeute.

Bei der Phenylglyoxylsäure wurde eine Decarboxylierung auf indirektem Wege, nämlich durch Kochen des Oxims in Wasser, erreicht (485). Dabei entsteht CO_2 aus C-1 und Benzonitril. Andererseits läßt sich diese Säure bereits durch Wasserstoffperoxyd bei Zimmertemperatur zu CO_2 aus C-1 und Benzoesäure oxydieren (30).

In der Reihe der aliphatischen α-Ketosäuren verwendet man zum Abbau häufig die Oxydation mit Permanganat zu CO_2 und der nächstniederen Carbonsäure (786). Der große Vorteil dieses Verfahrens besteht darin, daß auch Derivate der Säuren, z. B. die Semicarbazone (150) und sogar die 2,4-Dinitrophenylhydrazone (653), in dieser Weise oxydiert werden können. Das CO_2 aus C-1 wird dabei natürlich verdünnt durch das CO_2, welches durch Oxydation des Carbonyl-Reagenzes entsteht. Bei den Semicarbazonen bereitet dies keine Schwierigkeiten, da der Semicarbazon-Rest quantitativ oxydiert wird. Dagegen wurden bei der Oxydation der Dinitrophenylhydrazone von Brenztraubensäure und α-Ketobuttersäure nur 60 bis 80% der erwarteten CO_2-Menge erhalten (653). Offenbar wird der Benzolring nur unvollständig oxydiert, denn die Säuren werden praktisch quantitativ erhalten. SHEMIN und WITTENBERG haben die Radioaktivität des CO_2 an Hand der Ausbeute korrigiert (653), jedoch dürfte es wesentlich genauer sein, C-1 als Differenz zu bestimmen.

Oxydation von α-Ketoglutarsäure-semicarbazon

0,3 ml 1,5 n $KMnO_4$-Lösung werden zu 1 ml 4 n H_2SO_4 gegeben, durch die Mischung leitet man bei 38°C 10 min Stickstoff, um CO_2 zu vertreiben, das durch Oxydation von Verunreinigungen entsteht. Dann gibt man 7 mg des Semicarbazons in 4 ml Wasser zu, spült mit 0,5 ml Wasser nach und treibt das CO_2 mit Stickstoff in eine mit flüssiger Luft gekühlte Spiralfalle [vgl. (1.80)] über (werden größere Mengen oxydiert, kann man auch als $BaCO_3$ fällen).

Außer auf α-Ketoglutarsäure (*150, 186, 467, 786*), α-Ketobuttersäure (*653*) und Brenztraubensäure (*653*) wurde dieses Verfahren auch auf die Glyoxylsäure angewandt (*151, 249*). Bei der Glyoxylsäure entsteht zuerst CO_2 aus der Carboxyl-Gruppe und dem Semicarbazid, die außerdem gebildete Ameisensäure wird langsamer ebenfalls zu CO_2 oxydiert. BUCHANAN et al. (*151*) haben daher das in den ersten 7 min anfallende CO_2 zur Bestimmung der Aktivität von C-1 verwendet und das nach den ersten 14 min noch entstehende für die Bestimmung von C-2. Es ist jedoch fraglich, ob dieses Verfahren für eine exakte Bestimmung der Aktivitätsverteilung genügend genau ist. Trimethyl-brenztraubensäure kann mit Bichromat bei 50°C zu CO_2 (C-1) und Pivalinsäure oxydiert werden (*581, 763*).

Manche α-Ketosäuren lassen sich mit Perjodat zu CO_2 und der nächst niedrigeren Carbonsäure oxydieren (*690*). Besonders leicht reagiert die Glyoxylsäure. Bei 34°C erhält man mit 5% Überschuß an Perjodsäure in 5 Std CO_2 und Ameisensäure in quantitativer Ausbeute (*179*).

Ein spezifisches Oxydationsmittel für α-Ketosäuren (und α-Hydroxy-säuren) ist das Cer-(IV)-Ion. Cer-(IV)-sulfat in Schwefelsäure oxydiert Brenztraubensäure quantitativ zu CO_2 und Essigsäure (*202, 274, 728, 729*).

Oxydation von Brenztraubensäure mit Cer-(IV)-sulfat

In einen Kolben mit Gaseinleitungsrohr und Seitenstutzen bringt man eine gesättigte Cer-(IV)-sulfat-Lösung (0,6 bis 0,8 mM = 150 bis 200% d. Th.) in 10 n H_2SO_4, in den Seitenstutzen 0,2 mM Brenztraubensäure in 1 ml 10n H_2SO_4. Man leitet Stickstoff durch die Lösung und verbindet den Kolben mit einer CO_2-Absorptionsfalle. Die Pyruvat-Probe wird in den Hauptraum gegeben. Nach 5 min ist die Reaktion beendet, nach weiteren 10 min wird der N_2-Strom abgestellt. Das CO_2 wird als $BaCO_3$ gefällt, die Essigsäure destilliert man mit Wasserdampf ab.

Nach CORZO und TATUM (*202*) können bei der Oxydation mit Cer-(IV) auch die 2,4-Dinitrophenylhydrazone eingesetzt werden. Der Vorteil gegenüber der Permanganat-Oxydation besteht hauptsächlich darin, daß der Benzolring des 2,4-Dinitrophenylhydrazin-Rests nicht angegriffen, das CO_2 also nicht verdünnt wird. Eine Überprüfung mit Brenztrauben-säure-2-^{14}C-dinitrophenylhydrazon zeigte allerdings, daß 5 bis 10% der Aktivität von C-2 in CO_2 erscheinen können (*790*).

Neben diesen allgemeinen Verfahren wurden für einige Verbindungen noch spezielle Methoden angegeben. Glyoxylsäure läßt sich durch Erhitzen des 2,4-Dinitrophenylhydrazons auf 205°C (50 min) decarboxylieren (*146, 208*). Das CO_2 enthält aber etwa 5% Radioaktivität aus C-2 (*208*). MOSBACH et al. (*515*) haben Brenztraubensäure durch eine Wolff-Kishner-Reduktion (Ausb. 73%) in Propionsäure überführt und diese dann mit Hilfe der Schmidt-Reaktion zerlegt. Auch die Fermentation mit Hefe zu

CO_2 und Acetaldehyd wurde zum Abbau der Brenztraubensäure verwendet (*394*). Es ist jedoch notwendig, die Hefe zunächst zu verarmen. Die reduktive Aminierung der α-Ketoglutarsäure zu Glutaminsäure und deren weiterer Abbau wurden von Mosbach et al. (*516*) beschrieben (vgl. Citronensäure S. 51 und Glutaminsäure S. 59). Ebenso wurde Glyoxylsäure durch Hydrierung des 2,4-Dinitrophenylhydrazons in Glycin umgewandelt (*770*).

2.341. β-Ketosäuren

β-Ketosäuren decarboxylieren leicht beim Erwärmen mit Säuren. Bei der Decarboxylierung der Acetessigsäure, die beim Kochen mit verdünnter HCl oder H_2SO_4 unter Rückfluß erfolgt, setzt man $HgSO_4$ zu und isoliert das Aceton in Form des schwerlöslichen Quecksilber-Komplexes (*232, 750, 752*). Der Quecksilber-Komplex wird durch Lösen in HCl wieder zerstört und das Aceton in eine Hypojodit-Lösung überdestilliert. C-2 + C-4 der Acetessigsäure werden als Jodoform erhalten. Um zwischen C-2 und C-4 unterscheiden zu können, wurde zusätzlich ein Oxydationsverfahren entwickelt (*752*), das Essigsäure aus C-3 + C-4 und Ameisensäure aus C-2 liefert. Dazu oxydiert man die Acetessigsäure mit Permanganat in 1 n H_2SO_4 bei Eisbad-Temperatur.

Oxalessigsäure läßt sich leicht zu CO_2 (C-4) und Brenztraubensäure decarboxylieren. Als Katalysator benutzt man Aluminiumsalze (*728*) oder man arbeitet nach Ostern (*540*) mit Anilin, wobei die Brenztraubensäure als Anilid anfällt (*785*).

2.342. Sonstige Ketosäuren

Als Zwischenprodukt beim Abbau der Glutaminsäure nach Mosbach et al. (*516*) tritt Bernsteinsäure-semialdehyd auf, der nach Wolff-Kishner zu Buttersäure reduziert wird (Vorschrift s. S. 59).

Lävulinsäure gibt bei der Jodoform-Reaktion C-5 als Jodoform und Bernsteinsäure, deren weiterer Abbau C-1 + C-4 und C-2 + C-3 liefert (*76, 715*). Außerdem kann man mit dem Dinitrophenylhydrazon der Lävulinsäure die Schmidt-Reaktion ausführen und erhält so C-1 als CO_2 (*715*). Einen anderen Abbau beschreiben Cornforth und Popják (*201*).

$$
\begin{array}{ccccccc}
\text{COOH} & & \text{COOH} & & \text{COO}^{\ominus} & & \text{COOH} \\
| & & | & & | & & | \\
\text{CH}_2 & & \text{CH}_2 & & \text{CH}_2 & & \text{CH}_3 \\
| & \xrightarrow[\text{2) Al—Hg}]{\text{1) } C_6H_5\text{—NH—NH}_2} & | & \xrightarrow{\text{CH}_3\text{J}} & | & \xrightarrow[350^\circ\text{C}]{\text{KOH}} & + \\
\text{CH}_2 & & \text{CH}_2 & & \text{CH}_3 & & \text{COOH} \\
| & & | & & | & & | \\
\text{CO} & & \text{CHNH}_2 & & \text{CHN}^{\oplus}(\text{CH}_3)_3 & & \text{CH}_2 \\
| & & | & & | & & | \\
\text{CH}_3 & & \text{CH}_3 & & \text{CH}_3 & & \text{CH}_3 \\
\end{array}
$$

Schema 12. Abbau von Lävulinsäure

Reduktion des Phenylhydrazons oder auch des Oxims (76) mit Aluminiumamalgam führt zur γ-Aminovaleriansäure. Diese wird mit Methyljodid quarterniert und dann der Kalischmelze bei 350°C unterworfen (s. 2.14.). Dabei tritt Hofmann-Abbau ein, die Doppelbindung wandert in die α,β-Stellung und es folgt Spaltung in Essigsäure (C-1 + 2) und Propionsäure (C-3 + 4 + 5). Deren weiterer Abbau erlaubt die Einzelbestimmung aller C-Atome der Lävulinsäure (vgl. Schema 12).

2.35. Andere Carbonsäuren

Der Epoxydring in Epoxybernsteinsäure läßt sich mit Säure zum 1,2-Diol öffnen (770). Es folgt der weitere Abbau der erhaltenen Weinsäure durch Perjodat-Spaltung. Die Umsetzung der Glyoxylsäure mit Dinitrophenylhydrazin und Hydrierung zum Glycin sowie Ninhydrin-Reaktion schließen sich an.

Das Dimethyl-β-propiothetin geht als tertiäres Sulfoniumbetain analog dem quartären Trimethylammoniumbetain aus β-Alanin (s. S. 64) leicht mit Alkali in Acrylsäure über (307):

$$\begin{array}{c} H_3C \\ \diagdown \\ S-CH_2-CH_2-COO^- \xrightarrow{\text{Alkali}} H_2C=CH-COOH + S(CH_3)_2 \\ \diagup \\ H_3C \end{array}$$

Von der leichten Decarboxylierbarkeit von α-Nitro-fettsäuren machen DeBoer und van Velzen (226, 227) Gebrauch. Die 1-Nitro-cyclopropan-1,2-dicarbonsäure geht beim Erhitzen in CO_2 und 1-Nitro-cyclopropan-2-carbonsäure über.

$$\begin{array}{ccc} HOOC \quad COOH & & HOOC \quad NO_2 \\ \underset{\triangle}{\bigtriangledown}\!-NO_2 \xrightarrow{\triangle} & & \bigtriangledown + CO_2 \end{array}$$

β-Nitropropionsäure wurde durch Schmidt-Reaktion (C-1 als CO_2) und Hypobromit-Behandlung (C-3 als Tribrom-nitromethan) abgebaut. Eine andere Möglichkeit besteht in der Überführung in Malonsäuresemialdehyd, der als Dinitrophenylhydrazon isoliert wird. Decarboxylierung und anschließende Kuhn-Roth-Oxydation gibt CO_2 (C-1) und Essigsäure (C-2 + 3) (113).

3. Aliphatische Kohlenwasserstoffe

3.0. Rein aliphatische Kohlenwasserstoffe (vgl. auch unter 3.1.)

Allgemein besteht die Möglichkeit, C-Methyl-Gruppen nach Kuhn-Roth als Essigsäure zu erfassen (vgl. 1.70).

Propan wurde zur Ermittlung der Isotopenverteilung der Pyrolyse an Kieselsäure bei 550 bis 575°C unterworfen. Dabei entstehen Äthylen und

Methan und es wird angenommen, daß letzteres aus den endständigen C-Atomen 1 und 3 stammt (*421*).

Den Abbau von Propen haben FRIES und CALVIN (*273*) untersucht. Die Oxydation mit Permanganat bei pH 4 und 25°C gibt CO_2 aus C-1 (Ausbeute 90%) und Essigsäure aus C-2 + 3 (Ausbeute 70%). Daneben entsteht etwas Oxalsäure, die jedoch nicht stört, da sie nicht wasserdampfflüchtig ist. Damit lassen sich alle C-Atome getrennt bestimmen. Der Abbau wurde mit Propen-1-^{14}C überprüft. Ein sauberer Abbau des Propens, der auch zur Bestimmung der Deuterium- bzw. Tritium-Verteilung geeignet ist, besteht in der Spaltung der Doppelbindung mit Osmiumtetroxyd und Perjodat (*676*). Die Produkte Acetaldehyd und Formaldehyd lassen sich mit Hilfe der Urotropin-Reaktion trennen (vgl. 1.83.).

Will man nur die endständigen C-Atome des Propens von dem mittleren unterscheiden, so kann man mit Schwefelsäure hydratisieren und mit Chromsäure zu Aceton oxydieren. Die Jodoform-Reaktion liefert dann C-1 + C-3 (*421*).

Ganz analog wurden Allen und Methylacetylen durch Hydratisierung zu Aceton abgebaut (*495*).

Zum Abbau ungesättigter Kohlenwasserstoffe eignet sich besonders die Ozonspaltung (vgl. 1.72). Isobutylen wurde so zu Formaldehyd und Aceton abgebaut (*578*). Die gleichen Produkte erhält man aus Methallylchlorid, wenn man das Ozonid in Gegenwart von platiniertem Zink spaltet (*578*). Dabei wird das Chlor reduktiv entfernt. Ein weiteres Beispiel dafür, daß Halogenkohlenwasserstoffe mit Ozon abgebaut werden können, ist das Hexachlorpropen. Ozonspaltung in CCl_4 liefert hier nach Zerlegung des Ozonids mit 4proz. Schwefelsäure CO_2 und Trichloressigsäure (*662*).

Andererseits wurde zur Spaltung von Olefinen an der Doppelbindung die Hydroxylierung mit Perameisensäure und anschließende Perjodat-Spaltung verwendet. GIBSON und CLARKE (*297*) zerlegten auf diese Weise Hexen-2 und Hepten-2 in Acetaldehyd und Butyraldehyd bzw. Valeraldehyd. Die Aldehyde werden zu den Säuren oxydiert und dann nach SCHMIDT weiter abgebaut (s. 2.10). Ebenfalls mit Perameisensäure und Perjodat haben MAZUR et al. (*501*) das 1-Chlorbuten-3 abgebaut (vgl. Schema 13). Das Chlor wurde zuvor mit Hilfe einer Grignard-Reaktion durch Wasserstoff ersetzt. Die Spaltung lieferte dann Formaldehyd und Propionaldehyd, der zur Säure oxydiert und nach SCHMIDT zerlegt wurde. Weitere Beispiele siehe unter offenkettigen Isoprenoiden 8.10.

$$
\begin{array}{ccccccccc}
\text{(1)}CH_2Cl & & CH_3 & & CH_3 & & CH_3 & & CH_3 \\
| & & | & & | & & | & & | \\
\text{(2)}CH_2 & \xrightarrow[\text{2) }H_2O]{\text{1) Mg}} & CH_2 & \xrightarrow[\text{2) }NaJO_4]{\text{1) }H_2O_2/HCOOH} & CH_2 & \xrightarrow{NaMnO_4} & CH_2 & \xrightarrow{HN_3} & CH_2 \\
| & & | & & | & & | & & | \\
\text{(3)}CH & & CH & & CHO & & COOH & & NH_2 \\
\| & & \| & & + & & & & +\ CO_2\ \text{(C-3)} \\
\text{(4)}CH_2 & & CH_2 & & HCHO\ \text{(C-4)} & & & &
\end{array}
$$

Schema 13. Abbau von 1-Chlorbuten-3 über Buten-1

3.1. Abbau aliphatischer Kohlenwasserstoff-Ketten in gemischt aliphatisch-aromatischen Verbindungen

3.10. Gesättigte Kohlenwasserstoffketten

Im allgemeinen lassen sich Phenyl-substituierte Alkane mit Permanganat zu Benzoesäure oxydieren. So gibt Äthylbenzol beim Kochen mit Permanganat in Alkali Benzoesäure (*723*), desgleichen n-Propylbenzol (*601*). 1-Phenyl-2-(p-methoxyphenyl)-äthan liefert Benzoesäure und p-Methoxybenzoesäure (*433*). Da sich Benzoesäure auch in kleinen Mengen sehr gut durch Sublimation reinigen läßt, ist dieser oxydative Abbau sehr beliebt, obwohl die Ausbeuten manchmal nur mäßig sind. Eine vorteilhafte Variante ist das Verfahren von ROBERTS et al. (*603*). Diese Autoren bromierten das Äthylbenzol zunächst in der α-Stellung, setzten das Bromid mit Kaliumacetat um und oxydierten dann erst mit Permanganat. Durch die Einführung der Sauerstoff-Funktion wird die Oxydation erleichtert.

$$\begin{array}{ccccc}
CH_3 & & CH_3 & & \\
| & & | & & \\
CH_2 & \xrightarrow[\text{2) KOAc}]{\text{1) Br}_2\text{, Licht}} & CHOAc & \xrightarrow{KMnO_4,\ KOH} & COOH \\
| & & | & & | \\
C_6H_5 & & C_6H_5 & & C_6H_5
\end{array}$$

Abbau von Äthylbenzol (603)

0,5 ml Äthylbenzol werden in einem kleinen Kolben mit Tropftrichter und Rückflußkühler auf 60°C erwärmt und unter Bestrahlung mit einer UV-Lampe mit 0,4 ml Brom behandelt. Nach dem Abkühlen gibt man 0,64 g Kaliumacetat in 5 ml Äthanol zu, erhitzt 20 min unter Rückfluß, kühlt auf 5°C und filtriert vom Kaliumbromid ab. Das Äthanol wird abdestilliert, zum Rückstand gibt man 10 ml Benzol und destilliert etwa 8 ml davon wieder ab. Nun setzt man 0,5 g KOH, 2 g KMnO$_4$ und 20 ml Wasser zu und kocht 3 Std unter Rückfluß. Danach wird mit Schwefelsäure angesäuert, weitere 2 Std gekocht und mit KOH wieder alkalisch gemacht. Man filtriert vom Braunstein ab, säuert an und saugt die ausgefällte Benzoesäure ab. Etwa 250 mg nach Umkristallisation aus Wasser.

Um alle C-Atome der Seitenkette des n-Propylbenzols getrennt zu bestimmen, wurde dieses mit N-Bromsuccinimid in CCl$_4$, dann mit Pyridin und anschließend mit Perameisensäure behandelt. Das so erhaltene Diol wurde mit Perjodat in Benzaldehyd und Acetaldehyd zerlegt (*601*) (vgl. Schema 14).

$$\begin{array}{ccccccccc}
CH_3 & & CH_3 & & CH_3 & & \\
| & & | & & | & & \\
CH_2 & \xrightarrow[\text{2) Pyridin}]{\text{1) NBS* in CCl}_4} & CH & \xrightarrow[\text{2) NaJO}_4]{\text{1) H}_2\text{O}_2\text{/HCOOH}} & CHO & \xrightarrow{NaOJ} & CHJ_3 \\
| & & \| & & + & & \\
CH_2 & & CH & & CHO & & \\
| & & | & & | & & \\
C_6H_5 & & C_6H_5 & & C_6H_5 & &
\end{array}$$

$$\xrightarrow{KMnO_4} \quad C_6H_5\text{—COOH}$$

Schema 14. Abbau von n-Propylbenzol (* = N-Bromsuccinimid)

Isopropylbenzol wurde zum Abbau der Autoxydation unterworfen (*239*). Dabei entsteht Acetophenon, aus dem mit Natriumhypochlorit Benzoesäure erhalten wird.

3.11. Ungesättigte Kohlenwasserstoffketten

Eine ganze Reihe von Phenyl-substituierten Äthylenen wurde mit Permanganat an der Doppelbindung gespalten, so z. B. p-Methoxystilben (*158*), 1-Phenyl-2-mesityl-äthylen (*29*), 1-Phenyl-2-naphthyl-äthylen (*190*) und Triphenyläthylen (*188*). Diese Spaltung gelingt bereits relativ schonend, z. B. mit Permanganat in neutraler Lösung oder in Aceton.

Im Zusammenhang mit der Untersuchung der Claisenschen Allyl-äther-Umlagerung wurden verschiedene C- und O-Allylphenole abgebaut. SCHMID et al. (*386, 632*) haben die C-Allyl-phenole (vgl. Schema 15) zunächst O-methyliert, dann mit Osmiumtetroxyd an der Doppelbindung hydroxyliert und mit Perjodat gespalten. Sie erhielten so das γ-Kohlenstoffatom der Allyl-Gruppe als Formaldehyd. Grundsätzlich den gleichen Weg beschritten RYAN und O'CONNOR (*613*), jedoch verwendeten sie zur Hydroxylierung Perameisensäure und oxydierten nach der Perjodat-Spaltung mit Silberoxyd, so daß statt der Aldehyde Ameisensäure und eine substituierte Phenylessigsäure erhalten wurden. Letztere wurde mit Kupferchromit decarboxyliert, desgleichen die entsprechende substituierte Benzoesäure, die durch Permanganatoxydation des C-Allyl-phenols entstand.

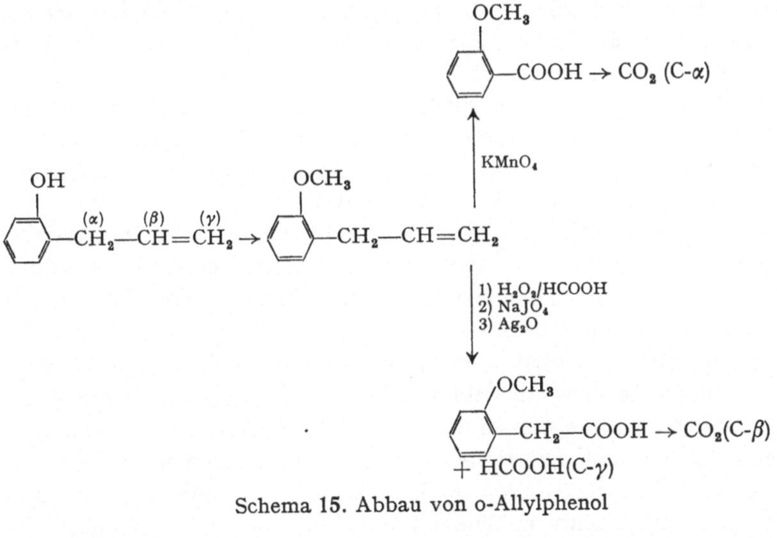

Schema 15. Abbau von o-Allylphenol

Das gleiche Verfahren der Hydroxylierung und Perjodat-Spaltung wurde zum Abbau der Phenol-allyläther benutzt (*613*). CRAM et al. haben cis-2-Phenylbuten-2 (*203*) und α-Methylstilben (*370*) durch Ozonspaltung abgebaut.

1-Phenyl-heptatriin-1,3,5 wurde nach Hydrierung zum Trien mit Chromsäure zu Benzoesäure abgebaut (*123*). Die beiden endständigen C-Atome wurden durch Kuhn-Roth-Oxydation als Essigsäure isoliert.

4. Alkohole, Amine und Halogenverbindungen

4.0. Monoalkohole, Monoamine und Monohalogenverbindungen

4.00. Oxydation zur Carbonsäure oder zum Keton

Die für den Abbau wichtigste Reaktion von primären Alkoholen und Aminen ist die Oxydation zur Carbonsäure, die dann nach einer der unter 2 angegebenen Methoden weiter zerlegt wird. Da die primären Alkohole bzw. Amine bei verschiedenen Verfahren zum stufenweisen Abbau von Carbonsäuren als Zwischenprodukte auftreten, z. B. beim Schmidt-Abbau und beim Hunsdieker-Abbau (s. 2.10 und 2.11), wird diese Oxydation häufig ausgeführt. Als Oxydationsmittel dient entweder Bichromat oder Permanganat. Verbreiteter ist die Oxydation mit Permanganat. So wurde z. B. das n-Propanol mit Permanganat zur Propionsäure oxydiert (*586*, *591*), desgleichen das Cyclopropylcarbinol (*501*, *593*) und das 2-Cyclopropyl-äthanol (*170*). Für die Oxydation der primären Amine, die beim Schmidt-Abbau anfallen, wie z. B. Äthylamin (*553*, *703*), Iso-butyl- und Isovalerylamin (*702*) und 1,4-Diaminobutan (*706*), hat sich die Verwendung von alkalischem Permanganat entsprechend der Vorschrift von PHARES (*553*) eingebürgert (Vorschrift S. 27). Zur Überführung des n-Decanols in die Carbonsäure wurde dieses zuerst mit tert.-Butylchromat in tert.-Butanol und anschließend mit alkalischem Permanganat oxydiert (*153*). Zur Oxydation von Äthanol zu Essigsäure verwendet man Bichromat in Schwefelsäure (*413*) (Vorschrift S. 88).

Man muß damit rechnen, daß bei diesen Oxydationen auch ein weiterer Abbau zu kettenverkürzten Carbonsäuren eintritt. Bei der Verwendung von Permanganat ist dies meist in geringerem Maße der Fall als mit Bichromat in Schwefelsäure. Schonender wirkt Chromsäure in Eisessig, die beim Hunsdieker-Abbau zur Oxydation der Alkohole benutzt wird, jedoch ist dieses Reagens nur auf längerkettige Verbindungen anwendbar, da sich sonst die Säuren nur schwer von der Essigsäure abtrennen lassen. Es treten jedoch auch mit Permanganat Überoxydationen auf. So entstehen beim Abbau des 2-Cylopropyläthanols Cyclopropyl-essigsäure und Cyclopropan-carbonsäure nebeneinander (*170*). Bei der Oxydation des Propylamins (*514*) z. B. erhielt man eine Mischung von Propionsäure und Essigsäure im Molverhältnis 20 : 1. Dieses Verhältnis hängt jedoch sicher von den Bedingungen ab (vgl. auch S. 27, Abbau T-markierter Buttersäure über Propylamin). Für genaue Abbauversuche ist daher eine Reinigung der Säuren, am besten durch Chromatographie (*514*), erforderlich (vgl. auch 1.70). Die genannte Fehlerquelle entfällt natürlich beim Äthanol bzw. Äthylamin.

Auch zur Oxydation entsprechender niedermolekularer Amine zu den Ketonen benutzt man Permanganat in Alkali. Solche Amine treten beim Abbau verschiedener Methyl-verzweigter Säuren und Aminosäuren als Zwischenstufen auf, so das Isopropylamin beim Abbau des Valins (*704*) und Leucins (*702*), das 2-Butylamin beim Abbau des Isoleucins (*703*) und der α-Methyl-buttersäure (*623*), das 2-Aminopentan beim Abbau der α-Methyl-valeriansäure (*623*) und das 2-Amino-3-methyl-butan beim Abbau des Ergosterins (*338*). Sie werden zu den Methylketonen oxydiert (Vorschrift S. 57), die dann der Jodoform-Reaktion unterworfen werden können.

Für die Oxydation höhermolekularer sekundärer Alkohole, z. B. Cyclononanol (*565*), Cyclodecanol (*566*) und 1,2,2-Tri-(p-anisyl)-äthanol (*129*), zu den Ketonen benutzte man den in der Steroidreihe bewährten Chromsäure-Pyridin-Komplex.

4.01. Oxydation unter Kettenverkürzung

Neben der Überführung des Alkohols in die Carbonsäure gleicher Kettenlänge benutzt man die Oxydation häufig auch zur Kettenverkürzung. Da hierzu energischere Bedingungen erforderlich sind, kommt die Möglichkeit meist nur dann in Frage, wenn das Molekül durch einen aromatischen oder ähnlichen Rest vor einer völligen Oxydation geschützt ist. Permanganat ist auch hier das meist benutzte Oxydationsmittel. 2-α- und 2-β-Naphthyläthanol und 2-α-Naphthyläthylamin wurden zur entsprechenden Naphthoesäure oxydiert (*269*), 2-Phenyläthanol und -äthylamin und verschiedene ringsubstituierte Derivate dieser Verbindungen zu den Benzoesäuren (*434, 435, 440, 595*) und 1-Cyclopropyläthanol zu Cyclopropancarbonsäure (*170*). Beim Abbau des 2-p-Nitrophenyl-äthanols und -äthylamins erwies sich Chromsäure als das bessere Oxydationsmittel (*595*). Für den Abbau des 2-Phenyläthylchlorids erwies sich ein Umweg, nämlich die Überführung in 3-Phenylpropionsäure durch Grignard-Reaktion und deren Oxydation mit Permanganat/Alkali, als vorteilhaft gegenüber der direkten Oxydation (*436*).

Das 1,1,2- und 1,2,2-Triphenyläthanol haben BONNER und COLLINS (*126*) mit Permanganat zu Benzoesäure und Benzophenon oxydiert.

4.02. Umsetzung zu ungesättigten Verbindungen

Eine Hydroxyl- oder Amino-Gruppe kann unter bestimmten Bedingungen dazu benutzt werden, eine Doppelbindung zu schaffen. ROBERTS et al. (*594*) haben tert.-Butanol und tert. Amylalkohol mit Salzsäure in die Chloride überführt und aus diesen HCl abgespalten. Das Isobutylen bzw. 2-Methyl-buten-2 wurde dann mit Perameisensäure hydroxyliert und das Diol mit Perjodat gespalten.

β-Dimethylamino-propiophenon wurde der Pyrolyse zu Phenyl-vinyl-keton unterworfen, anschließende Ozonisierung gab Phenylglyoxal und Formaldehyd (*482*).

4.03. Substitution durch Wasserstoff

Die Umwandlung einer Hydroxymethyl-Gruppe in eine Methyl-Gruppe für Abbauzwecke beschreiben FRIEDMAN und LEETE (*272*). Pyridin-3-carbinol wurde von ihnen mit Thionylchlorid chloriert und das 3-Chlormethyl-pyridin mit Palladiumkatalysator zum β-Picolin hydriert:

$$\text{Pyridin-CH}_2\text{OH} \xrightarrow{\text{SOCl}_2} \text{Pyridin-CH}_2\text{Cl} \xrightarrow{\text{H}_2/\text{Pd}} \text{Pyridin-CH}_3$$

Auf diese Weise ließ sich das C-3 des Ringes durch Kuhn-Roth-Oxydation als Essigsäure fassen.

Um Halogen durch Wasserstoff zu ersetzen, kann man auch die Grignard-Verbindung herstellen und mit Wasser zersetzen, wie es beim 1-Chlorbuten-3 geschah (*501*).

4.04. Jodoform-Reaktion

Liegt ein Alkohol der Struktur R–CHOH–CH$_3$ vor, so läßt sich die Jodoform-Reaktion anwenden.

$$\text{R—CHOH—CH}_3 \xrightarrow{\text{NaOJ}} \text{RCOOH} + \text{CHJ}_3$$

Als Beispiel seien genannt Äthanol (*600*), 3-Phenyl-2-butanol (*131*) und 1-(2-Benzimidazolyl)-äthanol (*606*). Das sekundäre Butanol wurde ganz analog mit Natriumhypobromit umgesetzt, wobei Tetrabrom-kohlenstoff entsteht (*590*) (vgl. S. 14 und 21).

4.1. Polyalkohole (vgl. auch den Abschnitt 6. Kohlenhydrate)

Die übliche Abbaureaktion für 1,2-Diole und andere vic-Polyole ist die Spaltung mit Bleitetraacetat oder Perjodat. DOERSCHUK (*235*) hat am Glycerin die beiden Oxydationsmittel verglichen. Bei Spaltung mit Bleitetraacetat enthielt die aus C-2 stammende Ameisensäure 4,2%, mit Perjodat nur 0,25% der Aktivität von C-1. Letzteres Oxydationsmittel ist also vorzuziehen. Sehr detailliert beschreiben RAUSCHENBACH und LAMPRECHT (*576*) einen stereospezifischen Abbau von Kohlenstoff-markiertem Glycerin aus biologischem Material. Das z. B. aus Lipid-fraktionen gewonnene Glycerin wird mit Glycerinkinase zu Glycerin-3-phosphat umgesetzt und in einer Ausbeute von 90% rein isoliert. Das

Phosphat wird einer Perjodatspaltung unterworfen. Die Perjodat-Spaltung von Diolen wird sehr häufig verwendet, besonders im Zusammenhang mit der Hydroxylierung von Doppelbindungen. Es seien nur einige Beispiele genannt: Propandiol-1,2 *(83)*, n-Butandiol-1,2 *(501)*, Isobutandiol-1,2, Isopentandiol-2,3 *(594)*, Hexadecandiol-1,2 *(753)* sowie Glycerin *(235, 626)*. Die Perjodat-Spaltung selbst ist denkbar einfach: Man versetzt die wäßrige Lösung des Diols mit etwas mehr als der theoretischen Menge Natriumperjodat und läßt einige Zeit bei Zimmertemperatur stehen. Schwierig ist dagegen mitunter die Trennung der Spaltstücke, da beide Produkte eine Carbonyl-Funktion tragen. Über die Abtrennung von Formaldehyd aus Aldehydgemischen s. S. 20. Liegt ein Aldehyd neben einem Keton vor, so kann man die Lösung teilen, in einem Aliquot den Aldehyd mit Dimedon fällen, und im anderen den Aldehyd mit Permanganat zur Säure oxydieren. Diese kann eventuell isoliert werden und dann kann man das Keton mit 2,4-Dinitrophenylhydrazin fällen *(594)*.

Als spezielle Reaktion eines vic. Diols sei die Umsetzung von Isopentandiol-2,3 mit verdünnter H_2SO_4 angeführt. Hier wird die tertiäre OH-Gruppe leicht abgespalten und man erhält das Methylisopropyl-keton *(594)*.

$$\begin{array}{ccc}
H_3C \quad CH_3 & & H_3C \quad CH_3 \\
C{-}OH & \xrightarrow[\text{verdünnter } H_2SO_4]{\text{Kochen mit}} & CH \\
CHOH & & CO \\
CH_3 & & CH_3
\end{array}$$

4.2. Aminoalkohole

Die Perjodat-Spaltung läßt sich ebenso wie auf 1,2-Diole auch auf α-Aminoalkohole anwenden. Auf diese Weise wurden die C-Atome 1 und 2 des Sphingosins als Formaldehyd und Ameisensäure isoliert *(691, 799)*. ZABIN und MEAD *(799)* haben das Sphingosin (vgl. Schema 16) zuerst hydriert, dann den bei der Perjodat-Spaltung erhaltenen C_{16}-Aldehyd mit Permanganat zur Säure oxydiert und diese nach HUNSDIECKER decarboxyliert:

$$\begin{array}{ccccccc}
\text{(1)}CH_2OH & & CH_2OH & & HCHO\text{(C-1)} & & \\
& & & & + & & \\
\text{(2)}CH{-}NH_2 & & CH{-}NH_2 & & HCOOH\text{(C-2)} & & \\
& & & & + & & \\
\text{(3)}CHOH & \xrightarrow{H_2/Pt} & CHOH & \xrightarrow{NaJO_4} & CHO & \xrightarrow{KMnO_4} & COOH \xrightarrow{Br_2/CCl_4} CO_2\text{(C-3)} \\
CH & & CH_2 & & C_{15}H_{31} & & C_{15}H_{31} \quad + \\
\| & & | & & & & C_{15}H_{31}Br \\
CH & & CH_2 & & & & \\
C_{13}H_{27} & & C_{13}H_{27} & & & &
\end{array}$$

Schema 16. Abbau von Sphingosin

Auch die Seitenkette des Chloramphenicols wurde nach hydrolytischer Entfernung des Dichloressigsäure-Restes mit Perjodat gespalten (*742*).

Als spezielle Reaktion eines α-Aminoalkohols sei die Hydramin-Spaltung des Ephedrins erwähnt, die von SHIBATA et al. (*373, 656*) zum Abbau verwendet wurde. Sie liefert Methylamin und Phenylaceton, das mit Permanganat zu Benzoesäure und Essigsäure oxydiert wird.

$$
\begin{array}{ccccc}
CH_3 & & CH_3 + CH_3NH_2 & & CH_3 \\
| & & | & & | \\
CH-NHCH_3 & & CO & & COOH \\
| & \xrightarrow{H_2SO_4} & | & \xrightarrow{KMnO_4} & + \\
CHOH & & CH_2 & & COOH \\
| & & | & & | \\
C_6H_5 & & C_6H_5 & & C_6H_5
\end{array}
$$

Die Trimethylamino-Gruppe des Cholins kann durch Oxydation mit Permanganat in Alkali als Trimethylamin isoliert werden (*400, 740*).

Trimethylamin aus Cholin (*400*)

437,5 mg Cholinchloroplatinat und 15 ml 20proz. Natronlauge werden in einen Kolben gebracht, der über einen Schaumfänger und einen absteigenden Kühler mit zwei nacheinander geschalteten Fallen verbunden ist, die je 3 ml n/3 HCl enthalten. Durch ein bis an den Boden des Kolbens reichendes Glasrohr leitet man einen Luftstrom durch die Apparatur. Der Kolben wird mit freier Flamme erwärmt, während man durch einen Trichter gesättigte Kaliumpermanganat-Lösung tropfenweise zugibt, bis eine bleibende Grünfärbung auftritt. Es wird weitere 15 min erwärmt, um alles Trimethylamin überzutreiben. Der Inhalt der Fallen wird im Vak. zur Trockne eingedampft, der Rückstand in 10 ml Äthanol gelöst und filtriert. Mit einem Überschuß an Hexachloroplatinsäure in Alkohol fällt man das Trimethylaminchloroplatinat, zentrifugiert es und wäscht 2mal mit Alkohol nach.

4.3. Ketoalkohole

Auch Verbindungen der Struktur R–CO–CHOH–R' lassen sich mit Perjodat spalten, jedoch sind energischere Bedingungen als bei Diolen erforderlich. Davon wurde beim Abbau des Digitoxigenins Gebrauch gemacht (*308*). Das Cortisol, in dem die Struktur

$$
\begin{array}{c}
\diagup C-CO-CH_2OH \\
| \\
OH
\end{array}
$$

vorliegt, wurde analog mit Natriumwismutat gespalten. Acetoin gibt bei der Perjodat-Spaltung Acetaldehyd und Essigsäure (*332, 489*). LYBING und REIO (*489*) geben als Reaktionsbedingungen 70 Std bei 60°C mit Natriumperjodat in 2n H_2SO_4 an. Nach GROSS und WERKMAN (*332*) liefert Acetoin ferner bei der Umsetzung mit Natriumhypojodit Jodoform (C-1) und Milchsäure, die mit Permanganat weiter zerlegt wird.

(Es ist jedoch fraglich, ob das Jodoform nicht z. T. auch aus C-4 stammt?)

$$\begin{array}{l} (1)CH_3 \\ \quad | \\ (2)C=O \\ \quad | \\ (3)CHOH \\ \quad | \\ (4)CH_3 \end{array} \quad \begin{array}{l} \xrightarrow{\text{NaOJ}} CHJ_3(C\text{-}1) + CH_3CHOHCOOH \\ \\ \xrightarrow{\text{NaJO}_4} CH_3CHO(C\text{-}3 + 4) + CH_3COOH \end{array}$$

Auch das Hydroxyaceton wurde mit Hilfe der Jodoform-Reaktion abgebaut (*410*).

5. Aldehyde und Ketone

5.0. Aldehyde

5.00. Oxydation zur Säure

Aldehyde treten hauptsächlich als Zwischenprodukte bei Abbaureaktionen auf, besonders bei der Perjodat-Spaltung, der Ozonspaltung und bei der Ninhydrin-Reaktion. Sie werden meist zu den entsprechenden Carbonsäuren oxydiert, die weiter abgebaut werden. Das übliche Oxydationsmittel ist Permanganat in neutraler oder alkalischer Lösung, das z. B. zur Oxydation von

Acetaldehyd (*297*)
Propionaldehyd (*501*)
Isobutyraldehyd (*504*)
2-Methylbutyraldehyd (*700, 703*)
3-Methylbutyraldehyd (*583, 702*)
2,3-Dimethylbutyraldehyd (*338*)
Hexadecanal-(1) (*799*) und
Indol-3-aldehyd (*573*)

verwendet wurde. Bichromat in Schwefelsäure wird im wesentlichen nur für die Oxydation von Acetaldehyd zu Essigsäure (*358, 393, 783*) benutzt. Acetaldehyd kann auch in Form des 2,4-Dinitrophenylhydrazons unter den Bedingungen der Kuhn-Roth-Oxydation (s. S. **12**) in Essigsäure umgewandelt werden (*93*). Isobutyraldehyd gibt bei der Oxydation mit Bichromat/Schwefelsäure Isobuttersäure und Aceton etwa im Verhältnis 1 : 1 (*704*) (Vorschrift s. S. **57**). Daneben wurden gelegentlich einige andere Oxydationsmittel verwendet, so Wasserstoffperoxyd zur Oxydation des Butyraldehyds (*297*), Silberoxyd zur Oxydation der Aldehyde, die bei der Perjodat-Spaltung verschiedener Allylphenole und Phenolallyläther entstanden (*613*) und $K_2[HgJ_4]$ zur Oxydation des n-Valeraldehyd (*297*). Das letztgenannte Reagens soll weniger Nebenprodukte liefern als Permanganat oder Wasserstoffperoxyd (*609*).

Oxydation von 2-Methylbutyraldehyd mit KMnO₄ (703)

Zu einer wäßrigen Lösung von 2 mM des Aldehyds gibt man 5 g $MgSO_4 \cdot 7\,H_2O$ und tropft unter Rühren langsam 5 ml 1,5 n $KMnO_4$-Lösung zu. Man rührt 1 Std, verdünnt mit 100 ml Wasser, gibt 30 g $MgSO_4 \cdot 7\,H_2O$ und 10 ml 50proz. Schwefelsäure zu und destilliert die 2-Methyl-buttersäure mit Wasserdampf ab. Es werden 300 bis 350 ml Destillat aufgefangen und mit 0,1 n NaOH titriert; Ausbeute etwa 70 bis 80%.

5.01. Jodoform-Reaktion

Acetaldehyd wurde oft mit Hilfe der Jodoform-Reaktion abgebaut, wobei man C-2 als Jodoform und C-1 als Ameisensäure isoliert (*247, 707, 738, 782, 784*). EHRENSVÄRD et al. (*247*) haben gezeigt, daß kein ¹⁴C aus der Aldehyd-Gruppe in das Jodoform gelangt. Auch die Bisulfit-Additionsverbindung des Aldehyds kann direkt eingesetzt werden.

Abbau von Acetaldehyd mit Hypojodit

Zu dem Acetaldehyd in 2proz. Bisulfit-Lösung gibt man einen 6 bis 10fachen Überschuß NaOH, um den Aldehyd freizusetzen und setzt portionsweise 1 m $KJ \cdot J_2$-Lösung zu, bis keine Fällung mehr eintritt. Das Jodoform wird abzentrifugiert und mehrfach mit Wasser gewaschen. Es kann zur Reinigung in Methanol gelöst und mit 3 Teilen Wasser wieder ausgefällt werden. Die Mutterlauge und die ersten Waschwasser werden vereinigt und darin die Ameisensäure mit Hg-(II)-salz zu CO_2 oxydiert (s. S. 92).

5.02. Verschiedenes

Phenylglyoxal wurde mit Perjodat zu Benzoesäure oxydiert (*532*), desgleichen Benzylglyoxal mit Permanganat in Schwefelsäure (*760*).

Die Formyl-Gruppe des α-Formyl-desoxybenzoins wird beim Kochen mit Natriumacetat in Alkohol abgespalten. Man erhält Desoxybenzoin (*366*).

Eine Formyl-Gruppe in einem komplizierten Molekül läßt sich durch Umsetzung mit Phenyllithium und energische Oxydation mit $KMnO_4$ oder Chromsäure als Benzoesäure isolieren. Bei der Anwendung dieses Verfahrens auf ein Abbauprodukt des Ajmalins erhielten LEETE und GHOSAL (*452*) statt Benzoesäure Benzophenon. Wie dieses Produkt entsteht, ist noch unklar.

5.1. Ketone

5.10. Jodoform-Reaktion

Die meisten der beim Abbau biologischer Produkte anfallenden Ketone sind Methylketone. Sie können infolgedessen mit Hilfe der Jodoform-Reaktion weiter zerlegt werden.

$$R{-}CO{-}CH_3 \xrightarrow{\text{NaOJ}} R{-}COOH + CHJ_3$$

Am häufigsten wurde diese Reaktion zum Abbau von Aceton benutzt (*348, 413, 421, 466, 504, 577, 594, 661, 702, 704, 750, 751, 781*). Wird das Aceton als Quecksilber-Komplex isoliert, verfährt man wie folgt:

Man löst den Komplex in eiskalter 18 proz. Salzsäure (etwa 15 ml für 1 mM) und destilliert etwa $^4/_5$ dieser Lösung zu einer gekühlten Mischung von NaOH und Jod-Jodkalium-Lösung (für 1 mM etwa 4 g NaOH in 10 ml H_2O + 15 ml 1 n $J_2 \cdot$ KJ-Lösung).

Aus dem 2,4-Dinitrophenylhydrazon kann man das Aceton durch Kochen mit Säure und anschließende Destillation regenerieren (*338, 348*):

40 mg Aceton-2,4-dinitrophenylhydrazon werden in 2 n H_2SO_4 gelöst und etwa 15 ml langsam in 7,5 ml 1 n NaOH überdestilliert. Zum Destillat gibt man Jod-Jod-kalium-Lösung im Überschuß. Das Jodoform wird abzentrifugiert und mit destilliertem Wasser gewaschen.

Die Regenerierung flüchtiger Aldehyde und Ketone aus den 2,4-Di-nitrophenylhydrazonen mittels Verdrängung durch ein schwerflüchtiges Keton beschreiben FISH und SAEED (*260*).

Außer auf Aceton wurde die Jodoform-Reaktion angewandt auf Methyläthylketon (*623, 700, 703*), Methylpropylketon (*623*), Methyliso-propylketon (*338, 594*), 3-Amino-4-methylhexan-2-on (*700*) und Aceto-phenon (*532*). Ist das Keton in Wasser unlöslich, so kann die Jodoform-Reaktion beispielsweise auch in Methanol/Wasser (1 : 1) ausgeführt werden (*70*). Das 3-Acetylchinolin wurde, da Natriumhypojodit schlechte Ausbeuten gab, mit Kaliumhypochlorit zu Chloroform und Chinolin-3-carbonsäure abgebaut (*216*).

5.11. Weitere Methoden zur Kettenspaltung

Es sind verschiedene Methoden bekannt, mit deren Hilfe eine der Carbonyl-Funktion benachbarte C–C-Bindung gespalten werden kann.

Die bekannteste Reaktion ist die Beckmann-Umlagerung. Bei Behandlung des Ketonoxims mit einer starken Säure erhält man das Säure-amid, das zu Säure und Amin verseift werden kann (*237*):

$$\text{R--C--R} \xrightarrow[\text{H}_2\text{SO}_4]{\text{POCl}_3\ \text{oder}} \text{R--CO--NH--R} \xrightarrow{\text{H}^+} \text{R--COOH} + \text{R--NH}_2$$
$$\underset{\text{NOH}}{\overset{\|}{}}$$

Auf diese Weise wurde Benzophenon zu Benzoesäure und Anilin abgebaut (*128*), ferner Di-pentadecylketon (*127*) und Di-tetradecylketon (*408*). Bei unsymmetrischen Ketonen kann die Reaktion in zwei Richtungen verlaufen:

$$\text{R--C--R}' \rightarrow \text{R--CO--NH--R}' + \text{R--NH--CO--R}'$$
$$\underset{\text{NOH}}{\overset{\|}{}}$$

In welchem Verhältnis die beiden Produkte nebeneinander entstehen, hängt von der Natur der Substituenten und vom verwendeten Katalysator ab. Im allgemeinen kann daher die Reaktion auf unsymmetrische Ketone nur angewandt werden, wenn es gelingt, die anfallenden Gemische zu trennen. Es gibt aber Fälle, in denen ganz überwiegend nur ein Produkt entsteht. So haben COLLINS und NEVILLE *(192)* das Desoxybenzoinoxim mit $POCl_3$ umgelagert und konnten nach Hydrolyse Phenylessigsäure isolieren.

$$
\begin{array}{ccc}
C_6H_5 & C_6H_5 & COOH \\
| & | & | \\
CO \xrightarrow[\text{2) POCl}_3]{\text{1) NH}_2\text{OH}\cdot\text{HCl}} & NH & CH_2 \\
| & | \longrightarrow & | \\
CH_2 & CO & C_6H_5 \\
| & | & \\
C_6H_5 & CH_2 & \\
 & | & \\
 & C_6H_5 &
\end{array}
$$

Dieser Reaktion verwandt ist die Umsetzung von Ketonen mit Stickstoffwasserstoffsäure *(779)*. Sie führt ebenfalls zum Säureamid und wird besonders zur Ringöffnung cyclischer Ketone wie Cyclopentanon *(481)*, Cyclohexanon *(596)* und α-Methylcyclohexanon *(200)* benutzt. Im letzteren Falle erhält man, da das Keton unsymmetrisch ist, zwei Reaktionsprodukte, jedoch lassen sich deren Folgeprodukte im weiteren Verlauf des Abbaus trennen. Die Reaktionsbedingungen unterscheiden sich von denen des Schmidt-Abbaus der Carbonsäuren. Man behandelt das Keton beispielsweise 30 min mit Natriumazid in konzentrierter Salzsäure bei 0°C und verseift das Amid durch $1^1/_2$ stündiges Kochen mit 2n HCl *(200)*.

Mit Hilfe der Baeyer-Villiger-Oxydation lassen sich viele Ketone in Ester umwandeln *(341)*.

$$
R\text{—}CO\text{—}R' \xrightarrow{\text{(Persäuren)}} R\text{—}CO\text{—}O\text{—}R' + R'\text{—}CO\text{—}OR
$$

Als Reagens werden hauptsächlich Perschwefelsäure oder Perbenzoesäure verwendet. Im allgemeinen wandern sekundäre und tertiäre Gruppen leichter als primäre. So lassen sich Methylketone des Typs $\diagdown\!CH\text{–}CO\text{–}CH_3$ leicht in die Acetate umlagern, wovon beim Cholesterin-Abbau Gebrauch gemacht wurde *(792)*.

Auch zur Ringöffnung cyclischer Ketone, z. B. des Cyclobutanons *(501)*, ist das Verfahren geeignet. 7-Keto-cholestanyl-acetat wurde in das

Lacton der 7,8-Seco-8-hydroxy-7-carbonsäure umgelagert (*117*).

Gemischt aliphatisch-aromatische Ketone des Typs $R-CH_2-CO-C_6H_5$ können in Benzoesäure und das Nitril R–CN zerlegt werden. (Siehe 2.12.)

Eine von PRELOG et al. (*565, 566*) beschriebene Methode zur Ring-öffnung von cyclischen Ketonen, die auf Cyclononanon und Cyclodecanon angewandt wurde, besteht in der Kondensation mit Äthylformiat in Gegenwart von Natriumäthylat. Man erhält ein Hydroxymethylenketon, das sich mit Wasserstoffperoxyd zur Dicarbonsäure oxydieren läßt:

Es seien noch einige Reaktionen angeführt, die auf spezielle Strukturen angewandt wurden. Arylketone, in denen der aromatische Rest in ortho- und para-Stellung durch OH-Gruppen substituiert ist, lassen sich durch Alkalischmelze spalten:

Diese Reaktion wurde für Abbaureaktionen in der Reihe der Isoflavone verwendet (*291, 314, 321*).

1,2,2-Tri-(p-anisyl)-äthan-1-on wurde mit Natriumäthylat in äthanolischer Lösung in p-Anissäure und Di-(p-anisyl)-methan gespalten (*129*):

Bei der Permanganat-Oxydation von Phenylaceton erhält man Benzoesäure und Essigsäure (*373, 656*):

Die Oxydation von Dibenzylketon zu Benzoesäure mit Bichromat in Schwefelsäure beschreiben SHANTZ und RITTENBERG (*650*).

5.12. Ersatz der CO-Gruppe durch andere Funktionen

Eine CO-Gruppe kann leicht in eine Amino-Gruppe umgewandelt werden. Davon wurde bei Ketosäuren, z. B. Glyoxylsäure, Ketoglutarsäure und Lävulinsäure Gebrauch gemacht (s. 2.340 und 2.342). Die reduktive Aminierung geschieht durch Hydrierung in Gegenwart von Ammoniak (*514*), durch Hydrierung des 2,4-Dinitro-phenylhydrazons (*770*) oder durch Reduktion des Phenylhydrazons, Oxims usw. mit Aluminiumamalgam (*76, 201*).

Zur Umwandlung einer Carbonyl-Gruppe in eine CH_2-Gruppe benutzt man die Reduktion nach WOLFF-KISHNER. Man zersetzt das Hydrazid mit Alkoholat bei erhöhter Temperatur.

$$R\text{—}CO\text{—}R' \xrightarrow{\;H_2N\text{—}NH_2,\; Alkoholat\;} R\text{—}CH_2\text{—}R'$$

Häufig verwendet man KOH und einen hochsiedenden Alkohol als Medium und destilliert das Wasser aus dem Gemisch ab. Beispiele dafür sind die Reduktion von Brenztraubensäure zu Propionsäure (*515*), von Bernsteinsäuresemialdehyd zu Buttersäure (*514*) und von 4-Ketocapronsäure zu Capronsäure (*714*). (Vorschrift s. S. 59).

5.13. Isolierung des Carbonyl-Kohlenstoffatoms als Benzoesäure

Das C-Atom einer Keto-Gruppe in einem komplizierteren Molekül kann vielfach als Benzoesäure isoliert werden, indem man das Keton mit Phenyllithium oder Phenylmagnesiumbromid umsetzt, und den entstehenden tertiären Alkohol einer energischen Permanganat-Oxydation unterwirft.

$$R\text{—}CO\text{—}R' \xrightarrow{\;C_6H_5\text{—}Li\;} \underset{\underset{C_6H_5}{|}}{R\text{—}C(OH)\text{—}R'} \xrightarrow[\;CrO_3\;]{\;KMnO_4\; oder\;} C_6H_5COOH$$

Voraussetzung ist natürlich, daß das Molekül keine anderen Gruppen enthält, die bei der Oxydation Benzoesäure geben. SCHÜTTE et al. haben diese Reaktion häufig zum Abbau von Lupinen-Alkaloiden, z. B. Lupanin und Hydroxylupanin (*643*), Matrin (*635*) und Tropa-Alkaloiden (*385*) benutzt. BOTHNER-BY et al. (*133*) und LEETE (*445*) haben auf diese Weise das C-1 des Cycloheptanons isoliert, MONTGOMERY et al. (*511*) das C-1 des Cyclohexanons und Cyclopentanons.

Liegt neben der Carbonyl-Funktion eine Carbonsäureester-Gruppe vor, wie dies bei einem von GROS und LEETE (*331*) beschriebenen Abbau des Digitoxigenins der Fall ist, so läßt sich der Carbonyl-Kohlenstoff dennoch ohne Radioaktivitätsverschmierung als Benzoesäure isolieren. Die andere Gruppierung liefert Benzophenon, das zumindest durch Chromsäure unter bestimmten Bedingungen nicht zu Benzoesäure oxydiert wird (*331*).

Abbau von Hydroxylupanin (643)

0,5 mM Hydroxylupanin in 2 ml abs. Äther werden unter Rühren im Stickstoff-Strom zu 4 ml Phenyllithium (etwa 1 m in Äther) *(801)* in einen Dreihalskolben gegeben. Man erwärmt die Mischung $^1/_2$ Std unter Stickstoff auf dem Wasserbad und läßt über Nacht stehen. Dann hydrolysiert man mit 1 n HCl unter Eiskühlung und Rühren und schüttelt zunächst die saure, dann die alkalisch gemachte Lösung mit Äther aus. Der alkalische Ätherauszug wird eingedampft, der Rückstand in 3 ml Wasser suspendiert und mit 500 mg $KMnO_4$ 1 Std unter Rückfluß gekocht. Man reduziert den Braunstein mit Schwefeldioxyd und äthert nach Ansäuern die entstandene Benzoesäure aus. Sie wird bei 100°C und Normaldruck sublimiert; Ausbeute 8 mg.

6. Kohlenhydrate

6.0. Allgemeines

Wegen der großen biologischen Bedeutung der Kohlenhydrate und verwandter Verbindungen sind zur Ermittlung der Isotopenverteilung zahlreiche Abbauverfahren ausgearbeitet worden. Der Abbau kann entweder rein chemisch oder mikrobiologisch durch Fermentation mit bestimmten Mikroorganismen geschehen. Sieht man davon ab, daß die meisten fermentativen Abbauverfahren nicht auf Wasserstoff-markierte Verbindungen anwendbar sind, wird die Wahl der Abbaumethode wesentlich davon abhängen, welche Arbeitsmöglichkeiten und Erfahrungen zur Verfügung stehen. Mikrobiologische Verfahren eignen sich meist für den serienmäßigen Abbau mehrerer gleichartiger Proben.

6.1. Hexosen

6.10. Glucose

Aus der großen Zahl der Verfahren, die hier zum Teil nur kurz erwähnt werden können, haben sich inzwischen einige besonders geeignete herauskristallisiert. Auf diese soll ausführlicher eingegangen werden.

6.100. Fermentative Verfahren

Die alkoholische Vergärung der Glucose mit Hefe zu CO_2 (C-3 + C-4) und Äthanol kann zur Bestimmung der Isotopenverteilung herangezogen werden *(36)*. Weiterer Abbau des Äthanols gibt C-2 + C-5 (Hydroxymethyl-Gruppe) und C-1 + C-6 (Methyl-Gruppe). Bei Fermentation von Glucose-1-^{14}C wurde unter den optimalen Bedingungen außer in der CH_3-Gruppe auch etwas Aktivität ($\sim$ 4%) im CO_2 gefunden *(412)*.

Häufiger wird zum Abbau der Glucose die Fermentation mit *Lactobacillus casei* verwendet *(16, 19, 782)*. Dabei entstehen aus einem Molekül Glucose zwei Moleküle Milchsäure.

$$C_6H_{12}O_6 \xrightarrow{\text{\textit{Lactobacillus casei}}} 2\ CH_3\text{---}CHOH\text{---}COOH$$
$$\phantom{C_6H_{12}O_6 \xrightarrow{} 2\ }(1,6)\quad\ \ (2,5)\qquad\ \ (3,4)$$

6*

Die Milchsäure wird weiter abgebaut durch Oxydation mit Permanganat zu CO_2 und Acetaldehyd und anschließende Jodoform-Reaktion (782) oder durch Chromsäure-Oxydation zu CO_2 und Essigsäure (16, 19). Die Überprüfung der Fermentation mit Glucose-1-^{14}C und –3,4-^{14}C zeigte, daß zwischen C-1 + 6 und C-3 + 4 eine Radioaktivitätsverschmierung von etwa 3% in beiden Richtungen eintritt (295) [vgl. aber (77)]. ARONOFF, HAAS und FRIES (21) fanden mit Glucose-1-^{14}C sogar einen Wert von 5%. Die Fermentation läßt sich auch auf Galaktose anwenden, wenn die Zellen adaptiert werden. Da nichtadaptierte Zellen die Galaktose praktisch nicht angreifen, kann man in einer Mischung von Glucose und Galaktose beide Zucker nacheinander getrennt abbauen (625).

Der Hauptnachteil der beiden angeführten Verfahren ist, daß die sechs C-Atome der Glucose nur paarweise erfaßt werden. Diesen Nachteil besitzt der Abbau durch Fermentation mit *Leuconostoc mesenteroides* nicht. Mit diesem Verfahren kann die Radioaktivität aller sechs Kohlenstoffatome getrennt und direkt bestimmt werden. Da zudem die auftretenden Radioaktivitätsverschmierungen relativ gering sind, darf man den *Leuconostoc*-Abbau als das geeignetste mikrobiologische Verfahren für die Bestimmung der ^{14}C-Verteilung in Glucose und einigen anderen Zuckern ansehen.

Fermentation von Glucose mit adaptiertem *Leuconostoc mesenteroides* liefert Milchsäure, Äthanol und CO_2 in folgender Weise (229, 294, 334):

$$C_6H_{12}O_6 \xrightarrow[\text{\textit{mesenteroides}}]{\text{\textit{Leuconostoc}}} \underset{(6)}{CH_3}-\underset{(5)}{CHOH}-\underset{(4)}{COOH} + \underset{(2)\ (3)}{CH_3CH_2OH} + \underset{(1)}{CO_2}$$

Der weitere Abbau der Milchsäure und des Äthanols geschieht auf chemischem Wege (s. diese Verbb. u. S. 88). BERNSTEIN et al. (77) sowie GIBBS et al. (296) haben den Abbau mit Hilfe positionsmarkierter Glucosen auf Radioaktivitätsverschmierungen geprüft und die Ergebnisse des Leuconostoc-Abbaus verschiedener markierter Glucosen mit denen eines chemischen Abbaus verglichen.

Tabelle 2. *Abbau positionsmarkierter Glucosen durch Leuconostoc mesenteroides.* [14]C-*Gehalte in Prozent. Die Summe des in C-1 bis C-6 gefundenen* [14]C-*Gehalts wurde gleich 100% gesetzt.* [Nach BERNSTEIN et al. (77) und GIBBS et al. (296)]

Gefunden in	Glucose				
	1-[14]C	2-[14]C		3,4-[14]C	6-[14]C
C-1	100	0,2	0	1,3	0,1
C-2	0	98,4	98,8	1,1	2,0
C-3	0	1,0	0	48,0	0,6
C-4	0	0	0	48,2	0
C-5	0	0,4	0	1,1	1,0
C-6	0	0	1,2	0,2	96,4

Wie die Tab. 2 zeigt, liegen die Fehler durchweg nicht über 2%. Bisweilen ist die Summe der molaren Radioaktivitäten der einzelnen C-Atome kleiner als die der Ausgangsglucose, d. h. es tritt eine Verdünnung ein. Wie der Vergleich mit einem chemischen Abbau zeigte (*678*), werden jedoch mit Ausnahme von C-1 alle C-Atome um den gleichen Prozentsatz verdünnt, so daß insgesamt kein allzu großer Fehler entsteht. Für den Abbau werden 0,5 bis 1 mM Glucose benötigt. Als Ausbeuten eines 1 mM-Ansatzes geben BERNSTEIN et al. (*77*) an: CO_2 90%, Essigsäure (aus Äthanol) 92,5%, Milchsäure 81,1%.

Der *Leuconostoc*-Abbau läßt sich auch auf Galaktose anwenden (*625*). Da *L. mesenteroides* Galaktose normalerweise nur langsam fermentiert, müssen die Zellen adaptiert werden. Die Überprüfung mit Galaktose-1-^{14}C und -2-^{14}C zeigte (*296, 625*), daß praktisch keine Radioaktivitätsverschmierungen auftreten. Nach BERNSTEIN (*78*) läßt sich nach Adaption auch Glucosamin fermentieren, jedoch sind hier radioaktive Kontrollversuche noch nicht beschrieben worden.

Die Fermentation von Fructose durch *L. mesenteroides*, die bereits ohne vorherige Adaption möglich ist, liefert zusätzlich zu den bei der Glucose-Fermentation erhaltenen, noch zwei weitere Produkte, nämlich Essigsäure (C-2 und C-3) und Mannit (*159*). Die Überprüfung mit positionsmarkierten Fructosen (*159, 476*) zeigte eine erhebliche Verschmierung der Radioaktivität an, so daß der *Leuconostoc*-Abbau auf Fructose direkt kaum anwendbar ist. Man kann aber die Fructose enzymatisch in Glucose überführen und diese dann fermentieren (*296*) (s. Fructose).

Abbau von Glucose mit Leuconostoc mesenteroides

1. Anzucht der Bakterien. *Leuconostoc mesenteroides*, Stamm 39 (ATCC Nr. 12291), wird auf folgendem Medium gezüchtet [J. C. DeMan, M. Rogosa, M. E. Sharpe, J. appl. Bacteriol. 23, 130 (1960)]:

Pepton aus Casein	10 g
Liebigs Fleischextrakt	2 g
Hefeextrakt (Paste)	7 g
Glucose	20 g
Tween 80	1 ml
K_2HPO_4	2 g
$CH_3COONa \cdot 3\ H_2O$	5 g
Tri- (evtl. Di-)ammoniumcitrat	2 g
$MgSO_4 \cdot 7\ H_2O$	0,2 g
$MnSO_4 \cdot 4\ H_2O$	0,05 g
Dest. Wasser	1000 ml

pH nach dem Zusammenmischen 6,2 bis 6,6. Die durch ein Faltenfilter gegossene Lösung wird 15 min bei 120° sterilisiert. Der pH-Wert beträgt dann 6,0 bis 6,5.

Zur Adaption an Glucose werden Vorkulturen mit 30 ml Medium solange ausgeführt, bis die *Leuconostoc*-Zellen nach 16 Std gut angewachsen sind und beim leichten Schütteln Gasentwicklung zu beobachten ist. Die Inkubation erfolgt bei 30°. Während des Wachsens wird nicht geschüttelt (Anaerobier).

Für eine Hauptkultur von 800 ml in einem 1 l Erlenmeyer wird mit einer ganzen Vorkultur angeimpft. Nach 15—16 Std wird geerntet und die Bakterien werden sofort eingesetzt. Dazu werden die Zellen bei etwa 6000 Upm. abzentrifugiert, zweimal mit physiologischer Kochsalzlösung (0,95%) gewaschen und in 3 ml dest. Wasser aufgenommen.

Zur Stammerhaltung auf Agarröhrchen dient das gleiche Medium. Es werden 1,5% Difco- oder sonstiger Pulver-Agar zugesetzt.

2. Fermentation, Methode a: Fermentiert wird in einem modifizierten starkwandigen 50 ml Erlenmeyerkolben mit Zentralgefäß und Seitenstutzen (Abb. 3). Das Zentralgefäß dient zur Aufnahme eines kleinen Bechers (abgesprengtesReagenzglas) mit 1—2 ml CO_2-freier 2 n-Natronlauge. Der Hauptraum wird mit 5 ml 1 m Phosphatpuffer pH 6,0, der Glucose-Probe (0,5—1 mM in 5 ml H_2O) und 2—4 ml Bakteriensuspension beschickt. Man verschließt Hals und Seitenstutzen mit Gummikappen und evakuiert an der Wasserstrahlpumpe durch eine Injektionsnadel. Nach 60—90 min bei 30°C werden durch den Seitenstutzen 2 ml 2 n H_2SO_4 injiziert, um die Reaktion zu stoppen. Zur vollständigen Absorption des CO_2 läßt man noch 10 min stehen.

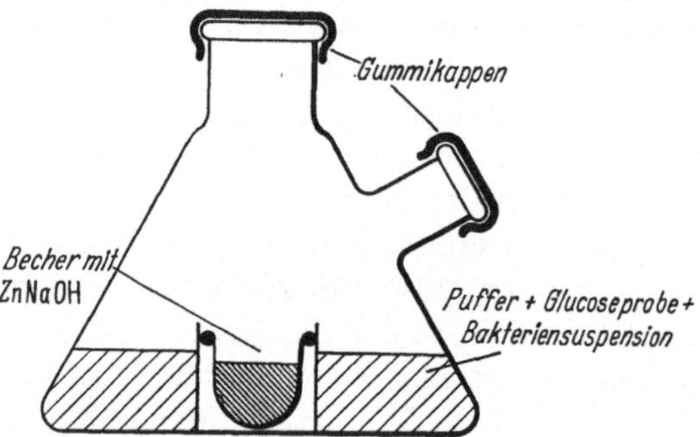

Abb. 3. Vorrichtung zur Fermentation mit Leuconostoc mesenteroides

Die Fermentation kann ebenso in einem 100 ml Rundkolben geschehen, der bei 30°C geschüttelt wird. Hier leitet man während der ganzen Zeit CO_2-freien Stickstoff hindurch und fängt das gebildete CO_2 in einer Absorptionsfalle auf. Zur Einführung der Zellsuspension wird der Kolben bei strömendem Stickstoff kurz geöffnet.

Diese Methode hat den Vorteil, recht einfach zu sein. Jedoch läßt sich der Verlauf der Fermentation nicht verfolgen. Diesen Nachteil umgeht das nachfolgend angegebene Verfahren, bei dem ein 150 ml großes Warburg-Gefäß (Fa. Braun, Melsungen) verwendet wird. Hierbei werden 0,25 mM Glucose fermentiert und dazu ein Drittel der Bakterien einer Hauptkultur von ungefähr 1 l Nährmedium verwendet.

Methode b (296)*: 1 ml Glucose-Lösung (0,25 mM Glucose) und 5 ml 0,5 m Phosphatpuffer pH 6 kommen in den Hauptraum eines 150 ml fassenden Warburg-Gefäßes. In den durch den Stopfen verschließbaren Seitenarm kommt 1 ml Leuconostoc-Suspension. Dann werden die Warburg-Gefäße an die Manometer angeschlossen (geöffneter Hahn) und die Kamine geöffnet. Über den Manometer-Hahn werden die im Wasserbad (30°) befindlichen Gefäße an eine Stickstoffbombe angeschlossen und 15 min begast (auf Durchgang prüfen). Dann werden Kamin und Hahn verschlossen und auf Dichtigkeit geprüft (Auf- und Abdrücken der Brodie-Lösung, wobei jeweils eine kleine Druckdifferenz bestehen bleiben muß).

---

* Die Methode wird am Institut für Angewandte Botanik der Technischen Hochschule München als Praktikumsversuch verwendet. Wir danken den Herren Prof. Dr. O. KANDLER und Dr. E. BECK für ihre Beratung.

Nun werden die Zellen in den Hauptraum eingekippt und einmal der Seitenarm mit der im Hauptraum befindlichen Lösung nachgewaschen. Dabei ist das offene Ende des Manometers mit dem Finger zu verschließen, um ein Herauslaufen der Brodie-Lösung zu verhindern. Nach dem Einsetzen der Manometer in das Wasserbad wird der Temperaturausgleich abgewartet (etwa 3 min), der Hahn kurz geöffnet und das Manometer an dem mit dem Gefäß verbundenen Schenkel auf eine relativ weit unten gelegene Marke eingestellt.

Nach 5—15 min soll der Druckanstieg beginnen. Steht die Brodie-Lösung im offenen Teil des Manometers an der obersten Marke, so wird nach Ablesen des Thermobarometers der Manometerhahn kurz geöffnet. Die Vergärung dauert im Durchschnitt zwischen 20 und 60 min. Sie liefert äquimolare Mengen von Kohlendioxyd, Äthanol und Milchsäure.

Wenn der Druckanstieg pro Zeiteinheit wieder geringer geworden ist, steckt man auf die noch verschlossenen Kamine kurze Schlauchstücke auf und füllt diese mit 0,5 ml einer 15proz. carbonatfreien Natron- oder Kalilauge (auf das Vierfache verdünnte gesättigte Lauge). Dann werden die Kamine geöffnet und die Lauge durch Zudrücken des Schlauches von oben her in den Seitenarm gepreßt. Nach Verschließen der Kamine wird eine weitere halbe Stunde geschüttelt. Die Schüttelfrequenz soll auch während der Vergärung etwa 2 Schläge pro Minute sein.

3. Gewinnung von CO_2: Beim Herausnehmen der Manometer aus dem Wasserbad sind deren Hähne kurz zu öffnen, da sonst durch die Temperaturabnahme Brodie-Lösung in die Warburg-Gefäße gesaugt wird. Dann werden die Kamine abgenommen und die Lauge mit Hilfe einer gebogenen Vollpipette in den Vorlegekolben (Abb. 4) der CO_2-Apparatur gebracht. Dies soll möglichst schnell geschehen, wobei aber die Pipette nicht ausgeblasen werden darf. Der Kolben wird sofort verschlossen.

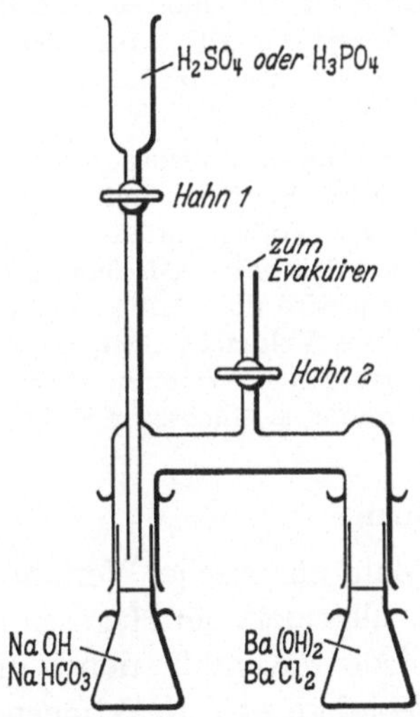

Abb. 4. Vorrichtung zur Überführung von Kohlendioxyd

Aus der dem Hauptraum entnommene Flüssigkeit (mit dest. Wasser nachwaschen) werden die Zellen bei 0° in der Kühlzentrifuge scharf abzentrifugiert. Dies soll möglichst bald geschehen, um eine mengenmäßige Veränderung der Reaktionsprodukte zu vermeiden.

In den Auffangkolben der CO_2-Apparatur (Abb. 4) wird eine berechnete Menge 0,1 n Ba(OH)$_2$-Lösung pipettiert. Sodann werden Vorlege- und Auffangkolben (beide mit N$_2$ gespült) an die Apparatur angeschlossen und diese bei geschlossenem Hahn 1 über Hahn 2 an der Ölpumpe evakuiert. Wenn die Flüssigkeiten zu sieden beginnen, wird Hahn 2 verschlossen.

Über Hahn 1 wird nun halbkonzentrierte Schwefelsäure oder Phosphorsäure langsam in den Vorlegekolben gegeben, wobei darauf zu achten ist, daß die Säure am Glas entlang entlang läuft und nicht direkt in die Kalilauge tropft.

Durch die Säure wird das CO_2 freigesetzt, worauf es in der Barytlauge unter Bildung von $BaCO_3$ absorbiert wird. Durch die bei der Neutralisation entstehende Wärme wird das Übertreiben des CO_2 beschleunigt.

Wenn eine weitere Zugabe von Schwefelsäure keine Gasentwicklung mehr bewirkt, läßt man die Apparatur noch etwa 1 Std stehen, öffnet dann Hahn 2 und nimmt den Auffangkolben ab. Man setzt der $BaCO_3$-Suspension einen Tropfen Phenolphthalein-Lösung zu und titriert unter Stickstoff mit 0,1 n HCl das überschüssige Bariumhydroxyd zurück. Ein Übertitrieren über die Entfärbung hinaus ist wegen Zersezung des $BaCO_3$ zu bermeiden.

4. Trennung von Äthanol und Milchsäure: Um das Äthanol allein abdestillieren zu können, wird die Milchsäure durch Neutralisieren mit etwa 1 n NaOH (Indicator: gesättigte wäßrige Phenolrot-Lösung) in ihr nichtflüchtiges Salz überführt. Es wird mehr Natronlauge benötigt als Milchsäure vorhanden ist, da noch Puffer von der Vergärung her in der Lösung ist. Nun wird unter ganz leichtem Saugen etwa $^3/_4$ der Lösung in eine eisgekühlte Vorlage destilliert.

5. Oxydation von Äthanol zu Essigsäure: Dem Destillat werden 0,6 g Kaliumbichromat und 1—2 ml konzentrierte Schwefelsäure zugegeben. Dann wird der Kolben mit einem Schliffstopfen verschlossen und der Stopfen durch Federn befestigt. Die Oxydation dauert bei 90° 2 Std. Die Färbung der Lösung wird dunkelbraun. Die Essigsäure wird wie üblich isoliert (vgl. S. 21) und degradiert (vgl. S. 26).

6. Milchsäure: Zur Gewinnung der Milchsäure wird der Rückstand der ersten Destillation in einen Extraktor überführt, mit 50proz. H_2SO_4 angesäuert und 36 Std mit Äther extrahiert. Die Vorlage enthält außer dem Äther 20 ml Wasser. Nach der Extraktion wird der Äther mit CO_2-freiem Stickstoff verjagt. Um flüchtige Verunreinigungen zu entfernen, wird die wäßrige Milchsäure-Lösung wasserdampfdestilliert bis das 20fache ihres Volumens übergegangen ist. Dann titriert man den Rückstand mit n/10 Natronlauge. Weiterer Abbau durch Oxydation mit Kaliumpermanganat oder Bichromat, s. Milchsäure S. 50.

6.101. Chemische Verfahren.

Obwohl eine große Zahl chemischer Verfahren zum systematischen Abbau der Glucose bzw. allgemein der Hexosen beschrieben ist, handelt es sich meist um verschiedene Kombinationen und Variationen weniger Grundreaktionen. Insbesondere zwei Reaktionen, nämlich die Perjodat-Spaltung des Osazons bzw. Osotriazols und die Perjodat-Spaltung der Methylglykoside, haben sich sehr bewährt. Jede dieser Reaktionen ist zu einem Standardverfahren entwickelt worden, das über die Glucose hinaus allgemeiner anwendbar ist und den meisten Anforderungen, die an einen Zuckerabbau zu stellen sind, entspricht.

6.1010. Abbau über Osazone

TOPPER und HASTINGS (*720*) wendeten erstmals die von CHARGAFF und MAGASANIK (*181*) beschriebene Perjodat-Oxydation des Glucosazons zum Abbau ^{14}C-markierter Glucose an. Die Reaktion liefert Mesoxaldialdehyd-bisphenylhydrazon aus C-1, 2 und 3, Ameisensäure aus C-4 und C-5 sowie Formaldehyd aus C-6 (vgl. Schema 17).

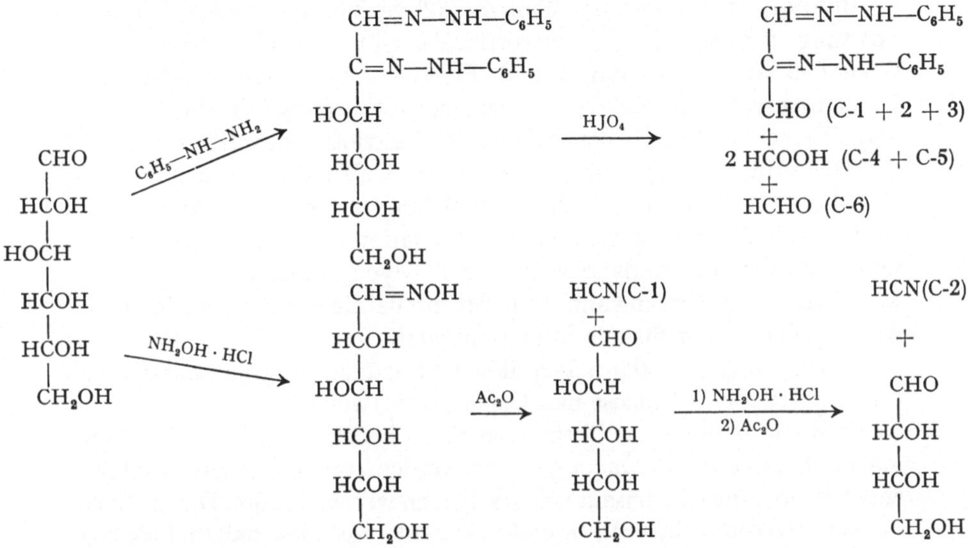

CHO
HCOH
HOCH
HCOH
HCOH
CH_2OH
C_6H_5—NH—NH_2
CH=N—NH—C_6H_5
C=N—NH—C_6H_5
HOCH
HCOH
HCOH
CH_2OH
HJO_4
CH=N—NH—C_6H_5
C=N—NH—C_6H_5
CHO (C-1 + 2 + 3)
+
2 HCOOH (C-4 + C-5)
+
HCHO (C-6)
$NH_2OH \cdot HCl$
CH=NOH
HCOH
HOCH
HCOH
HCOH
CH_2OH
Ac_2O
HCN(C-1)
+
CHO
HOCH
HCOH
HCOH
CH_2OH
1) $NH_2OH \cdot HCl$
2) Ac_2O
HCN(C-2)
+
CHO
HCOH
HCOH
CH_2OH

Schema 17. Glucose-Abbau nach TOPPER und HASTINGS (*720*)

Um weitere Aussagen über die Radioaktivität von C-1, 2 und 3 zu erhalten, führten sie außerdem mit der Glucose zweimal nacheinander den Wohlschen Abbau durch und isolierten auf diese Weise C-1 und C-2 getrennt als Silbercyanid. Der Wohlsche Abbau erfordert aber relativ viel Ausgangsmaterial.

ARONOFF und VERNON (*22*) bauten das Mesoxalaldehyd-bisphenylhydrazon durch Behandlung mit 1% KOH in absolutem Äthanol weiter zu Glyoxalosazon ab und bestimmten so noch indirekt den Isotopengehalt von C-3. Nach VITTORIO, KROTKOV und REED (*744*) läßt sich dieser Schritt jedoch nicht reproduzieren. Diese Autoren kombinierten daher die Perjodat-Spaltung des Osazons mit dem fermentativen Abbau zu Milchsäure durch *Lactobacillus casei*.

BISHOP (*114*) schlug vor, das Osazon vor der Perjodat-Spaltung in das Phenyl-osotriazol zu überführen (*339*), das bei der Behandlung mit Perjodat Formaldehyd (C-6), Ameisensäure (C-4 + C-5) und 2-Phenyltriazol-4-aldehyd (C-1 + 2 + 3) liefert (vgl. Schema 18). Das letztere Bruchstück wurde von BISHOP nur als Öl erhalten [spätere Autoren (*678*)

konnten den Aldehyd jedoch ohne Schwierigkeiten kristallin gewinnen].
BISHOP nitrierte deshalb zur p-Nitrophenyl-Verbindung und oxydierte
mit Permanganat zur Carbonsäure, die in Form des Silbersalzes thermisch
decarboxyliert wurde. Auf diese Weise wird C-3 als CO_2 erhalten.

Das Verfahren ist zwar in dieser Form nicht für den Abbau markierter
Glucose verwendet worden, bildete aber die Grundlage für die weitere
Entwicklung.

BEVINGTON, BOURNE und TURTON (82) verfuhren wie folgt: Perjodat-
Spaltung des Glucose-phenylosotriazols gibt C-6 als Formaldehyd,
C-4 + C-5 als Ameisensäure und Phenyltriazol-4-aldehyd, der ohne
Nitrierung zur Carbonsäure oxydiert und decarboxyliert wird (C-3 als
CO_2). Ferner wird das 6-Benzoylglucose-phenylosotriazol hergestellt und
der Bleitetraacetat-Spaltung unterworfen, wobei C-5 + 6 als Benzoylglykolaldehyd anfallen. Durch Perjodat-Spaltung des α-Methylglucosids
wird C-3 als Ameisensäure erhalten. Oxydation der Glucose zur Gluconsäure und deren Perjodat-Spaltung gibt Glyoxylsäure aus C-1 + 2, die
weiter abgebaut werden kann. Experimentelle Einzelheiten werden in der
Arbeit jedoch nicht für alle Stufen mitgeteilt.

ROWLAND et al. (608) haben diesen Abbau zur Bestimmung der Tritium-Verteilung in Glucose und Galaktose verwendet.

Dem Abbau über das Phenyl-osotriazol haftete aber noch der Nachteil an, daß C-1 und C-2 nicht getrennt werden konnten, so daß zusätzlich
der Weg über die Gluconsäure eingeschlagen werden mußte. Diesen Nachteil konnten schließlich SIMON und STEFFENS (678) ausschalten, indem sie
einen Abbau für die Phenyltriazol-4-carbonsäure entwickelten, bei
dem C-1, C-2 und C-3 der Glucose getrennt bestimmt werden können.
Behandelt man diese Säure mit Natriumamalgam, so entstehen HCN
(C-1) und Phenylhydrazinoessigsäure. Letztere kann thermisch decarboxyliert werden, so daß C-3 der Glucose als CO_2 anfällt. Damit ist eine
Bestimmung aller C-Atome der Glucose allein durch Abbau des Phenyl-
osotriazols möglich (vgl. Schema 18). Da die anderen Hexosen ebenfalls
in Osotriazole überführt werden können [vgl. (669)], ist dieses Abbauverfahren allgemein zum Abbau Kohlenstoff- und Wasserstoff-markierter
Hexosen und Ketosen anwendbar.

Die Autoren überprüften die einzelnen Schritte des Abbaus mit positionsmarkiertem Material und legten Reaktionsbedingungen fest, unter
denen nur bei einem Schritt geringe Radioaktivitätsverschmierungen eintreten. Da die Trennung von Phenyltriazoaldehyd und Benzoylglykolaldehyd, die bei der Perjodat-Spaltung nebeneinander anfallen,
Schwierigkeiten machte, wurden beide mit Permanganat zur Carbonsäure
oxydiert. Nach Abspaltung des Benzoylrestes können die Säuren dann
leicht getrennt werden. Da bei der Perjodat-Spaltung des 6-Benzoyl-
glucose-phenylosotriazols stets in geringem Umfange auch eine Verseifung

des Esters erfolgt, ist C-4 zu etwa 4 bis 5% mit Aktivität aus C-5 verunreinigt. Man erhält aber genaue Werte für C-4, wenn man einen Teil des Phenyl-osotriazols nicht benzoyliert, sondern gleich der Perjodat-Spaltung unterwirft. Man erhält so die Summe von C-4 und C-5 als Ameisensäure und durch Subtraktion der Aktivität von C-5 den Wert für C-4.

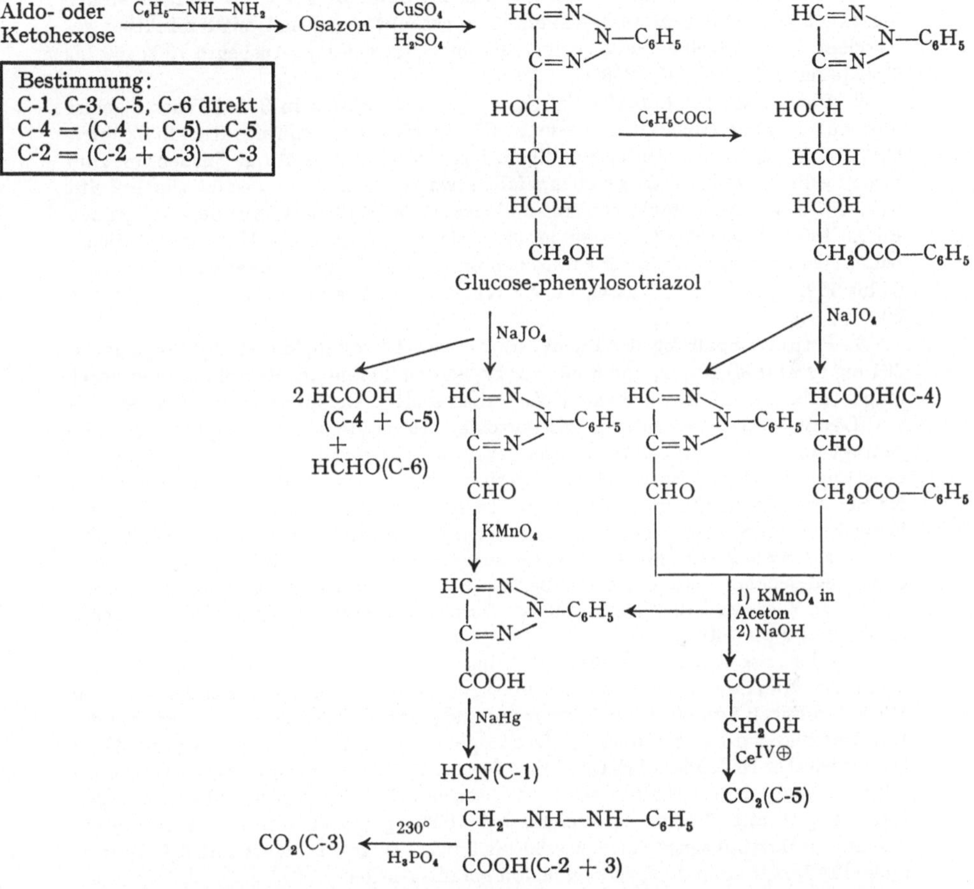

Schema 18. Abbau von Glucose und anderen Hexosen nach SIMON und STEFFENS (*678*)

Der Abbau wurde auch auf Pentosen angewandt (*678*). In Fällen, wo das Phenyl-osotriazol nicht, wie beim Glucose-Derivat, schwer löslich ist, muß eine andere Art der Isolierung angewandt werden (Beispiel s. Galaktose). Für den gesamten Abbau werden etwa 3 bis 4 mM Hexose benötigt; verzichtet man beim Abbau von Hexosen auf die Trennung von C-4 und C-5, so genügt bereits eine wesentlich kleinere Menge. Der Zeitaufwand beträgt etwa 3 bis 4 Tage, er ermäßigt sich bei gleichzeitigem Abbau mehrerer Proben.

Abbau von Glucose (Hexosen) nach SIMON *und* STEFFENS *(678)*

1. Osazon. 540 mg Glucose (3 mM) werden mit 1,8 ml Methylcellosolve (Glykol-monomethyläther) und 0,6 ml Eisessig auf 80°C erwärmt. Dann werden 1,2 ml frisch destilliertes Phenylhydrazin (farblos) zugegeben und die Lösung 45 min auf dem siedenden Wasserbad erhitzt. Die Reaktionsmasse wird vor dem Absaugen mit 25 ml Wasser gut durchgearbeitet. Das Osazon wird 2mal mit je 3 ml 10proz. Essig-säure und 2mal mit 5 ml Wasser gewaschen, dann in der eben nötigen Menge Methanol zu einem Brei aufgeschlämmt, abgesaugt und 2mal mit 3 ml Äther ge-waschen. Das hellgelbe Osazon wird bei 100°C getrocknet; Ausbeute 70% (60 bis 90% je nach Zucker), Fp. 208°C.

2. Phenylosotriazol. 1,32 g $CuSO_4 \cdot 5 H_2O$ p.a. werden in 94 ml Wasser gelöst und mit 940 mg Glucosazon versetzt (Dreihalskolben, Rührer, Rückflußkühler, Ölbad, 120 bis 130°C). Unter ständigem Rühren wird die wäßrige Suspension zum Sieden erhitzt, wobei man gegebenenfalls etwas Entschäumer zusetzt. Nach 2 Std wird mit etwas Aktivkohle versetzt und siedend heiß filtriert. Aus dem hellgrünen Filtrat kristallisiert das Glucose-phenylosotriazol aus, das nach Kühlung möglichst bald abgesaugt, mit Eiswasser gewaschen und bei 100°C getrocknet wird; Ausbeute 65 bis 85%. Es wird aus Wasser mit Aktivkohle umkristallisiert (Verlust etwa 15 bis 20%).

3. Perjodat-Spaltung des Phenyl-osotriazols. 64 mg (0,25 mM) des Osotriazols, 201 mg (0,94 mM) $NaJO_4$ und 6 ml Wasser werden 20 min am Rückflußkühler unter Magnetrührung auf dem siedenden Wasserbad erhitzt. Der aus der auf 0°C abgekühl-ten Lösung sich abscheidende Niederschlag (Phenyl-triazol-aldehyd) wird ab-gesaugt und mit wenig kaltem Wasser gewaschen. Das Filtrat wird mit 0,25 ml Eis-essig angesäuert und überschüssiges Perjodat und Jodat durch Titration mit 1 m Na_2SO_3 zerstört (Endpunkt: Verschwinden der Jodfärbung; Überschuß vermeiden). Danach wird die Lösung neutralisiert und zur Entfernung letzter Spuren des Phenyl-triazol-aldehyds 2mal mit 10 ml Äther ausgeschüttelt. Die Äther-Lösung wird mit dem Niederschlag vereinigt und über Na_2SO_4 getrocknet. Nach Verdampfen des Äther im Vak. wird der Rückstand im Vakuumexsiccator über P_2O_5 getrocknet; Ausbeute 90 bis 100%.

Aus der ausgeätherten wäßrigen Lösung wird der Formaldehyd bei 80 Torr ab-destilliert. Man destilliert bis zur Trockne in eine eisgekühlte Vorlage und nimmt den Rückstand noch 3mal in 10 ml Wasser auf, die jeweils wieder überdestilliert werden. Das Destillat wird mit 150 ml 2,4-Dinitrophenylhydrazin-Lösung (3,3 g in 165 ml konzentrierter HCl, 100 ml CH_3OH und 735 ml H_2O) versetzt und kurz zum Sieden erhitzt. Nach dem Erkalten wird das Formaldehyd-dinitrophenylhydrazon ab-gesaugt, gut mit Wasser gewaschen, bei 100°C getrocknet und aus absolutem Äthanol umkristallisiert; Ausbeute 80 bis 90%, Fp. 162°C. Statt mit 2,4-Dinitro-phenylhydrazin kann auch mit Dimedon gefällt werden.

Der nach dem Abdestillieren des Formaldehyds verbliebene Salzrückstand wird in 30 ml Wasser gelöst, mit 1,5 ml Eisessig angesäuert und in einen Kolben mit Gas-einleitungsrohr gebracht. Zur Vertreibung von eventuell vorhandenem CO_2 wird die Lösung 10 min am Rückflußkühler unter Durchleiten von CO_2-freiem Stickstoff gelinde zum Sieden erhitzt. Nach dem Abkühlen wird der Kolben über den Rück-flußkühler mit einer CO_2-Absorptionsfalle verbunden. Zur Oxydation der Ameisen-säure setzt man eine Lösung von 3 g Quecksilber-(II)-acetat und 3 ml Eisessig in 25 ml Wasser zu und erhitzt unter Durchleiten von Stickstoff 20 min zum Sieden. Das aus der Ameisensäure entstandene CO_2 wird als $BaCO_3$ gefällt; Ausbeute etwa 85%.

4. Oxydation des 2-Phenyl-triazol-4-aldehyds. 204 mg des rohen Aldehyds wer-den mit 185 mg $KMnO_4$ und 2 ml 10proz. Natronlauge versetzt und 30 min unter

mehrmaligem Umschütteln auf dem siedenden Wasserbad erhitzt. Dann wird mit Schwefelsäure angesäuert und überschüssiges Permanganat und entstandenes Mangandioxyd durch Zugabe von festem Natriumsulfit reduziert. Nach Kühlung auf 0°C wird die weiße 2-Phenyl-triazol-4-carbonsäure abgesaugt, mit wenig kaltem Wasser gewaschen und aus Wasser umkristallisiert; Trocknung bei 100°C; Ausbeute 90%, Fp. 191°C.

5. 6-Benzoyl-phenyl-osotriazol. 265 mg des Phenyltriazols werden unter Erwärmen in 3 ml absolutem Pyridin gelöst und auf 0°C abgekühlt. Zu der heftig gerührten Lösung gibt man unter Feuchtigkeitsausschluß tropfenweise 1 ml einer Lösung von frisch destilliertem Benzoylchlorid (1,1 mM) in absolutem Pyridin (1,546 g/10 ml Pyridin). Das Reaktionsgemisch wird noch 2 Std bei 0°C gerührt, über Nacht bei 0°C aufbewahrt und dann in 12 ml Eiswasser gegossen. Das zunächst ölig ausgeschiedene Produkt kristallisiert bald. Es wird abgesaugt, gut mit Wasser gewaschen und aus 60proz. Äthanol umkristallisiert; Ausbeute 50 bis 60%; Fp. 154 bis 156°C.

6. Perjodat-Spaltung des 6-Benzoyl-phenyl-osotriazols. 300 mg des 6-Benzoyl-phenyl-osotriazols werden unter starkem Rühren mit einer heißen Perjodat-Lösung (428 mg $NaJO_4$ + 30 ml Wasser) versetzt und 10 min (nicht länger!) auf dem siedenden Wasserbad erhitzt. Anschließend wird die Reaktionslösung sehr schnell auf 0°C abgekühlt und von den kristallin ausgeschiedenen Aldehyden abgesaugt. Die mit 1 n NaOH gegen Bromthymolblau neutralisierte Lösung wird 2mal mit 20 ml Äther (p.a.) ausgeschüttelt. Die in der wäßrigen Lösung enthaltene Ameisensäure (C-4) kann direkt mit Hg-(II)-salz zu CO_2 oxydiert werden.

Die Äther-Lösung und das abgeschiedene Aldehydgemisch werden vereinigt, über Na_2SO_4 getrocknet und im Vak. zur Trockne eingeengt. Der Rückstand wird in Aceton (p.a.) gelöst und bei Raumtemperatur im geschlossenen Kolben mit 210 mg $KMnO_4$ unter ständigem Rühren oxydiert. Nach 90 min wird das Aceton im Vak. abgezogen. Zum braunen Rückstand gibt man 20 ml Äther und 15 ml eiskalte 10proz. H_2SO_4 und versetzt mit Natriumsulfit, bis alles Mangandioxyd reduziert ist. Die wäßrige Lösung wird noch 2mal mit 15 ml Äther ausgeschüttelt, dann werden die ätherischen Lösungen vereinigt, mit Na_2SO_4 getrocknet und im Vak. eingedampft.

Der aus Phenyl-triazol-carbonsäure und Benzoylglykolsäure bestehende Äther-Rückstand wird in 6 ml 1 n NaOH aufgenommen und zur Verseifung 1 Std am Rückflußkühler auf dem siedenden Wasserbad erhitzt. Die mit halbkonzentrierter Schwefelsäure angesäuerte Reaktionslösung wird in Eiswasser gekühlt und von der ausgeschiedenen Phenyl-triazol-carbonsäure und Benzoesäure abgesaugt. Das Filtrat wird 3mal mit Äther extrahiert, die wäßrige Lösung zur Vertreibung gelösten Äthers zum Sieden erhitzt und zur weiteren Oxydation der Glykolsäure aufbewahrt.

Die Äther-Extrakte und das Carbonsäure-Gemisch werden vereinigt und der Äther im Vak. abdestilliert. Der Rückstand wird aus 45 ml Wasser umkristallisiert, wobei die Benzoesäure vollständig in Lösung bleibt. Nach Kühlung auf 0°C wird die ausgeschiedene Phenyl-triazol-carbonsäure abgesaugt, mit wenig eiskaltem Wasser gewaschen und bei 100°C getrocknet; Ausbeute 80%.

7. Oxydation der Glykolsäure. Die bei der Verseifung erhaltene wäßrige Glykolsäure-Lösung wird in der gleichen Versuchsanordnung, die zur Oxydation der Ameisensäure mit Hg-(II)-salz dient (s. unter 3), mit 5 ml 5proz. Schwefelsäure und 20 ml einer Cer-(IV)-ammoniumsulfat-Lösung (12,7 g in 15 ml konzentrierter H_2SO_4 + 85 ml H_2O) versetzt und 1 Std im Stickstoff-Strom zum Sieden erhitzt. Die Ausbeute an CO_2 aus C-5 der Glucose beträgt etwa 60 bis 70% bezogen auf 6-Benzoyl-phenyl-osotriazol.

8. Amalgamspaltung der Phenyl-triazol-carbonsäure. Die Phenyl-triazol-carbonsäuren aus 3. und 6. werden vereinigt. 153 mg werden in 1 ml 1 n NaOH und 2 ml Wasser gelöst und mit 4,3 g 4proz. Natriumamalgam versetzt. Die Reaktionslösung

wird 10 min geschüttelt, wobei eine leichte Erwärmung und Gelbfärbung zu beobachten sind. Anschließend werden 4 mal 1 ml Wasser abdestilliert, wobei man der Reaktionslösung vor der Destillation jeweils 1 ml Wasser zusetzt. Nach beendeter Reaktion wird die farblos gewordene Lösung soweit gekühlt, daß sie vom erstarrten Amalgam abdekantiert werden kann. Das Amalgam spült man noch zweimal mit wenig Wasser. Die klare Reaktionslösung wird bei 0°C mit etwa 0,37 ml konzentrierter Phosphorsäure auf pH 4 bis 5 angesäuert, die abgeschiedene Phenylhydrazinoessigsäure abgesaugt, mit eiskaltem Wasser gewaschen und im Vak. über P_2O_5 getrocknet; Ausbeute 50%, Fp. 150°C. Umkristallisieren ist meist nicht nötig.

Das Filtrat wird mit 10 ml 5 proz. Schwefelsäure versetzt und mit Wasserdampf destilliert. Das Destillat (etwa 60 ml) wird in 5 ml 1 n NaOH aufgefangen, mit einer salpetersauren $AgNO_3$-Lösung versetzt und kurz aufgekocht. Das Silbercyanid wäscht man gut mit Wasser und trocknet; Ausbeute 65 bis 70%.

9. Decarboxylierung der Phenylhydrazino-essigsäure. 25 mg der Phenylhydrazino-essigsäure werden in ein Bombenrohr mit leicht brechbarer Spitze [vgl. (667, 668)] eingewogen, mit 2 ml konzentrierter H_3PO_4 versetzt und in flüssiger Luft gekühlt. Die Bombe wird evakuiert, zugeschmolzen, 2 Std auf 230°C erhitzt und nach Abkühlen an der ^{14}C-Bestimmungsapparatur [vgl. (667, 667)] geöffnet und das CO_2 in das Gaszählrohr überführt; Ausbeute 60%. Die Decarboxylierung kann auch im Kolben unter Durchleiten von N_2 vorgenommen werden.

Von großem Vorteil ist es, daß dieser Abbau mit geringfügigen Änderungen auch zur Bestimmung der Deuterium- bzw. Tritium-Verteilung in Hexosen und Pentosen benutzt werden kann (669). Ein Abbau der Triazolcarbonsäure ist dabei nicht nötig. Bei Aldohexosen lassen sich alle Wasserstoff-Atome getrennt erfassen. Bei Ketosen (Fructose) läßt sich nur der D- bzw. T-Gehalt an C-1 wegen des bei der Osazon-Bildung auftretenden großen Isotopeneffektes nicht genau bestimmen (669, 670). Folgende Punkte sind beim Abbau Tritium-markierter Hexosen nach diesem Verfahren zu beachten:

Das Osazon darf nicht alkalisch umkristallisiert werden, da unter diesen Bedingungen Wasserstoffaustausch an C-1 und langsamer auch an C-3 erfolgt (675).

Bei der Perjodat-Spaltung sind Überschuß an Reagens und lange Einwirkungszeit zu vermeiden, da sonst eine mit einem hohen Isotopeneffekt verbundene Überoxydation des Formaldehyds eintritt (672).

Eine eventuell nötige Destillation des Formaldehyds muß quantitativ geschehen, da auch hierbei ein beachtlicher Isotopeneffekt auftritt (673).

Ameisensäure wird nach Wasserdampfdestillation (Jodwasserstoffsäure vorher mit Ag_2SO_4 entfernen) als Natriumsalz isoliert. Die Tritium-Bestimmung kann auf den meist etwas zu niedrigen C-Wert korrigiert werden. Eine andere Möglichkeit ist die Isolierung und Reinigung als p-Brom-phenacylester (vgl. 1.82).

6-Benzoyl-glykolaldehyd und Phenyl-triazol-aldehyd, die bei der Perjodat-Spaltung entstehen, werden dünnschichtchromatographisch an Kieselgel G (nach STAHL, 0,5 mm Schichtdicke, Laufmittel Benzol:

Petroläther : Äthanol 8 : 2 : 1) getrennt. Die Tritium- bzw. Deuterium-Konzentration an den Kohlenstoff-Atomen ergibt sich wie folgt:

- C-1: Phenyl-triazol-carbonsäure
- C-2: (Glucose bzw. ein N-Glucosid) − (Osazon)
- C-3: (Phenyl-triazol-aldehyd) − (Phenyltriazolcarbonsäure)
- C-4: HCOOH aus Perjodat-Spaltung des 6-Benzoyl-phenylosotriazols oder (HCOOH aus Phenyl-osotriazol) − (C-5)
- C-5: (Benzoylglykolaldehyd) − Formaldehyd)
- C-6: Formaldehyd.

Der Abbau wurde überprüft mit Glucose-1-T, -2-T und -6-T.

6.1011. Abbau über Methylglucosid

Die Perjodat-Spaltung des Methylglucosids wurde bereits 1945 von WOOD, LIFSON und LORBER (*782*) zur Bestimmung der ^{13}C-Verteilung in Glucose herangezogen (Schema 19). Dabei fällt C-3 als Ameisensäure an. Anschließende Perjodat-Spaltung in der Hitze liefert unter Spaltung der glycosidischen Bindung weitere Ameisensäure aus den C-Atomen 1, 2, 4 und 5 sowie Formaldehyd aus C-6.

$$
\begin{array}{c}
\text{CHO} \\
|\\
\text{HCOH} \\
|\\
\text{HOCH} \\
|\\
\text{HCOH} \\
|\\
\text{HCOH} \\
|\\
\text{CH}_2\text{OH}
\end{array}
\xrightarrow{\text{CH}_3\text{OH/HCl}}
\begin{array}{c}
\text{HCOCH}_3 \\
|\\
\text{HCOH} \\
|\\
\text{HOCH} \\
|\\
\text{HCOH} \\
|\\
\text{HCO} \\
|\\
\text{CH}_2\text{OH}
\end{array}
\xrightarrow{\text{HJO}_4}
\begin{array}{c}
\text{HCOOH(C-3)} \\
+ \\
\text{HCOCH}_3 \\
|\\
\text{CHO} \\
|\\
\text{CHO} \\
|\\
\text{HC}-\text{O} \\
|\\
\text{CH}_2\text{OH}
\end{array}
$$

$$
\xrightarrow{\text{Perjodat, Hitze}} 4\ \text{HCOOH} + \text{HCHO}
$$

$$
\xrightarrow[\text{SrCO}_3]{\text{Br}_2}
\begin{array}{c}
\text{HCOCH}_3 \\
|\\
\text{COO}^{\ominus} \\
\text{Sr}^{\oplus\oplus} \\
\text{COO}^{\ominus} \\
|\\
\text{HC}-\text{O} \\
|\\
\text{CH}_2\text{OH}
\end{array}
\xrightarrow[\substack{\text{2) 2,4-Dinitro-}\\\text{phenyl-}\\\text{hydrazin}}]{\text{1) H}^{\oplus}}
$$

$$
(\text{C-2})\ \text{CO}_2 \xleftarrow{\Delta}
\begin{array}{c}
\text{HC}=\text{N}-\text{NH}-\bigcirc-\text{NO}_2 \\
|\\
\text{COOH} \\
+ \\
\text{COOH} \\
|\\
\text{HCOH} \\
|\\
\text{CH}_2\text{OH}
\end{array}
\quad \text{NO}_2(\text{C-1} + 2)
$$

$$
(\text{C-4})\ \text{CO}_2 \xleftarrow{\Delta}
\begin{array}{c}
\text{COOH} \\
|\\
\text{CH}=\text{N}-\text{NH}-\bigcirc-\text{NO}_2 \\
\text{NO}_2
\end{array}
\xleftarrow[\substack{\text{2) 2,4-Dinitro-}\\\text{phenylhydrazin}}]{\text{1) HJO}_4}
$$

+ HCHO(C-6)

Schema 19. Abbau von Glucose nach NEISH et al. (*132*) durch Perjodat-Spaltung des Methylglucosids

Wichtig für die korrekte Bestimmung von C-3 ist hohe Reinheit des Methylglucosids, da bei Verunreinigung mit Glucose Ameisensäure auch aus anderen C-Atomen entsteht.

NEISH et al. (*132*) haben den Abbau weiter ausgearbeitet. Der nach der ersten Perjodat-Spaltung erhaltene Dialdehyd wird mit Brom zur Dicarbonsäure oxydiert, die als Strontiumsalz isoliert wird (s. Schema 19). Verseifung gibt Glyoxylsäure, die als 2,4-Dinitrophenylhydrazon isoliert und decarboxyliert wird (C-1 und C-2), sowie Glycerinsäure. Deren Perjodatspaltung liefert Formaldehyd (C-6) und Glyoxylsäure, die, wie oben angegeben, zerlegt wird (C-4 und C-5). Auf diese Weise lassen sich alle C-Atome einzeln erfassen.

Eine andere Variation für den weiteren Abbau des Dialdehyds beschreiben ABERCHROMBIE und JONES (*1a*) (vgl. Schema 20). Sie reduzieren den Dialdehyd mit $NaBH_4$, hydrolysieren zu Glycerin und Glykolaldehyd und reduzieren letzteren ebenfalls mit $NaBH_4$. Glykol (C-1 + 2) und Glycerin werden papierchromatographisch getrennt. Das Glycerin gibt mit Perjodat Ameisensäure aus C-5 und Formaldehyd aus C-4 + C-6. Da zusätzliche Werte erforderlich sind, um zwischen C-1 und C-2 sowie C-4 und C-6 unterscheiden zu können, werden außerdem die Glucose selbst und der durch Reduktion mit Natriumborhydrid erhaltene Sorbit mit Perjodat gespalten. Dabei werden in einem Falle C-6 und im anderen C-1 + C-6 als Formaldehyd isoliert. Günstiger ist es jedoch, die Glucose zur Gluconsäure zu oxydieren und diese mit Perjodat zu spalten, wie es JONES et al. in einer neueren Vorschrift angeben (*383*). In dieser Form ist der Abbau für alle Aldohexosen geeignet. Es wird nur 1 mM Glucose benötigt. Das Verfahren wurde durch Abbau von Glucose-1-^{14}C, -2-^{14}C und -6-[14]C überprüft (*1a*).

In etwas modifizierter Form bestimmten BEVILL et al. (*80*) die Tritium-Verteilung in Glucose bzw. Galaktose. Diese Autoren unterwarfen einerseits den nach Perjodat-Spaltung des Methylglykosids erhaltenen Dialdehyd der Reduktion mit Natriumborhydrid und isolierten nach Hydrolyse Glykolaldehyd und Glycerin, andererseits oxydierten sie ihn mit Brom zur Dicarbonsäure und isolierten nach Hydrolyse die Glycerinsäure, die mit Perjodat weiter zerlegt wurde.

Abbau von Glucose nach JONES *et al.* (*1a, 383*)

1. Kalium-D-gluconat. 60 mg D-Glucose und 170 mg sublimiertes Jod werden in einem 15 ml Zentrifugenglas in 3,2 ml heißem Methanol gelöst. Dazu gibt man bei 40°C tropfenweise unter Rühren innerhalb von 20 min 3,5 ml einer methanolischen KOH-Lösung (4 g in 100 ml). Nach Abkühlen auf Zimmertemperatur wird das Kalium-D-gluconat abzentrifugiert, zuerst mit Methanol, dann mit Äther gewaschen und an der Luft getrocknet. Umkristallisation aus Wasser/Methanol; Ausbeute 80%, Fp. 180°C (Zers.).

2. Perjodat-Spaltung von Kalium-D-gluconat. 50 mg Kalium-D-gluconat werden in 7 ml 0,5 m Natriumphosphatpuffer pH 5,8 gelöst und mit 3,3 ml 0,3 m $NaJO_4$-

Lösung bei Zimmertemperatur oxydiert. Das gebildete CO_2 (C-1) wird mit Stickstoff in eine Absorptionsfalle überführt und als $BaCO_3$ gefällt. Die Lösung gibt man nacheinander durch Austauschersäulen mit Amberlite IR-120 (H^+) und Duolite A 4 (OH^-) und engt den Durchlauf im Vak. auf etwa 15 ml ein. Zur Oxydation des Formaldehyds (C-6) setzt man bei 0°C je 10 ml 1n NaOH und n/10 Jodlösung zu. Nach 30 min wird mit 2n H_2SO_4 angesäuert, 2n Natriumarsenit-Lösung bis zum Verschwinden der Jodfarbe zugesetzt, mit NaOH neutralisiert, auf etwa 15 ml eingeengt, mit 1n H_2SO_4 angesäuert und bis zur Trockne destilliert. Im Destillat wird die Ameisensäure durch Kochen mit 10 ml Quecksilber-(II)-acetat-Lösung (0,3 m in 0,5 m Essigsäure) zu CO_2 oxydiert.

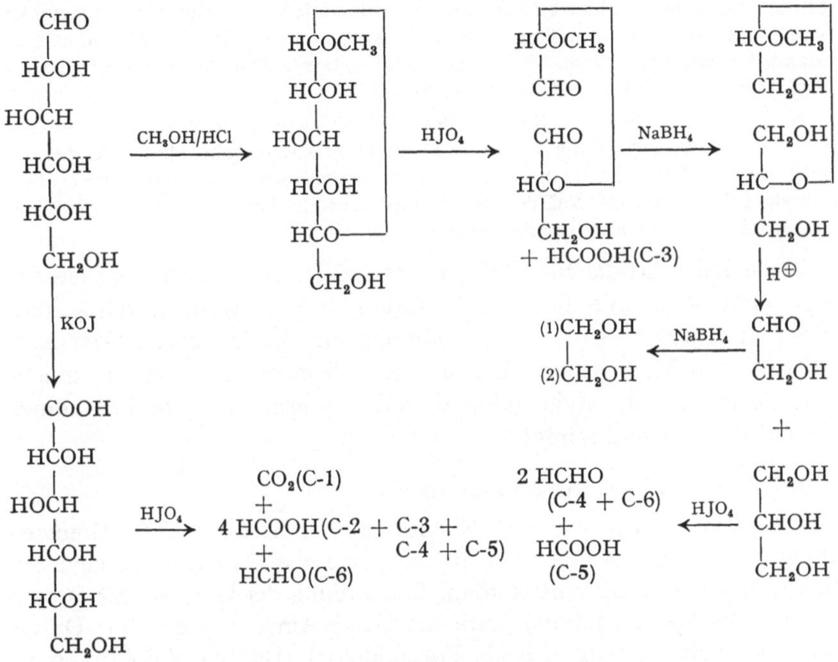

Schema 20. Abbau von Glucose und anderen Aldohexosen nach JONES et al. (*1a*, *383*) über Methylglykoside

Die Ameisensäure aus der Perjodat-Spaltung (C-2 bis C-5) wird mit 50 ml 0,25 n $Ba(OH)_2$, gefolgt von 100 ml Wasser, aus der Duolite A 4-Säule eluiert. Die Lösung wird mit Eisessig auf pH 4 gebracht und die Ameisensäure wie oben zu CO_2 oxydiert.

3. Methyl-α-D-glucopyranosid. 120 mg D-Glucose werden mit 3 ml 3proz. methanolischer Salzsäure 3 Std unter Rückfluß gekocht, die abgekühlte Lösung mit 3 Teilen Wasser verdünnt und durch eine kleine Säule mit Amberlite IR 400 (OH^-) gegeben. Der neutrale Durchlauf wird im Vak. zum Sirup eingedampft, der bei Zugabe von Äthanol kristallisiert. Umkristallisation aus Äthanol/Methanol 1 : 1 ergibt mit einer Ausbeute von 55% ein Produkt vom Fp. 164 bis 165°C.

4. Abbau des Methylglucosids. Zu 70 mg des Methylglucosids in 2 ml Wasser werden bei Zimmertemperatur 2 ml 0,4 m Perjodsäure gegeben. Nach 3 Std wird die Lösung durch eine kleine Säule von Duolite A 4 (OH^-) gegeben und anschließend mit etwa 100 ml Wasser nachgewaschen. In dem auf 20 ml eingeengten Durchlauf wird

der Dialdehyd durch Zugabe von 25 mg $NaBH_4$ reduziert. Nach 5 Std gibt man zur Hydrolyse 2 ml 2n HCl zu, erwärmt 20 min auf 60°C, neutralisiert die abgekühlte Lösung mit NaOH und reduziert den Glykolaldehyd mit 20 mg $NaBH_4$. Nach 5 Std wird überschüssiges Borhydrid mit festem CO_2 zerstört, die Lösung nacheinander durch Säulen von Amberlite IR-120 (H^+) und Duolite A 4 (OH^-) gegeben und der Durchlauf zum Sirup eingedampft. Um die Borsäure zu entfernen, wird zu dem Sirup 3mal Methanol gegeben und abdestilliert. Der Rückstand wird durch Chromatographie an Whatman 3 MM Papier aufgetrennt (Laufmittel n-Butanol-Äthanol-Wasser 3 : 1 : 1 Vol., Papier mit 1n HCl, Wasser und Laufmittel gewaschen). Zur Lokalisierung der Zonen läßt man am Rand nichtmarkiertes Glykol und Glycerin mitlaufen, schneidet diesen Streifen ab und besprüht ihn mit alkalischer Silbernitrat-Lösung. Die beiden markierten Substanzen werden mit Wasser eluiert, die Lösungen eingedampft, der Rückstand in Methanol aufgenommen, filtriert und erneut eingedampft; Ausbeute: Glykol 31%, Glycerin 85%. Das Glykol wird durch van Slyke-Oxydation (34) in CO_2 übergeführt (C-1 und C-2).

5. Abbau des Glycerins. Ein Teil des Glycerins wird nach VAN SLYKE zu CO_2 oxydiert (C-4 bis C-6). 15 mg werden in 15 ml 0,2 m Natriumphosphatpuffer pH 8,0 gelöst und mit 2 ml 0,2 m Natriumperjodat versetzt. Nach 1 Std zerstört man überschüssiges Perjodat mit $NaBH_4$, säuert mit Schwefelsäure an und oxydiert die Ameisensäure (C-5) wie oben angegeben zu CO_2.

Je nach der Art der zur Verfügung stehenden Meßanordnung (von der es abhängt, ob eine Verdünnung der radioaktiven C-Atome durch weitere nichtradioaktive C-Atome sich nachteilig auf die Meßgenauigkeit auswirkt oder nicht) kann der Abbau eventuell modifiziert werden, indem man Formaldehyd, Glykolaldehyd und Glycerin in Form kristalliner Derivate isoliert und reinigt.

6.1012. Weitere chemische Abbaumethoden

ABRAHAM, CHAIKOFF und HASSID (3) beschreiben einen Glucose-Abbau, bei dem alle C-Atome durch spezifische Oxydation geeigneter Zucker-Derivate bestimmt werden. Behandlung der Glucose mit Bromwasserstoffsäure gibt Lävulinsäure und C-1 als Ameisensäure (686). Durch Perjodat-Spaltung wird C-6 als Formaldehyd erhalten. 4,6-Äthylidenglucose, α-Methyl-glucopyranosid und Glucose-phenylosotriazol werden der Bleitetraacetat-Spaltung unterworfen (2), wobei C-1 + C-2 + C-3 bzw. C-4 + C-5 als CO_2 anfallen. Ruffscher Abbau der Glucose zu Arabinose und deren Umwandlung in das α-Methyl-arabinopyranosid und Bleitetraacetat-Spaltung gibt C-4 als CO_2. Für die Herstellung der verschiedenen Derivate benötigt man viel Ausgangsmaterial.

Bei einem von WEYGAND et al. (757) angegebenen Verfahren wird C-1 durch Abbau des Glucoseoxims mit Dinitrofluorbenzol (758) als HCN erhalten. Ferner wird die Glucose in das 2-Tetrahydroxybutyl-chinoxalin und dieses in das 3-Trihydroxypropyl-1-phenyl-flavazol übergeführt. Beide Derivate spaltet man mit Perjodat, oxydiert die Aldehyde dann zu den Carbonsäuren und decarboxyliert diese. Es werden alle C-Atome erfaßt.

Der von BERNSTEIN et al. (*77*) für Glucose verwendete Abbau über das Benzimidazol-Derivat (vgl. Schema 21) dürfte, obwohl nicht alle C-Atome getrennt werden, in manchen Fällen nützlich sein, da er mit relativ kleinen Mengen ausgeführt werden kann.

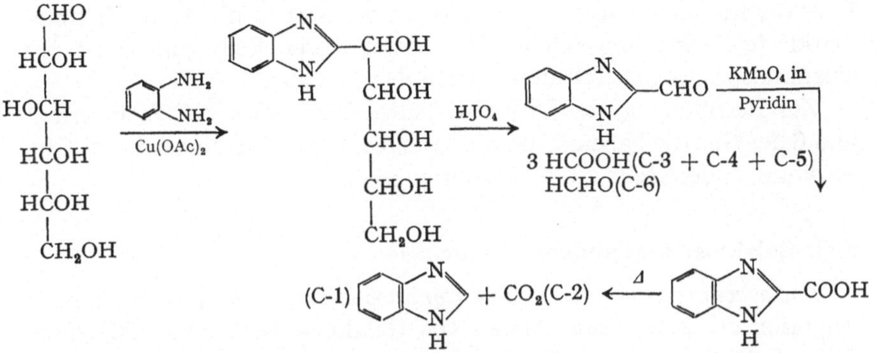

Schema 21. Abbau von Glucose nach BERNSTEIN et al. (*77*) über 2-(Pentahydroxy-pentyl)-benzimidazol

Es ist nicht nötig, die Glucose vor der Kondensation mit dem Phenylendiamin zur Gluconsäure zu oxydieren. Die Ausbeute bei der Bildung des Benzimidazol-Derivates ist, wegen gleichzeitiger Bildung des Chinoxalin-Derivates, relativ niedrig. Der Abbau ist auf Aldosen allgemein anwendbar, jedoch kann das Verhältnis von Chinoxalin-Bildung zu Benzimidazol-Bildung stark schwanken. Vorschriften geben HEATH und ROSEMAN (*606 a*).

Einen weiteren Abbau haben KOHN und DMUCHOWSKI (*407*), ausgehend von der 4,6-Äthylidenglucose, entwickelt (vgl. Schema 22).

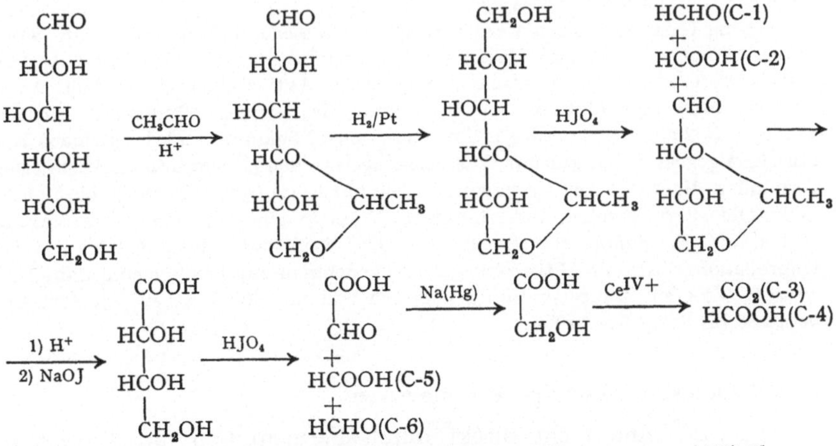

Schema 22. Abbau von Glucose nach KOHN und DMUCHOWSKI (*407*) über 4,6-Äthylidenglucose

7*

Das Verfahren ist mit etwa 2 mM Glucose durchführbar; es sollte in modifizierter Form auch auf andere Zucker anwendbar sein, von denen sich Äthyliden- oder Isopropyliden-Derivate herstellen lassen. Nachteilig ist, daß die Ausbeute bei der Herstellung der Äthyliden-Verbindung nur etwa 50% beträgt. Die Reduktion der Aldehyd-Gruppe erfordert eine Druckhydrierung; daher ist der Abbau vermutlich nicht auf Tritium-markierte Zucker anwendbar, denn unter diesen Bedingungen ist mit einem unspezifischen Tritium-Austausch zu rechnen.

Zur Bestimmung des Tritium-Gehaltes der Kohlenstoff-Positionen 1 und 6 der Glucose haben SNIEGORSKI und ISBELL diese einerseits zu Gluconsäure, andererseits zu Zuckersäure oxydiert (*682*).

6.11. Galaktose und andere Aldohexosen

Lactobacillus casei und auch *Leuconostoc mesenteroides* lassen sich nach Adaption der Zellen zum Abbau von Galaktose verwenden (*625*) (vgl. 6.100, S. 84/85).

Die meisten der für die Glucose angegebenen chemischen Verfahren können ohne Schwierigkeiten auf andere Aldohexosen ausgedehnt werden. Dies gilt z. B. für den Abbau über das Phenylosotriazol (*678*), den Methylglykosid-Abbau (*383*), den Benzimidazol-Abbau (*77, 606a*), den Abbau nach WEYGAND (*757*) und unter Umständen auch für den Abbau nach KOHN et al. (*407*). Mit Hilfe des Phenylosotriazol-Abbaus wurde die Tritium-Verteilung in Galaktose (*608, 669*) und Mannose (*669*) bestimmt. Da bei den meisten Zuckern das Phenylosotriazol-Derivat nicht wie beim Glucose-Mannose-Paar schwerlöslich ist, muß eine modifizierte Art der Isolierung gewählt werden.

Galaktose-phenylosotriazol (669)

415 mg Galaktoseosazon werden in 50 ml Wasser aufgeschlämmt, mit 585 mg $CuSO_4 \cdot 5\,H_2O$ (p.a.) in 2 ml Wasser versetzt und 2 Std unter Rühren im Ölbad auf 120 bis 130°C erhitzt. Nach kurzem Behandeln mit Aktivkohle in der Siedehitze wird filtriert, rasch abgekühlt und zur Entfernung des Kupfers 20 min mit 2 ml Dowex 50 × 8, 200 bis 400 mesh gerührt, durch eine Säule mit 2 ml des gleichen Austauschers gegossen und gut mit Wasser nachgewaschen (Überschuß an Austauscher vermindert die Ausbeute). Dann wird 30 min mit 13 ml Dowex 2 × 8, 20 bis 50 mesh in der OH⁻-Form gerührt, filtriert, gut mit Wasser nachgewaschen und im Vak. bei 40 bis 50°C Badtemperatur eingedampft. Der Rückstand (280 mg) wird in 30 ml Isopropanol gelöst, mit Aktivkohle gekocht, nochmals zur Trockne eingedampft, in wenigen Tropfen Isopropanol aufgenommen und mit 60 ml Äther versetzt; Ausbeute 80 bis 85%, Fp. 110°C.

6.12. Fructose und übrige Ketohexosen

Fructose kann nicht direkt durch Fermentation mit *Leuconostoc mesenteroides* abgebaut werden, da Radioaktivitätsverschmierungen auf-

treten (*159, 476*) (vgl. 6.100). Falls die Fructose als kleine Menge (einige
µMole) hochradioaktiven Materials vorliegt, kann sie enzymatisch in
Glucose umgewandelt und dann nach Verdünnung mit Trägerglucose fermentiert werden. Eine Vorschrift hierfür geben GIBBS et al. (*296*) an.

Einen speziellen chemischen Abbau für Fructose und andere Ketosen
beschreiben BRICE und PERLIN (*144, 548*) (vgl. Schema 23).

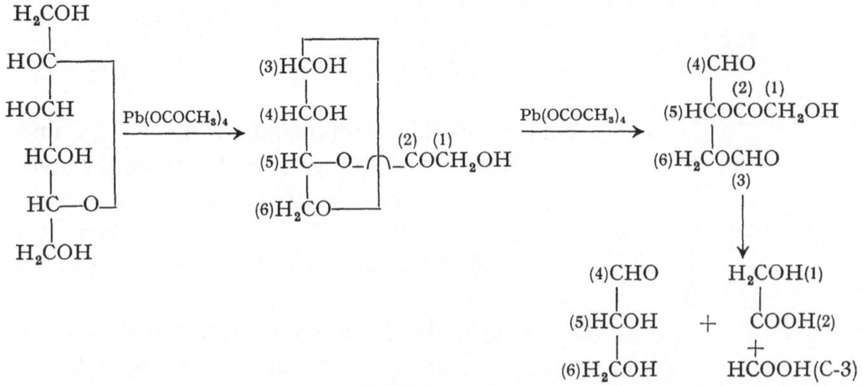

$$
\begin{array}{l}
H_2COH \\
HOC{-\!\!\!-} \\
HOCH \\
HCOH \\
HC{-\!\!\!-}O \\
H_2COH
\end{array}
\quad\xrightarrow{Pb(OCOCH_3)_4}\quad
\begin{array}{l}
(3)HCOH \\
(4)HCOH \\
(5)HC{-}O{-}\cap{-}COCH_2OH \quad (2)\ (1) \\
(6)H_2CO
\end{array}
\quad\xrightarrow{Pb(OCOCH_3)_4}\quad
\begin{array}{l}
(4)CHO \\
(5)HCOCOCH_2OH \quad (2)\ (1) \\
(6)H_2COCHO \\
(3)
\end{array}
$$

$$
\begin{array}{l}
(4)CHO \\
(5)HCOH \\
(6)H_2COH
\end{array}
\quad + \quad
\begin{array}{l}
H_2COH(1) \\
COOH(2) \\
+ \\
HCOOH(C\text{-}3)
\end{array}
$$

Schema 23. Abbau von Ketohexosen nach PRICE und PERLIN (*144, 548*)

Für den Abbau wird 1 mM Fructose benötigt. Es können alle C-Atome
getrennt werden.

Ebenfalls für die getrennte Bestimmung der Aktivität aller C-Atome
von Ketosen geeignet ist der Abbau nach SIMON und STEFFENS (*678*) über
das Phenylosotriazol (Vorschrift s. bei Glucose). Die Ausbeute beim ersten
Reaktionsschritt, der Osazon-Bildung, ist im Falle der Fructose wesentlich höher als im Falle der Glucose (etwa 90%).

Auch Tritium-markierte Fructose kann nach diesem Verfahren abgebaut werden, jedoch läßt sich wegen des Isotopeneffektes bei der Osazon-
Bildung die Aktivität an C-1 nicht genau bestimmen (*669, 670*).

Die Aktivität der C-Atome 1,2 und 6 läßt sich ermitteln durch Luft-
oxydation der Fructose in alkalischer Lösung zu Arabonat (C-2, 3, 4, 5, 6)
und anschließende Perjodat-Spaltung in Phosphatpuffer pH 5,8 zu CO_2
(C-2), Formaldehyd (C-6) und Ameisensäure aus C-3, C-4 und C-5 (*17,
275*).

D-Psicose wurde nach TOPPER und HASTINGS über das Osazon abgebaut (*709*).

Der Deuteriumgehalt an C-1 der Fructose wurde von SOWDEN und
SCHAFFER (*687*) durch Herstellung der 2,3 : 4,5-Diisopropyliden-fructose
und deren Permanganat-Oxydation zu 2,3 : 4,5-Diisopropyliden-2-keto-
gluconsäure bestimmt.

6.121. Bestimmung des Wasserstoff-Isotopengehalts an C-1, C-2 und an C-3 + 4 + 5 von Glucose und Mannose bzw. deren Phosphate sowie dem an C-1 und an C-3 + 4 + 5 von Fructose

Die Reaktionen

$$
\begin{array}{ccccc}
H_{MI}-C=O & & H_{GI} & & H_{GI} \\
| & & | & & | \\
H_{GI}-C-OH & \xrightleftharpoons{GPI} & H_{MI}-C-OH & \xrightleftharpoons{MPI} & C=O \\
| & & | & & | \\
H_2C-OP & & C=O & & HOC-H_{MI} \\
& & | & & | \\
& & H_2C-OP & & H_2C-OP
\end{array}
$$

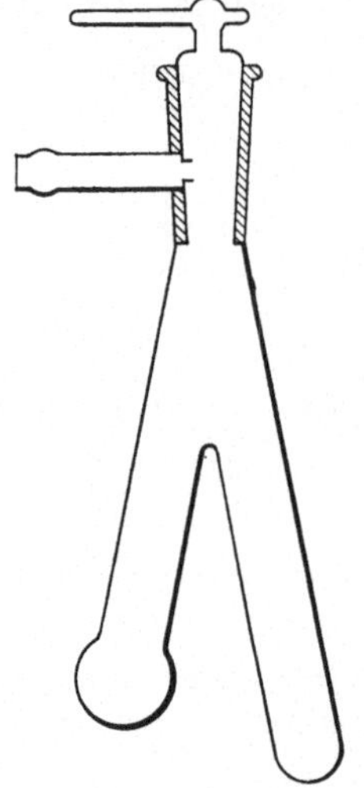

Abb. 5. Zweischenkelrohr (vgl. Text)

sind reversible Protonenübergänge.* H_{GI} und H_{MI} sind Wasserstoff-Atome, die durch Glucose-6-phosphat-Isomerase (GPI) bzw. Mannose-6-phosphat-Isomerase (MPI), wie angegeben, stereospezifisch in das Medium gewaschen werden können.

Liegen die Hexosen nicht als 6-Phosphate vor, so können sie durch enzymatische Reaktionen leicht in diese Form gebracht werden [vgl. (73a)]. Die in untenstehender Vorschrift angegebene Technik, und das dabei verwendete Zweischenkelrohr (Abb. 5) haben sich bei diesen und ähnlichen Versuchen sehr bewährt.

Bei der Aldolase und Triose-Isomerasereaktion finden folgende stereospezifischen Protonenübergänge statt (587a, 605b, 605c):

$$
\begin{array}{ccccc}
H_2C-OP & & H_2C-OP & & H_2C-OP \\
| & & | & & | \\
C=O & & C=O & & H_{TI}-COH \\
| & & | & & | \\
HOCH & \xrightleftharpoons{Aldolase} & H_{AI}-C-OH & \xrightleftharpoons{Triose\text{-}phosphat}_{Isomerase} & H_{AI}-C=O \\
| & & | & & + \\
HCOH & & H_{TI} & & H_{TI} \\
| & & + & & | \\
HCOH & & HC=O & & H_{AI}-C-OH \\
| & & | & & | \\
H_2C-OP & & HCOH & \xrightleftharpoons{Triose\text{-}phosphat}_{Isomerase} & C=O \\
& & | & & | \\
& & H_2C-OP & & H_2COP
\end{array}
$$

---

* Der Übergang Glucose-6-phosphat → Fructose-6-phosphat ist zu etwa 50% intramolekular (605a, 674a) und der Mannose-6-phosphat → Fructose-6-phosphat zu etwa 8% (674a). Bei häufigerer Vor- und Rückreaktion geht jedoch der ursprünglich am Kohlenstoff fixierte Wasserstoff rasch als Proton in das Medium.

H_{AI} und H_{TI} sind Wasserstoff-Atome, die durch Aldolase bzw. Triose-Isomerase stereospezifisch als Protonen übertragen werden.

Bei der gemeinsamen Einwirkung von Aldolase und Triose-Isomerase werden daher die Wasserstoff-Atome an C-3, C-4 und C-5 an das Medium abgegeben.

Arbeitsweise zur Bestimmung verschiedener Wasserstoff-Positionen

Es werden vorsichtig 0,5 bis 5 µM Substrat in 1 ml Trispuffer pH 8 in einen Schenkel, des in Abb. 5 dargestellten Zweischenkelrohres gegeben und 1 Std bei etwa 20°C mit dem betreffenden Enzym inkubiert. Danach wird nochmal etwas Enzym zugegeben, eine weitere Stunde gewartet und sodann das Wasser in den anderen Schenkel übergefroren. (Die Gesamtwassermenge muß genau bekannt sein.) Dazu gibt man über die Lösung einen lockeren Quarzwollbausch, friert in flüssiger Luft aus, evakuiert vorsichtig auf einen Druck $< 10^{-2}$ Torr, läßt auftauen, friert wieder ein und evakuiert abermals. Das verschlossene Zweischenkelrohr wird jetzt so auf den Rand eines mit flüssiger Luft gefüllten Dewargefäßes gesetzt, daß der leere Schenkel eintaucht. 0,5 bis 1,0 ml des lyophilisierten Wassers können dann in einem entsprechenden System in einem Flüssigkeitsszintillationszähler gemessen werden.

Beispiel einer Inkubation zur Bestimmung des an C-2 gebundenen Wasserstoffs von Glucose-6-phosphat oder des Wasserstoff-Atoms H_{GI} an Fructose-6-phosphat.

0,82 µM Glucose- oder Fructose-6-phosphat in
0,77 ml bidestilliertem Wasser
0,01 ml 1 m $MgCl_2$-Lösung
0,02 ml 0,1 m Trispuffer pH 8
0,1 ml (etwa 5 Einheiten) Glucose-6-phosphat-Isomerase

Entsprechend kann der Wasserstoff an C-2 von Mannose-6-phosphat oder der Wasserstoff H_{MI} an Fructose-6-phosphat-Isomerase bestimmt werden. Durch Kombination beider Isomerasen kann auch der Wasserstoff an C-1 von Glucose- oder Mannose-6-phosphat bzw. die Summe der Wasserstoff-Atome an C-1 von Fructose-6-phosphat bestimmt werden.

Beispiel einer Inkubation zur Bestimmung des Wasserstoff-Isotopengehalts an C-3 + 4 + 5

Dazu wird das Zuckerphosphat zunächst an den C-Atomen 1 und 2 von Wasserstoff-Isotopen befreit und sodann im Falle einer Mischung von Glucose- und Fructose-6-phosphat wie folgt inkubiert:

0,5 µM Glucose-6-phosphat und/oder Fructose-6-phosphat
0,05 ml 0,1 m Trispuffer pH 8
0,05 ml (etwa 4 Einheiten) Glucose-6-phosphat-Isomerase
0,05 ml 0,15 m ATP-Lösung
0,1 ml (etwa 10 Einheiten) Phosphofructo-Kinase
0,1 ml (etwa 10 Einheiten) Triose-Isomerase
0,1 ml (etwa 3 Einheiten) Aldolase

6.13. Weitere Hexosen, Alkohole und Säuren

Rhamnose wurde auf mehrfache Weise abgebaut. HAUSER und KAR-NOVSKY (*342*) bestimmen direkt oder indirekt alle C-Atome durch Perjodat-Spaltung des Osazons, des Dichlorphenylhydrazons und der Rhamnonsäure. Dieses Verfahren ließe sich sehr vereinfachen, wenn man statt des Osazons das Phenylosotriazol spalten, und den Phenyltriazolaldehyd nach SIMON und STEFFENS (*678*) weiter abbauen würde. Alle C-Atome wären dann aus einem Derivat erhältlich.

WATKIN und NEISH (*747*) spalten das Methylrhamnosid mit Perjodat (C-3 als Ameisensäure), oxydieren den Dialdehyd mit Brom und erhalten so Glyoxylsäure und Milchsäure, die weiter abgebaut werden können.

JONES et al. (*381*) bedienen sich der Perjodat-Spaltung verschiedener Derivate, und zwar des Methylrhamnosids, des p-Nitrophenylhydrazons und des mit $NaBH_4$ erhältlichen Alkohols. Die Tritium-Verteilung in Rhamnose bestimmte GABRIEL (*280*) auf zwei Wegen. Durch Perjodat-Spaltung des Methylrhamnosids und des Rhamnits lassen sich alle Wasserstoff-Atome, mit Ausnahme der an C-2 und C-4, getrennt bestimmen. Desgleichen ließen sich alle Wasserstoffe durch Herstellung des Rhamnosephenylosazons und dessen Überführung in das Phenylosotriazol und Perjodat-Spaltung getrennt ermitteln. Der letzte Schritt, die Oxydation des erhaltenen Phenyl-osotriazolaldehyds zur Säure, wurde von diesem Autor nicht mehr ausgeführt, jedoch bereitet er keine Schwierigkeiten (vgl. 6.1010, Glucose-Abbau nach SIMON und STEFFENS). Für seltene Zucker, die Bestandteile von Makroliden und Antibiotica sind, wurden partielle Abbauverfahren angegeben, so von MAJER et al. (*493*) für Desosamin und Cladinose, von CORCORAN (*194*) für Cladinose, von GRISEBACH et al. (*316*) für Mycarose und von BIRCH et al. (*101*) für Noviose.

Hamamelose kann nach BECK und KANDLER (*63*) durch Perjodat-Spaltung des p-Nitrophenylhydrazons abgebaut werden (s. Schema 24).

$$
\begin{array}{ccccc}
& \text{1 CHO} & & \text{HC=N—NH—C}_6\text{H}_4\text{—NO}_2 & \\
\text{(2}^1\text{)} & \text{(2)}| & & | & \text{(1)HC=N—NH—C}_6\text{H}_4\text{—NO}_2 \\
\text{HO—CH}_2\text{—COH} & & \text{HO—CH}_2\text{—COH} & & | \\
& \text{(3)}| & & | & \text{(2)COOH} \\
& \text{HCOH} & \xrightarrow{} & \text{HCOH} & \xrightarrow{\text{HJO}_4} \quad + \\
& \text{(4)}| & & | & \text{2 HCHO(C-2}^1 + \text{C-5)} \\
& \text{HCOH} & & \text{HCOH} & + \\
& | & & | & \text{2 HCOOH(C-3} + \text{C-4)} \\
& \text{(5)CH}_2\text{OH} & & \text{CH}_2\text{OH} &
\end{array}
$$

Schema 24. Abbau von Hamamelose nach BECK und KANDLER (*63*)

Die Tritium-Verteilung in Mannit bestimmten SIMON et al. (*669*) durch Perjodat-Spaltung des Alkohols und des 1,6-Dibenzoyl-Derivates. Die Positionen 1,6, 2,5 und 3,4 werden paarweise erhalten.

SNIEGORSKI und ISBELL (*682*) ermittelten den Tritium-Gehalt an C-5 des D-Sorbits durch mikrobielle Oxydation zu L-Sorbose mit Hilfe von *Acetobacter suboxydans*.

Die Perjodat-Spaltung der Gluconsäure wird häufig durchgeführt, da diese aus Glucose gut zugänglich ist, und man so C-1 und C-6 des Zuckers getrennt als CO_2 bzw. HCHO bestimmen kann. Bei der Spaltung in saurem Medium (pH 1), ist das CO_2 aus C-1 bis zu 20% mit CO_2 aus anderen C-Atomen der Gluconsäure verunreinigt (248). Führt man die Perjodat-Spaltung jedoch in Phosphatpuffer bei pH 5,8 aus — diese Arbeitsweise wurde zuerst von BERNSTEIN (74) für Ribonsäure angegeben —, so erhält man korrekte Werte (248). Die Perjodat-Spaltung im schwach sauren Medium bei tiefer Temperatur liefert Glyoxylsäure aus C-1 + C-2 [vgl. Abbau der Erythronsäure (407)].

Die Überführung von Gluconsäure und Galaktonsäure über das Lacton in das Amid und dessen Abbau mit Hypobromit beschreiben DIMANT et al. (231). LOEWUS und KELLY (478) spalten das Galaktonsäureamid mit Perjodat.

Für die Glucuronsäure wurde von EISENBERG und GURIN (249) ein Abbau ausgearbeitet, der die meist indirekte Bestimmung aller C-Atome erlaubt. Ausgegangen wurde dabei vom Methylglucuronid. Erhitzen mit Säure gibt C-6 als CO_2 (513). Oxydative Hydrolyse mit HBr/Br_2 zu Zuckersäure und deren Perjodat-Spaltung bei 0°C liefert je 2 Mole Ameisensäure (C-3, C-4) und Glyoxylsäure (C-1, C-2, C-5, C-6), die nach BUCHANAN et al. (151) weiter abgebaut wird. Perjodat-Spaltung des Methylglucuronid-methylesters bei 0 bis 5°C und Umsetzung mit Semicarbazid gibt Mesoxalaldehydsäure-bis-semicarbazon (C-4, C-5, C-6).

Bei einem einfachen Abbau, der aber nur die C-Atome 1, 5 und 6 zu trennen erlaubt, wird die Glucuronsäure mit Natriumborhydrid zur L-Gulonsäure reduziert, deren Perjodat-Spaltung Formaldehyd (C-1), Ameisensäure (C-2, C-3, C-4) und Glyoxylsäure (C-5, C-6) liefert (180).

2,5-Diketogluconsäure wird von KATZNELSON et al. (392) mit Perjodat zu Oxalsäure (C-1, C-2), Ameisensäure (C-3, C-4) und Glykolsäure (C-5, C-6) abgebaut. Decarboxylierung mit 3-Aminooxindol in Phenol liefert C-1 als CO_2.

Ein vollständiger Abbau der Ascorbinsäure gelang HOROWITZ et al. (363, 364). Erhitzen mit Schwefelsäure liefert C-1 als CO_2. Durch Perjodat-Spaltung des Osazons werden C-5 als Ameisensäure und C-6 als Formaldehyd erhalten. Oxydation mit Hypojodit gibt Oxalsäure (C-1, C-2) und Erythronsäure, die mit Perjodat in CO_2 (C-3), Ameisensäure (C-4, C-5) und Formaldehyd (C-6) zerlegt wird.

Abbau von Inositen s. 8.01, Cyclohexan-Derivate.

6.2. Heptosen

Im Rahmen der Untersuchungen über die Photosynthese wurde von BASSHAM et al. (42) ein Abbau für die Seduheptulose ausgearbeitet.

Oxydation mit Perchlorato-cerat gibt C-2 als CO_2, Perjodat-Spaltung des Osazons liefert Mesoxaldialdehyd-osazon (C-1, C-2, C-3), Ameisensäure (C-4, C-5, C-6) und Formaldehyd (C-7). Mit verdünnter HCl bzw. Dowex 50 H^+ wird Seduheptulosan erhalten, das mit Perjodat C-4 als Ameisensäure liefert. Hydrierung der Ketose führt zum Gemisch der Alkohole, die mit Perjodat Formaldehyd aus C-1 und C-7 geben. Die Alkohole werden ferner mit *Acetobacter suboxydans* an C-6 oxydiert, wobei unter Inversion des Moleküls L-Guloheptulose und L-Mannoheptulose entstehen. Oxydation mit Perchlorato-cerat gibt dann C-6 als CO_2. Aus diesen Fragmenten läßt sich die Aktivität aller C-Atome berechnen.

BRICE und PERLIN (*144*) spalten Seduheptulose mit Bleitetraacetat zu Glykolsäure (C-1, C-2), Ameisensäure (C-3) und Erythrose (C-4 bis C-7), die weiter abgebaut werden können. Bei einem Abbau der D-Glycero-D-manno-heptose nach JONES et al. (*382*) werden C-4, C-5, C-6 als Summe, alle übrigen C-Atome einzeln erfaßt. Der Abbau erfordert etwa 2 mM Substanz und besteht in der Perjodat-Spaltung des Zuckers, des Zuckeralkohols und des p-Nitrophenylhydrazons. Die Behandlung des letzteren mit 1 Mol Perjodat gibt in 30% Ausbeute Ribose, die nach Reduktion zum Alkohol ebenfalls mit Perjodat abgebaut wird.

6.3. Pentosen

Mehrere Aldopentosen können mikrobiologisch zu Essigsäure und Milchsäure abgebaut werden, so L-Arabinose durch *Lactobacillus pentoaceticus* (*574*), D-Ribose und D-Xylose durch *Lactobacillus pentosus* (*74*, *293*). Nach Versuchen mit positionsmarkierten Zuckern (*293, 574*) entstehen die beiden Säuren nach folgendem Schema:

$$CH_2OH\text{---}(CHOH)_3\text{---}CHO \rightarrow CH_3COOH + CH_3\text{---}CHOH\text{---}COOH$$
$$\quad(1)\qquad(2)\qquad\qquad(5)\qquad\quad(4)\qquad\quad(3)$$

Die Säuren werden getrennt durch Wasserdampfdestillation; sie können nach den (s. S. 26 u. 50) angegebenen Verfahren weiter zerlegt werden. Aus 0,5 mM Ribose wurden 0,46 mM Essigsäure und 0,42 mM Milchsäure erhalten (*74*). BERNSTEIN (*74*) hat die Ergebnisse des Abbaus biosynthetisch markierter Ribosen durch *L. pentosus* mit denen chemischer Abbauverfahren verglichen und gute Übereinstimmung gefunden. Die Arbeitsweise entspricht der des Abbaus der Glucose mit *Leuconostoc mesenteroides* (s. S. 85), ist jedoch einfacher, da kein CO_2 aufzufangen ist. Vorschriften finden sich bei GEST und LAMPEN (*293*) und BERNSTEIN (*74*).

Chemisch können alle Pentosen nach SIMON und STEFFENS (*678*) durch Perjodat-Spaltung des Phenyl-osotriazols abgebaut werden. C-5 wird als Formaldehyd, C-4 als Ameisensäure erhalten. Der Phenyl-triazolaldehyd wird zur Säure oxydiert, diese mit Natriumamalgam zu HCN (C-1) und

Phenyl-hydrazinoessigsäure gespalten, deren Decarboxylierung C-3 als CO_2 liefert (vgl. Schema 25).

$$\text{Pentose} \rightarrow \text{Osazon} \rightarrow \begin{array}{l} \text{HC}=\text{N} \\[-2pt] \quad\;\; \text{N---C}_6\text{H}_5 \\[-2pt] \text{C}=\text{N} \\[-2pt] \text{CHOH---CHOH---CH}_2\text{OH} \end{array} \xrightarrow{\text{HJO}_4} \begin{array}{l} \text{HCHO(C-5)} \\ + \\ \text{HCOOH(C-4)} \\ + \\ \text{HC}=\text{N} \\ \quad\;\; \text{N---C}_6\text{H}_5 \\ \text{C}=\text{N} \\ \text{CHO} \end{array}$$

$$\downarrow \text{KMnO}_4$$

$$\begin{array}{l} \text{CO}_2\text{(C-3)} \xleftarrow{\;\Delta\;} \begin{array}{l} (2)\text{CH}_2\text{---NH---NH---C}_6\text{H}_5 \\ (3)\text{COOH} \\ + \\ \text{HCN(C-1)} \end{array} \xleftarrow{\text{NaHg}} \begin{array}{l} \text{HC}=\text{N} \\ \quad\;\; \text{N---C}_6\text{H}_5 \\ \text{C}=\text{N} \\ \text{COOH} \end{array} \end{array}$$

Schema 25. Pentoseabbau nach SIMON und STEFFENS (*678*)

Die Arbeitsweise ist die gleiche wie beim entsprechenden Abbau der Glucose bzw. Galaktose; Vorschriften s. S. 92. Die benötigte Menge an Ausgangsmaterial hängt von den Ausbeuten bei der Bildung des Osazons und des Osotriazols ab, die je nach Zucker verschieden ist. Bei der Ribose ist sie mit 25% (über beide Stufen) extrem niedrig. Für den vollständigen Abbau werden etwa 0,5 bis 0,8 mM des Phenyl-osotriazols benötigt.

Alle Aldopentosen können auch nach BROWN (*146*) durch Perjodat-Spaltung der Methyl-glycoside abgebaut werden. C-3 fällt als Ameisen-säure an, Bromoxydation und Hydrolyse des Dialdehyds gibt Glyoxyl-säure (C-1, C-2) und Glykolsäure (C-4, C-5). Der Abbau wurde mit Xylose-1-^{14}C und -5-^{14}C überprüft.

Ebenfalls auf alle Aldopentosen anwendbar ist der Benzimidazol-Ab-bau nach BERNSTEIN (*74*), bei dem aber C-3 und C-4 als Summe erhalten werden. Der Abbau wurde an der Ribose erprobt, die zur Ribonsäure oxydiert wurde. Kondensation mit o-Phenylendiamin gibt das Ribobenz-imidazol, das mit Perjodat zu Formaldehyd (C-5), Ameisensäure (C-3 und C-4) und Benzimidazol-2-aldehyd gespalten wird. Letzterer läßt sich zur Säure oxydieren, deren Decarboxylierung CO_2 (C-2) und Benzimida-zol (C-1) liefert [Vorschriften s. (*74*) und (*343*)]. Da Glyoxylsäure gegen-über Perjodat in saurem Milieu bei niedriger Temperatur stabil ist (*690*), dürfte es einfacher sein, die Ribonsäure unter diesen Bedingungen mit Perjodat zu spalten, und die aus C-1 und C-2 erhaltene Glyoxylsäure (siehe dort) nach einem der zahlreichen angegebenen Verfahren weiter abzubauen [vgl. Abbau von Erythronsäure, (*407*) und S. 99].

Ein Abbau für die Ribulose, der auch auf andere Ketopentosen über-tragbar ist, wurde von CALVIN et al. (*42*) angegeben. Oxydation mit Perchlorato-cerat gibt C-2 als CO_2, Perjodat-Spaltung des Osazons C-5 als Formaldehyd, C-4 als Ameisensäure und C-1, C-2, C-3 als Mesoxaldialdehyd-osazon. Hydrierung zum Alkohol und Perjodat-Spaltung gibt Formaldehyd (C-1 + C-5). C-3 muß als Differenz ermittelt werden (naturgemäß relativ ungenau).

Ein Abbau der Apiose* wurde von BECK und KANDLER ausgearbeitet (*62*) (vgl. Schema 26). Für den gesamten Abbau werden etwa 0,5 mM Apiose benötigt.

$$
\begin{array}{ccc}
\text{(1)CHO} & \text{CH}{=}\text{N}{-}\text{N}\!\!<^{C_6H_5}_{CH_2-C_6H_5} & \text{(1)CH}{=}\text{N}{-}\text{N}\!\!<^{C_6H_5}_{CH_2-C_6H_5} \\
\text{(2)}\,| & | & | \\
\text{HCOH} & \text{HCOH} & \text{(2)CHO} \\
| & | & + \\
\text{(3)C}{-}\text{OH} & \text{C}{-}\text{OH} & \text{HCHO(C-}3^1 + 4) \\
& & + \\
\text{HOH}_2\text{C}\quad\text{CH}_2\text{OH} & \text{HOH}_2\text{C}\quad\text{CH}_2\text{OH} & \text{COOH} \\
\text{(}3^1)\ \text{(4)} & & | \\
& & \text{CH}_2\text{OH}
\end{array}
$$

$$
\xrightarrow{\hspace{1cm}} \qquad \xrightarrow{\;HJO_4\;} \qquad\qquad
$$

$$
\text{CO}_2\text{(C-3)} \;+\; \text{HCHO} \;\;(\text{C-}3^1 + 4) \xleftarrow{\;Ce^{IV}+\;}
$$

Schema 26. Abbau von Apiose nach BECK und KANDLER (62)

Der Abbau der 2-Deoxyribose gelingt sowohl mikrobiologisch als auch chemisch. Die Fermentation mit *E. coli* (ATCC 9723) liefert Äthanol, Essigsäure und CO_2 (*76, 359*). Da letzteres aus Formiat entsteht, kann neben der Essigsäure unter Umständen auch etwas Ameisensäure vorliegen.

$$
\text{CH}_2\text{OH}{-}\text{CHOH}{-}\text{CHOH}{-}\text{CH}_2{-}\text{CHO} \xrightarrow[\text{9723}]{\text{E. coli, ATCC}} \underset{(5)}{\text{CH}_3\text{COOH}} + \underset{(4)\ (3)}{\text{CO}_2} + \underset{(2)\qquad(1)}{\text{CH}_3\text{CH}_2\text{OH}}
$$

BERNSTEIN et al. (*76*) haben diesen Abbau mit einem chemischen Abbau verglichen und gute Übereinstimmung gefunden. Da *E. coli* auch Thymidin spaltet, kann dieses direkt eingesetzt werden (*76*). Die Spaltung von 2-Deoxyribose in Acetaldehyd und Milchsäure bei Inkubation mit Extrakten von *E. coli* und Kaninchenmuskel geben BAGATELL et al. an (*27*). Desgleichen führt der mikrobiologische Abbau mit *Lactobacillus plantarum* zu Acetaldehyd und Milchsäure:

$$
\text{CH}_2\text{OH}{-}\text{CHOH}{-}\text{CHOH}{-}\text{CH}_2{-}\text{CHO} \xrightarrow{\text{L. plantarum}} \underset{(5)\quad\ (4)\quad\ (3)}{\text{CH}_3{-}\text{CHOH}{-}\text{COOH}} + \underset{(2)\quad(1)}{\text{CH}_3{-}\text{CHO}}
$$

Dieser Abbau kann ebenfalls zur Bestimmung der ^{14}C-Verteilung in 2-Deoxyribose benutzt werden (*362*).

In jüngster Zeit wurde dieser Abbau, unter Verwendung des gereinigten Enzyms Deoxyribose-aldolase, zur Bestimmung der Tritiumverteilung in 2-Deoxyribose verwendet (*432*). Um die Deoxyribose quantitativ zu spalten, wurde die Aldolase-Reaktion mit der Alkohol-Dehydrogenase-Reaktion gekoppelt. Ausgehend von Deoxyribose-5-phosphat erhält man so Äthanol (C-1 + 2) und Glycerinaldehydphosphat

---

* Siehe auch J. M. PICKEN and J. MENDICINO, J. Biol. Chem. **242**, 1629 (1967).

(C-3 + 4 + 5). Zur Bestimmung des Tritiums an C-1 wurde zusätzlich die Deoxyribose mit Brom zur Säure oxydiert.

Der von BERNSTEIN et al. (76) verwendete chemische Abbau besteht in der Überführung in Lävulinsäure durch Kochen mit 10 n H_2SO_4. Für deren weiteren Abbau stehen verschiedene Verfahren zur Verfügung (s. S. 67). Im vorliegenden Falle wurde eine Jodoform-Reaktion durchgeführt, die Jodoform (C-5) und Bernsteinsäure lieferte, welche durch Schmidt-Abbau weiter zerlegt wurde. Reduktion des Lävulinsäureoxims gab 4-Amino-valeriansäure und deren Schmidt-Abbau C-1 als CO_2 (vgl. Schema 27).

$$
\begin{array}{l}
\text{OH (Base)}\\
|\\
\text{HC}\\
|\\
\text{CH}_2\\
|\\
\text{HCOH}\\
|\\
\text{HCO}\\
|\\
\text{CH}_2\text{OH}
\end{array}
\quad \xrightarrow{\;H^{\oplus},\,\Delta\;}\quad
\begin{array}{l}
\text{(1)COOH}\\
|\\
\text{(2)CH}_2\\
|\\
\text{(3)CH}_2\\
|\\
\text{(4)CO}\\
|\\
\text{(5)CH}_3
\end{array}
$$

$\xrightarrow{\text{NaOJ}}$

$$
\begin{array}{l}
\text{COOH}\\
|\\
\text{CH}_2\\
|\\
\text{CH}_2\\
|\\
\text{COOH}
\end{array}
\;+\; \text{CHJ}_3\text{(C-5)}
$$

$\xrightarrow{HN_3}$
$$
\begin{array}{l}
2\,CO_2\text{(C-1 + C-4)}\\
+\\
\text{(2)CH}_2\text{—NH}_2\\
|\\
\text{(3)CH}_2\text{—NH}_2
\end{array}
$$

$\xrightarrow[\;2)\;Al\text{—Hg}\;]{1)\;NH_2OH}$

$\text{H}_3\text{C—CH—CH}_2\text{—CH}_2\text{—COOH} \xrightarrow{HN_3} CO_2\text{(C-1)}$ (mit NH_2 an der CH-Gruppe)

Schema 27. Abbau von 2-Deoxyribose bzw. Nucleosiden

Für den Abbau können Thymidin oder auch Deoxyribonucleinsäure (430) direkt eingesetzt werden.

Ein weiterer chemischer Abbau der Deoxyribose besteht in der Reduktion mit Kaliumborhydrid und anschließender Perjodatspaltung zu Formaldehyd (C-5), Ameisensäure (C-4) und β-Hydroxypropionaldehyd. Dieser wird mit Brom zur Säure oxydiert, die mit Permanganat CO_2 (C-3) und Essigsäure (C-1 + 2) liefert (727).

6.4. Tetrosen und Triosen

Einen einfachen Abbau für Erythrose, der für Aldotetrosen allgemein anwendbar ist, geben KOHN und DMUCHOWSKI (407) an. Der Zucker wird zur Säure oxydiert, die mit Perjodsäure in der Kälte Glyoxylsäure (C-1 + 2), Ameisensäure (C-3) und Formaldehyd (C-4) liefert.

Erythrulose und andere Ketotetrosen können nach BATT et al. (43) abgebaut werden. Perjodat-Spaltung des Osazons gibt C-4 als Formaldehyd. Der Zucker selbst liefert mit Perjodat Ameisensäure (C-3), CO_2 (C-2) und Glykolsäure (C-1 + 2), deren Oxydation mit Cersulfat weiteres CO_2 aus C-2 gibt. Der Formaldehyd, der bei der Spaltung des Zuckers entsteht, stammt nicht nur aus C-4, sondern zum Teil auch aus C-1.

Dihydroxyaceton und Glycerinaldehyd sollten sich mit Perjodat abbauen lassen, wobei letzterer, zur Trennung von C-1 und C-2, zuvor in die

Glycerinsäure zu überführen ist. Durch das Gleichgewicht

$$\text{Glycerinaldehyd} \rightleftharpoons \text{Dihydroxyaceton}$$

ist jedoch eine korrekte Erfassung von C-1 und C-3 unsicher. Der Abbau der Glycerinsäure mit Perjodat wird von BASSHAM et al. (*41*) in zwei Stufen durchgeführt, wobei zuerst Formaldehyd und Glyoxylsäure und aus dieser CO_2 und Ameisensäure erhalten werden. Da dabei aber leicht etwas Ameisensäure zu CO_2 oxydiert werden kann (*15*), empfiehlt es sich, die Oxydation der Glyoxylsäure mit Perchlorato-cerat durchzuführen (*15*).

Glycerin wird mit Perjodat zu Ameisensäure (C-2) und Formaldehyd gespalten (*235, 626*). Dabei enthält C-2 maximal 0,25 % der Radioaktivität von C-1 und C-3, dagegen beträgt die Radioaktivitätsverschmierung bei der Spaltung mit Bleitetraacetat über 4 % (*235*).

BATT et al. (*44*) beschreiben eine Arbeitsweise, nach der der ^{14}C-Gehalt aller drei C-Atome des Glycerin-1-phosphats getrennt bestimmt werden kann. Perjodat-Spaltung bei pH 3 gibt Formaldehyd (C-3) und Glykolaldehyd-phosphat, das mit Phosphatase dephosphoryliert und mit Perjodat zu Formaldehyd (C-1) und Ameisensäure (C-2) abgebaut wird. Das Verfahren dürfte auch auf Dihydroxyaceton-phosphat und Glycerin-aldehyd-3-phosphat anwendbar sein. (Vgl. auch stereospezifischer Abbau des Glycerins S. 74.)

7. Abbau aromatischer Ringe

7.0. Allgemeine Methoden

7.00. Ringöffnung

Eine Reihe von Methoden zur Ermittlung der Isotopenverteilung in einem aromatischen Ring beruhen auf der Überführung in eine hydro-aromatische Verbindung und anschließender Ringöffnung.

Ein Verfahren (*395, 596, 723*) geht davon aus, daß sich Phenol bei Zimmertemperatur und 3 atm mit Platin als Katalysator zum Cyclohexanol hydrieren läßt. Eine Oxydation mit Bichromat in Schwefelsäure liefert daraus Cyclohexanon, das durch die Schmidt-Reaktion (s. 5.11) zur ω-Aminocapronsäure umgelagert wird, die mit Stickstoff-wasserstoffsäure zum 1,5-Diaminopentan und endlich über die Glutarsäure zum 1,3-Diaminopropan abgebaut wird. Das Cyclohexanon wird andererseits mit Salpetersäure zur Adipinsäure oxydiert (*723*). Daraus erhält man durch erneute Cyclisierung Cyclopentanon, das dem gleichen Abbau mit Hilfe der Schmidt-Reaktion und der Salpetersäure-Oxydation unterworfen wird. Eine Unterscheidung der Positionen 2 und 6 sowie 3 und 5 ist nicht

möglich, da sie im Phenol identisch sind. Für das Verfahren sind relativ
große Substanzmengen erforderlich. Es wurde daher nur bei Untersuchungen über den Mechanismus chemischer Reaktionen verwendet, wo
dieser Nachteil weniger ins Gewicht fällt. Für biochemische Untersuchungen dürfte das Verfahren selten geeignet sein. Weiterhin können die Isotopengehalte der C-Atome 3 + 5 sowie 4 nur aus Differenzen errechnet
werden. Dies ließe sich indessen durch weiteren Abbau des aus der ω-
Aminocapronsäure erhaltenen 1,3-Diaminopropans zu Malonsäure, deren
Methylen-Gruppe C-4 darstellt, und Essigsäure vermeiden.

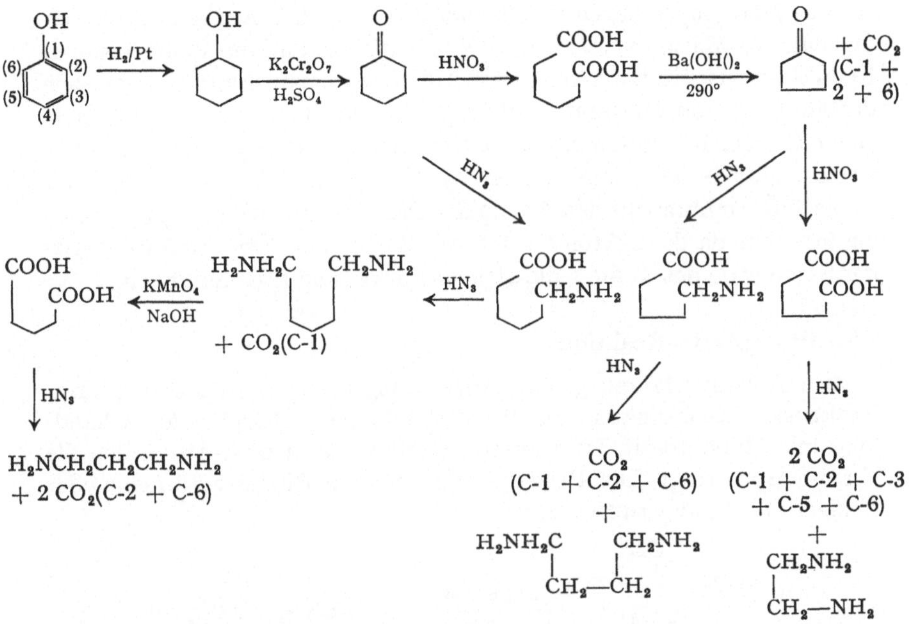

Schema 28. Abbau von Phenol. (Bei dem durch die Cyclisierung von Glutarsäure
entstehenden CO_2 ist das C-Atom 1 doppelt so oft enthalten wie C-2 oder C-6)

Der letztgenannte Nachteil wird in der von KILNER et al. (*395*) angegebenen Modifikation vermieden. Bei ihrem Verfahren wird die Glutarsäure durch Herstellung des Bis-benzimidazol-Derivates, Oxydation zur
Benzimidazol-2-carbonsäure und deren thermische Decarboxylierung
(C-3 + 5 als CO_2, C-2 + 6 als Benzimidazol) abgebaut. Dieser Abbau ist
natürlich nicht nur auf Phenol selbst anwendbar, sondern ebenso auf alle
Verbindungen, die sich in Phenol umwandeln lassen (Benzoesäure,
Hydroxy- und Aminobenzoesäuren, Anilin, Halogenbenzole usw.) und
sicherlich auch auf manche Derivate des Phenols, z. B. Kresole und ähnliche Verbindungen.

Für den Abbau von Toluol haben KOPTYUG et al. (*409*) eine elegante Methode der Ringöffnung beschrieben:

Das Methylcyclohexen erhält man in 45 bis 50% Ausbeute; die Permanganatoxydation verläuft mit 64% Ausbeute und die Wolff-Kishner-Reduktion quantitativ. Der weitere Abbau der Önanthsäure gelingt nach der Methode von DAUBEN et al. (s. 2.12). Es dürfte zweckmäßig sein, einen Teil der 6-Keto-önanthsäure der Kuhn-Roth-Oxydation zu unterwerfen. Man isoliert dann die Methyl-Gruppe und C-1 des Toluols als Essigsäure und braucht den Abbau der Önanthsäure nur über drei Stufen auszuführen, da die C-Atome $1 + 5$ und $2 + 4$ in der Önanthsäure wegen der Symmetrie des Toluols die gleiche Markierung tragen müssen.

7.01. Brompikrin-Reaktion

Ein Abbauverfahren großer Anwendungsbreite ist die Brompikrin-Reaktion. Viele aromatische Nitro-Verbindungen liefern bei der Behandlung mit Hypobromit Tribrom-nitromethan aus dem C-Atom, das die Nitro-Gruppe trägt. Der Rest des aromatischen Ringes wird mehr oder weniger vollständig zu CO_2 oxydiert:

$$3\ CBr_3NO_2 + 3\ CO_2$$

Da sich die meisten aromatischen Verbindungen sehr leicht nitrieren lassen, ist damit die Möglichkeit zur Isolierung eines einzelnen oder einzelner C-Atome des Ringes gegeben. Die Aufgabe besteht also häufig darin, aus einer abzubauenden Verbindung möglichst viele verschiedene Nitro-Derivate herzustellen und diese dann der Brompikrin-Spaltung zu unterwerfen.

Für die Gewinnung der Nitro-Verbindungen können keine allgemeingültigen Angaben gemacht werden. Oft erhält man aus einer Verbindung durch Variation der Reaktionsbedingungen unterschiedliche Nitro-Derivate. So kann die Nitrierung der Salicylsäure wahlweise zur 5-Nitro- oder zur 3,5-Dinitro-salicylsäure oder unter Decarboxylierung zur Pikrinsäure führen (*572, 763*). Die dirigierende Wirkung von Substituenten im Ring kann durch geeignete Maßnahmen verändert werden. Die Nitrierung des Vanillins führt z. B. zum 5-Nitro-Derivat. Methyliert man die 4ständige OH-Gruppe, so liefert die Nitrierung das 6-Nitro-Derivat. Wird die OH-Gruppe acetyliert, so erhält man bei der Nitrierung das 2-Nitro-Derivat (*243, 415*). Ferner kann man vor der Nitrierung eine leicht elektrophil substituierbare Stellung im Ring durch Bromierung blockieren. So läßt sich in die 3-Stellung der Salicylsäure eine Nitro-Gruppe einführen, wenn man zuerst in 5-Stellung bromiert (*763*). Mitunter kann andererseits auch die Entfernung einer funktionellen Gruppe zweckmäßig sein. Beim Abbau der Gentisinsäure (2,5-Dihydroxy-benzoesäure) interessierte die Summe der Aktivitäten der C-Atome 1, 3 und 5. Daher wurde die OH-Gruppe in der 5-Stellung durch Tosylierung und Reduktion mit Raney-Nickel eliminiert. Energische Nitrierung der erhaltenen Salicylsäure gab dann 2,4,6-Trinitrophenol für die Brompikrin-Spaltung (*287*). Zur Herstellung von Trinitrophloroglucin wird das Phloroglucin zuerst mit salpetriger Säure dreifach nitrosiert und dann die Nitroso-Verbindung mit HNO_3/H_2SO_4 oxydiert (*270*). Damit seien einige Möglichkeiten angedeutet. Die in einem speziellen Fall anzuwendenden Methoden hängen jedoch weitgehend von der Struktur der abzubauenden Verbindung ab. Sehr wichtig ist, daß die hergestellten Nitro-Derivate keine Stellungsisomeren und keine höher oder niedriger nitrierten Verbindungen enthalten, da sonst das Abbauergebnis verfälscht wird. Vorschriften für die Nitrierung einzelner Aromaten s. 71 unter Benzoesäure, Salicylsäure und Phloroglucin sowie 7.06.

BIRCH et al. (*108*) haben die Anwendungsbreite der Brompikrin-Reaktion untersucht. Danach ist die Ausbeute an Brompikrin je Nitro-Gruppe um so höher, je mehr Nitro-Gruppen im Ring vorhanden sind. Methyl-Gruppen vermindern, OH- und Carboxyl-Gruppen erhöhen die Ausbeute. Die Reaktion verläuft vermutlich über oxydierte, nicht-aromatische Zwischenprodukte. 1,3,5-Trinitrobenzol gibt z. B. nur Brompikrin in guter Ausbeute, wenn die Reaktionsmischung vor dem Erhitzen 3 Std in der Kälte gerührt wird. Vermutlich tritt dabei zunächst Oxydation zur Pikrinsäure ein.

Das Brompikrin ist ein Öl und kann daher nur schwer gereinigt werden. Es enthält häufig Verunreinigungen, besonders Bromoform und Tetrabromkohlenstoff, die IR-spektroskopisch nachgewiesen werden können (*108*). Der Grad der Verunreinigung mit diesen beiden Substanzen hängt von der Struktur der Nitro-Verbindung ab. Ortho- und para-Nitrophenol z. B. geben Brompikrin mit 37% bzw. 75% Bromoform, das Brompikrin aus Trinitrophloroglucin und 3,5-Dinitro-benzoesäure enthält dagegen praktisch kein Bromoform (*108, 312*). Offenbar treten also bisweilen Zwischenprodukte auf, die die Bromoform-Reaktion geben. Wahrscheinlich ist dies dann der Fall, wenn sich in ortho-Stellung zu einer OH-Gruppe ein unsubstituiertes C-Atom befindet. Es ist daher nicht immer zweckmäßig, das Brompikrin, wie es REIO und EHRENSVÄRD (581) angeben, direkt zu CO_2 zu oxydieren. BIRCH et al. (108) empfehlen die Reduktion mit Eisen zu Methylamin, das nach Umsetzung mit 1-Chlor-2,4-dinitrobenzol leicht als N-Methyl-2,4-dinitroanilin isoliert und umkristallisiert werden kann. Eine weitere Fehlermöglichkeit hat GRISE-BACH (312) beim Abbau des Trinitrophloroglucins erkannt. Die Überprüfung mit der in 2-, 4- und 6-Stellung ^{14}C-markierten Verbindung zeigte, daß das Brompikrin wie erwartet kein ^{14}C enthält, jedoch hatte das aus den Positionen 2, 4 und 6 stammende CO_2 eine niedrigere spezifische Aktivität als das Ausgangsmaterial. Bei Durchführung der Reaktion in der Siedehitze lag die spezifische Aktivität des CO_2 um 25 bis 30%, bei 70°C um 14% zu niedrig. Man muß daraus schließen, daß das Brompikrin

Tabelle 3. *Verbindungen, die mit Hilfe der Brompikrin-Reaktion abgebaut wurden*

Verbindung	Literatur
o-Nitrophenol	108
m-Nitrophenol	108
p-Nitrophenol	108
2,4-Dinitrophenol	108
3,5-Dinitrophenol	108
3,5-Dinitrobenzoesäure	108
4-Methyl-3,5-dinitrophenol	108
2-Methyl-4,6-dinitrophenol	108
Trinitroorcin	106, 108, 517
2,4,6-Trinitrobenzoesäure	108
2,4,6-Trinitrophenol (Pikrinsäure)	108, 284, 285, 572, 581, 763
1,3,5-Trinitrobenzol	108
4-Hydroxy-3,5-dinitrobenzoesäure	581
Trinitrophloroglucin	106, 312
5-Nitrovanillin	243, 415
2-Nitrovanillin	243, 415
6-Nitroveratrumaldehyd	243, 415
2,4,6-Trinitroresorcin	8
3-Methyl-2,4,6-trinitrophenol	105, 154, 714
3,5-Dinitrosalicylsäure	572
3-Methyl-4-nitrophenol	154
3-Methyl-6-nitrophenol	154
5-Nitrosalicylsäure	763
5-Brom-3-nitrosalicylsäure	763
4-Brom-2-nitroacetanilid	299
4-Nitroacetanilid	299
2,4-Dinitroanilin	299
2,4,3′,5′-Tetrahydroxy-6-methyl-3,5,2′,4′-tetranitrodiphenyl-6′-sulfonsäure	717
4,5,7-Trihydroxy-2-methyl-1,3,6,8-tetranitroanthrachinon	283
2-Nitroöstron	756
4-Nitroöstron	756
8-Hydroxy-5,7-dinitrochinolin	573

unter den Bedingungen der Reaktion teilweise zu CO_2 oxydiert wird. Das gleiche wurde beim Abbau der Pikrinsäure beobachtet (*689*). Zur Auswertung sollte daher nur das Brompikrin, nicht das CO_2 verwendet werden.

In Tab. 3, S. 114 sind Verbindungen aufgeführt, die mit Hilfe der Brompikrin-Reaktion abgebaut wurden. Einige weitere Angaben finden sich bei BIRCH et al. (*108*).

Die Brompikrin-Spaltung gelingt nach folgender Vorschrift (*108*):

Brompikrin-Spaltung von 3-Methyl-6-nitrophenol

Zu 199 mg 3-Methyl-6-nitrophenol in 20 ml heißem Wasser gibt man 1,5 g Bariumhydroxyd-hydrat in 40 ml heißem Wasser. Die Salzsuspension wird auf 0°C gekühlt und zu einer Lösung von 1,8 ml Brom und 12,5 g Bariumhydroxyd-hydrat in 230 ml Wasser gegeben. Man rührt 1 Std bei 0°C und destilliert dann das Brompikrin rasch mit Wasserdampf ab. Es wird aus dem Destillat durch Abtrennung der schwereren Phase isoliert. Eine weitere Menge erhält man durch Ausschütteln mit wenig Äther; Ausbeute 218 mg.

Zur Wasserdampfdestillation hat sich die Acetyl-Bestimmungsapparatur nach WIESENBERGER (*766*) sehr bewährt, da das Brompikrin hier gleich durch eine dreifache Wasserdampfdestillation gereinigt wird (*312, 763*).

Reduktion von Brompikrin zu Methylamin

250 mg des nicht getrockneten Brompikrins werden in einem verschlossenen Kolben 3 Std mit 500 mg Eisenfeilspäne und 10 ml 0,1n HCl geschüttelt. Die Lösung wird kurz wasserdampfdestilliert. Dann macht man mit 1n NaOH alkalisch und destilliert das Methylamin mit Wasserdampf in 0,1n HCl über, wobei das Auslaufrohr in der Vorlage bis in die Säurelösung reichen soll. Die Methylaminhydrochlorid-Lösung wird zur Trockne eingedampft, den Rückstand kocht man mit 128 mg 1-Chlor-2,4-dinitrobenzol in 10 ml Äthanol 15 min unter Rückfluß, wobei allmählich 1,25 ml n-Natronlauge zugesetzt werden. Auf Zugabe von Wasser fällt N-Methyl-2,4-dinitroanilin aus, das mehrmals aus wäßrigem Äthanol umkristallisiert wird; Ausbeute 55 mg, Fp. 175 bis 177°C. Weitere Reinigung durch Sublimation bei 100 bis 120°C/0,05 Torr kann folgen.

7.02. Abbau über bicyclische Verbindungen

Das Umsetzungsprinzip besteht darin, daß man an den abzubauenden Ring einen zweiten, beständigeren Ring ankondensiert. Bei der anschließenden Oxydation wird dann der erste Ring geöffnet.

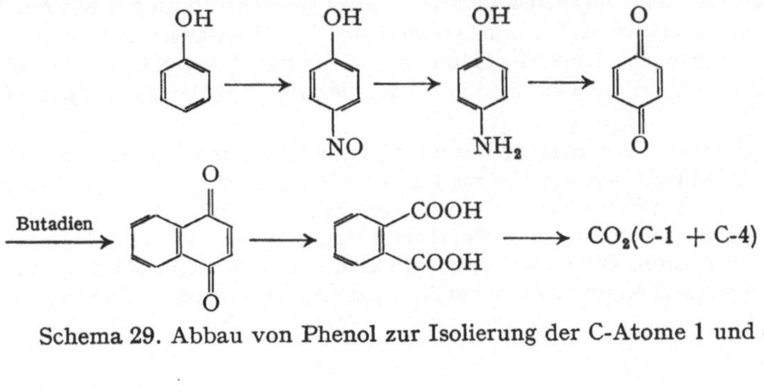

Schema 29. Abbau von Phenol zur Isolierung der C-Atome 1 und 4

EHRENSVÄRD et al. (*25*) haben einen Abbau des Phenols entwickelt, der die Isolierung der C-Atome 1 + 4 (vgl. Schema 29) erlaubt. Für diesen Abbau sind etwa 200 mg Phenol erforderlich.

Abbau von Phenol zu Phthalsäure (25)

In einen 25 ml Kolben gibt man 200 mg Phenol, 90 mg festes NaOH, 190 mg Natriumnitrit und 5 ml Wasser, kühlt die Lösung auf $-5°C$ und gibt vorsichtig innerhalb 5 min 1,68 ml Schwefelsäure (konzentrierte H_2SO_4 : H_2O = 1 : 5 vol/vol.) unter Kühlen und Umschütteln dazu. Nach 2 Std bei $0°C$ wird mit 3 ml Ammoniak (D = 0,91) alkalisch gemacht und $^1/_2$ Std lang H_2S eingeleitet. Nach Neutralisation mit konzentrierter H_2SO_4 entfernt man überschüssiges H_2S im Stickstoff-Strom. Die blaßgelbe, etwas trübe Lösung wird mit 0,3 ml konzentrierter H_2SO_4, 50 mg V_2O_5 und 3 g PbO_2 versetzt und 10 min heftig geschüttelt. Unter Ansteigen der Temperatur auf etwa $40°C$ wird die Mischung dunkelviolett, danach verschwindet die Farbe wieder. Das Chinon wird mit Wasserdampf bei 40 mm in eine mit Kältemischung gekühlte Vorlage überdestilliert, bis der Dampf nicht mehr gefärbt ist. Man spült den Kühler mit etwas Äther aus und extrahiert das Destillat mit Äther bis die Wasserphase farblos ist. Die Äther-Lösung wird über Natriumsulfat getrocknet und vorsichtig (p-Benzochinon ist leicht flüchtig) bei $40°C$ im Vak. zur Trockne eingedampft. Man löst sofort in reinem Pentan bei $35°C$ (es sollte auch eine entsprechend siedende Petrolätherfraktion geeignet sein), filtriert von etwas Unlöslichem ab, engt im Vak. auf 5 ml ein und kühlt mit Aceton/Trockeneis. Das auskristallisierte p-Benzochinon wird abfiltriert und mit kaltem Pentan gewaschen. Aus der Mutterlauge läßt sich eine zweite Fraktion erhalten. Ausbeute 47 mg.

Besser dürfte die von TEUBER und RAU (*716*) für nichtmarkiertes Material angegebene Vorschrift sein: (Der Maßstab läßt sich sicher ohne Schwierigkeiten auf 1/10 reduzieren.)

1,5 g Phenol werden in 150 ml Methanol gelöst und mit der Lösung von 13,5 g Kalium-nitrosodisulfonat in 600 ml Wasser versetzt. Die nach wenigen Minuten dunkelrote Mischung wird nach 2 Std erschöpfend ausgeäthert. Der rötliche Auszug wird mit Wasser gewaschen, mit Natriumsulfat getrocknet und auf 10 ml eingeengt. Durch Tieftemperatur-Kristallisation erhält man 1,4 g gelbbraune Kristalle, die durch Umlösen aus Petroläther in orangegelbe Blättchen übergehen. Das Präparat ist durch wenig Phenochinon verunreinigt; Ausbeute 81%.

44,5 mg p-Benzochinon und 52 µl redestilliertes Butadien-(1,3) in 0,27 ml Eisessig werden in einem fest verschlossenen, dickwandigen Kolben 44 Std bei Zimmertemperatur stehengelassen. 0,25 ml Bichromat-Schwefelsäure-Lösung (4 g $Na_2Cr_2O_7$ und 0,2 ml konzentrierte H_2SO_4 in 2,5 ml H_2O) und 0,1 ml Eisessig werden gemischt und bei $65°$ zur Reaktionsmischung gegeben. Nach 30 min werden weitere 0,1 ml der Oxydationslösung zugegeben und der Kolben gelegentlich umgeschüttelt. Nach 50 min kühlt man den Kolben ab, versetzt mit 3 ml Eiswasser und kühlt 10 min auf $0°C$. Das gelbliche Naphthochinon wird abfiltriert, gewaschen bis das Waschwasser farblos ist und im Vak. bei Zimmertemperatur getrocknet; Ausbeute 46 mg, Fp. $121°C$.

Zu 4 ml einer Permanganat-Lösung (5,2 g $KMnO_4$ und 1,5 ml konzentrierte H_2SO_4 in 100 ml H_2O) werden 43,8 mg Naphthochinon-(1,4) gegeben. Man schüttelt kräftig, bis die Permanganat-Farbe fast verschwindet (etwa 12 min). Dann wird 2 Std mit Äther extrahiert, der Extrakt wird eingeengt und im Zentrifugenglas zur Trockne eingedampft. Die Phthalsäure wird 2mal mit 2 ml Chloroform, dann 2mal mit Pentan gewaschen und 20 min bei $80°C$ getrocknet; Ausbeute 35,5 mg, Fp. 195 bis $200°C$.

30,8 mg der Phthalsäure werden mit 30 mg Kupferpulver in 1,5 ml Chinolin 1 Std auf 255°C (Badtemperatur) erhitzt. Mit CO_2-freiem Stickstoff treibt man das entstehende CO_2 in eine Absorptionsfalle über, in der es als $BaCO_3$ gefällt wird; Ausbeute etwa 28 mg.

Nach dem gleichen Prinzip verläuft ein von STEINBERG und SIXMA (699) beschriebener Abbau des Toluols (vgl. Schema 30). Nitrierung und anschließende Permanganat-Oxydation liefert o- und p-Nitrobenzoesäure, die durch Gegenstromverteilung getrennt werden. Reduktion gibt die entsprechenden Aminobenzoesäuren, die nach dem Skraupschen Verfahren zu Chinolin-6- bzw. -8-carbonsäure umgesetzt werden. Der weitere Abbau führt über die Chinolinsäure und Nicotinsäure zum Pyridin.

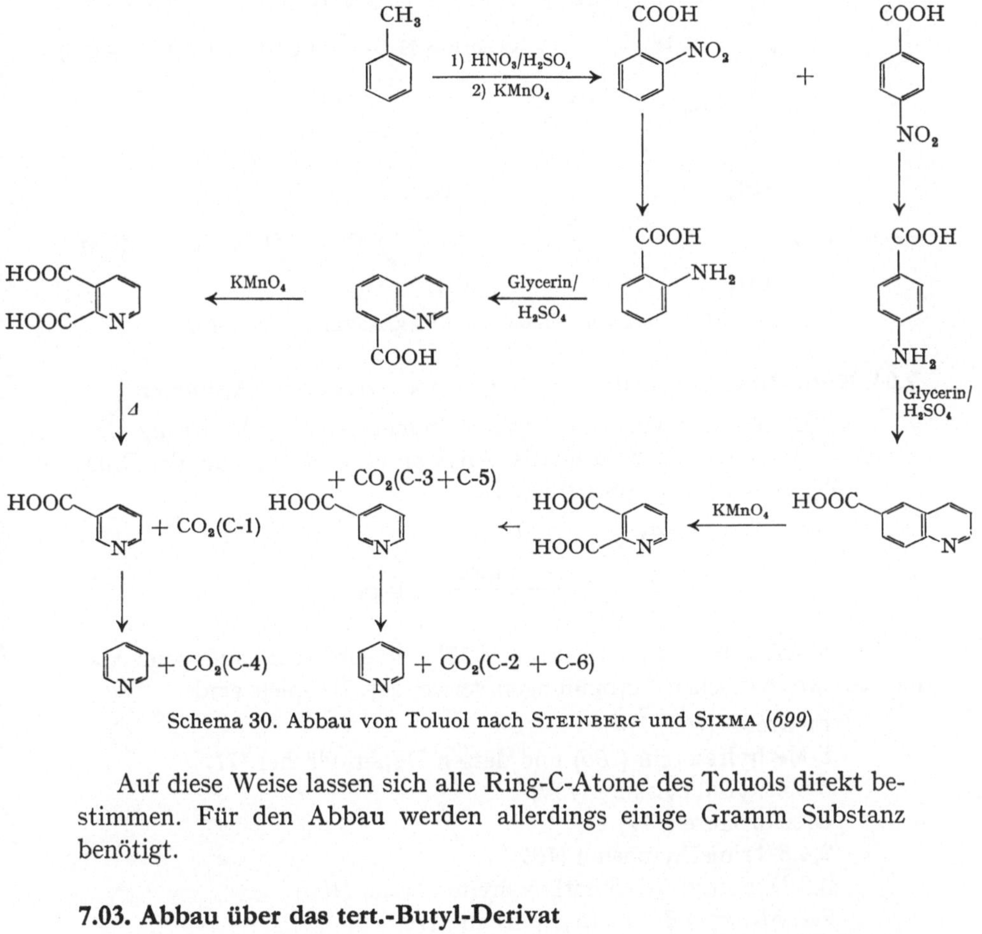

Schema 30. Abbau von Toluol nach STEINBERG und SIXMA (699)

Auf diese Weise lassen sich alle Ring-C-Atome des Toluols direkt bestimmen. Für den Abbau werden allerdings einige Gramm Substanz benötigt.

7.03. Abbau über das tert.-Butyl-Derivat

Nach einem weiteren von EHRENSVÄRD et al. (581) angegebenen Abbau des Phenols, soll die Isolierung der C-Atome 4 und 3 + 5 möglich sein (Schema 31). Es werden etwa 100 bis 150 mg Phenol benötigt.

SPRECHER et al. (*689*) haben diesen Abbau überprüft und gefunden, daß dabei erhebliche Fehler auftreten. Aus der rohen Trimethyl-brenztraubensäure wurde durch Oxydation 3mal soviel CO_2 erhalten wie Hydrazon bei der Fällung mit 2,4-Dinitrophenylhydrazin. Das CO_2 entstammt also nicht nur der Carboxyl-Gruppe und seine Radioaktivität ist dementsprechend verfälscht. Der Abbau von Phenol-1-^{14}C gab eine Trimethyl-brenztraubensäure, die etwa 30% der spezifischen Radioaktivität des Phenols aufwies. Neben der p-Alkylierung findet offenbar in erheblichem Maße auch o-Alkylierung des Phenols statt.

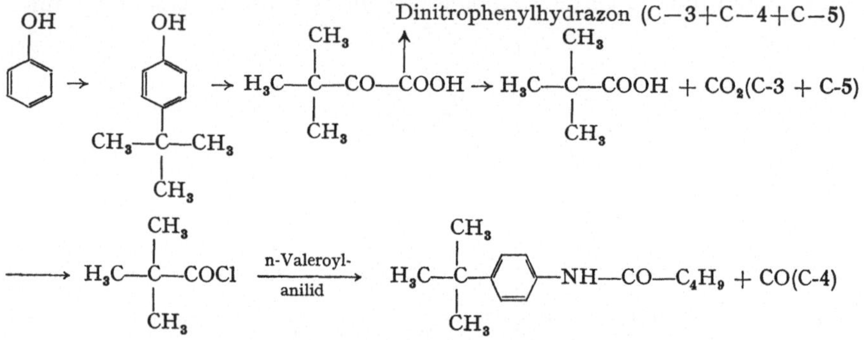

Schema 31. Abbau von Phenol nach EHRENSVÄRD et al. (*581*)

7.04. Kuhn-Roth-Oxydation Methylgruppen-tragender Aromaten

Die Kuhn-Roth-Oxydation läßt sich immer dann zur Isolierung einzelner C-Atome aus einem aromatischen Ring verwenden, wenn der Ring durch Methyl-Gruppen substituiert ist.

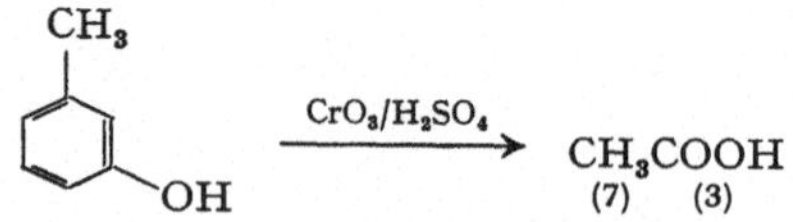

Einzelheiten über diese Reaktion s. 170. Sie wird sehr häufig zum Abbau von aromatischen Verbindungen verwendet. Beispiele sind:

m-Kresol (*105, 714*)
5-Methylresorcin (*106*) und dessen Dimethyläther (*717*)
5-Methylsalicylsäure (*154*)
Orsellinsäure (*517*)
2,4,5-Trimethylphenol (*109*)
2,3-Dimethyl-5,6-dimethoxyhydrochinon (*100*)
7-Hydroxy-4,6-dimethyl-phthalid (*109*)
Alternariol (*717*)
Emodin (*283*) und
Islandicin (*286*).

7.05. Abbau höherkondensierter Aromaten

Höherkondensierte Ringsysteme sind weniger stabil als das Benzol. Sie besitzen nicht an allen C-Atomen die gleiche π-Elektronendichte, und lassen sich an den C-Atomen hoher π-Elektronendichte (z. B. C-9 und C-10 im Phenanthren und Anthracen) relativ leicht oxydieren. Davon wird beim Abbau Gebrauch gemacht. Das übliche Verfahren, wie es z. B. beim 1-Methylphenanthren (65) und beim 4-Acetyl-3-methyl-morphol (47) angewandt wurde, besteht in der Oxydation mit Chromsäure zum 9,10-Diketon. Weitere Oxydation mit Wasserstoffperoxyd führt unter Ringöffnung zur Dicarbonsäure.

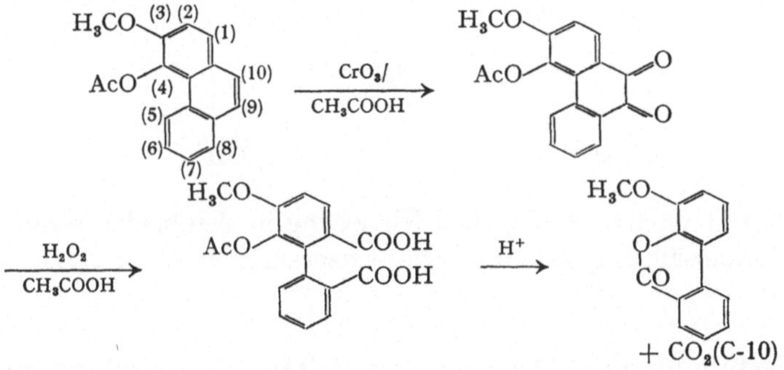

Die beiden Carboxyl-Gruppen lassen sich, wenn die Verbindung nicht von vornherein symmetrisch war, unterscheiden. Im Falle der aus Acetyl-methylmorphol erhaltenen Dicarbonsäure kann bei der sauren Verseifung nur die aus C-9 stammende Carboxyl-Gruppe einen Lactonring schließen, die aus C-10 stammende wird als CO_2 eliminiert (47). Durch weiteren Abbau des Lactons kann dann auch C-9 als CO_2 erhalten werden. Eine andere Möglichkeit ist die Cyclisierung der Dicarbonsäure mit H_2SO_4 zu einer Fluorenon-carbonsäure (65).

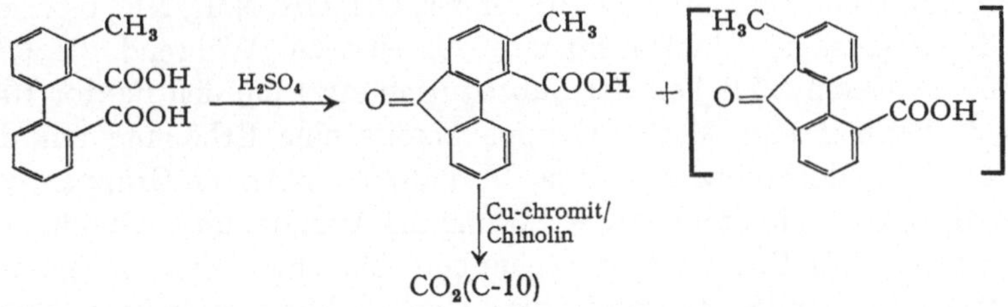

Dabei können zwei isomere Verbindungen entstehen, die nach Trennung bei der Decarboxylierung C-9 oder C-10 als CO_2 geben. Im Falle der Diphensäure aus 1-Methyl-phenanthren wurde nur die 3-Methylfluorenon-4-carbonsäure erhalten. Völlig analog haben COLLINS et al. das Benz-[a]-anthracen (189) und das Chrysen (191) abgebaut.

Das 1-Phenylacenaphthylen konnten BONNER und COLLINS (*125*) durch Ozonisierung und anschließende Oxydation zwischen C-1 und C-2 spalten. Die Carbonsäure wurde anschließend decarboxyliert.

GATENBECK (*285*) hat den Ring A des Anthrachinon-Derivates Islandicin durch Behandlung mit Wasserstoffperoxyd und Alkali als 3-Hydroxy-phthalsäure isoliert.

Aus p-Terphenyl wurde nach Nitrierung in den beiden p-Stellungen durch Chromsäureoxydation p-Nitrobenzoesäure erhalten (*541*).

7.06. Bestimmung der Deuterium- bzw. Tritium-Verteilung im aromatischen Ring

Die Verteilung der Wasserstoff-Isotope im Benzolring bestimmt man durch geeignete Substitutionsreaktionen, bei denen eines oder mehrere der Wasserstoffatome ausgebaut werden. Voraussetzung ist, daß bei der Reaktion kein unspezifischer Wasserstoff-Austausch eintritt. Da der Austausch nach dem Mechanismus der elektrophilen Substitution abläuft, ist er besonders in saurer Lösung zu befürchten. Er wird von Substituenten, die die Weitersubstitution eines aromatischen Kerns erleichtern, begünstigt. Das sind bekanntlich Gruppen wie OH, OR, NH_2, NR_2 usw., die sich durch einsame Elektronenpaare auszeichnen. Während die OH-Gruppe die Geschwindigkeit der Substitution etwa um den Faktor 1000 steigert, bewirkt eine Methyl-Gruppe bereits eine Erhöhung auf das 25fache. Besonders schwierig ist das Verhalten von Amino-Gruppen vorherzusagen, da sie in stark saurer Lösung als Ammonium-Verbindungen der elektrophilen Substitution gegenüber sehr inert sind. Ringe mit elektronenabziehenden Gruppen, wie Carbonylgruppen-haltige Reste, Nitro-, Cyan- und Sulfo-Gruppen, werden sehr viel schwerer elektrophil substituiert. Der Anteil des Isotops in einer bestimmten Position wird als Differenz des Isotopengehalts der unsubstituierten und der substituierten Verbindung bestimmt. Auf diese Weise fällt ein eventueller kinetischer Isotopeneffekt nicht ins Gewicht, falls nicht zwei gleichwertige Positionen vorhanden sind. Wird dagegen z. B. aus einer Verbindung

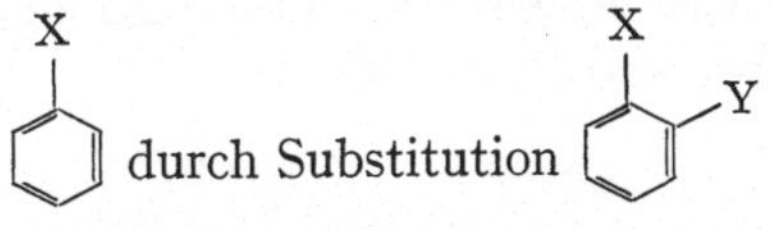

X-Benzol durch Substitution X,Y-Benzol

gewonnen, so gibt die Differenz des molaren Wasserstoff-Isotopengehalts nur dann den richtigen Wert der o-Stellung wieder, falls kein intramolekularer Isotopeneffekt auftritt. Es ist ein ausgesprochen günstiger Umstand, daß dies bei der elektrophilen Substitution meist nicht der Fall ist (*677, 802*).

Als Substitutionsreaktionen kommen hauptsächlich die Bromierung und die Nitrierung in Frage. Schon 1938 haben BEST und WILSON (*79*) die Deuterium-Verteilung im Phenol und im Anilin durch Bromierung zum Tribromphenol bzw. Tribromanilin bestimmt (vgl. Schema 32). Der Wasserstoff der o- und p-Stellungen wird dabei ausgebaut, der der m-Stellungen bleibt erhalten. Zwischen den o-Stellungen und der p-Stellung läßt sich beim Anilin noch unterscheiden, wenn man es zuerst in das Acetanilid überführt. Dessen Bromierung gibt p-Bromacetanilid, in dem also nur der p-Wasserstoff eliminiert ist (*124, 764*).

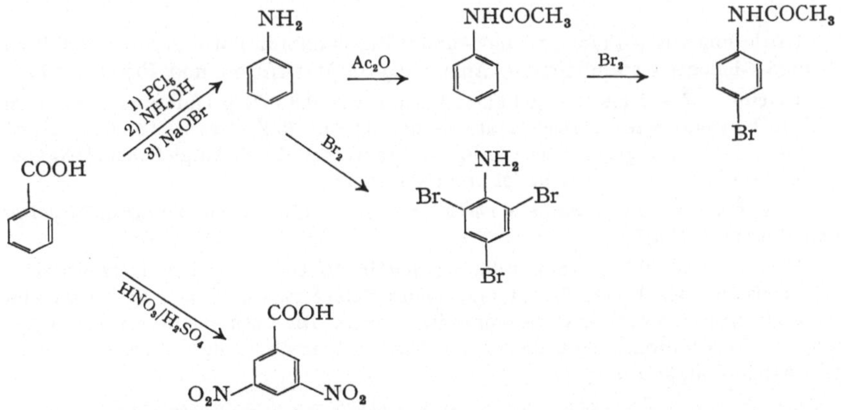

Schema 32. Bestimmung von Wasserstoff-Isotopen in Benzoesäure und Anilin

Ebenfalls durch Herstellung verschiedener Brom-Derivate wurde die Tritium-Verteilung in der Anthranilsäure bestimmt (*189*). Beim Abbau Tritium-markierter Benzoesäure haben WHITE und ROWLAND (*764*) die m-Wasserstoffe durch Nitrierung zur 3,5-Dinitrobenzoesäure eliminiert. Die Nitrierung der Benzoesäure in H_2SO_4 verläuft ohne unspezifischen Tritium-Austausch (weniger als 0,1 % Tritium-Einbau bei der Reaktion in H_2SO_4–T). Die Benzoesäure wurde ferner über das Säurechlorid, das Amid und anschließenden Hofmann-Abbau zu Anilin umgesetzt (die Schmidt-Reaktion mit NaN_3/H_2SO_4 ist wegen der Gefahr eines unspezifischen Austausches im sauren Medium nicht anwendbar), das wie oben angegeben substituiert wurde.

Halogenaniline

Eine Reihe von Halogenanilinen haben SIMON und JANAKOPULOS abgebaut (vgl. die Schemata 33 und 34).

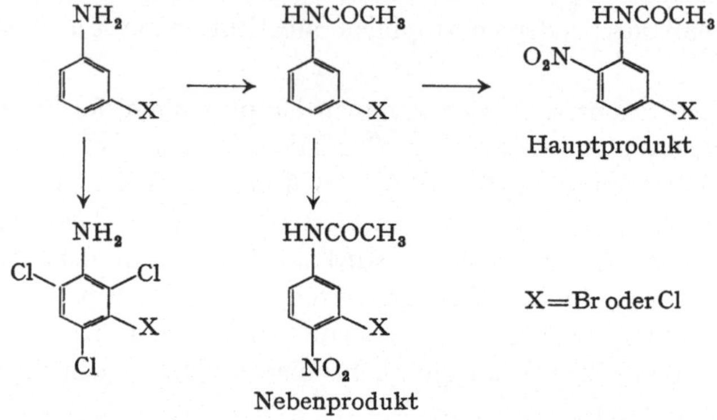

Schema 33. Ermittlung der D- bzw. T-Verteilung in 3-Brom- oder 3-Chloranilin

Nitrierung von p-Fluor-, p-Chlor- und p-Bromanilin in Form der Acetanilide zu 2-Nitro-4-halogenacetaniliden [in Anlehnung an WILKINSON und FINAR (769a)].

In eine auf -2 bis $0°C$ gekühlte Lösung von 0,5 mM p-Halogenacetanilid in 0,25 ml konzentrierter Schwefelsäure werden 0,05 ml (5% Überschuß) Äthylnitrat gegeben und 15 min gerührt. Die Rohprodukte werden durch Aufgießen auf Eis ausgefällt und aus wäßrigem Äthanol umkristallisiert.

Nitrierung von p-Chloranilin zu 4-Chlor-3-nitro-anilin [in Anlehnung an MORGAN und PORTER (511a)].

177 mg (1,38 mM) p-Chloranilin werden in 10 Gewichtsteilen konzentrierter Schwefelsäure bei $0°$ mit 0,1 ml rauchender Salpetersäure ($D = 1,52$) in 0,85 ml konzentrierter Schwefelsäure tropfenweise versetzt. Die Lösung wird auf Eis gegossen, mit Soda teilweise neutralisiert, der Niederschlag abgesaugt und aus verdünntem Äthanol umkristallisiert.

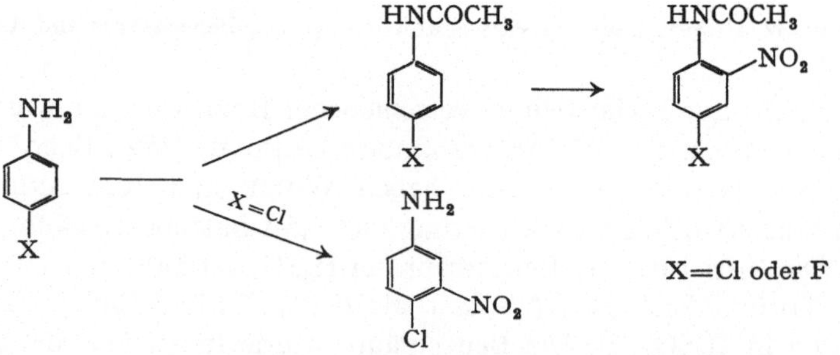

Schema 34. Ermittlung der D- bzw. T-Verteilung in 4-Fluor- oder 4-Chloranilin

Nitrierung von 3-Chlor- und 3-Bromacetanilid zu 3-Halogen-6-nitroacetanilid (Hauptprodukt) und 3-Halogen-4-nitroacetanilid (Nebenprodukt) [in Anlehnung an FUSON et al. (279a)].

Zu 1,0 mM 3-Halogenacetanilid in 204 mg (2,0 mM) Acetanhydrid und 90 mg (1,5 mM) Eisessig gibt man bei −5 bis 0°C eine Mischung von 90 mg Eisessig und 100 mg (1,6 mM) rauchende Salpetersäure (D = 1,52), läßt über Nacht bei Raumtemperatur stehen und gießt dann auf Eis. Der Niederschlag wird abgesaugt, mit Wasser gewaschen, im Vak. scharf getrocknet, pulverisiert und zweimal mit 1 ml trockenem Benzol bei Raumtemperatur extrahiert. Das zurückbleibende 3-Halogen-4-nitroacetanilid kristallisiert man um aus heißem Benzol. Von dem in Benzol löslichen 3-Halogen-6-nitroacetanilid wird das Benzol abdestilliert und der Rückstand aus Äthanol umkristallisiert.

Chlorierung von 3-Bromanilin zu 2,4,6-Trichlor-3-bromanilin und 3-Chloranilin zu 2,3,4,6-Tetrachloranilin [in Anlehnung an REED und ORTON (577a)].

1,0 mM 3-Halogenanilin werden in 24 ml 20proz. Salzsäure gelöst und mit 19 ml einer 0,33 molaren Chlorlösung in 20proz. Salzsäure tropfenweise unter Rühren versetzt. Das Produkt wird durch Wasserzugabe ausgefällt und aus Äthanol umkristallisiert.

7.1. Ermittlung der ^{14}C-Verteilung in bestimmten Verbindungen

7.10. Benzoesäure

GILVARG und BLOCH (299) haben Benzoesäure, die aus Phenylalanin durch Chromsäureoxydation erhalten wurde, mit Hilfe der Brompikrin-Reaktion abgebaut.

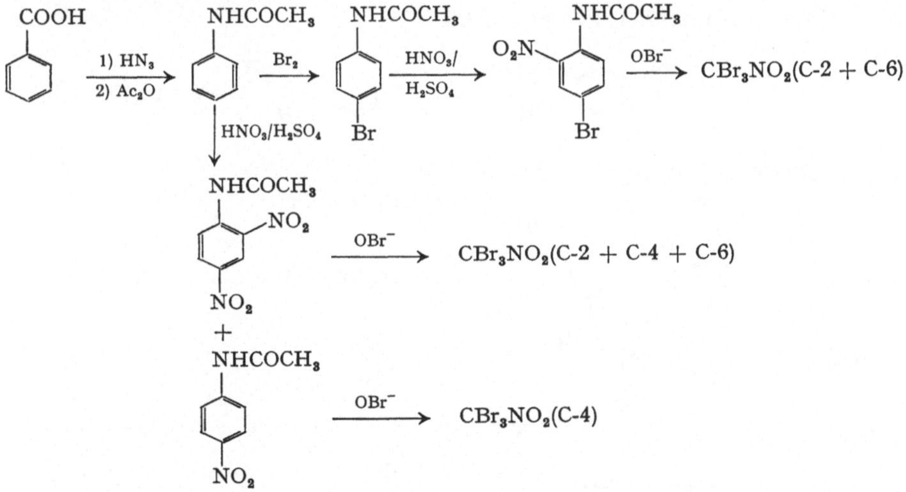

Schema 35. Abbau der Benzoesäure durch Brompikrinspaltung von Acetanilid

Abbau von Benzoesäure (299)

Benzoesäure wird durch die Schmidt-Reaktion. s. [2.10], zu Anilin umgesetzt, das ohne Isolierung acetyliert wird; Ausbeute 78%. Einen Teil des Acetanilids (etwa 100 mg) löst man in 0,35 ml Eisessig, gibt 0,20 ml Brom zu und verdünnt nach 5 min mit 4 ml Wasser. Es kristallisiert p-Bromacetanilid in 80% Ausbeute aus. 85 mg dieser Verbindung werden in 0,26 ml kalter konzentrierter H_2SO_4 gelöst, dazu gibt man die stöchiometrische Menge HNO_3 als gekühlte Lösung in dem 9fachen Volumen H_2SO_4. Nach 1 Std bei 20°C wird mit 3 ml kaltem Wasser verdünnt. Das 2-Nitro-4-bromacetanilid chromatographiert man an Aluminiumoxyd mit Benzol als Elutionsmittel und kristallisiert danach aus 50proz. Äthanol um; Ausbeute 63%, Fp. 103 bis 103,5°C (Lit. 104°C).

45 mg Acetanilid gibt man zu 0,3 ml eiskalter konzentrierter H_2SO_4, fügt 0,15 ml HNO_3 hinzu und hält die Mischung 20 min bei 20°C. Dann gibt man 1,5 ml Eiswasser zu, verseift die Acetyl-Gruppe durch Kochen mit verdünnter Salzsäure und kristallisiert das 2,4-Dinitroanilin aus 1,2 ml Methanol um; Ausbeute 28%, Fp. 180 bis 181°C (Lit. 182°C).

50 mg Acetanilid werden in 0,30 ml kalter konzentrierter H_2SO_4 gelöst und mit der stöchiometrischen Menge HNO_3 im 9fachen Volumen konzentrierter H_2SO_4 versetzt. Nach 30 min bei 20°C gibt man 1,5 ml Eiswasser zu und kristallisiert das p-Nitroacetanilid aus Äthanol um; Ausbeute 70%, Fp. 213 bis 215°C (Lit. 215°C).

Eine Vorschrift für die Ausführung der Brompikrin-Reaktion s. 7.01.

7.11. Monohydroxysäuren

Zwei sehr ähnliche Reaktionsfolgen wurden von RAFELSON (*572*) sowie von WEYGAND und WENDT (*763*) zum Abbau der Salicylsäure verwendet. Durch Herstellung einer Reihe von Nitro-Derivaten und anschließende Brompikrin-Reaktion werden die C-Atome 1, 3 und 5 einzeln bestimmt. Decarboxylierung zum Phenol und Abbau über das tert.-Butylphenol gibt C-5 und die Summe von C-4 + C-6. Über die bei der letztgenannten Reaktion auftretenden Fehler s. 7.03.

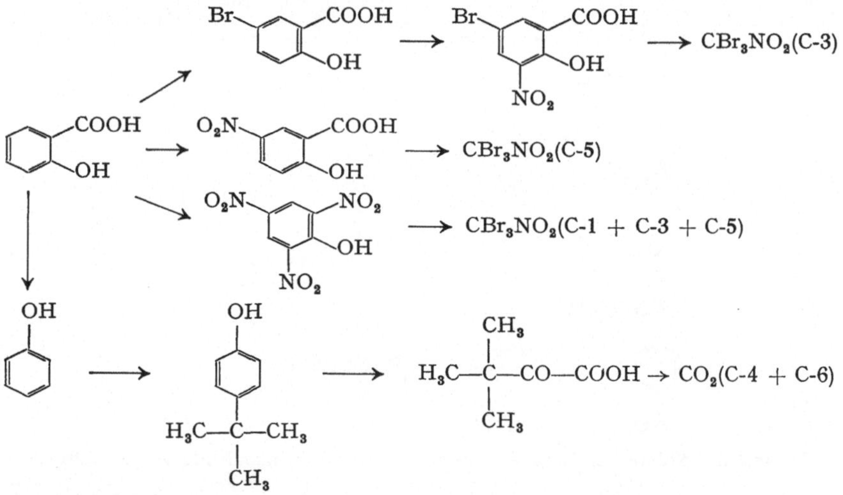

Schema 36. Abbau von Salicylsäure nach WEYGAND und WENDT (*763*)

Abbau von Salicylsäure (763)

140 mg Salicylsäure werden in 3 ml Chloroform gelöst. Dazu tropft man langsam die theoretische Menge Brom (0,052 ml). Man läßt 12 Std stehen (häufig umschüt-

teln), bläst dann das Chloroform durch Aufleiten von Luft ab und kristallisiert die 5-Bromsalicylsäure aus Wasser um; Ausbeute 90%, Fp. 162°C. Sie wird nun in 1,26 ml Eisessig gelöst. Dazu gibt man ein Gemisch aus 0,72 ml rauchender Salpetersäure (d = 1,52) und 0,72 ml Eisessig von 0°C. Nach 2 bis 3 Std Stehen bei Zimmertemperatur versetzt man mit 12,5 ml Wasser. Die 5-Brom-3-nitrosalicylsäure wird durch Sublimation bei Ölpumpenvakuum und 150 bis 160°C gereinigt; Ausbeute 44%, Fp. 174°C.

75 mg Salicylsäure werden in 1,75 ml $CHCl_3$ gelöst, dazu gibt man langsam unter Kühlung auf 15 bis 18°C 0,15 ml konzentrierte HNO_3 (d = 1,4). Nach 1 Std wird mit 2 ml 2n NaOH ausgeschüttelt, die wäßrige Phase abgetrennt, mit HCl angesäuert und der schwach gelbe Niederschlag mit Äther ausgeschüttelt. Die 5-Nitrosalicylsäure wird nach Verdampfen des Äthers aus wenig Wasser umkristallisiert und im Vak. bei 95°C sublimiert; Ausbeute 93%, Fp. 228°C.

Zur eisgekühlten Lösung von 90 mg Salicylsäure in 0,49 ml konzentrierter H_2SO_4 gibt man eine eiskalte Mischung von 0,31 ml konzentrierter H_2SO_4 und 0,31 ml konzentrierter HNO_3 (d = 1,4). Nach 2 Std bei 0°C setzt man weitere 0,31 ml konzentrierte HNO_3 zu und erhitzt 3 Std im siedenden Wasserbad. Nach Kühlen auf 0°C verdünnt man mit 4,2 ml Eiswasser, saugt nach Stehen bei 0°C die Pikrinsäure ab und kristallisiert sie aus 4 ml Wasser um; Ausbeute 55%, Fp. 122,5 bis 123,5°C.

150 mg Salicylsäure erhitzt man mit 500 mg Kupferpulver im evakuierten Bombenrohr (20 cm Länge, 1,5 cm Weite) 1 Std auf 380 bis 400°C. Das Phenol wird durch Destillation im Vakuum in einem geschlossenen System gereinigt; Ausbeute 86%. Weiterer Abbau über tert.-Butylphenol s. 7.03.

In ähnlicher Weise wie die Salicylsäure wurde von Reio und Ehrensvärd (581) die p-Hydroxybenzoesäure abgebaut (vgl. Schema 37).

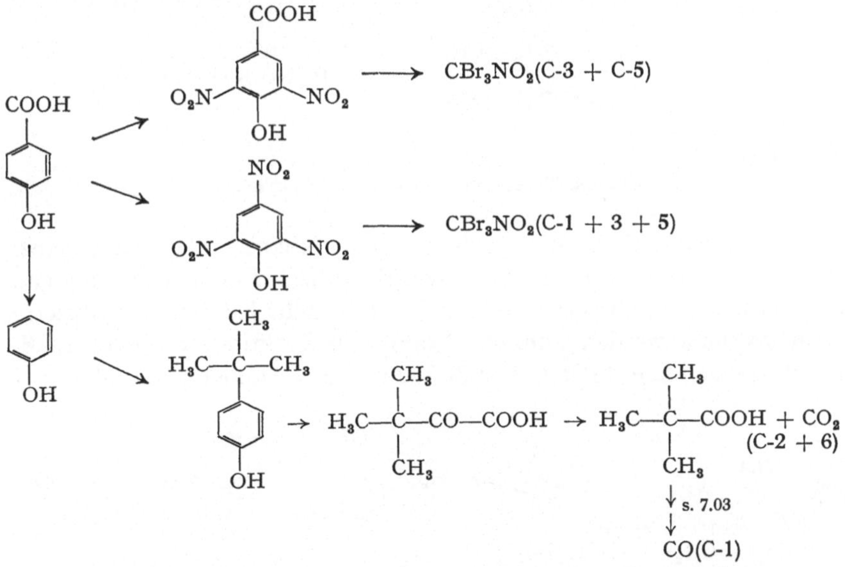

Schema 37. Abbau von p-Hydroxybenzoesäure nach Ehrensvärd

Die Decarboxylierung zum Phenol gelingt durch Schmelzen der Säure (140 mg) mit KHF_2 (500 mg) oder durch Erhitzen der Substanz auf 260°C (25). Pikrinsäure erhält man entsprechend der für die Nitrierung der Salicylsäure gegebenen Vorschrift. Die erste Nitrierungsstufe bei 0°C führt zur 3,5-Dinitro-4-hydroxybenzoesäure; Ausbeute 68%, Fp. 242°C.

Bei einem älteren, von BADDILEY et al. (25) angegebenen Abbau der 4-Hydroxy-benzoesäure wurde das Phenol über das Chinon zur Phthalsäure abgebaut (s. 7.02).

Für die 6-Methyl-salicylsäure wurden von mehreren Gruppen Abbauverfahren ausgearbeitet (105, 154, 714). Decarboxylierung mit Kupferoxyd in Chinolin liefert CO_2 aus der Carboxyl-Gruppe und m-Kresol, dessen dreifache Nitrierung und Brompikrin-Spaltung Brompikrin aus C-1 + 3 + 5 gibt (vgl. Schema 38). C-6 und die Methyl-Gruppe werden durch Kuhn-Roth-Oxydation isoliert. Schließlich wird noch eine partielle Nitrierung des m-Kresols zu 4- und zu 6-Nitro-m-kresol angegeben (154).

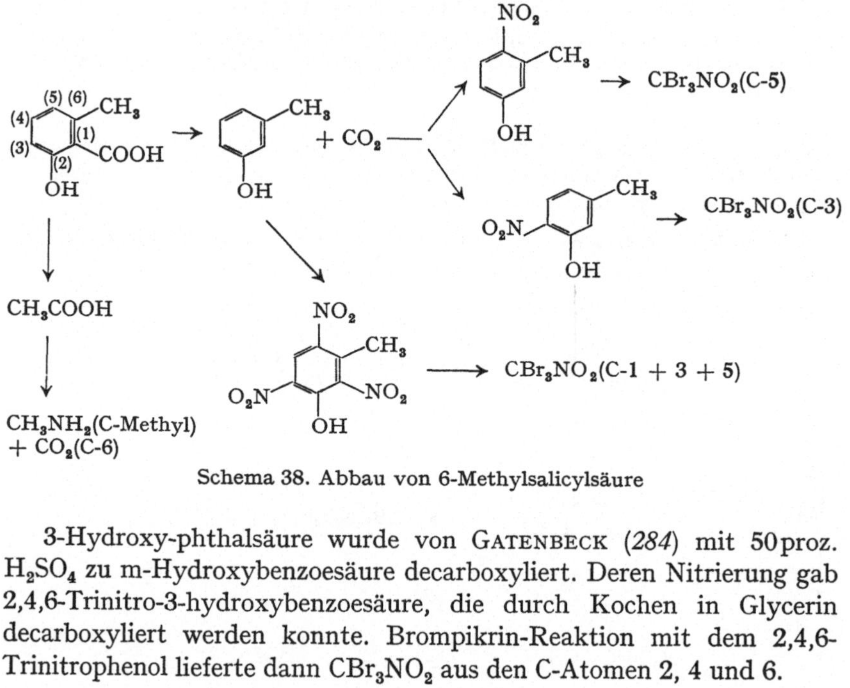

Schema 38. Abbau von 6-Methylsalicylsäure

3-Hydroxy-phthalsäure wurde von GATENBECK (284) mit 50proz. H_2SO_4 zu m-Hydroxybenzoesäure decarboxyliert. Deren Nitrierung gab 2,4,6-Trinitro-3-hydroxybenzoesäure, die durch Kochen in Glycerin decarboxyliert werden konnte. Brompikrin-Reaktion mit dem 2,4,6-Trinitrophenol lieferte dann CBr_3NO_2 aus den C-Atomen 2, 4 und 6.

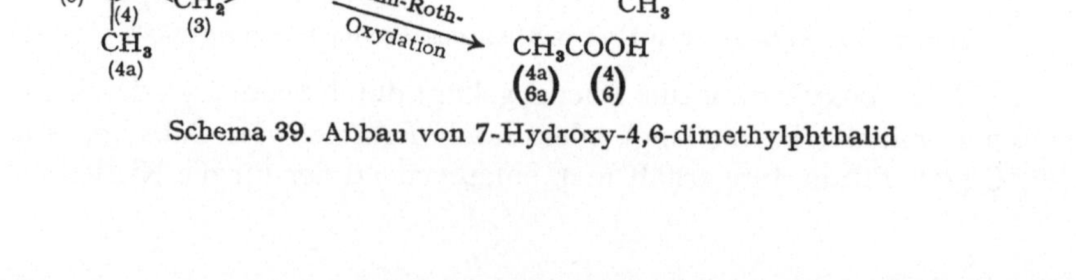

Schema 39. Abbau von 7-Hydroxy-4,6-dimethylphthalid

7-Hydroxy-4,6-dimethylphthalid wurde direkt und nach Decarboxylierung und Reduktion zu 2,4,5-Trimethyl-phenol der Kuhn-Roth-Oxydation unterworfen (*109*) (vgl. Schema 39).

7.12. Polyhydroxysäuren

Gentisinsäure (2,5-Dihydroxybenzoesäure) wurde durch Tosylierung in der 5-Stellung und anschließende Reduktion mit Raney-Nickel in siedendem Äthanol in Salicylsäure umgewandelt (*287*). Die Ausbeute ist zwar nicht hoch, doch kann bei Biosynthese-Versuchen durch Nitrierung und Decarboxylierung der Salicylsäure zur Pikrinsäure und anschließenden Hypobromit-Abbau sehr leicht festgestellt werden, ob eine alternierende Isotopenverteilung vorliegt (wie sie nach dem Polyacetat-Schema zu erwarten ist) oder nicht.

Ein umfassender Abbau der Protocatechusäure (3,4-Dihydroxy-benzoesäure) wurde von TATUM und GROSS angegeben (*715*) (vgl. Schema 40).

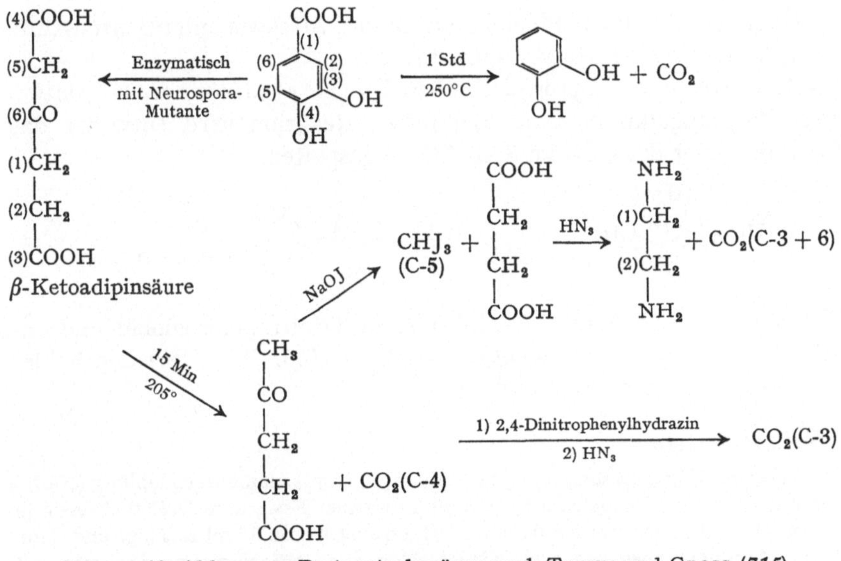

Schema 40. Abbau von Protocatechusäure nach TATUM und GROSS (*715*)

GROSS et al. (*333*) konnten zeigen, daß die durch fermentative Oxydation entstehende β-Ketoadipinsäure die Kohlenstoff-Atome des Rings der Protocatechusäure in der im Schema 40 angegebenen Anordnung enthält.

Orsellinsäure (2,4-Dihydroxy-6-methylbenzoesäure) wurde durch Erhitzen in Glycerin decarboxyliert (C-7 als CO_2). Die Kuhn-Roth-Oxydation gab Essigsäure aus C-8 und C-6. Pernitrierung lieferte Trinitroorcin, das mit Hypobromit abgebaut wurde (Brompikrin aus C-1, C-3 und C-5, CO_2 aus C-2 und C-4) (*517*).

Beim Abbau des Griseofulvins erhielten BIRCH et al. (*106*) 2-Hydroxy-3-chlor-4,6-dimethoxybenzoesäure. Diese wurde thermisch decarboxyliert und das Phenol-Derivat dann durch Reduktion und Entmethylierung zum Phloroglucin umgesetzt.

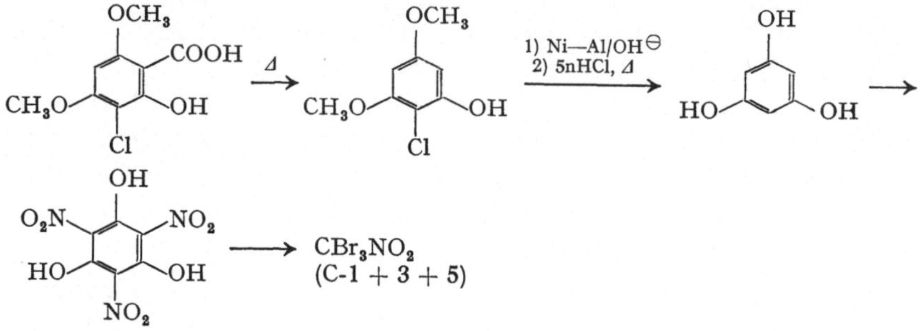

7.13. Phenole, Amine, Chinone

Über den Abbau von Phenol und Anilin s. 7.0 sowie unter Benzoesäure, Salicylsäure und 4 Hydroxybenzoesäure.

Zum Abbau von Pyrogallol haben BILLEK et al. (*88*) die Oxydation zum Purpurogallin benutzt. Bei dieser Reaktion wird entweder das C-Atom 1 oder das C-Atom 3 als CO_2 abgespalten.

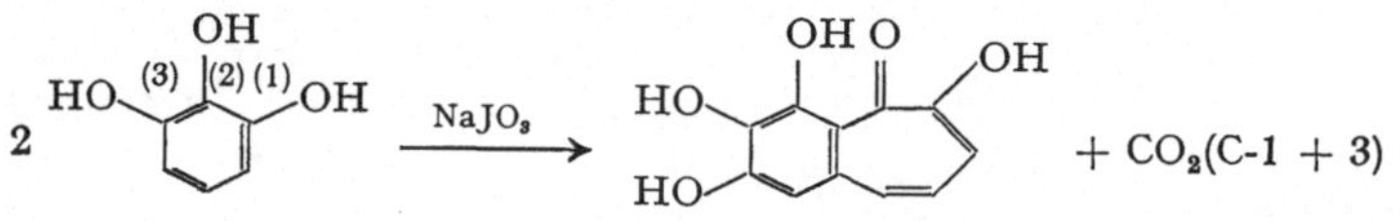

Phloroglucin wird durch Überführung in Trinitrophloroglucin und anschließende Brompikrin-Reaktion abgebaut (*106, 312*). Über den Fehler bei diesem Abbau s. (*312*) und 7.01.

Trinitrophloroglucin

Zu 0,5 ml KNO_2-Lösung (9,6 g in 40 ml H_2O) tropft man unter Kühlung (Kältemischung) 75 mg Phloroglucin in 1,25 ml lauwarmer Essigsäure (7,2 ml Eisessig in 100 ml H_2O). Danach werden 0,3 ml KOH Lösung (8 g in 12 ml Lösung) und dann 2,5 ml Äthanol zugegeben, der Niederschlag abzentrifugiert und je 2mal mit Äthanol und Äther gewaschen. Man trocknet 1 Std im Vak. über P_2O_5 und Paraffin, und gibt dann unter Kühlung tropfenweise 0,325 ml einer gekühlten HNO_3/H_2SO_4-Mischung (6 ml konzentrierte H_2SO_4 + 7 ml konzentrierte HNO_3) zu. Danach wird mit 1 ml H_2O verdünnt, das Trinitrophloroglucin mit Äther ausgezogen, in wenig Essigester gelöst und mit Petroläther gefällt; Ausbeute 40 bis 70%.

Das natürlich vorkommende Benzochinon Aurantiogliocladin haben BIRCH et al. (*100*) abgebaut (vgl. Schema 41). Details über den Abbau werden nicht angegeben.

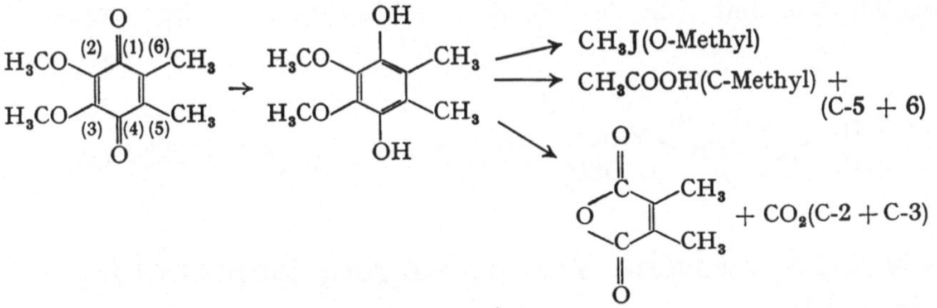

Schema 41. Abbau von Aurantiogliocladin

7.14. Verschiedenes

Einen Abbau für Vanillin haben EBERHARDT und SCHUBERT (*243*) mitgeteilt; er wurde später von KRATZL und FAIGLE (*415*) erweitert (vgl. Schema 42).

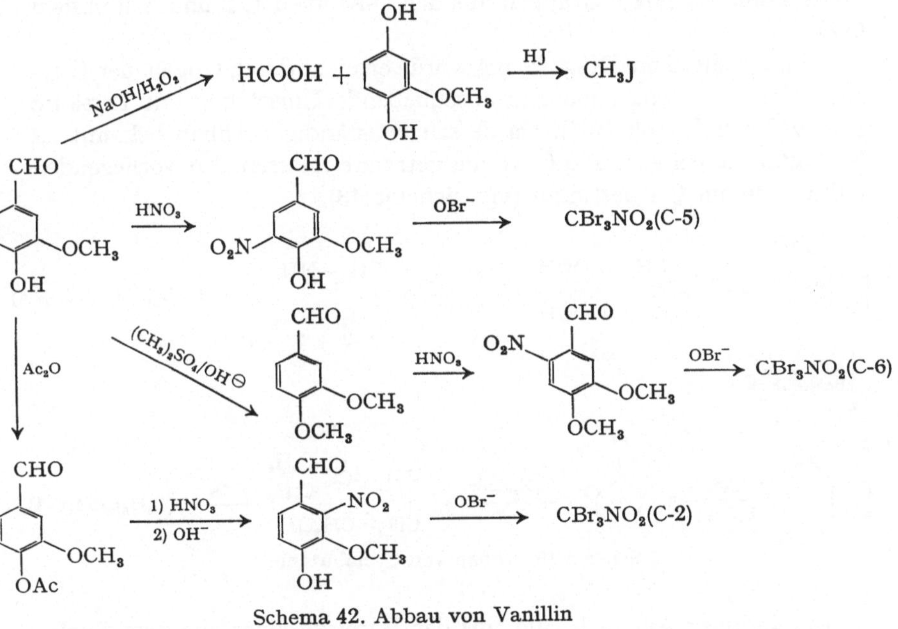

Schema 42. Abbau von Vanillin

2,6-Dihydroxy-acetophenon wurde einerseits durch Kuhn-Roth-Oxydation und andererseits durch Alkalischmelze zu Resorcin abgebaut. Dieses wurde nitriert und das 2,4,6-Trinitroresorcin der Brompikrin-Spaltung unterworfen (*8*).

Der Abbau von 2,2-Diacetoxy-cyclohexa-3,5-dienon gelang durch photolytische Ringöffnung und anschließende Hydrierung zu Capron-

säure, die dann mit Hilfe der Schmidt-Reaktion weiter zerlegt wurde
(*88*).

$$(1)\quad \text{Dienoldiacetat} \xrightarrow{h\nu} \text{Dien-CH}\langle\!\!\begin{array}{l}\text{OCOCH}_3\\ \text{OCOCH}_3\end{array} \xrightarrow{\text{Hydrierung}} H_3C(CH_2)_4COOH \xrightarrow{HN_3} CO_2(C\text{-}1)$$

8. Cycloaliphatische Verbindungen, Isoprenoide, Steroide

8.0. Cycloaliphaten

8.00. Derivate kleiner Ringe bis Cyclopentan

Über die Ringöffnung von Cyclopropen-fettsäuren (vgl. 2.31). Verfahren zum Abbau von Cyclobutan-Derivaten haben ROBERTS et al. beschrieben. Die Permanganatoxydation von Cyclobutanol gibt Bernsteinsäure, deren Carboxyl-Gruppen aus den C-Atomen 1, 2 und 4 stammen
(*593*).

Eine spezifischere Ringöffnung wurde erreicht durch Oppenauer-Oxy-
dation zum Cyclobutanon und anschließende Umsetzung mit Persäure
zum γ-Butyrolakton (*501*). Da dessen vollständiger Abbau bekannt ist
(s. 2.322), lassen sich alle C-Atome getrennt erfassen. Im vorliegenden
Fall wurde nur C-1 bestimmt (vgl. Schema 43).

$$\xrightarrow{NaMnO_4}\ \begin{array}{l}CH_2\text{—COOH}\\ |\\ CH_2\text{—COOH}\end{array}\ \xrightarrow[\text{Abbau}]{(1)\ \text{Curtius-}}\ \begin{array}{l}CH_2\text{—NH}_2\\ |\\ CH_2\text{—NH}_2\\ (C\text{-}2+3+4)\end{array}\ +\ 2\,CO_2(C\text{-}1+2+4)$$

$$\downarrow\ \begin{array}{l}Al(OC_6H_5)_3,\\ \text{Benzochinon}\end{array}$$

$$\xrightarrow[H_2SO_4]{(NH_4)_2S_2O_8}\ \xrightarrow{C_6H_5MgBr}\ \begin{array}{l}CH_2\\ |\\ CH_2\text{—CH}_2OH\end{array}\!\!-C\langle\!\!\begin{array}{l}OH\\ C_6H_5\\ C_6H_5\end{array}\ \xrightarrow{CrO_3}\ (C_6H_5)_2CO(C\text{-}1)$$

Schema 43. Abbau von Cyclobutanol

Ein weiterer Abbau beruht auf der Pyrolyse eines aus dem Cyclobutanon erhaltenen Xanthogenatesters (*649*) (vgl. Schema 44).

Auch bei diesem Abbau können alle C-Atome getrennt bestimmt
werden.

Cylopentanon wurde mit Hilfe der Schmidt-Reaktion zu δ-Amino-
valeriansäure abgebaut (*481, 723*) (s. 7.00). Über weitere Methoden zur
Ringöffnung cyclischer Ketone s. 5.11.

1,2-Dibrom-cyclopentan wurde mit Zinkstaub enthalogeniert und das entstehende Cyclopenten ozonisiert. Oxydative Aufarbeitung gab Glutarsäure, die nach SCHMIDT decarboxyliert wurde (719).

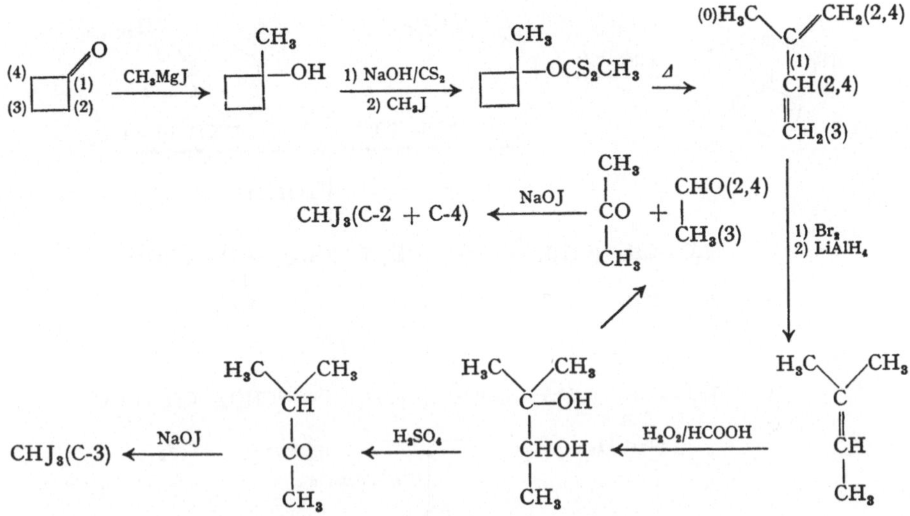

Schema 44. Abbau von Cyclobutanon

Cyclopentadien wurde zum Abbau mit Azodicarbonsäureester umgesetzt, das Produkt der Dien-Synthese hydriert und mit Permanganat zu Bernsteinsäure oxydiert (719).

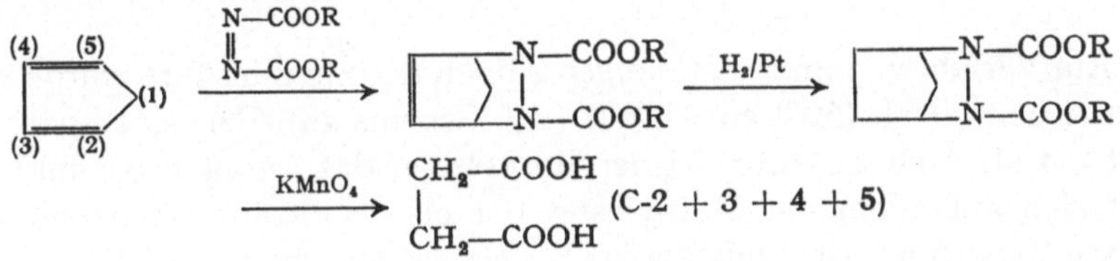

8.01. Derivate des Cyclohexans

Über den Abbau von Cyclohexanol, Cyclohexanon und 1-Methylcyclohexen s. (7.00).

2-Methylcyclohexanon, ein Zwischenprodukt des Cholesterin-Abbaus (200), wurde mit Hilfe der Schmidt-Reaktion (s. 5.11) und der Varrentrap-Reaktion (s. 2.14) zerlegt (vgl. Schema 45). Durch weiteren (teilweisen) Abbau der so erhaltenen und an einer Säule getrennten Säuren, läßt sich der Isotopengehalt jedes einzelnen C-Atoms ermitteln. Valeriansäure und Essigsäure machen etwa je 44% des Säuregemisches aus, Propionsäure und Buttersäure je 6%.

9*

2-Chlorcyclohexanon wurde nach Hydrolyse mit K_2CO_3 zu Adipinsäure oxydiert (*481*). Deren weiterer Abbau geschah mit Stickstoffwasserstoffsäure.

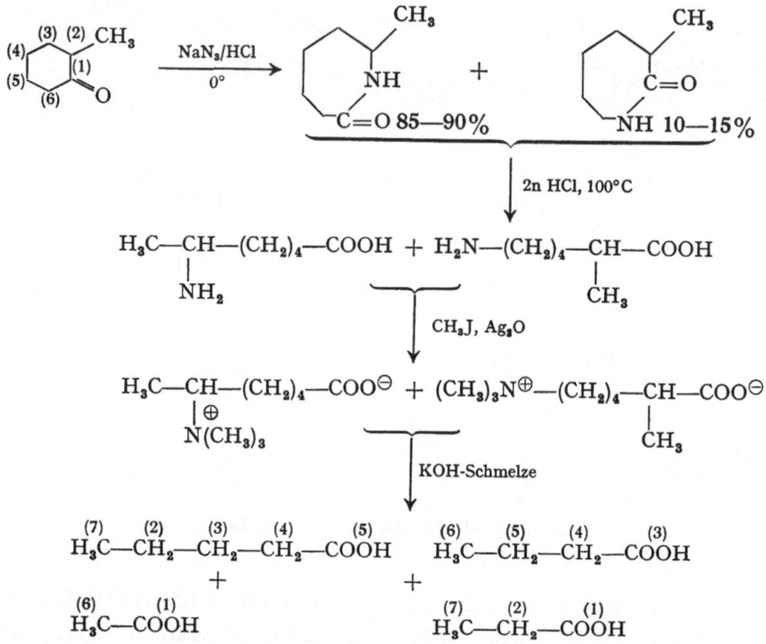

Schema 45. Abbau von 2-Methylcyclohexanon

Ein Verfahren zum vollständigen Abbau der Shikimisäure wurde von SRINIVASAN et al. (*693*) entwickelt (vgl. Schema 46). Perjodat-Spaltung gibt C-4 als Ameisensäure; ist der Methylester das Ausgangsprodukt, so läßt sich außerdem der Methylester der cis-Aconitsäure isolieren. Bei dessen Verseifung tritt vollständige Isomerisierung ein, so daß die aus den Positionen 2 und 6 stammenden C-Atome gleichwertig werden. Der weitere Abbau geschieht dann über die Itaconsäure zur Oxalessigsäure, die in β-Stellung decarboxyliert wird. Hydroxylierung der Shikimisäure und Perjodat-Spaltung gibt Formylbrenztraubensäure, die mit Hypojodit zu Oxalsäure und Jodoform zerlegt wird.

Für Myo-Inosit wurden verschiedene Abbaumethoden ausgearbeitet. Bei dem Verfahren von CHARALAMPOUS (*179*) erhält man durch Bleitetraacetat-Spaltung zwischen C-1 und C-2 bzw. C-2 und C-3 D- und L-Idozuckersäure. Das Racemat wird über das Brucinsalz gespalten und die beiden Idozuckersäuren mit Perjodat weiter zerlegt. Für den Abbau werden etwa 1,7 mM Inosit benötigt (vgl. Schema 47).

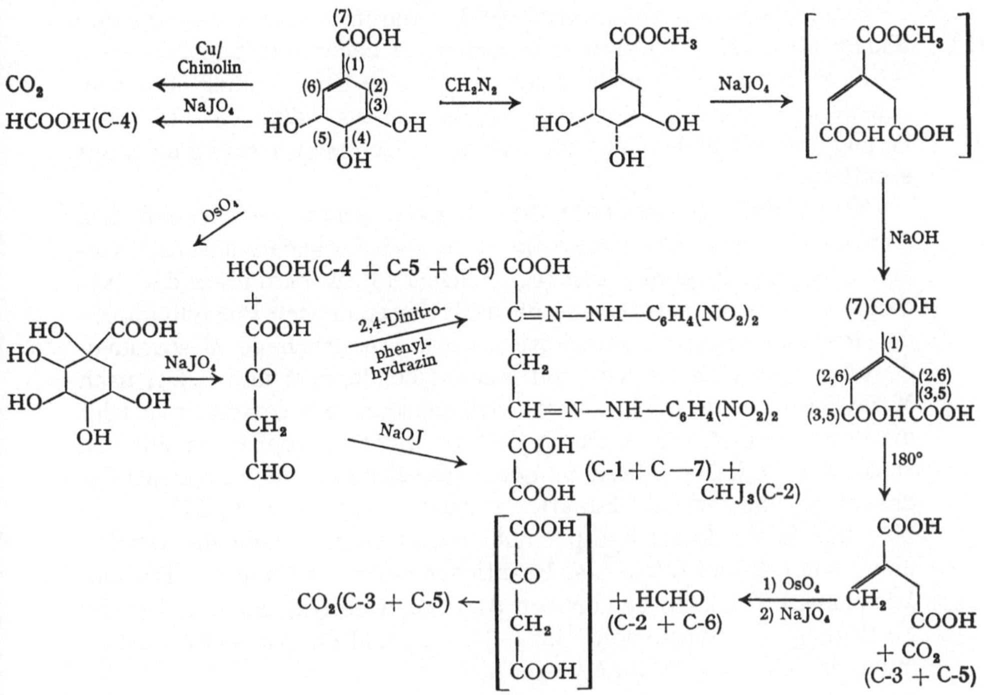

Schema 46. Abbau von Shikimisäure

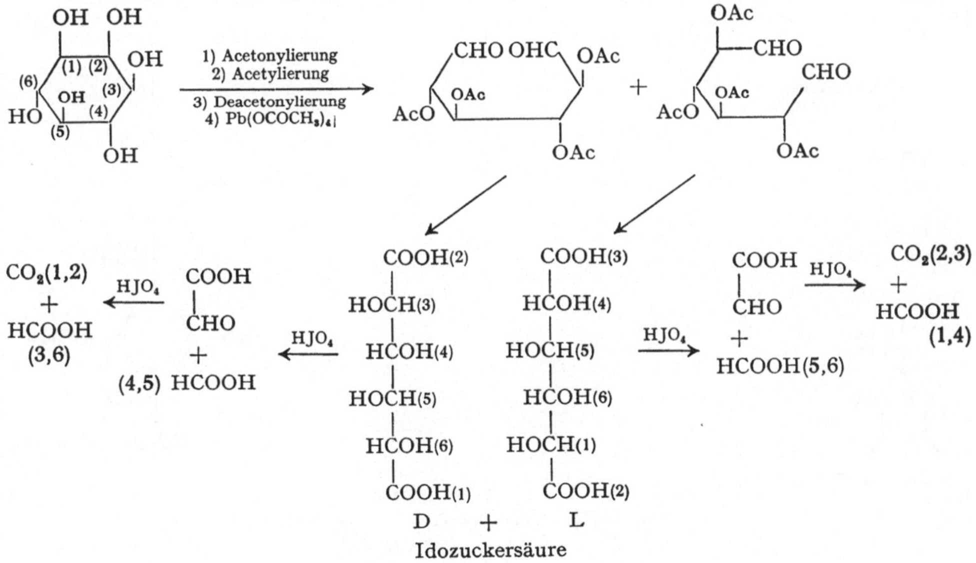

Idozuckersäure

Schema 47. Abbau von Myo-Inosit

Ein biologisches Abbauverfahren für Inosit benutzen LOEWUS und KELLY (*478, 479, 480*). Reifende Erdbeeren bilden aus dem Inosit die D-Galakturonsäure-Reste der Pektine. Da diese Umwandlung ohne nennenswerte Radioaktivitätsverschmierung abläuft, läßt sich durch Isolierung und Abbau der Galakturonsäure die Isotopenverteilung im Inosit ermitteln.

KINDL und HOFFMANN-OSTENHOF (*398*) geben einen chemischen Abbau an, der sowohl für meso-Inosit als auch für andere natürlich vorkommende Cyclite geeignet ist (vgl. Schema 48). Er beruht auf der Oxydation zu (±)-epi-meso-Inosose, die nach Umsetzung mit Phenylhydrazin der Perjodat-Spaltung unterworfen wird. Das erhaltene Mesoxaldialdehyd-phenylhydrazon wird mit Aceton kondensiert und liefert nach Methylierung und Oxydation mit Salpetersäure p-Nitroanisol; es folgt die Brompikrin-Reaktion. Durch Verfütterung an Kleepflanzen läßt sich Inosit in D-Pinit überführen, von dem ausgehend am ursprünglichen C-3 des Inosits eine Carbonyl-Funktion geschaffen werden kann (*397*). Abbau über das Mesoxaldialdehyd-phenylhydrazon erlaubt dann die Bestimmung von C-3 und C-2 + C-4. Reaktionen zur Ermittlung der Tritium-Verteilung in Inositen beschreiben ANGYAL et al. (*12*). Sie erlauben die Festlegung aller Wasserstoffe im (−)-Inosit und die paarweise Bestimmung der Wasserstoffe im Myo-Inosit.

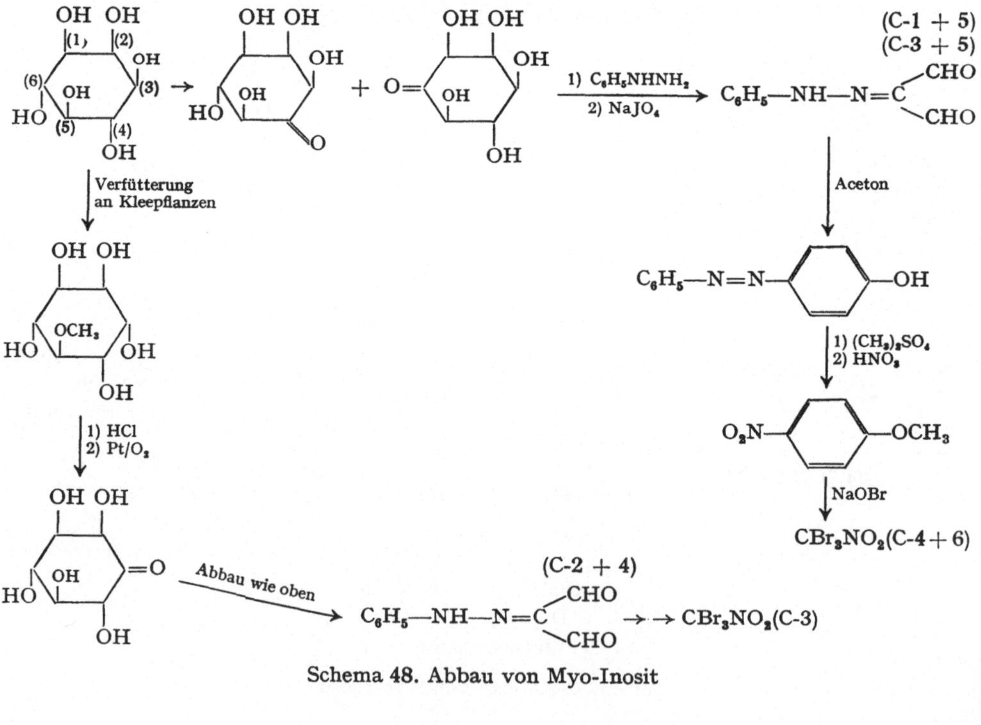

Schema 48. Abbau von Myo-Inosit

8.02. Höhergliedrige Ringe

Über die Isolierung von C-1 des Cycloheptanons s. 5.13.

PRELOG et al. (*565, 566*) haben Cyclononen und Cyclodecen mit Osmiumtetroxyd hydroxyliert und das Glykol mit Bleitetraacetat gespalten. Die Oxydation des Dialdehyds zur Azelain- und Sebacinsäure mit Sauerstoff und einer Spur Benzoylperoxyd als Katalysator folgte sofort in der Reaktionsmischung. Durch stufenweisen Abbau der Säuren mit Hilfe der Schmidt-Reaktion lassen sich dann alle C-Atome paarweise bestimmen.

Cyclononanol und Cyclodecanol haben die gleichen Autoren (*565, 566*) mit Chromsäure/Pyridin zum Keton oxydiert und dieses durch Kondensation mit Ameisensäureester und Oxydation mit Wasserstoffperoxyd in Alkali zur Azelain- bzw. Sebacinsäure abgebaut (s. 5.11).

8.1. Isoprenoide

8.10. Offenkettige Isoprenoide

Die Methode der Wahl beim Abbau kettenförmiger, ungesättigter Isoprenoide ist die Ozonspaltung. Das Triterpen Squalen gibt bei der Ozonisierung und anschließenden oxydativen Zerlegung des Ozonids mit Wasserstoffperoxyd 2 Mole Aceton aus den Endgruppen, 1 Mol Bernsteinsäure aus den mittleren C-Atomen und 4 Mole Lävulinsäure (vgl. Schema 49).

$$\left[H_3C-\underset{\underset{CH_3}{|}}{C}=CH-CH_2-CH_2-\underset{\underset{CH_3}{|}}{C}=CH-CH_2-CH_2-\underset{\underset{CH_3}{|}}{C}=CH-CH_2- \right]_2$$

$$\downarrow \begin{array}{l} 1)\ O_3 \\ 2)\ H_2O_2/CH_3COOH \end{array}$$

$$2\ \underset{H_3C}{\overset{H_3C}{>}}C{=}O + 4\ HOOC-CH_2-CH_2-CO-CH_3 + 1\ HOOC-CH_2-CH_2-COOH$$

Schema 49. Abbau von Squalen

CORNFORTH und POPJÁK (*201*) ozonisieren das Squalen zuerst bei 0°C in Petroläther, dann in Eisessig, zunächst bei Raumtemperatur und zuletzt bei 70°C. Bei dieser Arbeitsweise wird Lävulinsäure jedoch teilweise zu Bernsteinsäure weiteroxydiert (*588*). Bis zu 20% der Bernsteinsäure können so aus der Lävulinsäure stammen (*561*). RILLING und BLOCH (*588*) haben das Verfahren modifiziert, um die sekundäre Oxydation der Lävulinsäure zu vermeiden.

Ozonspaltung von Squalen (*588*)

180 mg Squalen in 5 ml n-Hexan werden 3 Std bei 0°C ozonisiert (3proz. Ozonstrom). Danach gibt man 1 ml Eisessig zu, ozonisiert weitere 3 Std, setzt dann 0,2 ml 30proz. H_2O_2 zu, schüttelt 1 Std bei Raumtemperatur, gibt nochmals 0,2 ml H_2O_2 zu, schüttelt noch 1 Std und erwärmt schließlich mit 1 ml 30proz. H_2O_2 und 1,5 ml Wasser 3 Std am Rückflußkühler auf 70°C. Nach dem Abkühlen gibt man 3 ml Wasser zu, bringt die Lösung mit NaOH auf pH 5 und destilliert das Aceton im N_2-Strom in eine Vorlage mit Eiswasser ab. Die Restlösung wird mit 5 ml 2n H_2SO_4 angesäuert. Man zerstört in der Kälte das H_2O_2 durch Zugabe von festem Eisen-(II)-sulfat und extrahiert die Säuren 16 Std kontinuierlich mit Äther. Äther und Essigsäure werden im Vakuum abgedampft, aus dem Rückstand löst man die Lävulinsäure durch 3maliges Ausschütteln mit Chloroform heraus. Die zurückbleibende Bernsteinsäure wird aus Wasser, dann aus Chloroform/Äthanol umkristallisiert; Fp. 185 bis 187°C. Die Chloroform-Lösung der Lävulinsäure gibt man auf eine Säule (Suspension von 12 g Kieselsäure und 7,5 g H_2O in wassergesättigtem Chloroform, vgl. 1.70). Eluiert wird mit 100 ml Chloroform, dann mit Chloroform + 5% n-Butanol. Lävulinsäure erscheint in den letzten 40 ml des ersten und in den ersten 10 ml des zweiten Elutionsmittels. Zur Herstellung des 2,4-Dinitrophenylhydrazons fügt man 2,4-Dinitrophenylhydrazin-Lösung zu (200 mg in 1 ml konzentrierter H_2SO_4, 1,5 ml H_2O und 10 ml 50proz. H_3PO_4, 3 mg des Hydrazins je mg Lävulinsäure). Nach 15 min wird mit dem gleichen Volumen Wasser gefällt, der Niederschlag abzentrifugiert und mit Wasser gewaschen. Man löst nochmal in gesättigter Bicarbonat-Lösung, zentrifugiert ab und fällt aus dem Überstand das Dinitrophenylhydrazon mit Säure. Umkristallisation aus $CHCl_3$ oder Essigester folgen; Fp. 205 bis 209°C.

POPJÁK et al. haben (*561*) diesen Abbau in einen sehr kleinen Maßstab übertragen. Ihre Technik erlaubt den Abbau von 10 bis 12 mg Squalen; dabei werden 1,5 bis 2,5 mg Bernsteinsäure erhalten. Diese Arbeitsweise wurde auch zum Abbau von deuteriertem und tritiertem Squalen verwendet (*195, 561*). CHILDS und BLOCH (*182*) dagegen benutzten zum Abbau Wasserstoff-markierten Squalens, um die Gefahr eines Austausches zu vermindern, eine reduktive Aufarbeitung. Sie reduzierten das Ozonid mit $LiAlH_4$ und erhielten so Isopropanol, Butandiol-(1,4) und Pentandiol-(1,4).

Ein interessantes Verfahren zur Ermittlung der sterischen Anordnung von Wasserstoff-Isotopen an den mittleren 2 C-Atomen des Squalens haben SAMUELSSON und GOODMAN (*617, 618*) angegeben. Das Squalen wurde mit Mikrosomen aus Rattenleber in Cholesterin umgewandelt. Die beiden zentralen C-Atome des Squalens erscheinen im Cholesterin als C-11 und C-12. Das Cholesterin wurde nun einer Ratte appliziert und danach aus einer Gallenfistel der Gallensaft aufgefangen und aus ihm die Cholsäure isoliert. Bei dieser Umwandlung des Cholesterins in Cholsäure wird der Wasserstoff in der 12α-Stellung des Cholesterins durch Hydroxylierung eliminiert. Die Cholsäure wurde dann verestert und in den Stellungen 3 und 7 acetyliert. Oxydation mit Chromsäure in Pyridin überführt die 12α-OH-Gruppe in die Keto-Gruppe, wobei der 12β-Wasserstoff ausgebaut wird. Bei der anschließenden Behandlung mit Alkali werden über die Enolform auch die Wasserstoffe an C-11 ausgetauscht. Der Tritium-Ausbau bei den einzelnen Reaktionsschritten wurde mit Hilfe einer ^{14}C-Vergleichsmarkierung verfolgt.

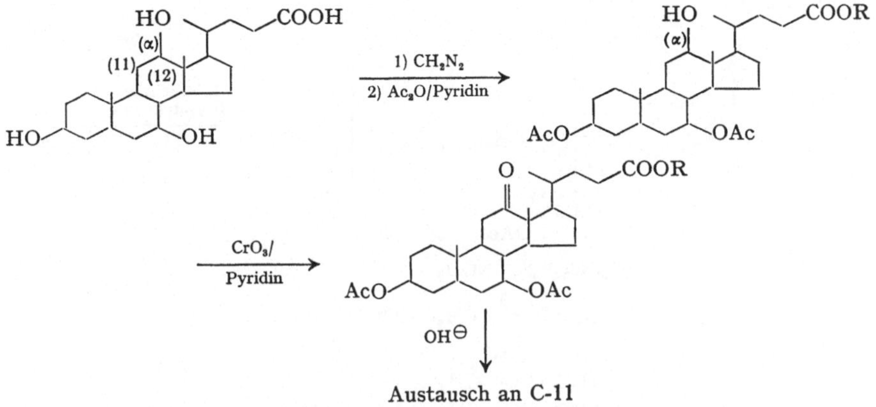

Austausch an C-11

Ebenfalls durch Ozonisieren wurde biosynthetisch markierter Kautschuk abgebaut (*352, 543*). Als Hauptreaktionsprodukt erhält man Lävulinsäure, daneben aus der Endgruppe Aceton.

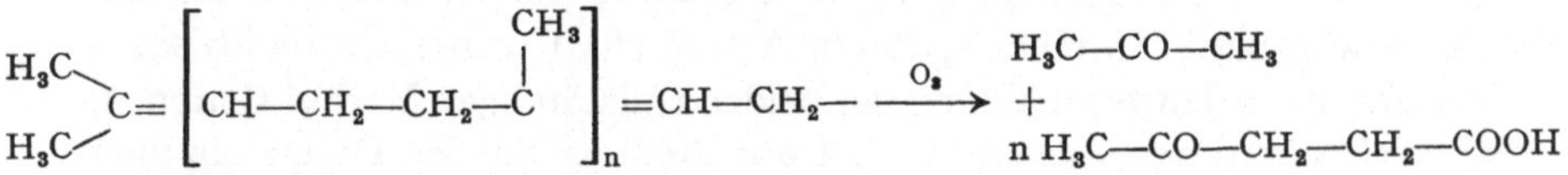

Die Arbeitsweise ist praktisch die gleiche wie bei der Ozonisierung des Squalens.

ZABIN (*797*) hat Lycopin der Ozonspaltung unterworfen. Als Produkte wurden isoliert: Lävulinsäure (C-Atome 2, 3, 4, 5, 5a), Aceton 1, 1a, 1a), Essigsäure (9, 9a, 13, 13a) und Ameisensäure (6, 7, 8, 10, 11, 12, 14, 15) (vgl. Schema 50).

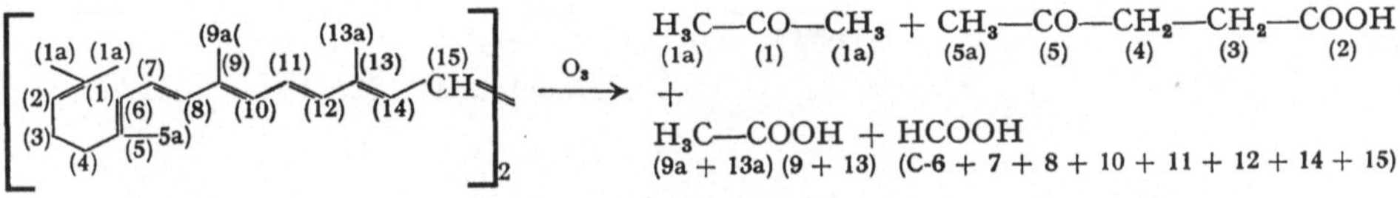

Schema 50. Abbau von Lycopin

Diese Zuordnung ist von GOODWIN (*138*) auf Grund abweichender Abbauergebnisse kritisiert worden. Die Ameisensäure stammt wahrscheinlich nicht ausschließlich aus den angegebenen C-Atomen [vgl. dazu (*560*)]. Bei der Oxydation des Lycopins mit Permanganat/Soda nach der Methode von KARRER et al. (*390*) erhält man Essigsäure, die überwiegend aus den C-Atomen 9, 9a und 13, 13a stammen dürfte (*138*).

Ubichinon (Coenzym Q) wurde nach Reduktion des Chinons zum Hydrochinon und Acetylierung mit Ozon zu Lävulinaldehyd, Aceton und einer substituierten Phenylessigsäure abgebaut (*72, 300, 544*) (vgl. Schema 51).

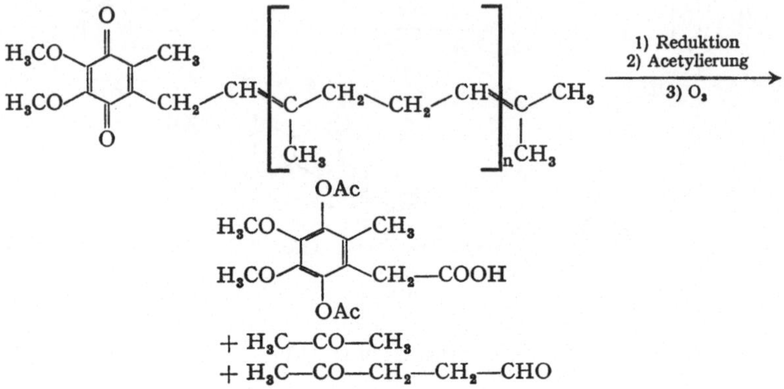

Schema 51. Abbau von Ubichinon

BIRCH et al. (*97*) haben das aus Mycelianamid erhaltene Methyl-geraniolen durch Ozonspaltung zu Lävulinsäure, Aceton und Acetal-dehyd abgebaut. In einer späteren Arbeit (*103*) wurde ein biologisches Verfahren zur Unterscheidung der beiden endständigen Methyl-Gruppen, die sich nur durch die cis- bzw. trans-Stellung an der Doppelbindung unterscheiden, angegeben. Bei der Verfütterung des Methylgeraniolens an Ratten wird nur die trans-ständige Methyl-Gruppe zur Carboxyl-Gruppe oxydiert. Man erhält HILDEBRANDTs Säure, die nach SCHMIDT decarboxyliert werden kann.

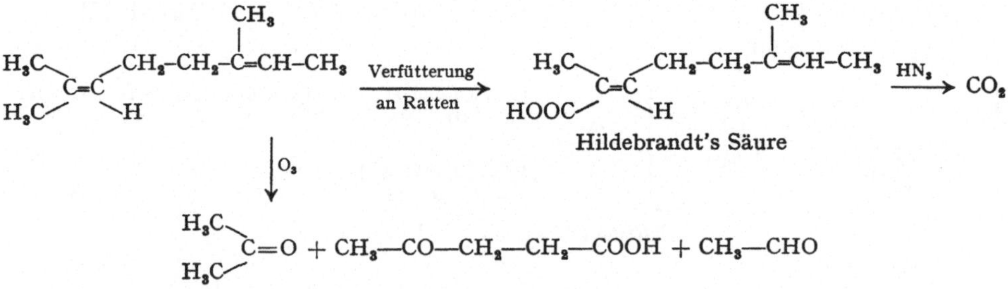

Hildebrandt's Säure

8.11. Cyclische Isoprenoide

ROBERTS et al. (*592*) haben Norborneol mit Permanganat zur Cyclopentan-1,3-dicarbonsäure oxydiert, die nach SCHMIDT decarboxyliert wurde. Permanganatoxydation des Diamins führte zur Bernsteinsäure.

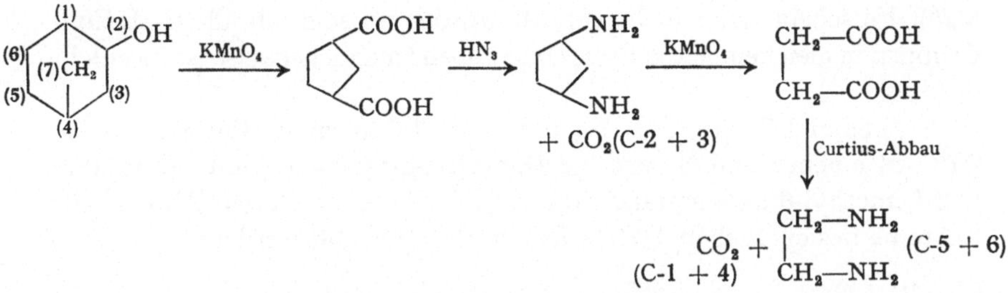

Schema 52. Abbau von Norborneol

C-8 des Camphens wurde nach Ozonisierung als Formaldehyd isoliert
(599, 737). Die Umsetzung mit NO_2 führt unter Abspaltung von C-8 zum
Camphenilon.

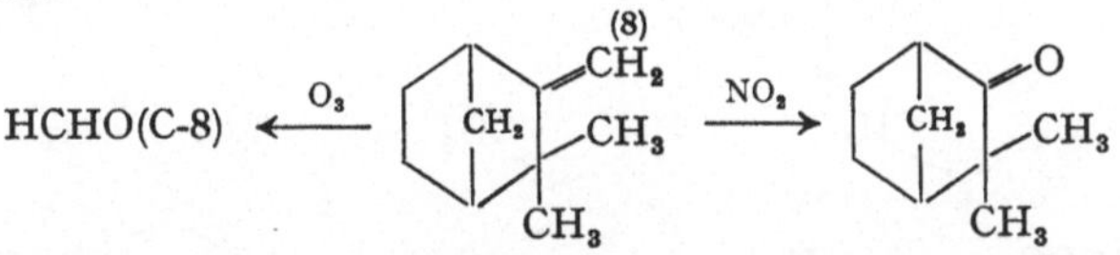

SANDERMANN et al. haben eine Reihe cyclischer Terpene abgebaut.
Aus Limonen (619) und Longifolen (620) wurde der Methylen-kohlenstoff
durch Ozonisierung und hydrierende Spaltung des Ozonids als Formaldehyd isoliert. α-Pinen ist mit Permanganat zur Norpinsäure oxydiert
(621) worden.

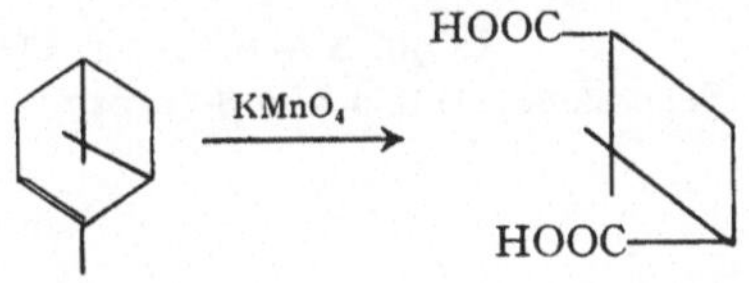

Thujon wurde zu 2-Methyl-heptandion-(3,6) abgebaut (622).

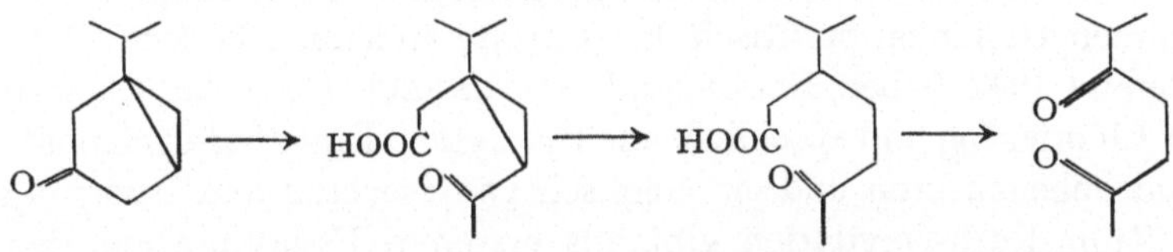

Einen umfassenden Abbau des β-Carotins haben GROB und BÜTLER
angegeben (325—327). Bei der Oxydation des in Benzol gelösten Carotins
mit einer wäßrigen Lösung von Permanganat und Soda, erhält man aus
den Ringen ein Gemisch von α, α-Dimethyl-carbonsäuren (vgl. Schema 53).
Die Säuren wurden papierchromatographisch getrennt und einzeln mit
Hilfe der Schmidt-Reaktion abgebaut (327). Bei der Permanganat-
oxydation erhält man ferner aus den C-Methyl-Gruppen der Kette (325)
Essigsäure. Oxydiert man mit Chromsäure in Phosphorsäure, so liefert
auch noch die Methyl-Gruppe in der 5-Stellung des Ringes Essigsäure

(*326*). Es scheint aber nicht geprüft worden zu sein, ob alle C-Methyl-Gruppen in gleichem Maße Essigsäure geben; möglicherweise ist das nicht der Fall.

STEELE und GURIN (*695*) oxydieren das β-Carotin mit Chromsäure bei 20°C zu einem Gemisch von 2,2-Dimethyl-glutarsäure und Geronsäure (2,2-Dimethyl-6-oxo-heptansäure), durch deren weiteren Abbau alle C-Atome des cyclischen Teilstücks einzeln bestimmt werden.

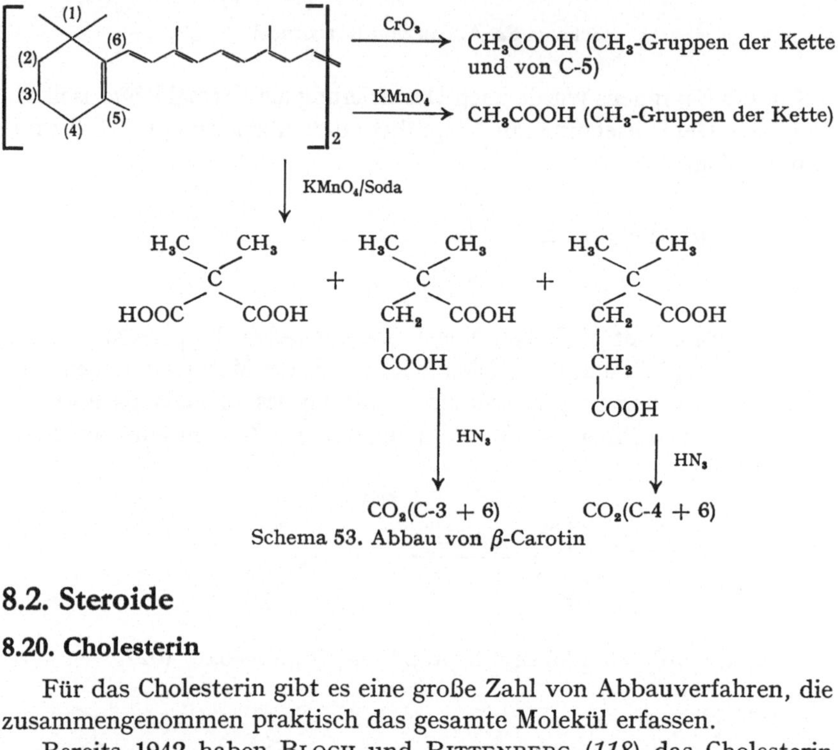

Schema 53. Abbau von β-Carotin

8.2. Steroide

8.20. Cholesterin

Für das Cholesterin gibt es eine große Zahl von Abbauverfahren, die zusammengenommen praktisch das gesamte Molekül erfassen.

Bereits 1942 haben BLOCH und RITTENBERG (*118*) das Cholesterin durch Chlorierung und anschließende Pyrolyse in Dimethyl-cyclopenteno-perhydrophenanthren und ein Gemisch von Isooctan und Isoocten zerlegt. Kuhn-Roth-Oxydation gibt aus ersterem Essigsäure aus den C-Atomen 19/10 und 18/17 (*474, 798*) (vgl. Schema 54).

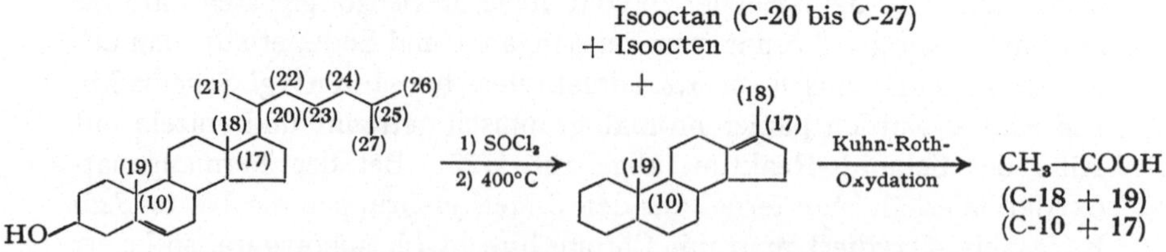

Schema 54. Abbau von Cholesterin nach BLOCH und RITTENBERG

Einen vollständigen Abbau der Cholesterin-Seitenkette beschreiben
WÜRSCH et al. (*792*) (vgl. Schema 55).

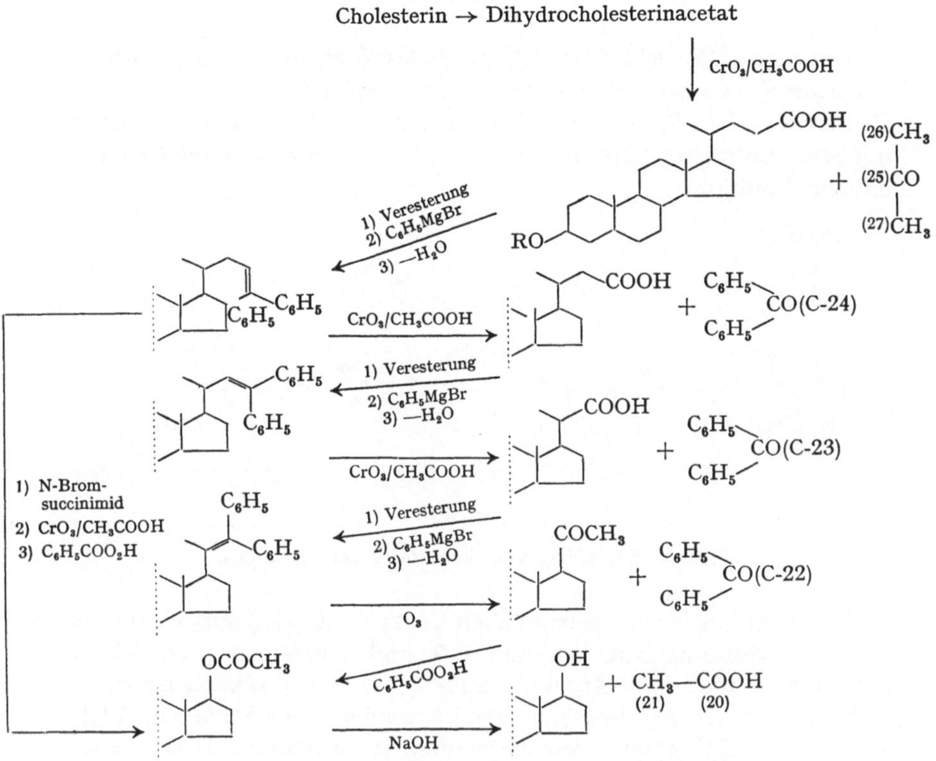

Cholesterin → Dihydrocholesterinacetat

Schema 55. Abbau der Seitenkette von Cholesterin

Zwei Verfahren zur Isolierung von C-7 haben BLOCH (*117*) und DAU-
BEN (*215*) beschrieben. BLOCH führt das Cholesterin über drei Stufen in

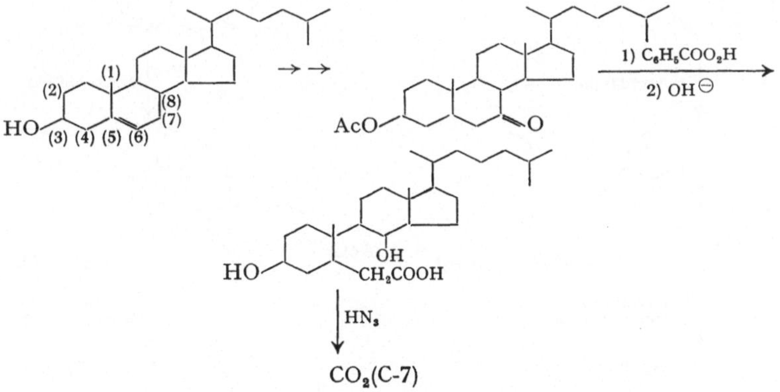

Schema 56. Abbau von Cholesterin nach BLOCH

7-Keto-cholestanylacetat über. Bei der Oxydation mit Benzoepersäure wird der Ring B zwischen C-7 und C-8 geöffnet und nach Verseifen des Lactons wird C-7 durch Schmidt-Reaktion als CO_2 erhalten (vgl. Schema 56).

DAUBEN (*215*) geht vom 7-Keto-cholest-5-en aus (in 3 Stufen aus Cholesterin), das bei der Ozonisierung und anschließender Wolff-Kishner-Reduktion 6-Nor-5,7-seco-7-carboxycholestan liefert. Decarboxylierung mit Stickstoffwasserstoffsäure gibt CO_2 aus C-7. Hier wird zusätzlich noch C-6 indirekt bestimmt.

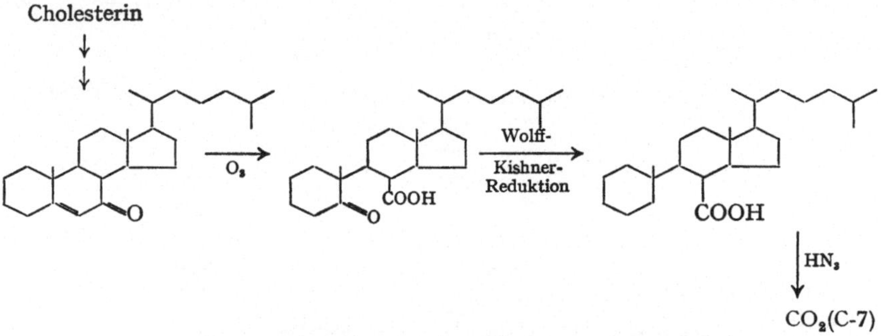

Schema 57. Abbau von Cholesterin nach DAUBEN

Nach dem gleichen Prinzip haben CASPI et al. (*172*), ausgehend vom 7-Keto-cholesterinacetat C-6 und C-7 und ausgehend vom 3-Keto-cholest-4-en, auch das C-3 und C-4 isoliert. C-4 bzw. C-6 können nach der Ozonisierung als Ameisensäure gefaßt werden. Die Stufe der Wolff-Kishner-Reduktion kann gespart werden, wenn man die Decarboxylierung durch anodische Oxydation vornimmt.

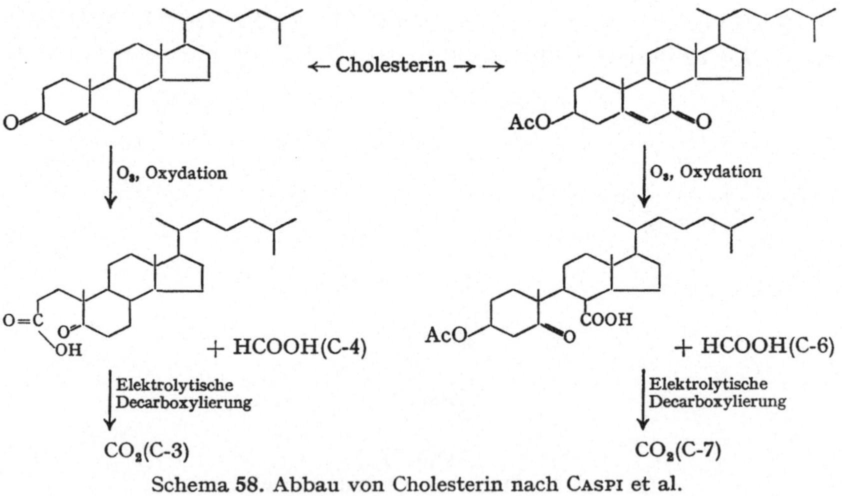

Schema 58. Abbau von Cholesterin nach CASPI et al.

Eine Reihe von Abbauwegen wurde von CORNFORTH et al. ausgearbeitet. Ausgehend von der 5,6-Seco-cholestan-5,7-dion-6-carbonsäure läßt sich durch thermische Decarboxylierung (C-6 als CO_2) und anschließendes kurzes Erhitzen des Aldehyds mit K_2CO_3 auf 450 bis 500°C der Ring A einschließlich der Methyl-Gruppe als Methylcyclohexanon abspalten (*200*). Letzteres wurde dann weiter abgebaut, wobei alle C-Atome einzeln erfaßbar sind (s. 8.01). Die als Ausgangsprodukt benötigte Ketosäure kann aus Cholesterin auf zwei Wegen erhalten werden; der im Schema 59 gezeigte Weg über das Cholest-5-en erwies sich als der günstigere.

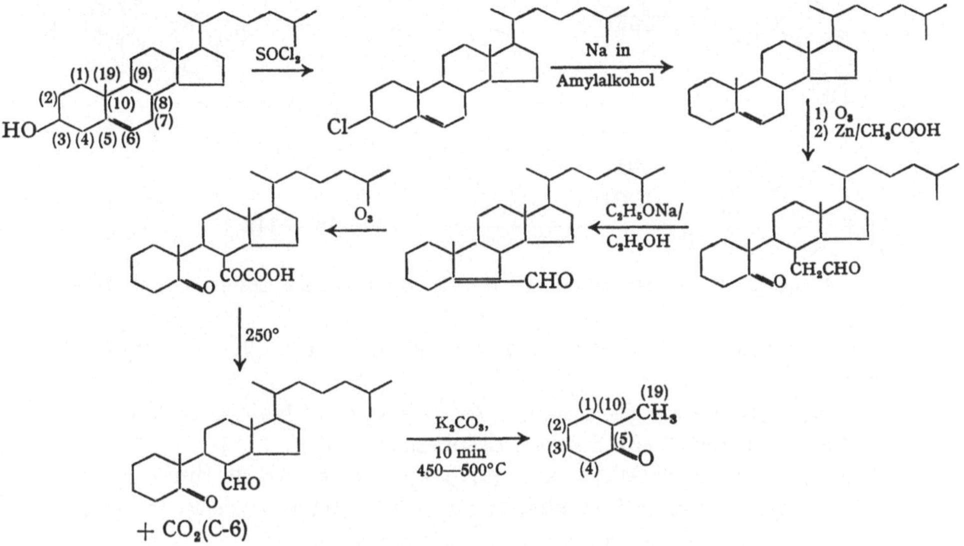

Schema 59. Abbau von Cholesterin nach CORNFORTH et al.

Nach dem gleichen Prinzip haben CORNFORTH et al. (*198*) die Seitenkette und die C-Atome 15, 16 und 17 des Ringes D isoliert. Hier war Cholest-14(15)-en-3β-ol das Ausgangsprodukt (vgl. Schema 60).

Durch den weiteren Abbau des aus den Ringen A, B und C erhaltenen Phenanthren-Derivates lassen sich noch einige C-Atome des Ringes C erfassen.

Beschrieben wurde schließlich noch eine vom Cholesta-7,9(11)-dien-3β-ol ausgehende Spaltung des Moleküls in der Mitte (*198*), bei der Ring A sowie Ring D mit Seitenkette intakt erhalten werden. Auf diese Weise lassen sich die C-Atome 8, 9 und 11 bestimmen (vgl. Schema 61).

Außer den bisher beschriebenen Verfahren, die überwiegend zur Bestimmung der ^{14}C-Verteilung dienen, sind auch Abbaureaktionen zur Ermittlung der Deuterium- bzw. Tritium-Verteilung im Cholesterin angegeben worden. Sie beruhen hauptsächlich auf Substitutions- und Oxy-

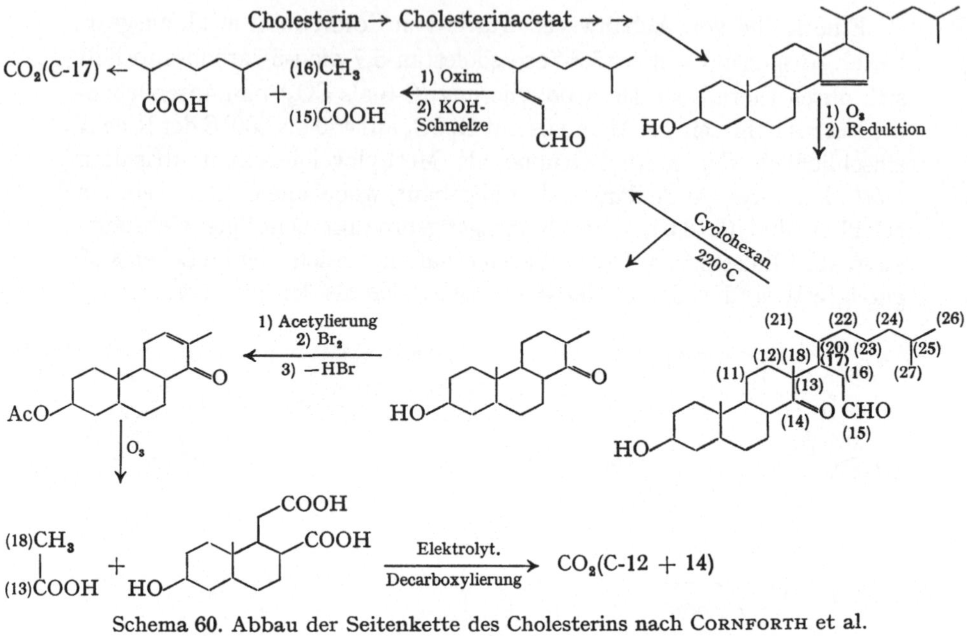

Schema 60. Abbau der Seitenkette des Cholesterins nach CORNFORTH et al.

dationsreaktionen, bei denen Wasserstoff ausgebaut oder ausgetauscht wird.

Eine Methode zur Bestimmung der Wasserstoff-Isotope an C-11 und C-12 wurde bereits beim Squalen besprochen (s. 8.10).

FUKUSHIMA und GALLAGHER (*276*) benutzten zur Bestimmung der Deuterium-Verteilung die Oxydation zu Cholestenon sowie zu Dehydro-

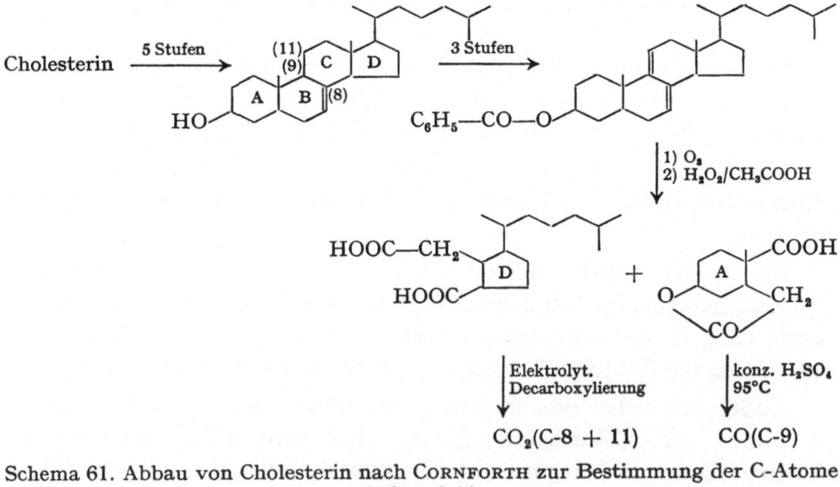

Schema 61. Abbau von Cholesterin nach CORNFORTH zur Bestimmung der C-Atome
8, 9 und 11

epi-androsteron, 3β-Hydroxy-16,17-seco-Δ^5-androsten-16,17-dicarbonsäure und 3β-Hydroxy-Δ^5-cholensäure. Eine ähnliche Reaktionsfolge geben SCHWENK und JOACHIM (648) bei der Bestimmung der intramolekularen Tritium-Verteilung in Wilzbach-markiertem Cholesterin an.

Den Isotopengehalt des Wasserstoffs an C-17 von Cholesterin bestimmten CORNFORTH et al. (196) durch enzymatische Überführung von Cholesterin in Pregnenolon und dessen weitere Oxydation zu einem 17-Keto-androstan-Derivat.

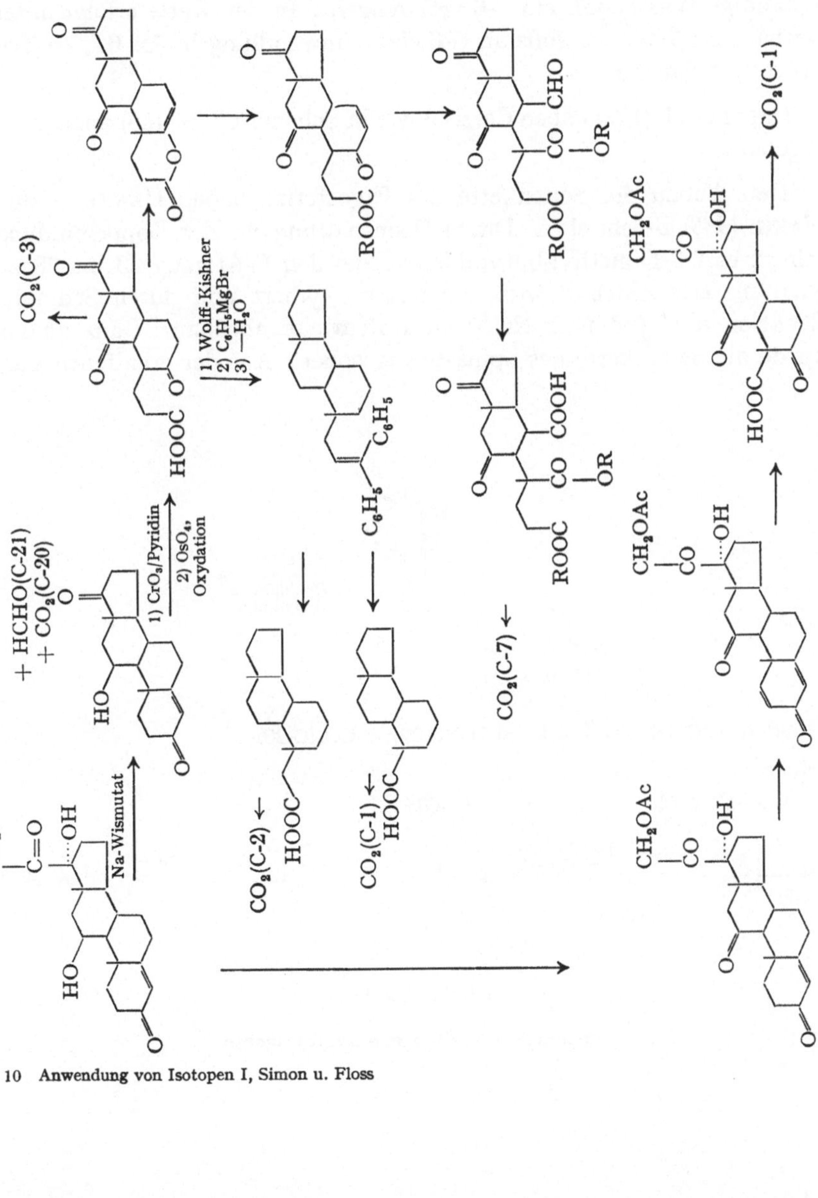

Schema 62. Abbau von Cortisol nach CASPI et al.

8.21. Übrige Steroide

Epi-Androsteron wurde durch Kuhn-Roth-Oxydation abgebaut. Die erhaltene Essigsäure stammt aus den C-Atomen 18, 19 und 10, 13 (*788*).

Die Radioaktivität der C-Atome 2 und 4 des Oestrons läßt sich durch Nitrierung zum 2- bzw. 4-Nitro-Derivat und anschließende Brompikrin-Spaltung (s. 7.01) bestimmen (*756*).

Cheno-desoxycholsäure erleidet im Organismus Umwandlungen, die zur Bestimmung der Wasserstoff-Isotope an C-6 dienen können (*616*). In der Schweineleber wird sie in myo-Cholsäure umgewandelt, wobei der α-ständige Wasserstoff am C-6 verlorengeht. In der Ratte erfolgt unter Ausbau des β-Wasserstoffs an C-6 eine Umwandlung in 3α, 6β, 7α-Tri-hydroxycholansäure.

CASPI et al. (*172*) haben Cortisol wie in Schema 62 (S. 145) angegeben abgebaut.

Den Abbau der Seitenkette des Ergosterins haben HANAHAN und WAKIL (*338*) beschrieben. Durch Ozonspaltung an der Doppelbindung gelingt es 2,3-Dimethyl-butyraldehyd aus den C-Atomen 23 bis 28 zu erhalten. Der Aldehyd wird zur Säure oxydiert und durch Schmidt-Reaktion und Jodoform-Reaktion stufenweise abgebaut. Ganz analog wurde die Seitenkette des Spinasterins isoliert. Aus der erhaltenen Car-

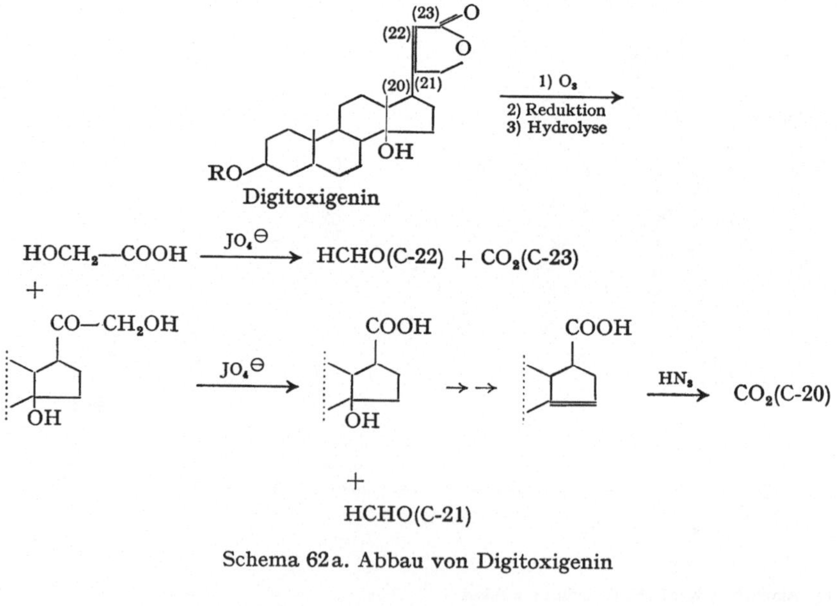

Schema 62a. Abbau von Digitoxigenin

bonsäure wird die Äthyl-Gruppe durch eine modifizierte Kuhn-Roth-Oxydation (s. 1.70) als Propionsäure abgespalten (*26*).

Umfassende Abbaureaktionen wurden für das Digitoxigenin ausgearbeitet. Die C-Atome des Lactonrings lassen sich durch Ozonisierung, Perjodat-Spaltung und Decarboxylierung mit Stickstoffwasserstoffsäure isolieren (*256, 454*) (vgl. Schema 62a).

Gros und Leete (*331*) haben darüber hinaus durch eine Reihe gezielter Reaktionen die C-Atome 1,7 und 15 aus dem Molekül herausgeschält.

9. Abbau heterocyclischer Ringe

9.0. Allgemeines

Einige der zum Abbau aromatischer Ringe verwendeten Verfahren lassen sich auch auf heterocyclische Verbindungen übertragen. Dies gilt besonders für die Kuhn-Roth-Oxydation von Verbindungen, die am Ring eine C-Methyl-Gruppe tragen (vgl. 7.04). Wie bei manchen Aromaten (z. B. m-Xylol) kann die Ausbeute an Essigsäure sehr niedrig sein. Dies gilt nicht für hydrierte Heterocyclen. Da sich vielfach Substituenten am Ring (z. B. Hydroxymethyl-, Aldehyd- und Carboxyl-Gruppen) in Methyl-Gruppen umwandeln lassen, hat das Verfahren eine größere Anwendungsbreite, als es auf den ersten Blick erscheinen mag (vgl. z. B. den Abbau der Nicotinsäure 9.2).

Die meisten Abbaumethoden beruhen jedoch auf der Anwesenheit eines Heteroatomes im Ring. Es gestattet häufig neue Möglichkeiten der Ringöffnung oder der Substitution (z. B. Hofmann-Abbau nach Quartärnierung von N-haltigen Heterocyclen oder Phenylierung von Pyridinen in α-Stellung usw.).

9.1. Pyrrol, Indol, Imidazol

Ein Beispiel für die Anwendung der Kuhn-Roth-Oxydation ist der Abbau von 2,3,4-Trimethyl-pyrrol (*24*), bei dem C-2, C-3 und C-4 als Carboxyl-Kohlenstoff der Essigsäure anfallen. Das C-5 kann als Differenz bestimmt werden. Das Alkaloid Stachydrin wurde von Leete et al. (*459*) zunächst einem Barbier-Wieland-Abbau (vgl. 2.13) unterworfen, wobei die Carboxyl-Gruppe als Benzophenon anfiel.

10*

Das außerdem gebildete N-Methyl-pyrrolidon-(2) wurde mit Phenyl-magnesiumbromid umgesetzt und gab bei der Permanganat-Oxydation C-2 als Benzoesäure.

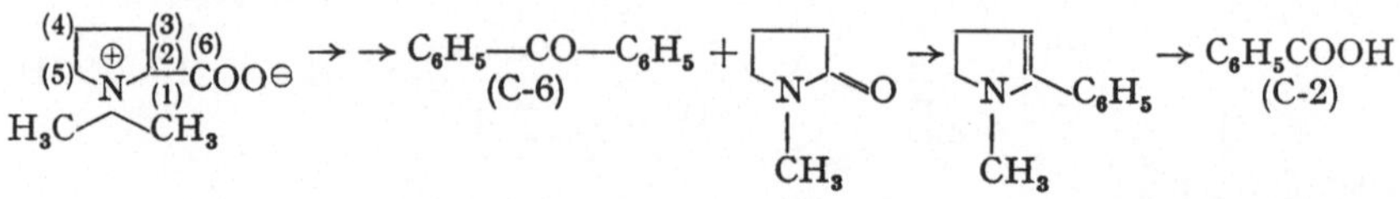

Auch der Pyrrolidin-Ring des Nicotins wurde zum α-Pyrrolidon oxydiert; anschließend folgte die hydrolytische Ringöffnung zu einer substituierten γ-Aminocarbonsäure (*427*). Zur Ringöffnung wurde auch der Hofmann-Abbau verwendet (*469*). Ein sehr gut ausgearbeiteter und detailliert beschriebener Abbau des Pyrrolidinrings des Nicotins stammt von RAPOPORT et al. (*469a*). Es werden alle C-Atome einzeln erfaßt. Das Verfahren wurde mit positionsmarkierten Verbindungen getestet.

Die Öffnung des Imidazol-Ringes des Histidins durch Umsetzung mit Benzoylchlorid in Sodalösung (*465*) wurde zuvor bereits erwähnt (s. 2.330).

Den Abbau des Pyrrol-Ringes im Indol haben LEETE et al. (*457*) beschrieben. Nach Benzoylierung am Stickstoff läßt sich das Indol mit Permanganat zur N-Benzoyl-anthranilsäure oxydieren.

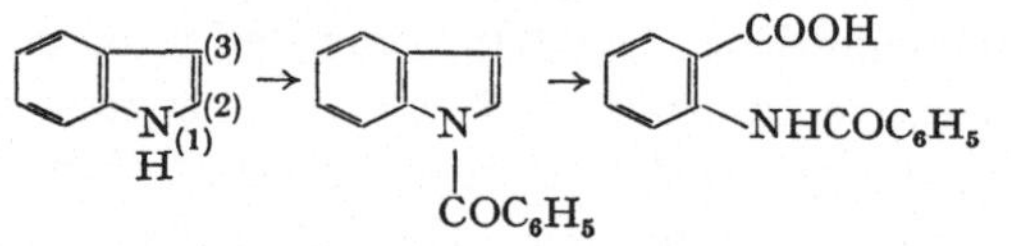

C-2 wird so indirekt bestimmt und C-3 kann durch Decarboxylierung erfaßt werden. Weitere Abbaureaktionen für den Indol-Ring wurden beim Tryptophan behandelt (s. 2.330).

9.2. Pyridin, Chinolin

Methoden zum Abbau des Pyridin-Rings wurden vor allem für die Nicotinsäure, das Nicotin und das Anabasin ausgearbeitet. Sie basieren im wesentlichen auf zwei Prinzipien, nämlich der Phenylierung in der α-Stellung oder der Oxydation in der α-Stellung zu einem Pyridon.

Durch Phenylierung des bei der Decarboxylierung von Nicotinsäure erhaltenen Pyridins und anschließende Permanganat-Oxydation wurden C-2 und C-6 der Nicotinsäure als Benzoesäure isoliert (*331a*). Die Phenylierung des Nicotins liefert das 2- und das 6-Phenyl-Derivat. Diese werden getrennt und ergeben nach Methylierung am Stickstoff, Oxydation mit Kaliumcyanoferrat-(III) zum Pyridon und Behandlung mit CrO_3 Benzoesäure, deren Carboxyl-Gruppe aus C-2 bzw. C-6 stammt (*310*).

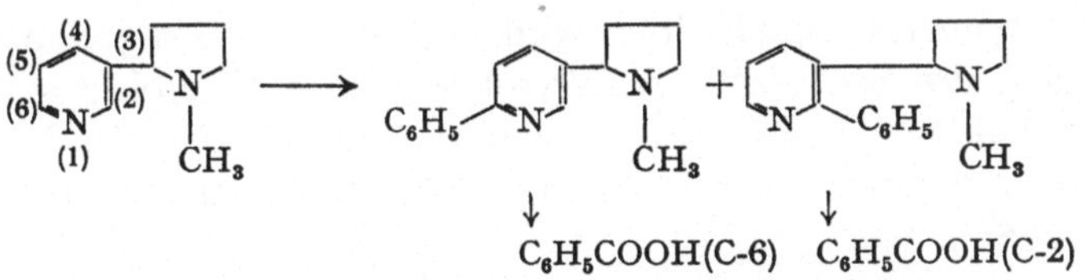

Schema 63. Abbau von Nicotin über Phenyl-Derivate

Die Oxydation von Nicotinsäureamid zum entsprechenden α-Pyridon wurde zur Bestimmung des Deuterium- bzw. Tritium-Gehaltes der Positionen 2 und 6 des Pyridin-Ringes von Nicotinsäureamid-adenindinucleotid (*568*) und Nicotin (*225*) benutzt. Man quartärniert das beim Abbau anfallende Nicotinsäure-amid mit Methyljodid und oxydiert danach mit alkalischem Kaliumferricyanid (*567*). Das Gemisch der 2- und 6-Pyridon-Derivate kann durch Extraktion mit Chloroform getrennt werden, da das 6-Isomere sehr schwer löslich ist (vgl. Schema 64).

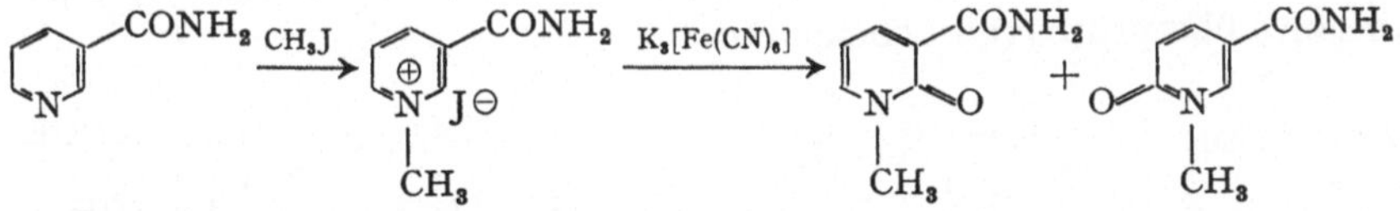

Schema 64. Bestimmung von Tritium bzw. Deuterium an C-2 und C-6 des Nicotinsäureamids

Neben diesen Reaktionen zum partiellen Abbau wurden in den letzten Jahren Verfahren zum vollständigen Abbau der Nicotinsäure entwickelt. Sie erlauben die Einzelbestimmung aller C-Atome.

Ein Verfahren leitet sich aus der zuletzt erwähnten Reaktionsfolge ab (*185*). Die beiden Pyridon-carboxamide lassen sich durch Hydrolyse und Decarboxylierung in das N-Methyl-pyridon-(2) überführen, das zum

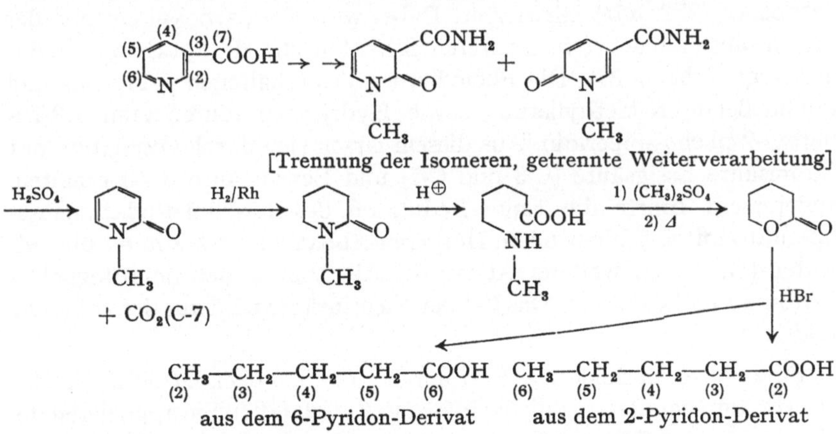

[Trennung der Isomeren, getrennte Weiterverarbeitung]

CH_3—CH_2—CH_2—CH_2—$COOH$ CH_3—CH_2—CH_2—CH_2—$COOH$
(2)   (3)   (4)   (5)   (6)   (6)   (5)   (4)   (3)   (2)

aus dem 6-Pyridon-Derivat   aus dem 2-Pyridon-Derivat

Schema 65. Abbau von Nicotinsäure über 2- bzw. 6-Pyridoncarboxamid

N-Methyl-piperidon-(2) hydriert wird. Hydrolytische Ringöffnung, Quartärnierung des Stickstoffs und Pyrolyse gibt ω-Valerolacton, das mit HBr zu Valeriansäure umgesetzt wird, die alle C-Atome des Ringes enthält und stufenweise nach SCHMIDT (s. 2.10) abgebaut werden kann (vgl. Schema 65).

Da durch die getrennte Verarbeitung der beiden Pyridoncarboxamide zwei Valeriansäuren anfallen, die die Isotopenverteilung des Ringes quasi spiegelbildlich wiedergeben, braucht der Abbau der Valeriansäure nur über zwei bzw. drei Stufen durchgeführt zu werden.

Im Prinzip ähnlich verläuft der von FLEEKER und BYERRUM entwickelte Abbau der Nicotinsäure (262). Diese Autoren vermeiden jedoch die unspezifische Oxydation zum Pyridon und verwenden stattdessen eine Reaktionsfolge, bei der der Sauerstoff nur in die 2-Stellung der Nicotinsäure eingeführt wird. Sie erhalten letztlich ω-Amino-valeriansäure, die mit Hilfe der Varrentrap-Reaktion (s. 2.14) in Propionsäure und Essigsäure zerlegt wird. Der Abbau wurde mit positionsmarkierter Nicotinsäure überprüft (vgl. Schema 66).

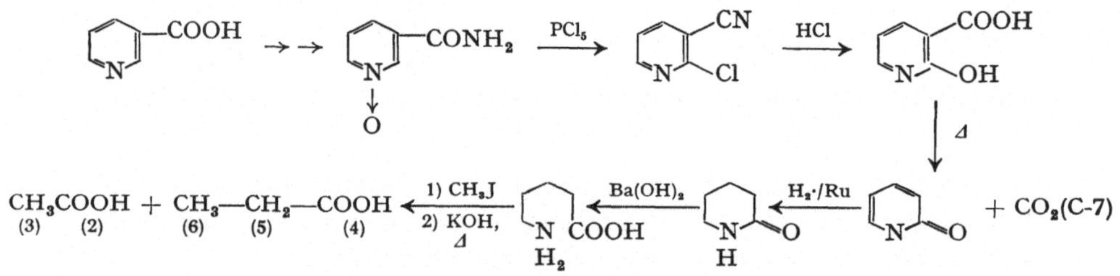

Schema 66. Abbau von Nicotinsäure über 2-Pyridon und ω-Amino-valeriansäure

Ein drittes Verfahren zum Abbau der Nicotinsäure haben LEETE und FRIEDMAN (272, 451) entwickelt. Dabei wird die Carboxyl-Gruppe der Nicotinsäure zunächst in mehreren Schritten zur Methyl-Gruppe reduziert (vgl. Schema 67). Die Phenylierung des erhaltenen β-Picolins und anschließende N-Methylierung sowie Hydrierung führen zum 1,3-Dimethyl-2-phenyl-piperidin. Aus diesem lassen sich durch Oxydation mit Chromsäure Essigsäure (C-3 und C-7) und Benzoesäure (C-2) erhalten. Andererseits führte die Emde-Reduktion des 1,3-Dimethyl-2-phenyl-piperidins mit anschließendem Hofmann-Abbau zum 4-Methyl-5-phenyl-penten-(1), dessen weiterer Abbau die Abtrennung der ursprünglichen C-Atome 5 und 6 erlaubt. Das C-4 der Nicotinsäure wird aus der Differenz bestimmt.

Eine vierte Methode zur Bestimmung der Isotopenverteilung in der Nicotinsäure benutzen schließlich WALLER et al. (793). Sie applizieren die Nicotinsäure an Ricinuspflanzen, isolieren das aus ihr gebildete Ricinin und bauen dieses im wesentlichen nach dem Verfahren von SCHIEDT (s. weiter unten) ab.

$$\text{Schema 67. Abbau von Nicotinsäure über } \beta\text{-Picolin}$$

Für das α-Pyridon-Derivat Ricinin wurden mehrere Abbaureaktionen beschrieben. Durch Ozonisierung und anschließende Oxydation mit Wasserstoffperoxyd läßt sich der Ring zu CO_2, Oxalsäuremethylester und Oxalsäuremethylamid (713) aufspalten.

MARION et al. (254, 384) spalten zunächst mit Schwefelsäure die Nitrilgruppe ab. Von dem erhaltenen N-Methyl-4-methoxypyridon und von 5-Nitroricinin ausgehend, lassen sich durch eine Reihe von Einzelreaktionen alle C-Atome des Ricinins bestimmen (vgl. Schema 68).

SCHIEDT et al. (631) beschreiben die Isolierung der C-Atome 4, 5 und 6 des Ricinins als N-Methyl-β-alanin (vgl. Schema 69).

Der Pyridin-Ring des Chinolins läßt sich mit Phenyllithium in der 2-Stellung phenylieren, und ebenso wie beim Pyridin erhält man nach Quartärnierung des Stickstoffs bei der Oxydation mit Permanganat Benzoesäure aus C-2. Davon haben KOWANKO und LEETE (414) beim Abbau des 6-Methoxychinolins Gebrauch gemacht. Chinolin selbst, und besonders im Benzolring substituierte Chinoline, geben bei der Permanganat-Oxydation Chinolinsäure, die stufenweise über Nicotinsäure zum Pyridin decarboxyliert werden kann. Auf diese Weise lassen sich die C-Atome 5 und 8

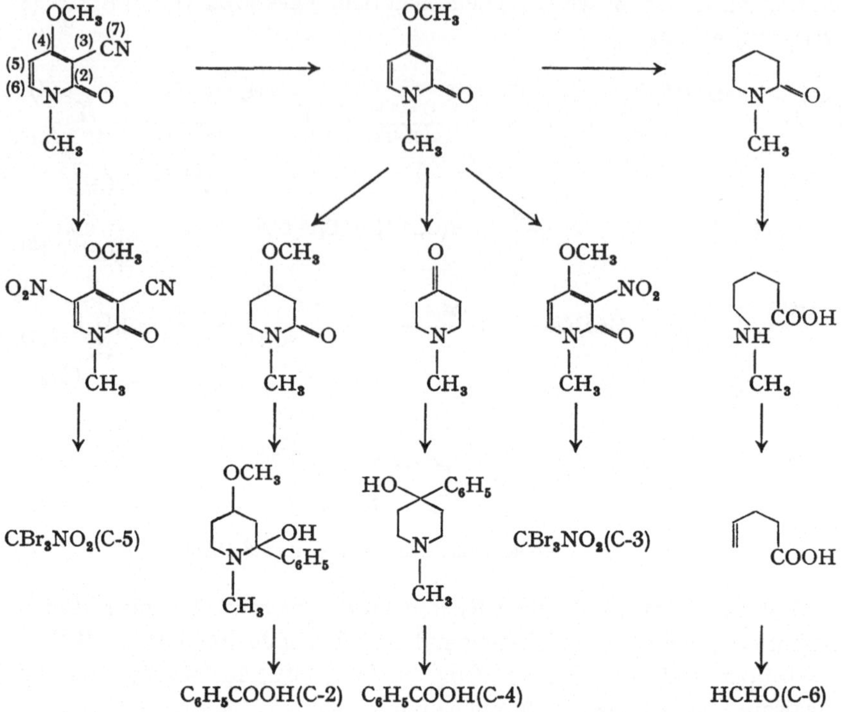

CBr₃NO₂(C-5)

CBr₃NO₂(C-3)

C₆H₅COOH(C-2)   C₆H₅COOH(C-4)   HCHO(C-6)

Schema 68. Abbau des Ricinins über 5-Nitroricinin und N-Methyl-4-methoxypyridon

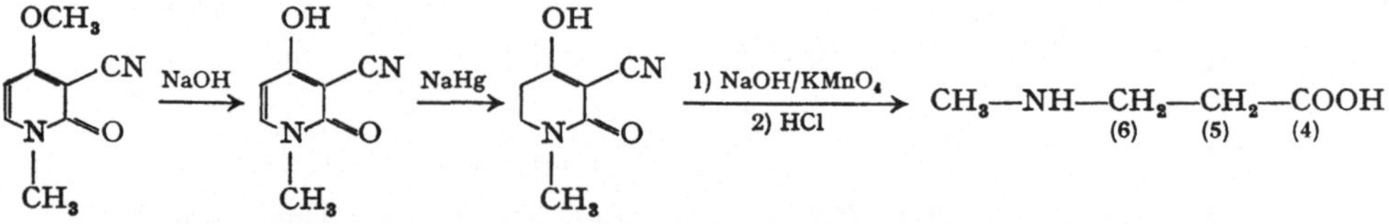

CH₃—NH—CH₂—CH₂—COOH

Schema 69. Abbau des Ricinins

unterscheiden (*573, 699*). Ist jedoch der Pyridin-Ring substituiert (z. B.
durch Chlor in der 3-Stellung), so wird bei der Oxydation zum Teil auch
dieser Ring angegriffen, und man erhält neben einer substituierten Chinolinsäure die N-Oxalyl-anthranilsäure, deren weiterer Abbau die Bestimmung der C-Atome des Pyridin-Ringes erlaubt (*345, 572*).

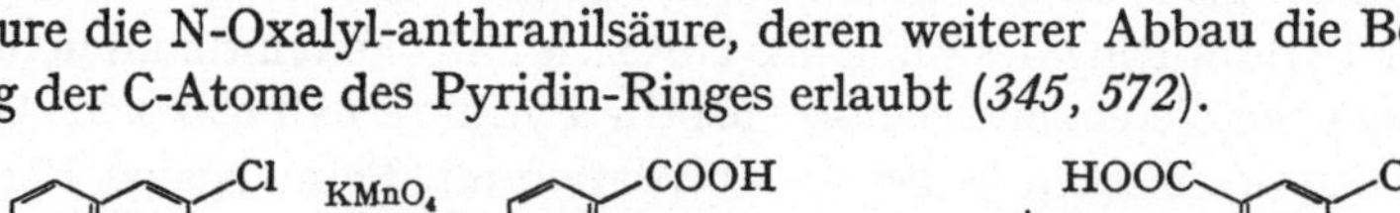

Ist der aromatische Charakter des Pyridin-Rings sehr geschwächt
(z. B. im 4-Hydroxychinolin), so kann die Oxalylanthranilsäure das ein-
zige faßbare Reaktionsprodukt sein. Bei der Oxydation der Kynuren-
säure wird die Carboxyl-Gruppe eliminiert (*345*).

Eine Reihe von 2-Alkyl-4-hydroxychinolin-N-oxyden konnte durch Ozonspaltung in Anthranilsäure, CO_2 und Alkylcarbonsäure zerlegt werden (*487*).

Über weitere Verfahren zum Abbau des Chinolin, z. B. durch die Brompikrin-Reaktion oder die Substitution des Benzolringes zur Erleichterung der Oxydation zu Chinolinsäure, siehe den Abbau des Tryptophans (2.330).

9.3. Cyclische Harnstoff-Derivate, Pyrimidine

Hydantoin liefert bei der alkalischen Hydrolyse Glycin aus C-4, C-5 und N-1, das mit Ninhydrin zerlegt werden kann (*210*).

Für den Abbau von Uracil wurden mehrere Verfahren ausgearbeitet. C-2 kann nach Oxydation mit Permanganat als Harnstoff isoliert werden (*425*).

LAGERKVIST (*424*) nitrierte das Uracil zunächst in der 5-Stellung und oxydierte dann zu Harnstoff, Oxalsäure und CO_2. Die Annahme, daß die Oxalsäure nur aus den C-Atomen 4 und 5 stammt, erwies sich als unzutreffend (*425*). Auch bei der von HEINRICH und WILSON (*346*) angegebenen Oxydation des Uracils zu Oxalylharnstoff ist die Herkunft der Oxalsäure fraglich (*245, 346*).

Ein Verfahren zur einwandfreien Erfassung aller C-Atome des Uracils, hat schließlich LAGERKVIST (*425*) ausgearbeitet. Das Uracil wird zunächst hydriert und dann mit Salzsäure zu β-Alanin hydrolysiert. Über dessen weiteren Abbau s. 2.331.

Dieser Abbau wurde mit positionsmarkiertem Uracil überprüft. Er gestattet auch die Trennung der beiden Stickstoff-Atome, da nur N-1 im β-Alanin erscheint. N-3 kann als Differenz bestimmt werden.

Isolierung von C-2 des Uracils als CO_2

0,1 bis 0,15 mMol Uracil werden unter Erwärmen in 3 ml Wasser gelöst. Nach Abkühlen auf Raumtemperatur gibt man tropfenweise 5proz. $KMnO_4$-Lösung zu, bis die Violettfärbung gerade bestehen bleibt. Ab und zu wird ein Tropfen 0,1n H_2SO_4 zugegeben, um die Fällung des MnO_2 zu erleichtern. Ein Überschuß an $KMnO_4$ wird mit H_2O_2 zerstört, der Niederschlag abzentrifugiert und 2mal mit Wasser gewaschen. Lösung und Waschwasser werden vereinigt und mit 1 ml 5n NaOH 15 min auf dem siedenden Wasserbad hydrolysiert. Danach neutralisiert man mit 5n H_2SO_4 gegen Phenolrot, gibt weitere 0,5 ml H_2SO_4 zu und leitet 5 min einen kräftigen Luftstrom durch die Lösung. Nach Neutralisation mit CO_2-freier 5n NaOH inkubiert man 30 min bei 42°C mit Urease, säuert mit 5n H_2SO_4 an, und treibt das CO_2 mit einem Luftstrom unter Erhitzen auf 100°C in eine Absorptionsfalle über; Ausbeute an $BaCO_3$ 75%.

Abbau von Uracil zu β-Alanin

0,8 bis 1 mMol Uracil werden in 10 ml einer frisch bereiteten 0,5proz. Gummiarabicum-Lösung unter Erwärmen gelöst. Dazu gibt man 0,2 ml 10proz. Hexachloroplatinsäure-Lösung und hydriert 24 Std bei 75°C und 2,5 Atmosphären. Die Lösung wird im Vakuum zur Trockne eingedampft, der Rückstand in 5 ml konzentrierter HCl gelöst und 24 Std im Bombenrohr bei 170°C hydrolysiert. Der Inhalt des Bombenrohrs wird zentrifugiert und der Niederschlag 2mal mit wenigen ml Wasser gewaschen. Lösung und Waschwasser werden im Vakuum zur Trockne eingedampft, der Rückstand in 3 + 1 + 1 ml 2n HCl aufgenommen und auf eine Dowex 50-Säule (200 × 10 mm) gegeben. Das β-Alanin wird mit 2n HCl eluiert, es erscheint zusammen mit Ammoniak nach einem Elutionsvolumen von etwa 20 ml. Der Nachweis geschieht mit Ninhydrin. Im Vakuum werden die β-Alanin-Fraktionen mehrfach zur Trockne eingedampft, um die Salzsäure zu entfernen; Ausbeute 60 bis 70%. Anschließend kann der weitere Abbau folgen (vgl. 2.331).

Eine Methode zur Trennung der beiden Stickstoffe von Pyrimidinribosiden stammt ebenfalls von Lagerkvist (423).Die Trennung von Methylamin und Ammoniak erfolgt chromatographisch (Schema 69a). Reaktionen zur Bestimmung von Tritium an C-5 gibt Fink (258) an.

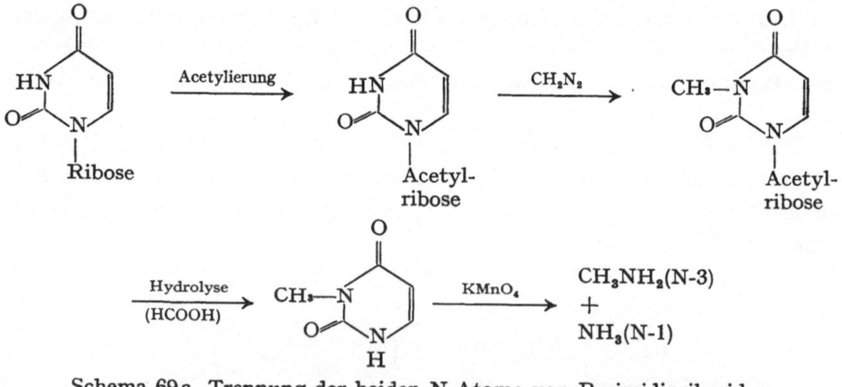

Schema 69a. Trennung der beiden N-Atome von Pyrimidinribosiden

Cytosin kann leicht zu Uracil desaminiert werden. Man arbeitet analog der Desaminierung von Guanin zu Xanthin, S. 155. Zur Bestimmung des ^{15}N-Gehaltes im Amino-stickstoff ist die Reaktion jedoch ungeeignet, da auch ein Teil des Ringstickstoffs im Stickstoffgas erscheint (*754*). Dagegen läßt sich die Amino-Gruppe ohne Isotopenverschmierung durch Hydrierung als Ammoniak erhalten (*754*).

Orotsäure kann nach dem Verfahren von LAGERKVIST (*425*), S. 153, abgebaut werden; anstelle von β-Alanin erhält man Asparaginsäure (*410*).

Thymin addiert leicht Hypobromit zum 5-Brom-6-hydroxy-dihydrothymin (vgl. Schema 70). Dessen Hydrolyse mit Ba(OH)$_2$ liefert BaCO$_3$ aus C-4. Bei der Spaltung mit wäßrigem Natriumbicarbonat erhält man Harnstoff (C-2) und Acetol (C-5, C-6 und C-7) (*255, 410*).

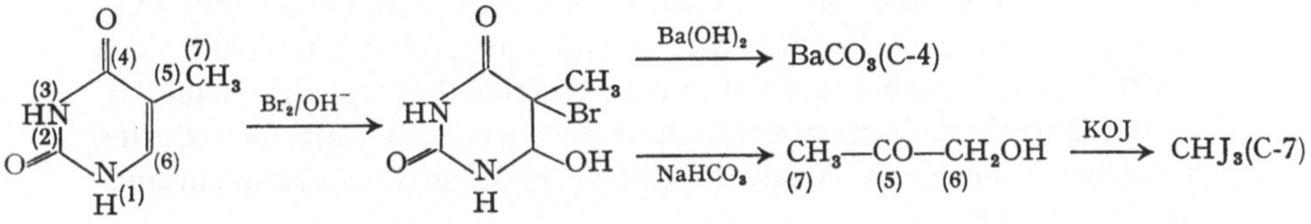

Schema 70. Abbau von Thymin

Isolierung von C-7 des Thymins als Jodoform

Zur Suspension von 60 mg Thymin in 0,6 ml Wasser gibt man 0,03 ml Brom, schüttelt bis zur vollständigen Lösung und treibt den Überschuß Brom im Luftstrom aus. Zur Hydrolyse fügt man 25 ml 1 n NaHCO$_3$ zu und erhitzt 1 Std unter Stickstoff auf dem siedenden Wasserbad. Nach dem Abkühlen wird durch Zentrifugieren geklärt, mit 3 ml KJ · J$_2$-Lösung (300 mg J$_2$, 600 mg KJ) und 5 ml 10proz. NaOH versetzt und unter häufigem Umschütteln 30 min stehengelassen. Das Jodoform wird abzentrifugiert, 3 mal mit Wasser gewaschen und aus wäßrigem Methanol umkristallisiert; Ausbeute etwa 60 mg.

9.4. Purine, Pterine

9.40. Purine

Durch oxydative Desaminierung lassen sich Guanin in Xanthin (*35, 255, 558*) und Adenin in Hypoxanthin (*35*) überführen. Diese können mit Xanthinoxydase zu Harnsäure oxydiert werden (*387*), so daß alle diese Purine auf einem einheitlichen Wege über Harnsäure abgebaut werden können.

Xanthin aus Guanin

500 mg Guaninsulfat in 8 ml 2,5 n H$_2$SO$_4$ werden bei 70 bis 80°C tropfenweise mit einer konzentrierten Lösung von 400 mg NaNO$_2$ versetzt. Das ausgefallene Xanthin wird in verdünnter NaOH gelöst und erneut mit HCl gefällt; Ausbeute 465 mg. Xanthin und Hypoxanthin lassen sich aus verdünnten Säuren umkristallisieren (*35*).

Harnsäure aus Hypoxanthin

5 mg Hypoxanthin werden in 300 ml Glycylglycin-Puffer pH 8 mit Xanthin-Oxydase (*193*) bei Raumtemperatur inkubiert. Man verfolgt den Verlauf der Reaktion an Hand der Extinktion bei 292 mμ. Nach Reaktionsende setzt man eine entsprechende Menge Harnsäure als Träger zu und fällt mit Säure. Zur Reinigung wird die Harnsäure unter Zusatz von wenig Piperidin in Wasser gelöst und mit verdünnter HCl wieder ausgefällt.

Für den Abbau der Harnsäure wurden zahlreiche Verfahren, sowohl zur Trennung der Kohlenstoff-, als auch der Stickstoffatome, angegeben. Es gibt Verfahren, die die Trennung der C-Atome 4, 5 und 6 erlauben und solche, bei denen die C-Atome 2 und 8 unterschieden werden können.

Die Hydrolyse der Harnsäure mit konzentrierter Salzsäure bei 175 bis 180°C liefert ebenso wie die von Adenin, Guanin, Xanthin und Hypoxanthin Glycin (*174, 426, 685*). Daneben entstehen Ammoniak und CO_2. CAVALIERI et al. (*174*) konnten zeigen, daß beim Abbau des Guanins das Glycin den C-Atomen 4 und 5 und dem N-Atom 7 entspricht. Beim Abbau der Harnsäure dagegen entstammt die Carboxyl-Gruppe des Glycins zu gleichen Teilen den C-Atomen 4 und 6 (*210*). Das Glycin kann chromatographisch (*426*), als

$$\text{Harnsäure} \xrightarrow{\text{konz. HCl, 175—180°, 18—24 Std}} \underset{(7)NH_2}{\overset{(C\text{-}4\,+\,6)}{(5)CH_2\text{—COOH}}}$$

Kupferkomplex (*347*) oder als p-Tosylglycin (*174*) isoliert werden. Bei dem Abbau treten Nebenreaktionen auf; daher sollte nur das Glycin ausgewertet werden (*210*).

Glycin aus Harnsäure

100 mg Harnsäure werden mit 5 ml konzentrierter HCl im Bombenrohr 18 Std auf 175°C erhitzt. Die Lösung dampft man auf dem Wasserbad unter Aufblasen von Stickstoff zur Trockne ein, nimmt mehrmals mit 5 ml Wasser auf und dampft erneut ein, bis alle Salzsäure vertrieben ist. Beim letzten Mal gibt man einen Tropfen Ammoniak zu. Der Rückstand wird in 5 bis 10 ml Wasser gelöst, mit frisch gefälltem, gewaschenem $Cu(OH)_2$ im Überschuß versetzt und 15 min zum Sieden erhitzt. Nach Zentrifugieren engt man die überstehende, blaue Lösung auf ein kleines Volumen ein und versetzt mit heißem Alkohol bis zur beginnenden Trübung. Der Glycin-Kupferkomplex wird nach Stehen über Nacht abgesaugt, mit verdünntem Alkohol gewaschen und bei 100°C getrocknet. Zur Regenerierung des Glycins löst man das Salz in Wasser, säuert an und fällt das Kupfer mit H_2S. Für die Ausführung der Ninhydrin-Reaktion kann der Kupferkomplex direkt verwendet werden.

Die Oxydation der Harnsäure mit Wasserstoffperoxyd in alkalischer Lösung führt unter Abspaltung von CO_2 und NH_3 zu Allantoxansäure. Der Mechanismus dieser Reaktion konnte von mehreren Autoren (*139,*

140, 166, 340, 463) durch Verwendung ^{14}C- und ^{15}N-markierter Harn-
säuren aufgeklärt werden.

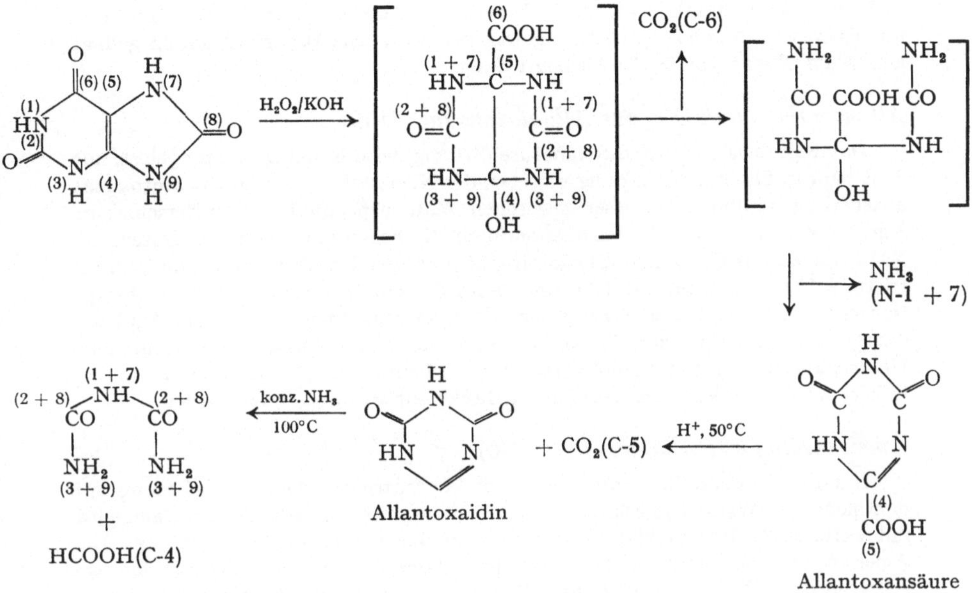

Schema 71. Abbau von Harnsäure

Das bei der Oxydation freiwerdende Ammoniak stammt aus N-1 und
N-7. Das CO_2 entstand aus dem C-6; es enthält zu etwa 3 bis 4 % CO_2 aus
C-5 [unter energischeren Oxydationsbedingungen ist der Anteil von CO_2
aus C-5 höher (*140*)]. Die Allantoxansäure kann durch Erwärmen mit
Säure leicht zu Allantoxaidin decarboxyliert werden. Das nun entstehende CO_2 stammt ausschließlich aus C-5 (*140*). Vorschriften für die Ausführung dieser Reaktionen im Mikromaßstab hat BRANDENBERGER (*139*)
ausgearbeitet. Das Allantoxaidin schließlich wird mit konzentrierter
Ammoniak-Lösung zu Biuret und Ameisensäure aus C-4 hydrolysiert
(*340*).

Abbau von Harnsäure zu Allantoxansäure, CO_2 und Ammoniak (139)

In ein Kölbchen mit drehbarem Seitenstutzen gibt man 17 mg Harnsäure, in
den Seitenarm 0,5 ml 2n KOH (CO_2-frei) und 0,25 ml 3% proz. H_2O_2. Das Kölbchen
verbindet man mit einer Falle, die 2 ml 0,1 n HCl enthält und versieht es mit einem
zum Boden reichenden Gaseinleitungsrohr. Das System wird mit CO_2- und NH_3-
freiem Stickstoff gespült. Dann gibt man den Inhalt des Seitenarms in den Hauptraum und läßt 30 Std stehen. Nun wird das Ammoniak mit einem schwachen N_2-
Strom in die Falle übergetrieben (4 Std). Überschüssiges H_2O_2 zerstört man durch
Zusatz von etwas MnO_2, filtriert die Lösung und bringt sie wieder in das Kölbchen *.

---

* Hierbei besteht offensichtlich die Gefahr, daß CO_2 aus der Luft von der
alkalischen Lösung aufgenommen wird.

In den Seitenarm füllt man 20 Tropfen Eisessig, spült das System mit CO_2-freiem Stickstoff, gibt den Eisessig in den Hauptraum und treibt das CO_2 in eine Absorptionsfalle über. Aus der angesäuerten Lösung im Kölbchen kristallisiert beim Stehen im Kühlschrank das Kaliumsalz der Allantoxansäure aus, das abgesaugt und mit Eiswasser, Alkohol und Äther gewaschen wird. Die Umkristallisation gelingt aus wenig Wasser von 50°C; Ausbeute 8 mg.

Allantoxaidin und CO_2 aus Allantoxansäure (139)

Das Kaliumsalz der Allantoxansäure (370 mg) wird in wenig Wasser gelöst, mit 3 ml 10proz. Silbernitrat-Lösung versetzt, der Niederschlag von Silberallantoxanat abzentrifugiert und mit Wasser gewaschen. Man suspendiert den Niederschlag in 3 ml Wasser und bringt die Suspension in ein Kölbchen mit drehbarem Seitenarm. Nach Spülen mit CO_2-freiem Stickstoff gibt man aus dem Seitenarm 2 ml konzentrierte HCl zu, erwärmt auf 60°C und treibt das entstandene CO_2 in eine Absorptionsfalle über. Nach Beendigung der Reaktion zentrifugiert man vom AgCl ab, dampft den Überstand zur Trockne ein und wäscht mit Wasser die Salzsäure aus. Umkristallisation aus Methanol liefert eine Ausbeute von 109 mg. Soll nur das CO_2 isoliert werden, so kann das Kaliumsalz direkt mit HCl umgesetzt werden.

Ameisensäure aus Allantoxaidin (340)

70 mg Allantoxaidin werden mit 5 ml konzentrierter Ammoniak-Lösung auf dem siedenden Wasserbad erhitzt, bis das Volumen auf 2 ml reduziert ist. Dann wird mit weiteren 3 ml Ammoniak-Lösung versetzt und erneut auf 2 ml eingeengt. Die Ameisensäure kann entweder nach Ansäuern abdestilliert werden oder man fällt sie mit 1 ml 0,5 n $Pb(NO_3)_2$ und 10 ml Äthanol als Bleisalz aus, das mit 2 ml 10proz. $HgSO_4$-Lösung und 1 ml konzentrierter H_2SO_4 zu CO_2 oxydiert wird.

Einen ähnlichen Verlauf wie die Spaltung mit Wasserstoffperoxyd nimmt die Oxydation der Harnsäure mit Permanganat/Alkali zu Allantoin. Auch diese Reaktion verläuft über das in bezug auf die Harnstoff-Gruppierung symmetrische Zwischenprodukt Hydroxyacetylen-diureidcarbonsäure (173, 210). Die C- und N-Atome im Allantoin konnten

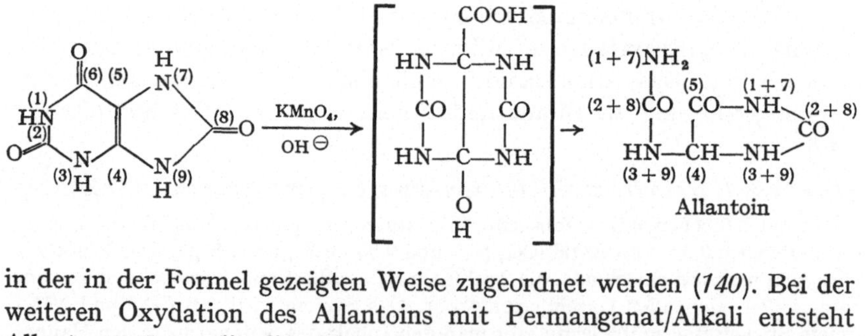

in der in der Formel gezeigten Weise zugeordnet werden (140). Bei der weiteren Oxydation des Allantoins mit Permanganat/Alkali entsteht Allantoxansäure, die die gleiche Isotopenverteilung hat wie die bei der H_2O_2-Oxydation erhaltene (140, 173) (vgl. Schema 72). Andererseits kann das Allantoin mit Natriumcarbonat-Lösung zu Allantoinsäure hydrolysiert werden, die sich mit Salpetersäure in Harnstoff und Glyoxylsäure spalten läßt (684). Eine dritte Abbaumöglichkeit schließlich besteht in

der Abspaltung des Harnstoff-Restes zu Hydantoin durch Kochen mit
Jodwasserstoffsäure und Hypophosphit (*173*).

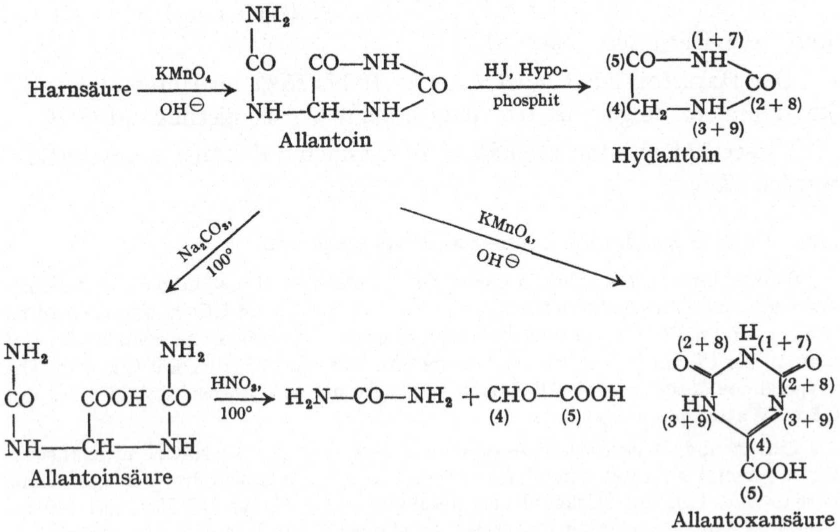

Schema 72. Abbau von Harnsäure über Hydantoin

Im Gegensatz zu den bisher beschriebenen Oxydationsverfahren ver-
läuft die Oxydation von Harnsäure mit Salpetersäure oder Chlorsäure zu
Alloxan nicht über ein symmetrisches Zwischenprodukt (*173*) (vgl.
Schema 73). Damit ist die Möglichkeit gegeben, zwischen dem Pyrimidin-

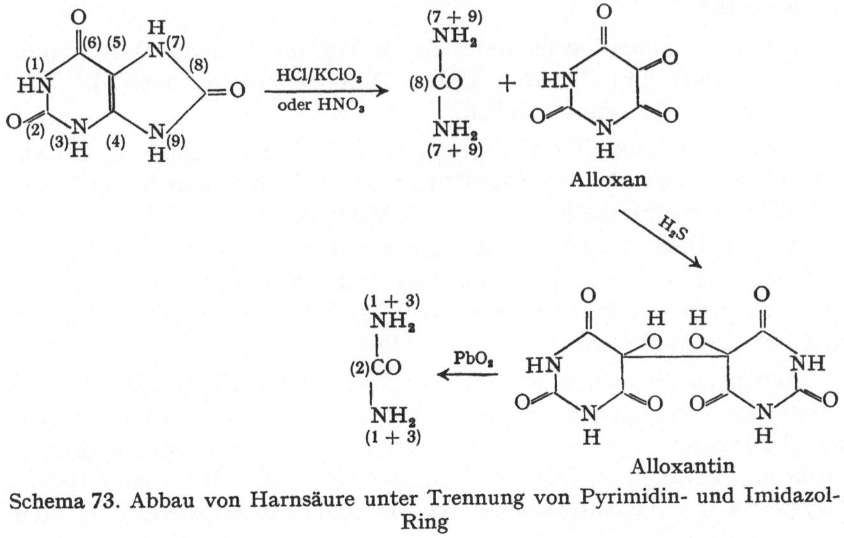

Schema 73. Abbau von Harnsäure unter Trennung von Pyrimidin- und Imidazol-
Ring

und dem Imidazol-Ring zu unterscheiden. Der bei der Oxydation entstehende Harnstoff stammt hauptsächlich aus dem Imidazol-Ring. Das Alloxan kann mit Schwefelwasserstoff zu Alloxantin reduziert werden, welches bei der Oxydation mit PbO_2 Harnstoff aus den Positionen 1, 2 und 3 der Harnsäure liefert (*684*).

Der Harnstoff aus C-8 ist zu etwa 10 bis 15% mit Harnstoff aus C-2 kontaminiert, umgekehrt tritt jedoch keine Verschmierung auf (*410*).

Dieser Abbau kann in gleicher Weise auch auf Xanthin angewendet werden (*255*).

Abbau von Harnsäure mit Salzsäure/Kaliumchlorat

60 mg Harnsäure werden in einem Zentrifugenglas in 0,45 ml 5,5 n HCl gelöst. Dazu gibt man innerhalb 20 bis 30 min unter Rühren 25 mg $KClO_3$, danach 0,45 ml Wasser und läßt eine Stunde bei Raumtemperatur stehen. Anschließend leitet man 10 bis 15 min H_2S durch die Lösung und läßt über Nacht bei 0°C stehen. Die ausgefallene Mischung von Alloxantin und Schwefel wird abgesaugt und 4 mal mit 0,5 ml Wasser gewaschen.

Filtrat und Waschwasser werden vereinigt und mit 1 n NaOH neutralisiert. Dann versetzt man mit dem gleichen Volumen 0,1 m Acetatpuffer (pH 5,0), treibt vorhandenes CO_2 mit Stickstoff aus, inkubiert 30 bis 45 min bei 38°C mit 100 mg Urease in 3 ml Acetatpuffer und treibt dabei das CO_2 (C-8) in eine Absorptionsfalle über. Soll auch der Stickstoff bestimmt werden, so wird anschließend alkalisch gemacht und das Ammoniak mit Stickstoff in Säure übergetrieben.

Den Niederschlag von Alloxantin und Schwefel nimmt man in 2 ml Wasser auf, erhitzt auf dem Wasserbad und filtriert vom unlöslichen Schwefel ab. Das abgekühlte Filtrat versetzt man mit 100 mg PbO_2, bringt den pH auf 2 und erhitzt 20 min im siedenden Wasserbad. Überschüssiges PbO_2 wird abzentrifugiert und einmal mit heißem Wasser ausgewaschen. Aus Filtrat und Waschwasser fällt man die Blei-Ionen mit Schwefelwasserstoff. Danach wird der Harnstoff wie oben mit Urease zerlegt.

Durch Kombination mehrerer dieser Verfahren ist die Bestimmung aller C-Atome und, teilweise durch Differenzbildung, auch die aller N-Atome der Harnsäure möglich.

Eine Methode zur direkten Trennung der N-Atome 1 und 3 hat LAGERKVIST (*426*) ausgearbeitet. Harnsäure wird zu einem Gemisch von 3- und 9-Methylharnsäure methyliert, das zu Methylalloxan und Alloxan oxydiert wird. Diese werden chromatographisch getrennt und das Methylalloxan zu Methylamin (N-3) und Ammoniak (N-1) abgebaut, die erneut chromatographisch getrennt werden. Das Verfahren ist sehr aufwendig und liefert schlechte Ausbeuten (7 bis 8%).

Xanthin kann, wie schon erwähnt, mit $HCl/KClO_3$ zu den gleichen Produkten abgebaut werden wie Harnsäure (*255*). Hypoxanthin läßt sich zu 1,7-Dimethyl-hypoxanthin methylieren, das bei der Salzsäurehydrolyse Sarkosin, Methylamin (N-1) und Ammoniak (N-3 + N-9) liefert (*463*). Gegenüber den Abbaureaktionen der Harnsäure bietet dieses Verfahren wegen der schlechten Ausbeuten jedoch keine Vorteile; es wurde nur als Kontrollreaktion verwendet.

Die Oxydation von Guanin mit $HCl/KClO_3$ liefert Guanidin aus C-2 und den drei entsprechenden N-Atomen (*558*). Bei der Oxydation mit Permanganat erhält man ebenfalls Guanidin und außerdem Harnstoff (*4, 346*). Es wird angenommen, daß der Harnstoff im wesentlichen dem C-8 des Guanins entspricht, da Guanidin unter den Bedingungen der Reaktion nicht in Harnstoff übergeht (*346*); das ist jedoch nicht durch Isotopenversuche gesichert. Adenin kann unter Eliminierung von C-2 zu 4-Amino-imidazol-5-carboxamidin hydrolysiert werden (*174*). Die Ausbeute ist mäßig (10%).

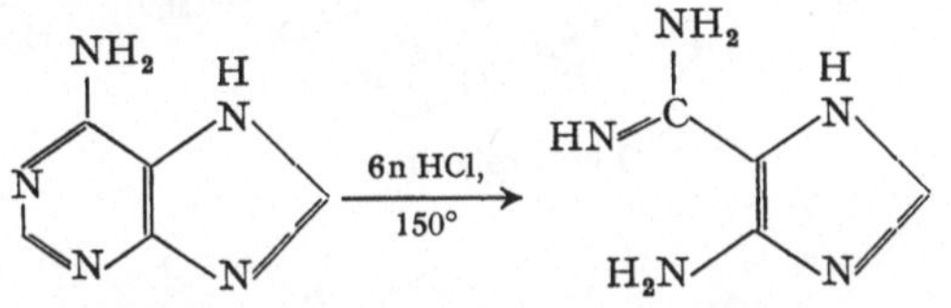

Coffein wurde von ANDERSON und GIBBS (*11*) mit Schwefelsäure zu Sarkosin, Methylamin, CO_2 und CO hydrolysiert (vgl. Schema 74).

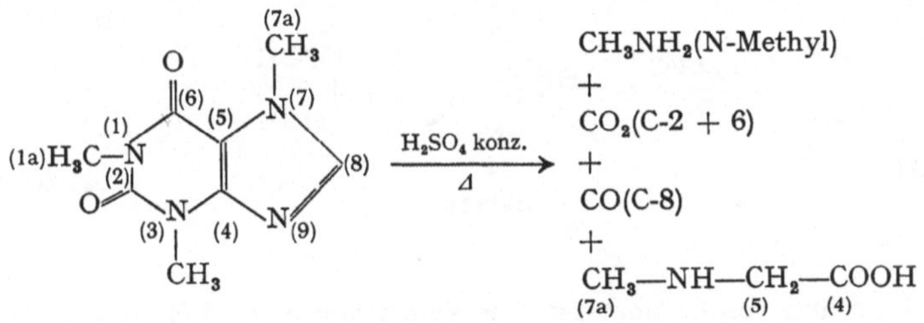

Schema 74. Abbau von Coffein

9.41. Pterine

Ein vollständiges Abbauverfahren des Leukopterins haben WEYGAND et al. (*208, 759*) sowie SHAW et al. (*651*) entwickelt. Salzsäurehydrolyse gibt Glycin, das in Analogie zum Harnsäure-Abbau aus C-5 sowie C-4 und/oder C-6 stammen sollte. Ein Kontrollversuch mit Leukopterin-6-^{14}C zeigte, daß die Carboxyl-Gruppe des Glycins zu 75% aus C-4 und zu 25% aus C-6 stammt (*208*). Oxydation des Leukopterins mit Chlor liefert Oxalylguanidin und dies durch Hydrolyse Guanidin aus C-2 (vgl. Schema 75). Die Oxalsäure ist für die Bestimmung der Isotopenverteilung unbrauchbar, da sie praktisch aus sämtlichen C-Atomen mit Ausnahme von C-2 entsteht (*208*). Durch Desaminierung des Leukopterins mit Nitrit, Oxydation mit Chlor und anschließende saure Hydrolyse erhält man Alloxan, sowie Oxalsäure aus C-8 und C-9. Eine Unterscheidung zwischen C-8 und C-9 ist möglich, wenn man das Leukopterin durch Reduktion mit Natriumamalgam und Reoxydation mit Permanganat in Xanthopterin überführt und dieses dann der Chlor-Spaltung unterwirft. Dabei erhält man neben Oxalylguanidin Glyoxylsäure (C-8 und C-9), die bei der Decarboxylierung als Dinitrophenylhydrazon CO_2 aus C-8 liefert. Diese Reaktion, zusammen mit der Salzsäurehydrolyse, reicht bereits aus, um alle C-Atome des Leukopterins zu bestimmen.

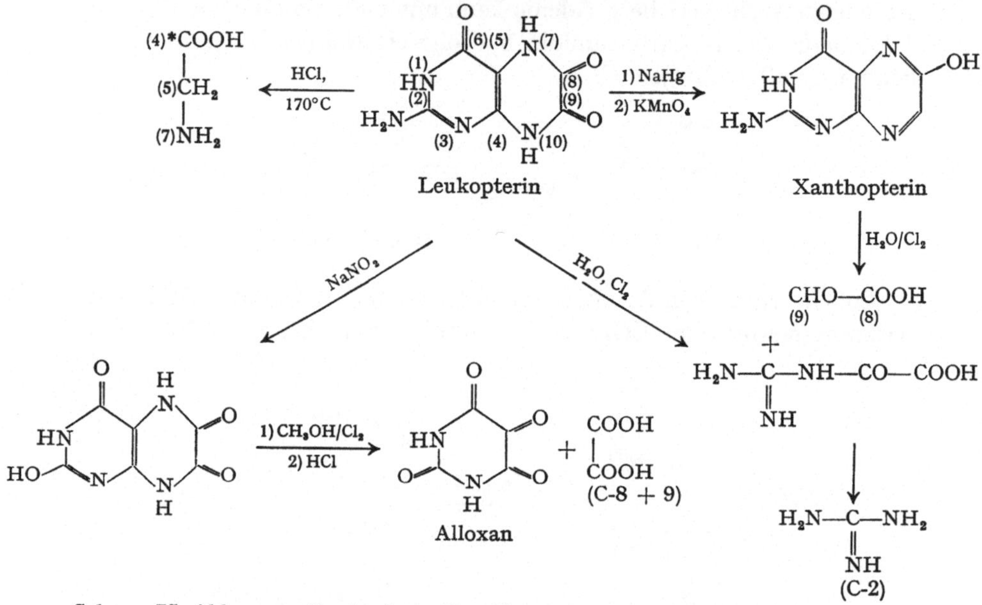

Schema 75. Abbau von Leukopterin über Xanthopterin und 2-Hydroxyleukopterin
* C-4 stammt z. T. aus C-6, vgl. Text.

Glycin aus Leukopterin

Vorschrift s. Abbau von Harnsäure 9.40.

Xanthopterin aus Leukopterin

400 mg Leukopterin werden in 8 ml Wasser aufgeschlämmt, unter kräftigem Rühren innerhalb 10 bis 15 min mit 5 g 4proz. Natriumamalgam in linsengroßen Plätzchen versetzt. Die Temperatur soll nicht über 40°C steigen. Man rührt 1 Std, dekantiert vom Quecksilber, kühlt weitere 2 Std bei 0°C und zentrifugiert das Dihydro-xanthopterin-natriumsalz ab. Es wird je einmal mit Wasser und Alkohol gewaschen und bei 110°C getrocknet; Ausbeute bis 293 mg. Das Salz wird mit 3 KOH-Plätzchen in 21 ml Wasser gelöst und unter Rühren langsam mit 5,3 ml 0,1 m $KMnO_4$-Lösung versetzt. Nach 45 min zentrifugiert man ab, wäscht den Braunstein zweimal mit 2 bis 3 ml 1n NaOH und fällt das Xanthopterin mit Eisessig (pH 4) aus. Nach Stehen über Nacht wird abzentrifugiert, mit Wasser, Äthanol und Aceton gewaschen und bei 110°C getrocknet; Ausbeute bis 242 mg.

Guanidin und Glyoxylsäure aus Xanthopterin

Das Xanthopterin wird in wenig 2n NaOH gelöst, mit Eisessig wieder ausgefällt, nach 1 Std abzentrifugiert und mit Wasser gewaschen. Das nun fein verteilt vorliegende Xanthopterin schlämmt man in 1,5 ml Wasser gut auf, erwärmt auf 70°C und leitet bis zur klaren Lösung einen kräftigen Chlor-Strom ein ($2^{1}/_{2}$ bis 3 min). Danach wird sofort mit Wasser gekühlt und der Überschuß Chlor im N_2-Strom vertrieben (2 bis 3 Std). Nach Stehen über Nacht saugt man das Oxalylguanidin ab, wäscht zweimal mit Wasser nach, erhitzt zum Verseifen mit 5 ml Wasser in einer Bombe 3 Std auf 180°C, filtriert nach dem Erkalten und fällt im Filtrat das Guanidin mit gesättigter, wäßriger Pikrinsäure-Lösung. Die Umkristallisation erfolgt aus Wasser.

Zu dem Filtrat des Oxaylguanidins gibt man eine gesättigte Lösung von 2,4-Dinitrophenylhydrazin in 2n HCl, erhitzt 20 min im siedenden Wasserbad und saugt das Glyoxylsäure-2,4-dinitrophenylhydrazon nach Stehen über Nacht bei 0°C ab und kristallisiert aus Wasser um; Ausbeute bis 74 mg.

Ebenfalls durch Chlor-Spaltung wurde nach vorhergehender Desaminierung das Isoxanthopterin zu Oxalsäure, aus den C-Atomen 8 und 9 entstanden, abgebaut (*142*). Folsäure und ähnliche Verbindungen lassen sich mit Permanganat in Alkali zur 2-Amino-6-hydroxy-pterin-8-carbonsäure oxydieren, die thermisch decarboxyliert werden kann [vgl. z. B. (*143, 492, 739*)].

Bei der Permanganat-Oxydation von Drosopterin wurde außerdem auch aus den beiden endständigen C-Atomen der Seitenkette entstammende Essigsäure isoliert (*143*). Durch weiteren Abbau des aus der 2-Amino-6-hydroxypterin-8-carbonsäure erhaltenen 2-Amino-6-hydroxypterins lassen sich die C-Atome 8 und 9 der Folsäure, bzw. anderer in 8-Stellung substituierter Pterine isolieren. Nach SHAW et al. (*651*) wird in das Isoxanthopterin überführt und dies zu 2,6,9-Trihydroxypterin desaminiert. Letzteres gibt bei UV-Bestrahlung und anschließender saurer Hydrolyse Glyoxylsäure, die, wie Versuche mit positionsmarkierten Pterinen zeigten, aus C-8 und C-9 stammt (vgl. Schema 76).

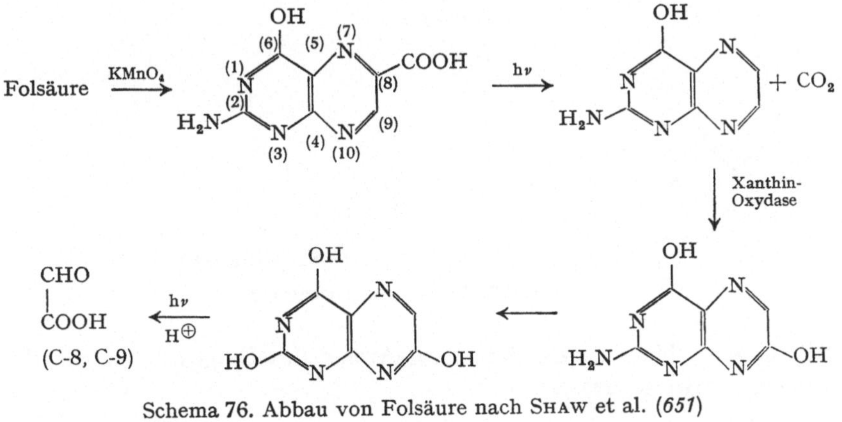

Schema 76. Abbau von Folsäure nach SHAW et al. (*651*)

Abbaureaktionen für das Riboflavin (Lactoflavin) hat PLAUT (*556, 557*) ausgearbeitet. Riboflavin wird zunächst in Lumiflavin übergeführt. Nachfolgende Kuhn-Roth-Oxydation gibt Essigsäure aus den C-Methyl-Gruppen und den C-Atomen 6 und 7. Alkalihydrolyse des Lumiflavins bei 100°C liefert Harnstoff aus C-2 und eine Ketosäure, die thermisch decarboxyliert wird; das CO_2 stammt aus C-4. Bei der energischen Alkalihydrolyse (5n NaOH, 150°, 10 Std) erhält man aus dem Lumiflavin N,4,5-Trimethyl-o-phenylendiamin. Aus diesem kann mit salpetriger Säure ein Benztriazol erhalten werden, das bei der Permanganat-Oxydation 1-N-Methyl-triazol-4,5-dicarbonsäure liefert. Deren thermische Decarboxylierung gibt CO_2 aus C-5 und C-8 des Riboflavins.

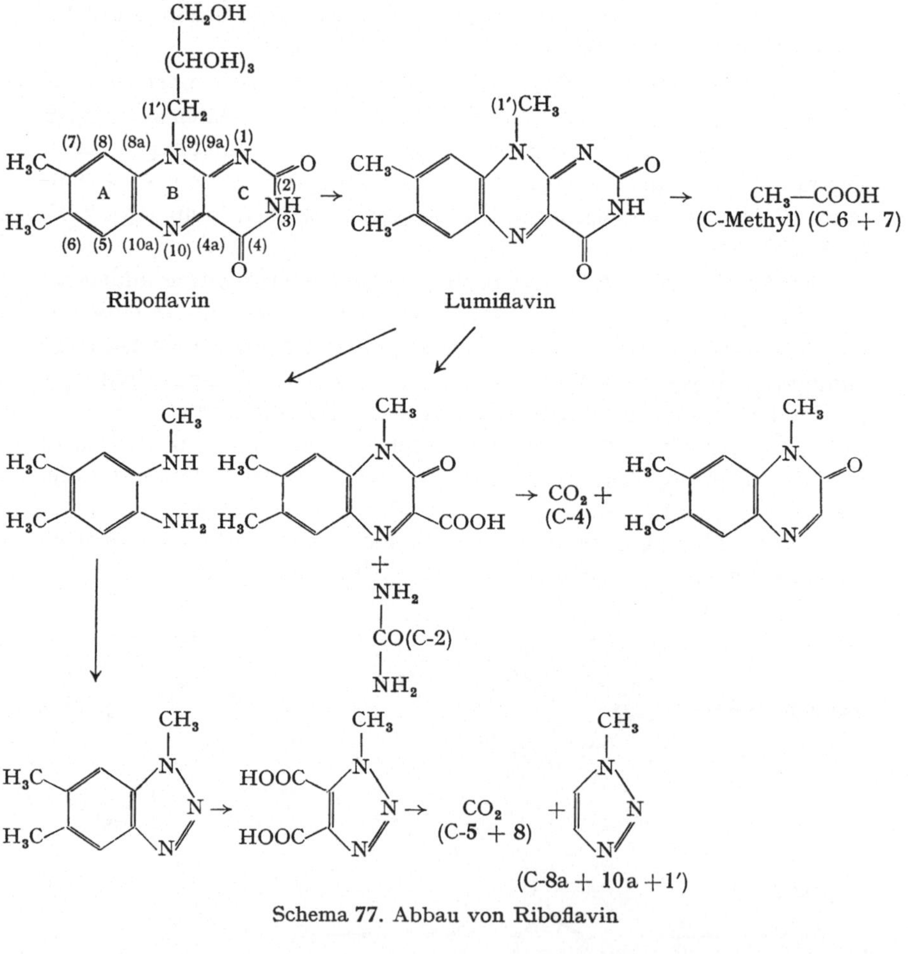

Schema 77. Abbau von Riboflavin

Mit diesem Abbau lassen sich die C-Atome des Ringes C einzeln, die übrigen paarweise erfassen.

9.5. Porphyrine

Die C-Methyl-Gruppen des Hämins wurden durch Kuhn-Roth-Oxydation isoliert (*571*). Die beiden Carboxyl-Gruppen an den Ringen C und D wurden nach Umwandlung des Hämins über Protoporphyrin in Mesoporphyrin durch Schmidt-Reaktion als CO_2 erhalten (*9*) (vgl. Schema 78).

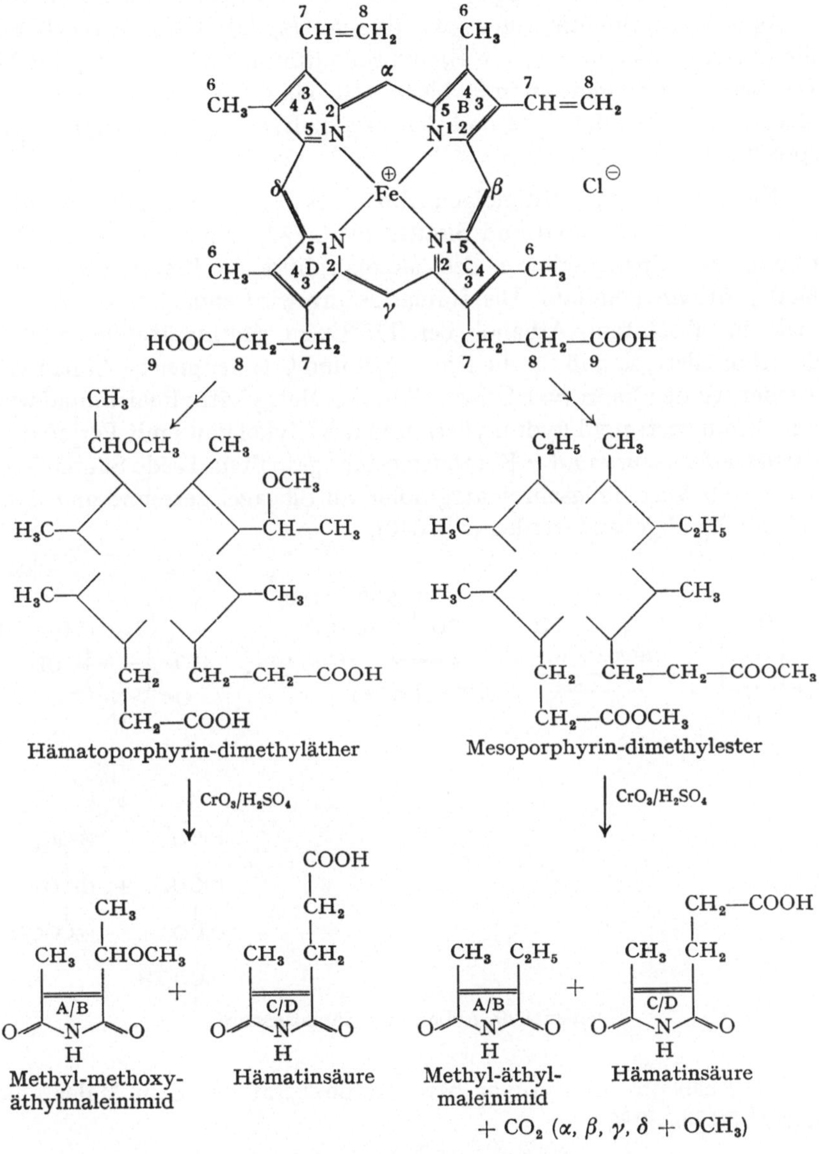

Schema 78. Abbau von Hämin

Methoden zur Trennung der Ringe A + B von den Ringen C + D, besonders für die Bestimmung der ^{15}N-Verteilung, wurden von WITTENBERG und SHEMIN (*776*) und von MUIR und NEUBERGER (*526, 527*) ausgearbeitet. Nach Umwandlung des Hämins in Hämatoporphyrindimethyläther erhält man bei der Oxydation mit Chromsäure in Schwefelsäure das Methyl-methoxyäthylmaleinimid aus den Ringen A und B und Hämatinsäure aus den Ringen C und D (*776*). Der andere Weg geht vom Mesoporphyrin-dimethylester aus, dessen Oxydation mit CrO_3/H_2SO_4 Methyl-äthylmaleinimid (A + B) und Hämatinsäure (C + D) liefert (*526*). Das bei dieser Oxydation in 98 bis 99% d. Th. anfallende CO_2 sollte den Methin-Kohlenstoffatomen und den beiden Ester-Methyl-Gruppen entsprechen (*527*).

Einen praktisch vollständigen Abbau des Hämin-Moleküls erreichten schließlich WITTENBERG und SHEMIN (*653, 777*) durch die weitere Zerlegung der Spaltprodukte des Mesoporphyrins, Hämatinsäure und Methyl-äthylmaleinimid. Die Hämatinsäure wird zunächst mit Ammoniak in absolutem Äthanol bei 175°C zu Methyl-äthylmaleinimid decarboxyliert, so daß für die Ringe A/B und C/D der gleiche Abbau verwendet werden kann (vgl. Schema 79). Das Methyl-äthylmaleinimid wird mit Osmiumtetroxyd hydroxyliert, und das Glykol dann mit Perjodat zu Brenztraubensäure und α-Ketobuttersäure gespalten. Beide Säuren können durch Verteilungschromatographie an Silicagel getrennt und dann vollständig abgebaut werden (s. 2.340).

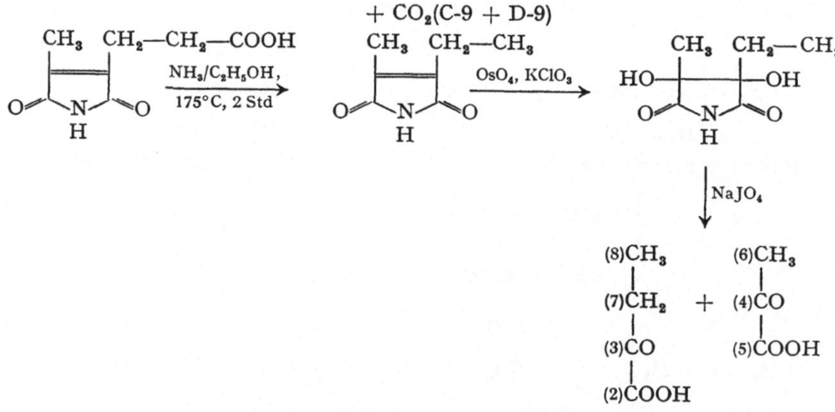

Schema 79. Abbau von Hämatinsäure

Die Ausbeute an Pyruvat bzw. Ketobutyrat aus dem Maleinimid beträgt 30 bis 50%.

9.6. Einige O- und S-Heterocyclen

Das γ-Pyron Kojisäure haben ARNSTEIN und BENTLEY (*14*) abgebaut.
Bei der Hydrolyse des Dimethyläthers erhält man neben Ameisensäure
(C-1) Methoxyessigsäure und Methoxyaceton. Es zeigte sich, daß die
Reaktion über ein symmetrisches Zwischenprodukt verläuft, d. h. die
Methoxyessigsäure stammt sowohl aus C-2 + C-3 als auch aus C-5 + C-6.
Veräthert man jedoch in 2-Stellung mit Äthyljodid und in der 6-Stellung
mit Dimethylsulfat, so bleibt die Asymmetrie erhalten (vgl. Schema 80).
Man erhält jetzt Äthoxyessigsäure aus C-2 und C-3 und Methoxyessigsäure aus C-5 und C-6, die an einer Säule getrennt werden können.

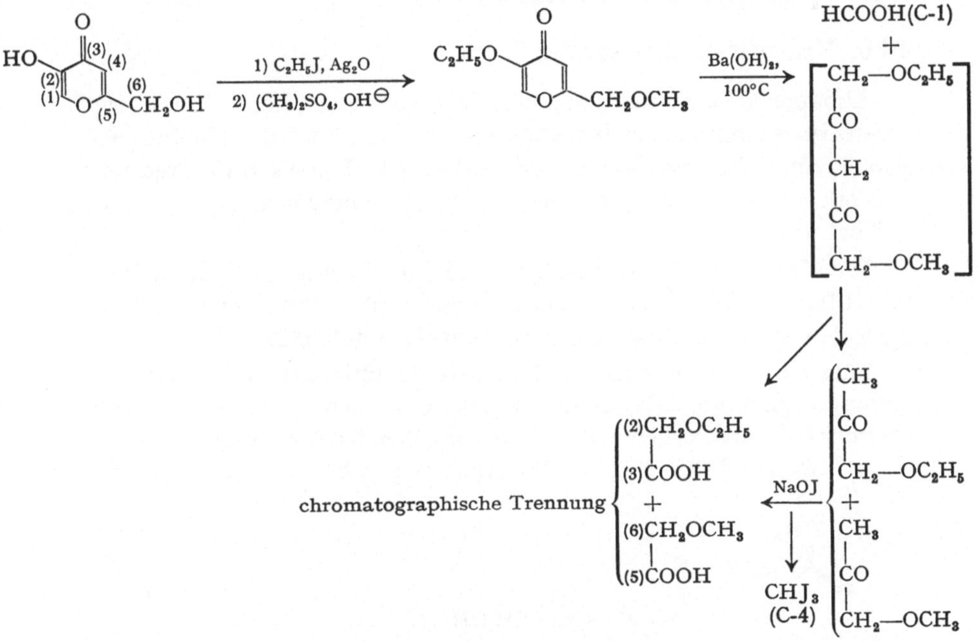

Schema 80. Abbau von Kojisäure

Cumarin liefert bei der Alkalischmelze Salicylsäure (*763*); andererseits
kann der Lactonring durch Alkali in Gegenwart von Quecksilberoxyd
leicht geöffnet werden (*149*). Die erhaltene o-Cumarsäure läßt sich dann
thermisch decarboxylieren.

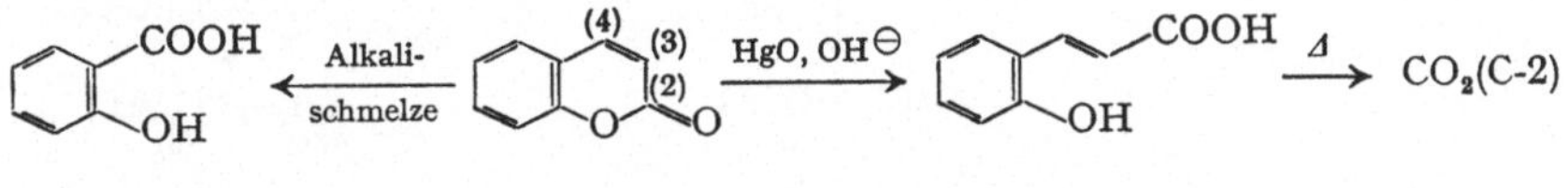

Weitere Beispiele, z. B. Flavone, Isoflavone usw. s. 10.2.

Der Thiophen-Ring des Biotins kann in der Form des Esters mit Raney-Nickel entschwefelt werden. Die C-Atome 4 und 5 lassen sich danach durch Kuhn-Roth-Oxydation als Essigsäure fassen (468).

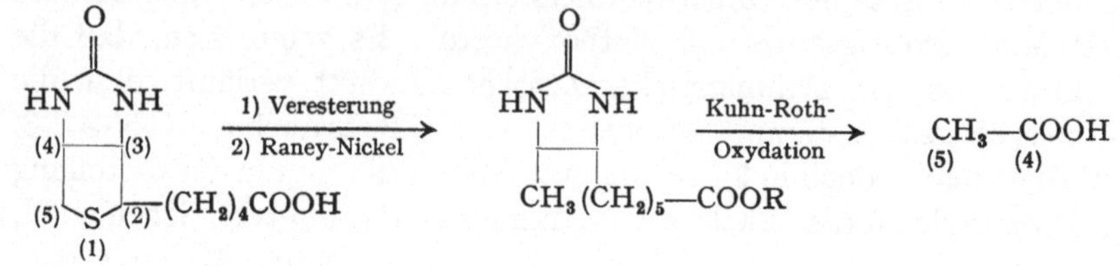

10. Spezielle Naturstoffe

10.0. Vitamine, Coenzyme

Abbaureaktionen für zahlreiche Verbindungen dieser Klasse sind bereits in den vorangehenden Kapiteln beschrieben worden (Biotin s. 9.6, Riboflavin, Folsäure s. 9.41, Carotin s. 8.11, Ubichinon s. 8.10, Ergosterin s. 8.21). Es sollen daher nur noch einige Verbindungen ergänzend angeführt werden.

Die Abspaltung des Nicotinsäureamids aus Nicotin-adenin-dinucleotid mit Hilfe von NADase aus *Neurospora* beschreiben PULLMAN et al. (568). Über den weiteren Abbau des Nicotinsäureamids s. 9.2.

Thiamin kann in 4-Methyl-5-hydroxyäthylthiazol und 2-Methyl-4-amino-pyrimidin-5-carbonsäure gespalten werden. Letztere läßt sich thermisch decarboxylieren. Auch ein weitgehender Abbau des Pyrimidin-Rings wird beschrieben (218, 219) (vgl. Schema 81).

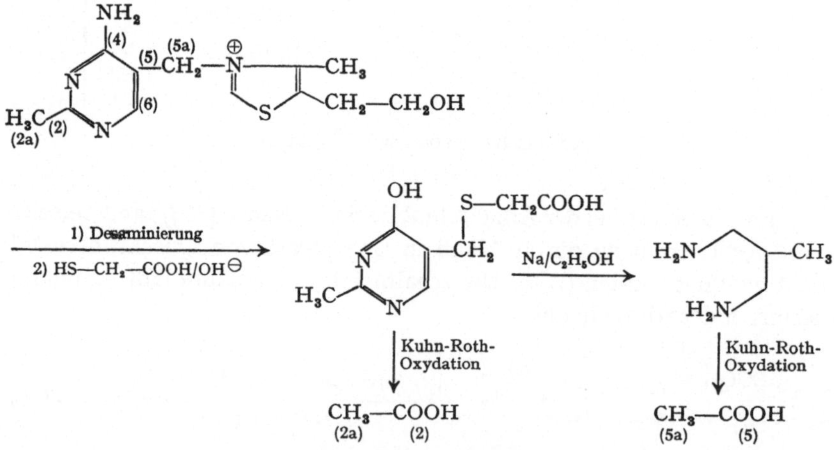

Schema 81. Abbau von Thiamin

Für das Pyridoxal sind bisher noch keine Abbaureaktionen angegeben worden, jedoch sollten sich einige der bei der Nicotinsäure (9.2) beschriebenen Methoden auf diese Verbindung anwenden lassen.

BRAY und SHEMIN (*141*) haben eine Abbaureaktion für das Vitamin B_{12} angegeben. Alkalihydrolyse führt zur Cobyrinsäure, deren Oxydation mit Chromtrioxyd in Eisessig analog zum Abbau der Porphyrine 2,2-Dimethyl-3-carboxyäthyl-succinimid aus dem Ring C liefert.

10.1. Alkaloide

10.10. Pyrrolidin-Abkömmlinge

Stachydrin kann mit Chinolin und Kupferpulver decarboxyliert werden (*604*). Über einen weitergehenden Abbau s. 9.1. Hyoscyamin liefert nach Hydrolyse zu Tropin bei der Oxydation mit Chromtrioxyd in Eisessig Tropinon, dessen Carbonyl-Kohlenstoffatom nach Umsetzung mit Phenyllithium als Benzoesäure isoliert werden kann (*385*). Oxydation des Tropins mit Chromtrioxyd in Schwefelsäure führt zum N-Methylsuccinimid, aus dem man durch Phenylierung und Oxydation Oxalsäure (C-6, C-7) und Benzoesäure (C-1, C-5) erhält (*385, 458*). Die Unterscheidung von C-1 und C-5 ist nach Schema 82 möglich, das von BOTHNER-BY et al. (*133*) und von LEETE (*445*) angegeben wurde.

Abbaureaktionen für die Tropasäure haben LEETE et al. (*442, 485*), GOODEVE et al. (*305*) und UNDERHILL et al. (*726*) mitgeteilt.

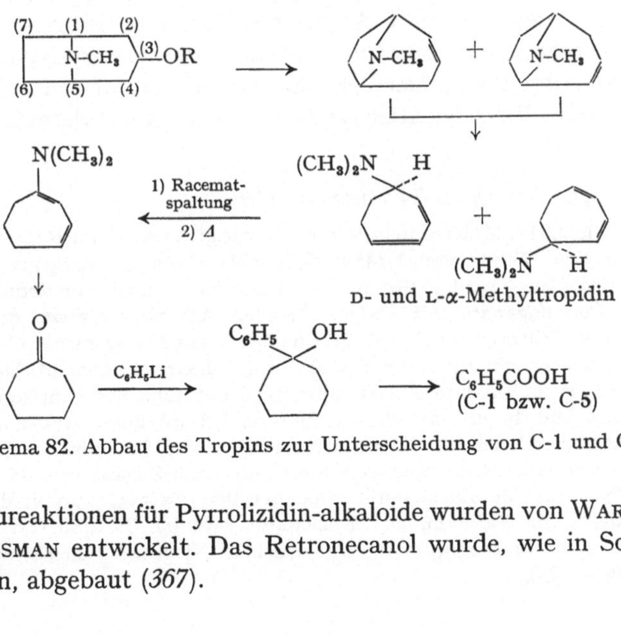

Schema 82. Abbau des Tropins zur Unterscheidung von C-1 und C-5

Abbaureaktionen für Pyrrolizidin-alkaloide wurden von WARREN und von GEISSMAN entwickelt. Das Retronecanol wurde, wie in Schema 83 angegeben, abgebaut (*367*).

Daneben wurde die Isolierung von C-9 des Retronecins beschrieben (*134*). Auch für zwei der mit diesen Alkaloiden verestert vorkommenden Säuren, die Retronecinsäure (*368*) und die Seneciphyllinsäure (*205*), sind Abbaureaktionen bekannt.

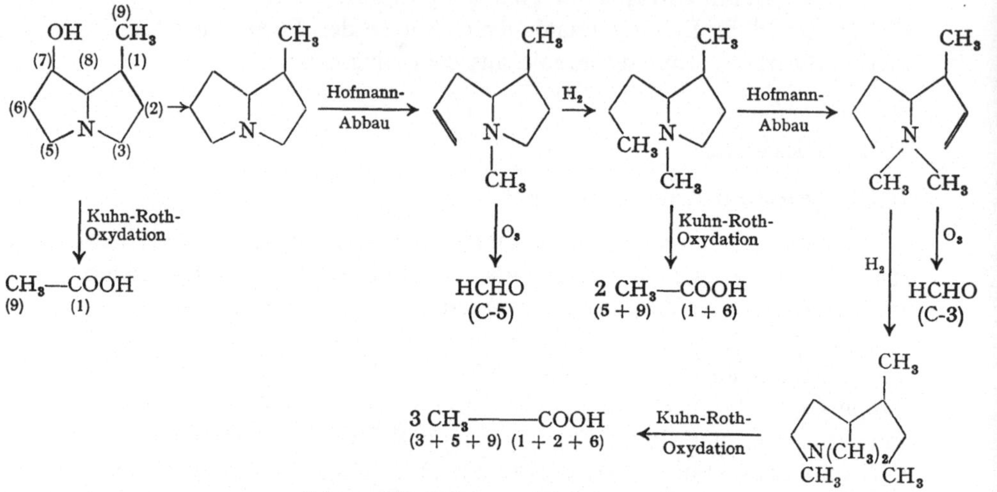

Schema 83. Abbau von Retronecanol

10.11. Pyridin-Abkömmlinge

Abbaureaktionen für das Ricinin und für den Pyridin-Ring des Nicotins bzw. Anabasins wurden bereits beschrieben (9.2). Durch mehrere Reaktionen lassen sich die C-Atome des Pyrrolidin-Rings des Nicotins isolieren. Oxydation zu Nicotinsäure und deren Decarboxylierung gibt C-2' des Nicotins. Diese, auch als Schlüsselreaktion für den weiteren Abbau des Pyridin-Rings wichtige Oxydation, gelingt mit Permanganat (*10, 230, 309*).

Oxydation von Nicotin zu Nicotinsäure (10)

Zu 147 mg (0,91 mM) Nicotin in 100 ml Wasser gibt man unter Rühren innerhalb von 30 min eine Lösung von 1,145 g (7,26 mM) Kaliumpermanganat in 100 ml Wasser. Die Mischung wird 16 Std auf dem Dampfbad erhitzt, zur Reduktion überschüssigen Permanganats mit einigen Tropfen Äthanol versetzt, durch Celite filtriert und das Filtrat bei pH 10,5 kontinuierlich mit Methylenchlorid extrahiert, bis kein UV-absorbierendes Material mehr in den Extrakt übergeht. Danach wird die Wasserphase im Vakuum eingedampft, der Rückstand mit 1 ml konzentrierter Schwefelsäure und 10 ml wasserfreiem Methanol 2 Std unter Rückfluß gekocht. Nach Kühlen bringt man mit Natriumbicarbonat auf pH 8,5 und dampft im Vak. das Methanol ab. Den Rückstand extrahiert man nach Zugabe von 100 ml Wasser kontinuierlich mit Methylenchlorid, trocknet den Extrakt und verdampft das Methylenchlorid im Vakuum. Der Rückstand wird bei 35°C/30 Torr sublimiert und liefert gaschromatographisch einheitlichen Nicotinsäuremethylester; Ausbeute 90 mg = 72%.

Durch Oxydation des Nicotins mit Salpetersäure erhält man neben
Nicotinsäure eine Verbindung, die alle C-Atome mit Ausnahme von C-5′
enthält (*462*). Dieses kann dadurch als Differenz bestimmt werden.

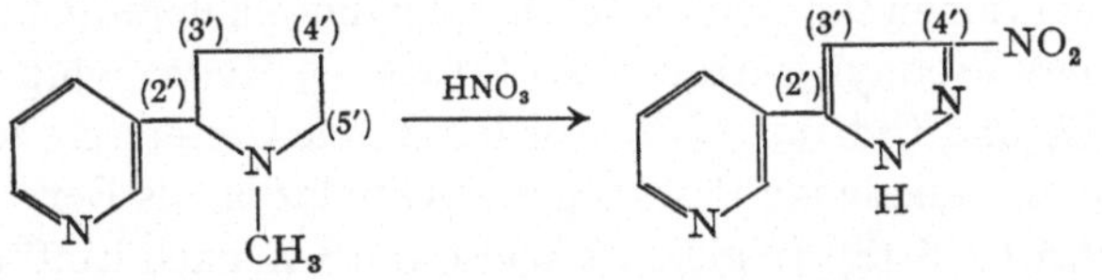

Mit Brom in Eisessig wird der Pyrrolidin-Ring in ein bromiertes
Pyrrolidon (*240a*) überführt, dessen Hydrolyse 3-Acetylpyridin, Methylamin und Oxalsäure liefert (*791*). Andererseits läßt sich aus dem Pyrro-
lidon-Derivat eine Carbonsäure gewinnen, deren Carboxyl-Gruppe aus
dem C-5′ Kohlenstoffatom stammt (vgl. Schema 84).

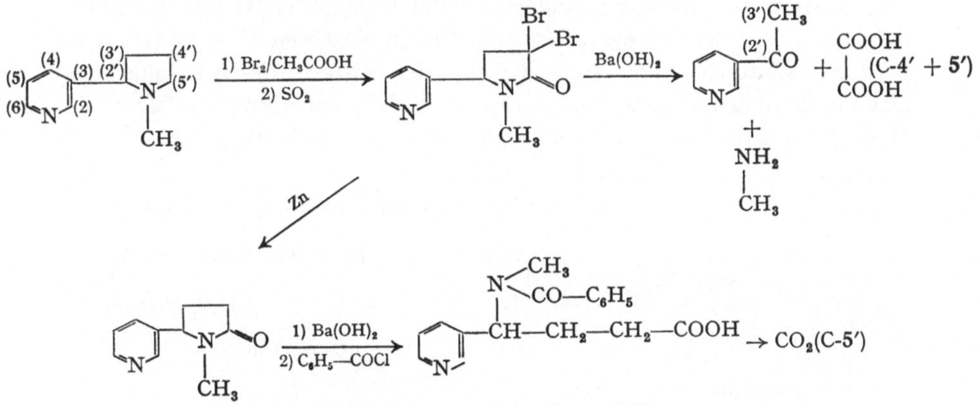

Schema 84. Abbau von Nicotin nach BYERRUM

Eine weitere Reaktionsfolge erlaubt, allerdings in sehr geringer Ausbeute, die Isolierung des Pyrrolidin-Rings + C-3 als Hygrinsäure (*311*).
LIEBMAN et al. (*469*) spalten den Pyrrolidin-Ring durch Hofmann-Abbau.
Sie bestimmen so C-2′, C-3′ und die Summe von C-4′ und C-5′. [Vgl. auch
die S. 148 erwähnte Arbeit (*469a*)].

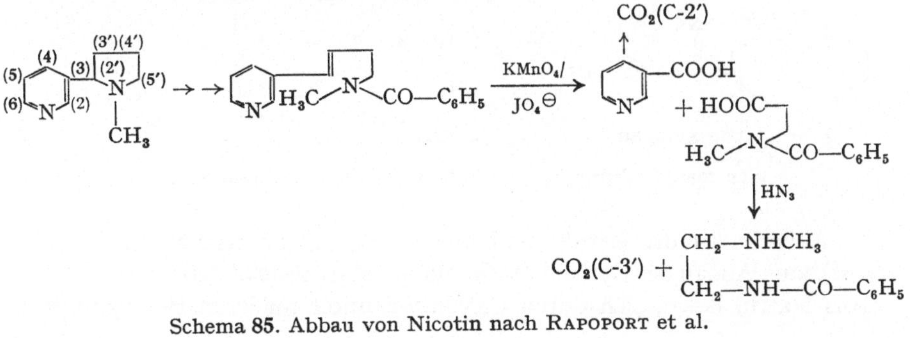

Schema 85. Abbau von Nicotin nach RAPOPORT et al.

In der letzten Stufe, dem Schmidt-Abbau des N-Methyl-N-benzoyl-β-alanins, findet eine Umlagerung statt. Durch geeignete Modifikation sollte diese Reaktionsfolge auch eine Trennung von C-4' und C-5' erlauben.

Abbaureaktionen für zahlreiche Chinolizidin-alkaloide geben SCHÜTTE et al. an. Die Carbonyl-C-Atome des Lupanins, Hydroxylupanins (*643*), Matrins (*635*) und Cytisins (*640*) wurden durch Umsetzung mit Phenyl-lithium und anschließende Permanganat-Oxydation als Benzoesäure isoliert (Vorschrift s. 5.13). In gleicher Weise wurden, nach Einführung einer Carbonyl-Funktion, C-11 und C-13 des Methyl-cytisins bestimmt (*640, 641*). Eine weitere Reaktion, die sich beim Abbau dieser Alkaloide sehr bewährt hat, ist die Chromsäure-Oxydation. Sie liefert im allgemeinen Bernsteinsäure und daneben eine Reihe homologer ω-Aminocarbon-säuren. Durch Auftrennung dieser Säuren, und gegebenenfalls deren weitere Zerlegung ist oft eine Lokalisierung der Radioaktivität des Moleküls möglich. Aus welchen Teilen des Moleküls im einzelnen die Oxydations-produkte stammen, hängt natürlich von der Struktur des Alkaloids ab. Der Vergleich des Abbaus von Spartein (*636, 639*), Lupanin (*638, 644*) und Hydroxylupanin (*638, 643*) soll dies illustrieren (vgl. Schema 86).

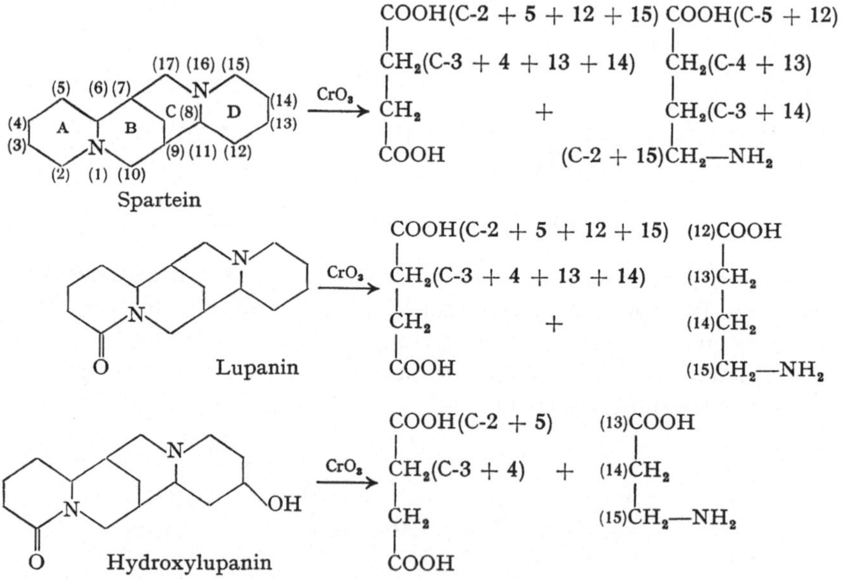

Schema 86. Chromsäureoxydation von Chinolizidin-alkaloiden

Außer in den drei erwähnten Fällen wurde die Chromsäure-Oxydation auch zum Abbau des Cytisins (*640*) und des Matrins (*642, 657*) verwendet. Aus Matrin lassen sich durch Oxydation unter milderen Bedingungen auch Chinolizidin-5,7-dicarbonsäure (*642*) und Glutarsäure (*657*) gewinnen.

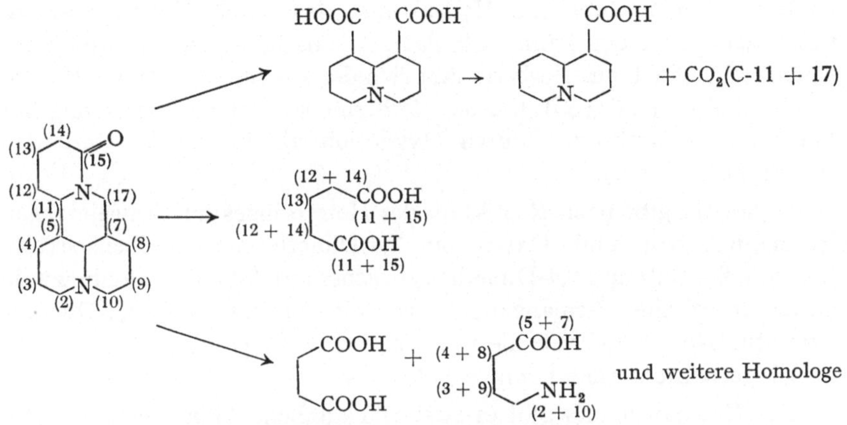

Schema 87. Abbau von Matrin

Aus dem einfachen Chinolizidin-alkaloid Lupinin wurden C-11 sowie C-2 + C-10 isoliert (*634, 637*).

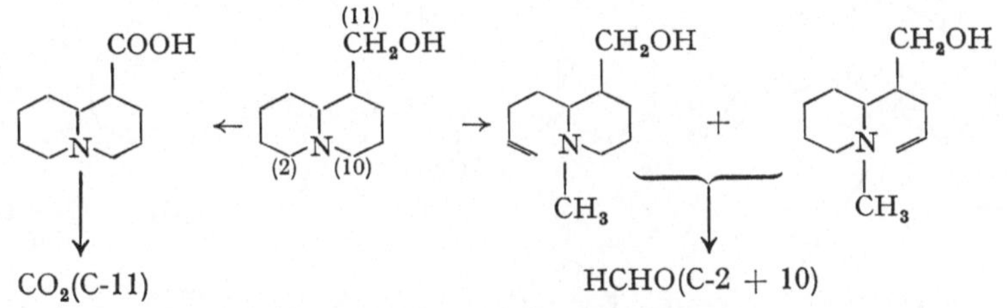

Schema 88. Abbau von Lupinin

10.12. Phenyläthylamine und biologische Abkömmlinge (Isochinoline) usw.

Phenyläthylamine können allgemein mit Permanganat zu den entsprechenden Benzoesäuren oxydiert werden, z. B. Mezcalin (*440*) und Norpseudoephedrin (*439*). Die Dimethylamino-Gruppierung des Hordenins läßt sich analog dem Abbau des Cholins als Trimethylamin isolieren [Vorschrift s. 4.2 (*400*)]. Das gleiche Produkt erhält man (neben p-Methoxystyrol), wenn man das Hordenin-methjodid dem Hofmann-Abbau unterwirft (*455, 498*). SHIBATA et al. (*373, 656*) erhielten aus Ephedrin durch Hydramin-Spaltung Methylamin und Phenylaceton, das mit Permanganat zu Essigsäure und Benzoesäure oxydiert wurde.

Bei den komplizierter gebauten Alkaloiden, die sich biogenetisch vom Phenyläthylamin ableiten, werden zur Ermittlung der Isotopenverteilung meist Reaktionen verwendet, die bereits zur Strukturaufklärung dienten.

Belladin läßt sich an der Stickstoff-Brücke mit Bromcyan oder durch
Hofmann-Abbau spalten (*45, 769*). Hydrastin gibt bei der oxydativen
Hydrolyse Opiansäure und Hydrastinin, das durch Hofmann-Abbau
weiter zerlegt werden kann (*289, 335*). Analog läßt sich Narkotolin abbauen (*403*). Auch aus Berberin läßt sich der Isochinolin-Teil als Hydrastinin erhalten (*290, 688*). C-8 des Berberins kann nach Umsetzung mit
Phenylmagnesiumbromid durch Oxydation als Benzoesäure erhalten
werden (*39, 55, 335*).

Papaverin gibt nach Reduktion des Heteroringes durch zweimaligen
Hofmann-Abbau und Oxydation 3,4-Dimethoxy-6-vinylbenzoesäure
(Isochinolin-Teil) und 3,4-Dimethoxybenzoesäure (*56*). Chelidonin wurde
durch energische Permanganat-Oxydation zu 4,5- und 3,4-Dimeth-
oxyphthalsäure abgebaut, die in Form der N-Äthylimide chromatographisch getrennt werden konnten (*446*).

Für Haemanthamin gibt es zwei sehr ähnliche Abbauverfahren (*54,
378*). Bei beiden erhält man aus C-11, C-12 und dem Stickstoff ein substituiertes Glycin (vgl. Schema 89).

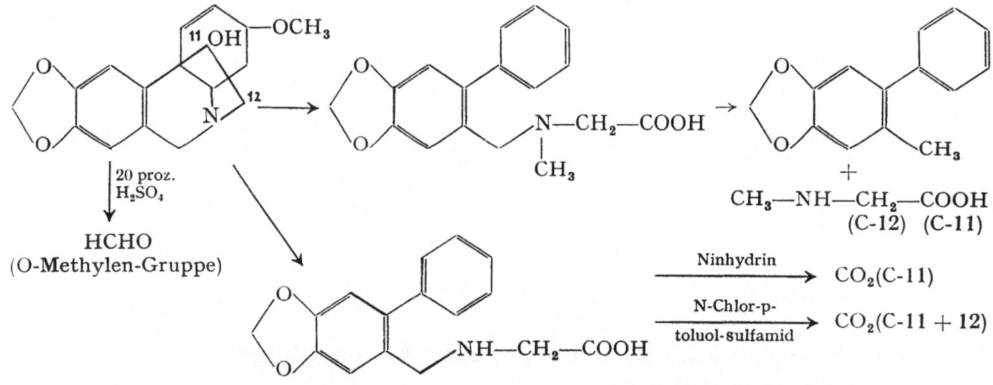

Schema 89. Abbau von Haemanthamin

Analog läßt sich auch Crinamin abbauen (*769*). Die Methylendioxy-
Gruppe wird durch Verseifung mit 20proz. Schwefelsäure als Formal-
dehyd erhalten (*40*) (vgl. Schema 89). Haemanthidin kann mit Methyl-
jodid in Tazettin umgewandelt werden, das beim Hofmann-Abbau N,N-
Dimethylglycin liefert (*768*). BATTERSBY, WILDMAN et al. (*45, 769*) haben
Lycorin nach dem Schema 90 abgebaut. Außerdem läßt sich durch ener-
gische Oxydation aus dem Ring A 4,5-Methylen-dihydroxyphthalsäure
(Hydrastsäure) erhalten (*711*).

Der Abbau des Morphins verläuft über das Acetyl-methylmorphol
(*47, 441, 575*). C-15 und C-16 werden dabei als Dimethyl-aminoäthanol

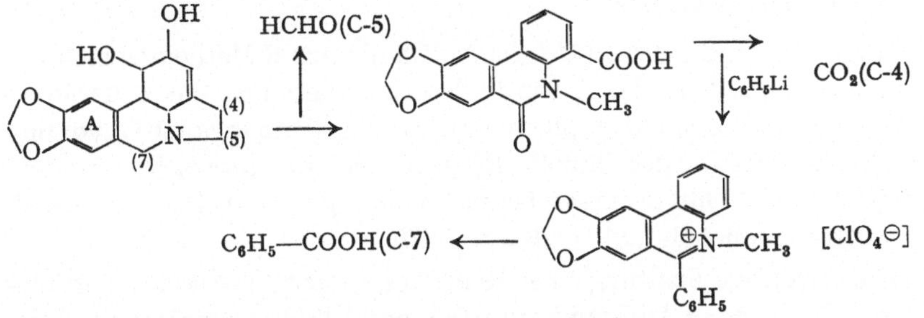

Schema 90. Abbau von Lycorin

isoliert *(441)* (vgl. Schema 91). Oxydation des Acetyl-methylmorphols gibt nach LEETE *(441)* Phthalsäure, nach RAPOPORT et al. *(575)* Phthalonsäure. BATTERSBY et al. *(47)* haben das Acetyl-methylmorphol zur entsprechenden Diphensäure oxydiert, die bei der Hydrolyse unter Abspaltung von C-10 als CO_2 einen Lactonring schließt. Die zweite Carboxyl-Gruppe kann danach mit Kupferchromit/Chinolin abgespalten werden. C-16 läßt sich auch noch durch zweimaligen Hofmann-Abbau und Spaltung des Olefins mit Osmiumsäure/Perjodat als Formaldehyd isolieren *(46, 47)*.

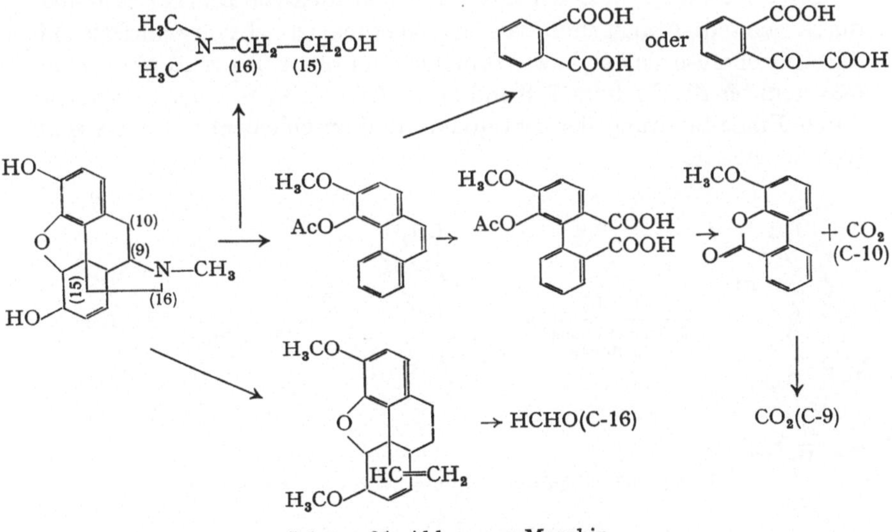

Schema 91. Abbau von Morphin

Weitere Abbaureaktionen wurden z. B. für Thebain *(531)*, Isothebain *(51)*, Narkotin *(58)*, Protopin *(39)* und, besonders umfassend, für Cephaelin beschrieben *(48)*.

10.13. Chinolin-Derivate

KOWANKO und LEETE (*414*) haben Chinin zur 6-Methoxychinolin-4-carbonsäure oxydiert. Diese wurde decarboxyliert und das 6-Methoxychinolin in der 2-Stellung phenyliert. Durch Permanganat-Oxydation konnte dann das C-2 des Chinolin-Ringes als Benzoesäure isoliert werden. Viridicatin (2,3-Dihydroxy-4-phenylchinolin) gibt mit H_2O_2 in Alkali o-Aminobenzophenon und Oxalsäure (*486*).

Die oxydative Spaltung einer Reihe homologer 2-n-Alkyl-4-hydroxychinolin-N-oxyde in Anthranilsäure, CO_2 und Alkylcarbonsäure beschrieben LUCKNER und RITTER (*487*).

10.14. Indolalkaloide

Gramin gibt bei der Alkalischmelze Indol-3-carbonsäure, die sich zu Indol decarboxylieren läßt (*135, 457*). (Über dessen weiteren Abbau s. 9.1.) Die Dimethylamino-Gruppe wird durch Umsetzung mit Äthyljodid und Kaliumäthylat als Äthyl-dimethylamin erhalten (*135*). Gliotoxin gibt mit Alkali Indol-2-carbonsäure, die ebenfalls leicht thermisch decarboxyliert wird (*710*). Zur Isolierung der N-Methyl-Gruppe als Methylamin s. (*743*).

Die C-Atome 7 und 17 der Lysergsäure wurden von BAXTER et al. (*60*) durch Schmidt-Abbau und, nach Umlagerung zum Lysergsäurelaktam, durch Ozonolyse als CO_2 bzw. Formaldehyd isoliert. BHATTACHARJI et al. (*83*) trennten die C-Atome 7, 8 und 17 des Elymoclavins bzw. Agroclavins durch Emde-Spaltung der Methjodide und anschließende Ozonolyse ab (vgl. Schema 92).

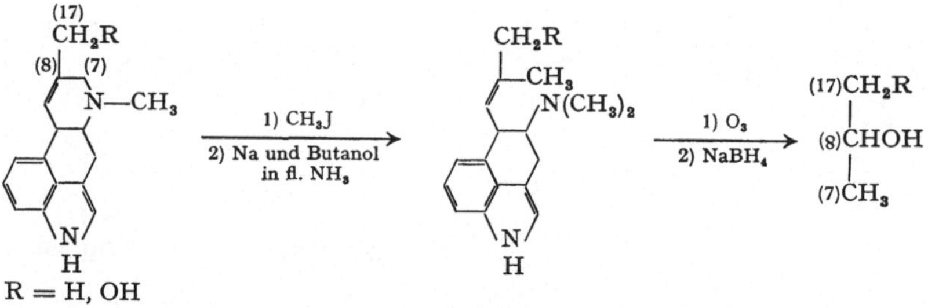

Schema 92. Abbau von Elymoclavin bzw. Agroclavin

Tritium an C-5 und C-10 des Elymoclavins läßt sich durch eine Folge von Reaktionen bestimmen, die unter Doppelbindungsverschiebung zu einem Naphthalin-Derivat führen (*267*).

Serpentin gibt bei der Alkalischmelze Harman. Dieses wird zum N-(ind)-Methylharman methyliert, dessen Ring C nach Reduktion durch

Emde-Spaltung geöffnet werden kann (*443*). Auf diese Weise können C-5, C-6, C-3 und C-14 einzeln bestimmt werden.

Harman aus Serpentin

333 mg Serpentin werden mit 8 g KOH im Mörser verrieben und im Nickeltiegel unter Rühren in einer N_2-Atmosphäre 40 min auf 360°C erhitzt. Man läßt abkühlen, gibt Eis zu und extrahiert die braune Lösung mit Äther. Die Äther-Phase wird getrocknet, eingedampft und das Harman mit äthanolischer Salzsäure als Hydrochlorid gefällt (100 mg Rohprodukt). Man löst es in Wasser, macht mit NaOH alkalisch und extrahiert mit Benzol. Die getrocknete Benzol-Lösung gibt man auf

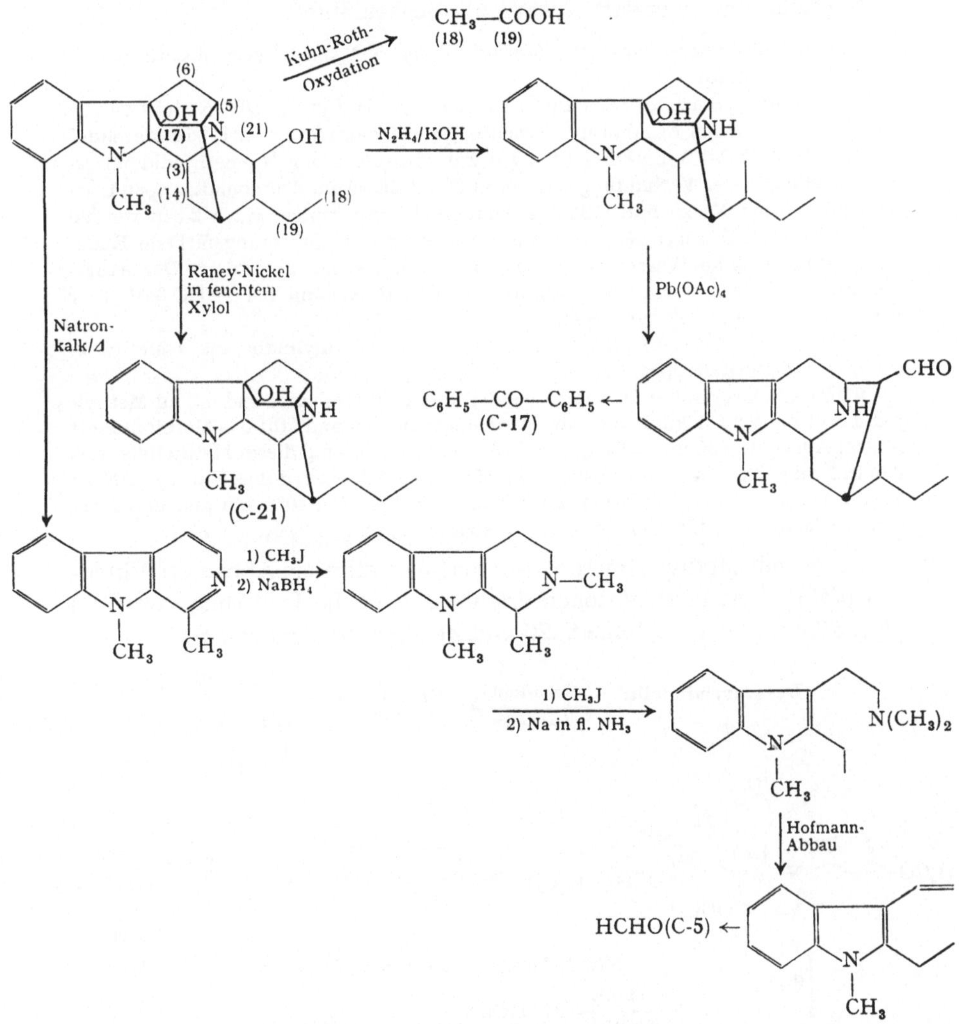

Schema 93. Abbau von Ajmalin

eine Säule (Al$_2$O$_3$, Aktivität III), wäscht zuerst mit Benzol und löst dann das Harman mit Benzol + 10% Äthanol heraus. Eine weitere Reinigung gelingt durch Sublimation (200°C/0,001 Torr) und Kristallisation aus Benzol/Petroläther; Ausbeute 34 mg = 20%, Fp. 237 bis 238°C. Zur Umwandlung in N(ind)-Methylharman s. (*564*).

Analog läßt sich Ajmalin zu (vgl. Schema 93) N(ind)-Methylharman und Harman abbauen (*444, 453*). Das C-Atom 21 des Ajmalins kann man mit Raney-Nickel in feuchtem Xylol (*246*) aus dem Molekül herausspalten. Durch Ringöffnung und anschließende Behandlung mit Bleitetraacetat überführt man das C-17 in eine Aldehyd-Gruppe und isoliert es durch Umsetzung mit Phenyllithium und Oxydation als Benzophenon (*452*) (nicht, wie zu erwarten wäre, als Benzoesäure).

Beispiel für Emde-Spaltung: 1-Methyl-2-äthyl-N,N-dimethyltryptamin aus N-(ind)-Methylharman.

N(ind)-Methylharman wird durch Kochen mit CH$_3$J in CH$_3$OH, Reduktion mit NaBH$_4$ in siedendem Äthanol und erneute Quartärnierung mit CH$_3$J in Methanol zu N(ind)-Methyl-1,2-dimethyl-1,2,3,4-tetrahydro-β-carbolin-N$_\beta$-methjodid umgesetzt. 160 mg dieser Verbindung werden in 20 ml flüssigem Ammoniak suspendiert. Man gibt 37 mg Na zu und läßt das Ammoniak verdampfen. Nach 2 Std werden nochmals 20 ml flüssiges NH$_3$ und 5 mg Na zugegeben. Der orangefarbene Rückstand wird in 20 ml Wasser aufgenommen und mit Äther extrahiert. Der Äther-Extrakt wird getrocknet, eingedampft und der Rückstand bei 190°C/0,01 Torr destilliert; Ausbeute 92 mg = 89%.

Beispiel für Hofmann-Abbau: 1-Methyl-2-äthyl-3-vinylindol aus 1-Methyl-2-äthyl-N,N-dimethyltryptamin.

92 mg des Tryptamin-Derivates werden mit 1 ml Methanol und 0,3 ml Methyljodid 2 Std unter Rückfluß gekocht. Dann engt man ein und fällt das Methjodid mit Äther; Ausbeute 136 mg = 91%, Fp. 216 bis 217°C. 131 mg dieses Methjodids werden in 7 ml heißem Wasser gelöst und mit feuchtem Silberoxyd (aus 170 mg AgNO$_3$) 10 min gerührt. Nach Filtration dampft man im Vak. bei 40°C ein und destilliert den Rückstand bei 175°C/0,001 Torr; Ausbeute 61,3 mg = 94%.

Zu N(ind)-Methyl-7-methoxy-norharman führt ein Abbau des Vindolins (*450*). Weitere Reaktionen erlauben dann die Isolierung von C-22 (*303, 503*) und der C-Atome 5, 20 und 21 (*450*) (vgl. Schema 94).

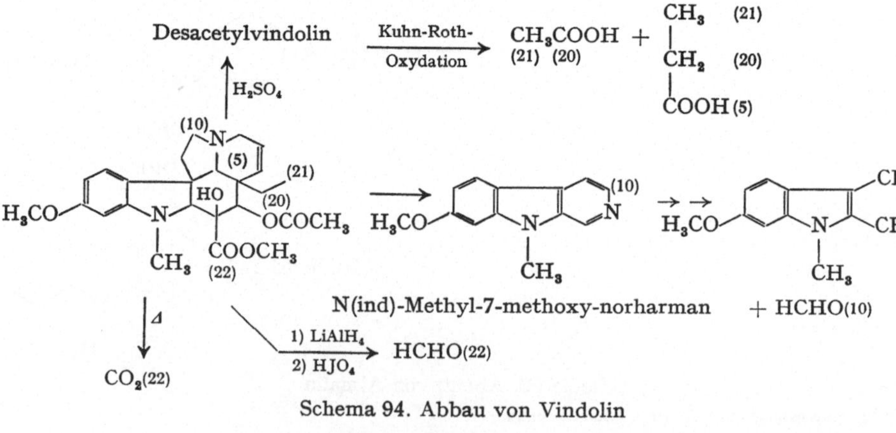

Schema 94. Abbau von Vindolin

10.15. Colchicin und Verwandte

Die N-Acetyl-Gruppe des Colchicins wird durch saure Verseifung als Essigsäure abgespalten. Oxydation mit $K_3[Fe(CN)_6]$ gibt aus dem Ring A 3,4,5-Trimethoxy-phthalsäure, die entmethyliert und stufenweise decarboxyliert werden kann (*460, 461*). Ganz analog kann Demecolcin abgebaut werden (*461*). BATTERSBY und REYNOLDS (*59*) isolierten das C-Atom 6 des Colchicins auf dem in Schema 95 gezeigten Weg.

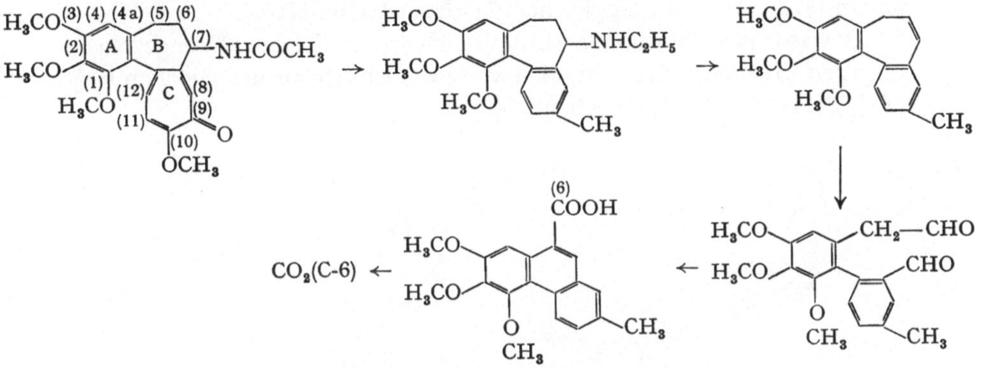

Schema 95. Abbau des Colchicins

Später wurden vom gleichen Arbeitskreis noch weitere Abbaureaktionen für das Colchicin beschrieben (*49*). Ozonspaltung gibt Bernsteinsäure und Glutaminsäure, die aus dem Ring B stammen. Durch Ringverengung und Oxydation läßt sich der Ring C als Trimellitsäure bzw. Phthalsäure herausspalten.

10.2. Pflanzliche Phenylpropan-Derivate

Kaffeesäure haben McCALLA und NEISH (*502*) nach Methylierung der Hydroxyl-Gruppen mit Permanganat zu 3,4-Dimethoxy-benzoesäure oxydiert. Bei der p-Cumarsäure wurde für die analoge Oxydation Permanganat/Perjodsäure verwendet (*547*).

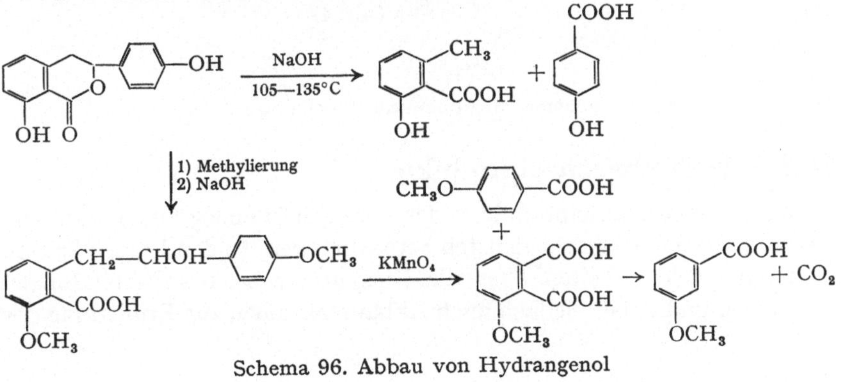

Schema 96. Abbau von Hydrangenol

Über den Abbau des Cumarins s. 9.6. Hydrangenol konnten BILLEK und KINDL (*86*) so abbauen, wie es das Schema 96 zeigt.

Quercetin gibt bei der Alkalischmelze Phloroglucin und Protocatechusäure (*748*). Aus dem Pentamethyläther des Quercetins erhält man bei der alkalischen Hydrolyse Veratrumsäure und, je nach den Bedingungen, Phloroglucin-monomethyläther (*658, 659*) oder 2′-Hydroxy-2,4′,6′-trimethoxy-acetophenon (*725*).

Cyanidin liefert bei der Alkalischmelze Protocatechusäure und Phloroglucin (*312, 313, 323*), desgleichen das Epicatechin (*546*).

Das Isoflavon Formononetin läßt sich wie in Schema 97 angegeben, abbauen (*314, 321, 545*). Ähnlich verläuft der Abbau des Biochanin A (*291, 292, 320, 545*) (vgl. Schema 98).

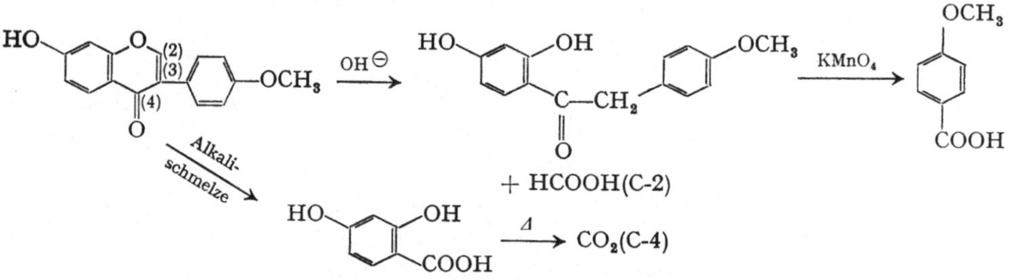

Schema 97. Abbau von Formononetin

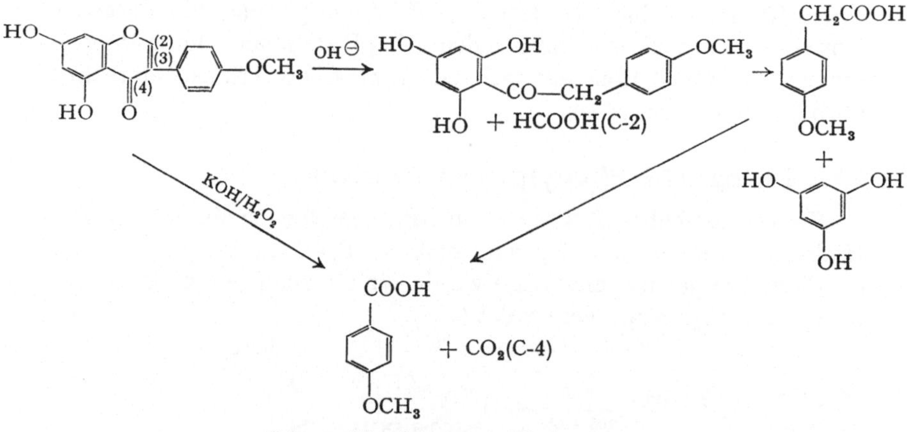

Schema 98. Abbau von Biochanin A

10.3. Pilz-Stoffwechselprodukte

Zu den Stoffwechselprodukten der Pilze gehört eine große Anzahl von Verbindungen der verschiedensten Strukturtypen. In den letzten Jahren sind sehr viele Arbeiten über die Biosynthese solcher Verbindungen erschienen und dabei vielfach auch Abbaureaktionen zur Ermittlung der

Isotopenverteilung beschrieben worden. Es würde zu weit führen, alle diese Abbaureaktionen hier zu besprechen; somit muß auf die Liste der abgebauten Verbindungen (s. 186) verwiesen werden. Das ist um so eher möglich, als in vielen Fällen nur allgemein bekannte Reaktionen, z. B. Kuhn-Roth-Oxydation, Decarboxylierung, Ozonisierung, Perjodat-Spaltung und dergleichen verwendet worden sind, die hier nicht mehr behandelt werden müssen. Nur einige Beispiele seien noch herausgegriffen:

Cyclopaldsäure läßt sich unter Decarboxylierung mit Hydrazin zu einem Phthalazin-Derivat kondensieren, das durch Permanganat zu Phthalazin-4,5-dicarbonsäure oxydiert wird (*102*) (vgl. Schema 99).

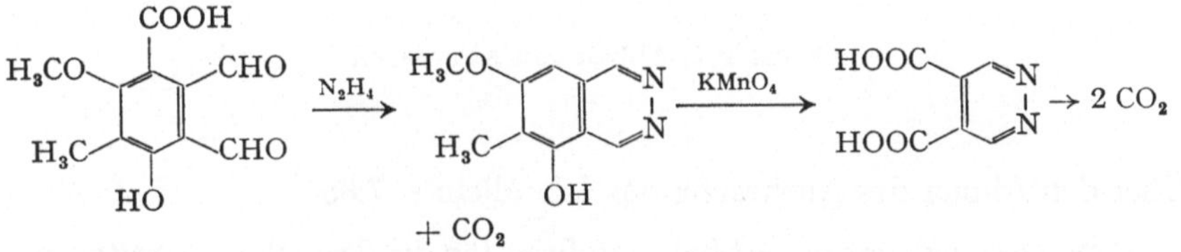

Schema 99. Abbau von Cyclopaldsäure

Ganz analog verläuft der Abbau des Flavipins (*114*). 5-Hydroxy-2-methyl-chromanon wurde entsprechend Schema 100 abgebaut (*8*).

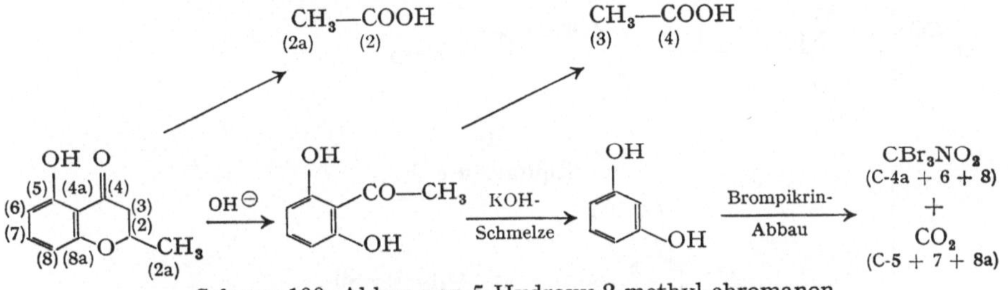

Schema 100. Abbau von 5-Hydroxy-2-methyl-chromanon

Der Ring A des Griseofulvins kann nach Birch et al. (*106*) durch Behandlung mit Natriummethylat als 2-Hydroxy-3-chlor-4,6-dimethoxy-benzoesäure isoliert werden. (Über deren weiteren Abbau s. 7.12.) Das zweite Bruchstück (Ring C) ist 3,5-Dihydroxytoluol (Orcin). Über einen weiteren Abbau des Griseofulvins, der den Ring C erfaßt, s. (*356*).

Alternariol (*717*) ließ sich, nach Methylierung der freien Hydroxyl-Gruppen, mit Permanganat zu einem Gemisch von 2,4-Dimethoxyphthal- und -phthalonsäure oxydieren (beide aus Ring B). Außerdem wurden, nach einer Decarboxylierung, in den Positionen 3,5,4′ und 6′ Nitro-Gruppen für einen Brompikrin-Abbau eingeführt (vgl. Schema 101).

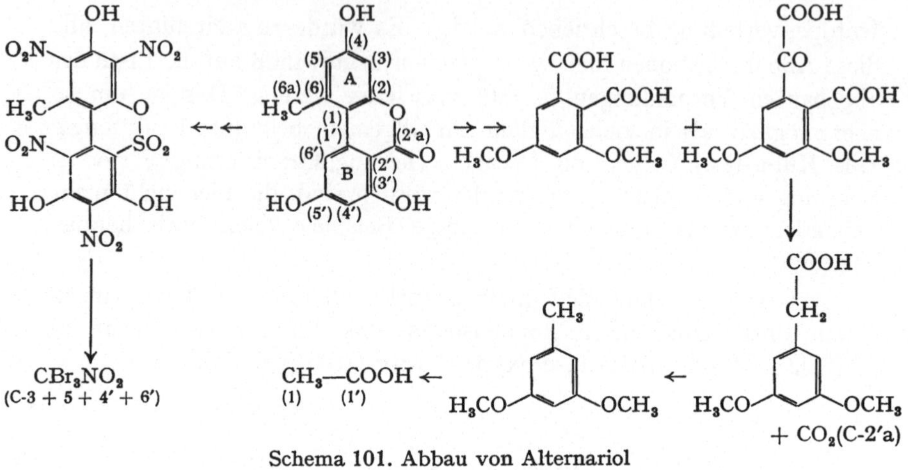

Schema 101. Abbau von Alternariol

Über den Abbau des Anthrachinons Islandicin s. 7.05.

BENTLEY (*68*) hat ein Abbauverfahren für die Tropolone Stipitaton- und Stipitatsäure entwickelt (vgl. Schema 102).

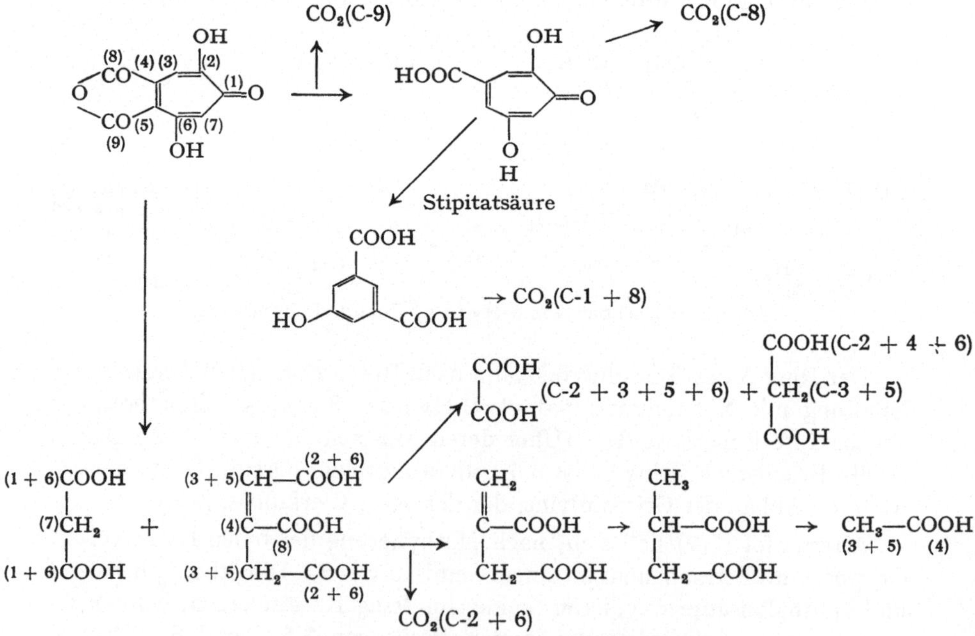

Schema 102. Abbau von Stipitatonsäure

Ganz analog lassen sich die Puberulonsäure und die Puberulsäure abbauen (*587*).

Patulin gibt mit Jodwasserstoff die 6-Jod-4-keto-capronsäure, die zur Capronsäure reduziert werden kann (*714*). Carlossäure und Carolsäure werden durch verdünnte Säuren in CO_2, Acetoin und Buttersäure bzw. γ-Butyrolakton gespalten (*69, 489*).

Penicillsäure liefert mit Phenylhydrazin CO_2 (C-1), Methanol (C-8) und ein Pyrazolin-Derivat (*70, 91, 517*), durch dessen weiteren Abbau die C-Atome 2 und 3 bestimmt werden können. C-6 erhält man durch Ozonisierung als Formaldehyd und C-5 und C-7 durch Kuhn-Roth-Oxydation als Essigsäure. C-4 kann durch Hydrierung der exocyclischen Doppelbindung, Chromsäure-Oxydation und Decarboxylierung der erhaltenen Isobuttersäure als CO_2 isoliert werden (*70*).

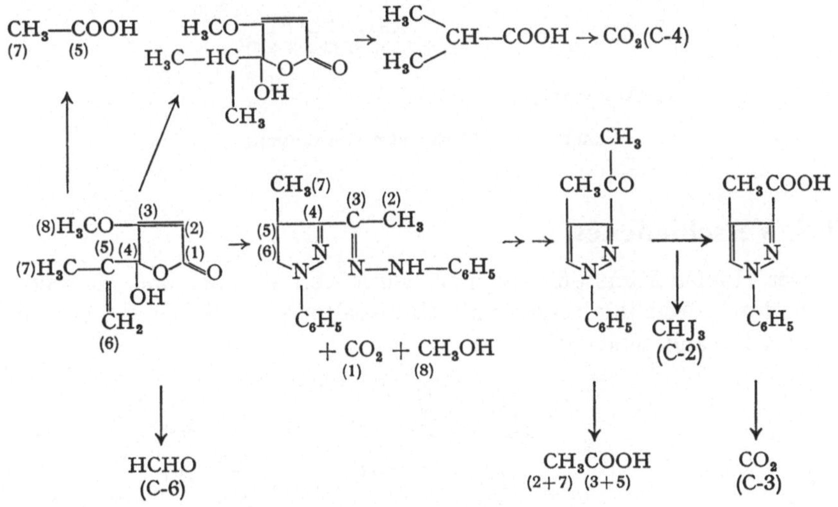

Schema 103. Abbau von Penicillsäure

Acetomycin gibt bei der alkalischen Hydrolyse CO_2, Essigsäure und ein Dimethyl-cyclopentenon, das durch Ozonisierung in Lävulinsäure überführt werden kann. Mit Semicarbazid erhält man 2,3,4-Trimethylpyrrol-1-harnstoff. Die erhaltenen Abbauprodukte wurden jeweils der Kuhn-Roth-Oxydation unterworfen (*24*) (vgl. Schema 104).

Tenuazonsäure liefert bei der sauren Hydrolyse und anschließender Jodoform-Reaktion Isoleucin (*700*). Zum Abbau der Kojisäure siehe 9.6. Reaktionen zum vollständigen Abbau der Seitenkette des Chloramphenicols beschreiben VINING und WESTLAKE (*742*).

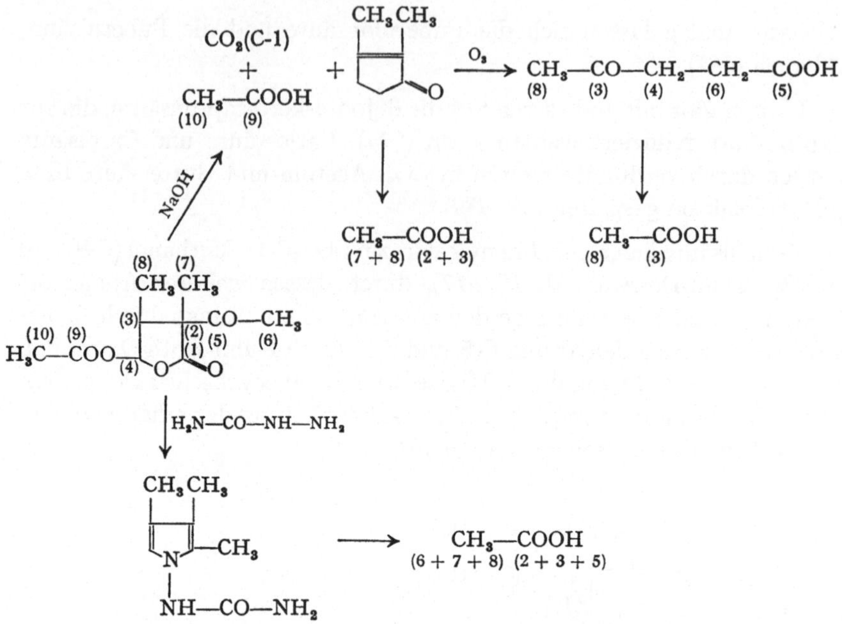

Schema 104. Abbau von Acetomycin

10.4. Verschiedenes

Der Hopfenbitterstoff Humulon wurde von WRIGHT und HOWARD
(*789*) durch Alkalihydrolyse und Ozonspaltung der Produkte wie in
Schema 105 angegeben abgebaut.

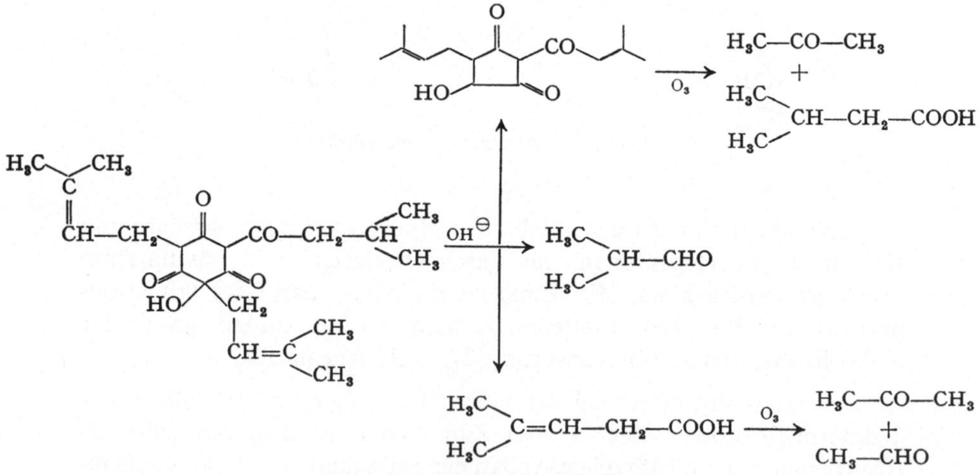

Schema 105. Abbau von Humulon

Gossypol gibt bei der Oxydation mit Bichromat in Schwefelsäure Aceton aus den beiden Isopropyl-Gruppen. Die Formyl-Gruppen können als Ameisensäure isoliert werden (*348*).

Chrysanthemumsäure liefert bei der Ozonspaltung Aceton und Caronsäure, die der Kuhn-Roth-Oxydation unterworfen wurde (*206*) (vgl. Schema 106).

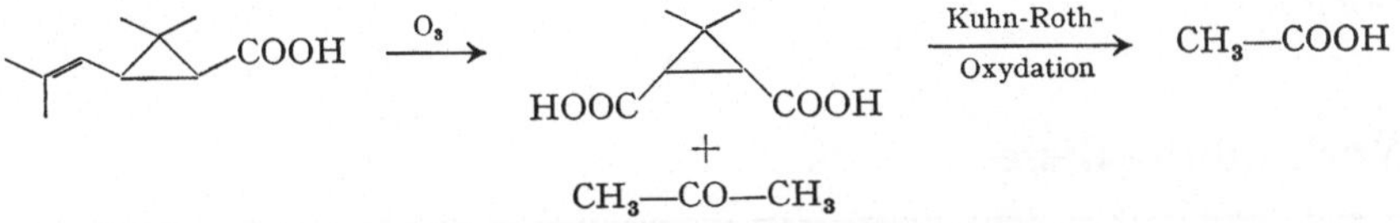

Schema 106. Abbau von Chrysanthemumsäure

Für eine Reihe von Senfölglucosiden wurden Abbaureaktionen entwickelt, so für Sinigrin (*500, 546*), Glucotropaeolin (*66, 724*), Gluconasturtiin (*724*) und Sinalbin (*396*). Die Spaltung mit Myrosinase erlaubt die Trennung der beiden Schwefelatome, die als Sulfat und substituiertes Thiocyanat anfallen. Eine Säurehydrolyse gibt die dem Aglycon entsprechende Carbonsäure. Diese oder das aus dem Thiocyanat erhaltene Amin dienen dann als Ausgangsmaterial für den Abbau des Aglykons (vgl. Schema 107).

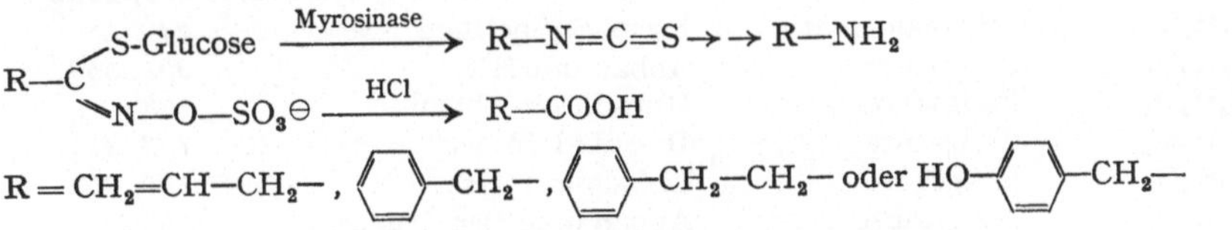

Schema 107. Abbau von Senfölglucosiden

Gentisin kann durch Alkalischmelze in Phloroglucin und Gentisinsäure zerlegt werden (*268*) wie es in Schema 108 gezeigt wird.

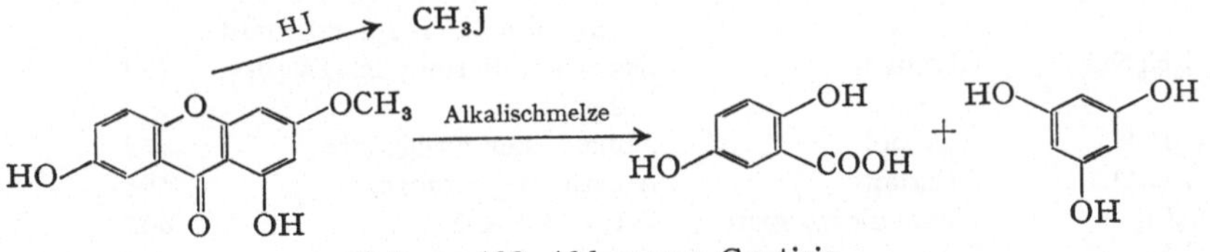

Schema 108. Abbau von Gentisin

Gentisinsäure und Phloroglucin aus Gentisin

300 mg Gentisin und je 2 g NaOH und KOH werden gemischt und im Silbertiegel unter N_2 bis zum Ende der Gasentwicklung (etwa 75 min) auf 280°C erhitzt. Man läßt die Schmelze unter N_2 erkalten und gibt sie danach in überschüssige 2n H_2SO_4. Die Lösung wird nun mit Kochsalz gesättigt und erschöpfend aus-

geäthert (etwa 10 mal). Aus der Ätherphase schüttelt man die Gentisinsäure mit 2 mal 2 ml gesättigter Natriumbicarbonat-Lösung aus und läßt diese Lösung sofort in 2 n H_2SO_4 einfließen. Danach wird die Äther-Phase getrocknet, eingedampft und der Rückstand durch Lösen in wenig Essigester und Zugabe von Petroläther umkristallisiert; Ausbeute 43,2 mg Phloroglucin. Eine weitere Reinigung gelingt durch Sublimation bei 170 bis 180° C/0,3 Torr. Die Gentisinsäure kann aus der schwefelsauren Lösung durch Sättigen mit Kochsalz und Ausschütteln mit Äther isoliert werden, worauf man sie aus Essigester/Petroläther umkristallisiert; Ausbeute 56,8 mg.

Verbindungsliste

Summenformel	Verbindung	Methode	Literatur
$C_2H_2O_3$	Glyoxylsäure	Oxydation mit HJO_4	41, 179
$C_2H_2O_3$	Glyoxylsäure	Decarboxylierung des 2,4-Dinitrophenylhydrazons	132
$C_2H_2O_3$	Glyoxylsäure	Oxydation mit Cer-IV	15
$C_2H_2O_3$	Glyoxylsäure	Oxydation des Semicarbazons mit $KMnO_4$	151
$C_2H_2O_3$	Glyoxylsäure	Abbau über Glycin	770
C_2H_4O	Acetaldehyd	Abbau mit NaOJ	738, 782
C_2H_4O	Acetaldehyd	Oxydation mit Bichromat, HN_3	358
C_2H_4O	Acetaldehyd	H an C-1, H an C-2	393
C_2H_4O	Acetaldehyd	H an C-1, H an C-2 enzymatisch	280, 280a
$C_2H_4O_2$	Glykolaldehyd	Perjodat-Spaltung	44
$C_2H_4O_2$	Essigsäure	Abbau mit HN_3	391, 553
$C_2H_4O_2$	Essigsäure	Hunsdieker-Abbau	298
$C_2H_4O_2$	Essigsäure	Ba-Salz-Pyrolyse	163, 413
$C_2H_4O_2$	Essigsäure	Li-Salz-Pyrolyse	199, 200
$C_2H_4O_2$	Essigsäure	Abbau über Benzimidazol-Derivat	606
$C_2H_4O_3$	Glykolsäure	Oxydation mit Cer-IV	15
$C_2H_4O_3$	Glykolsäure	Oxydation mit Bleitetraacetat	633
$C_2H_4O_3$	Glykolsäure	stereospez. Best. von H-Isotopen	378a
$C_2H_5NO_2$	Glycin	Ninhydrin	663, 738
$C_2H_5NO_2$	Glycin	C-1 durch Decarboxylierung mit Chinolin/Kupferchromit	642, 657
$C_2H_5NO_2$	Glycin	Decarboxylierung des Tosylderivates	174
C_2H_6O	Äthanol	Abbau über Essigsäure	413
C_2H_6O	Äthanol	Abbau zu Jodoform	600
C_3Cl_6	Hexachlorpropen	C-1, C-2 + C-3	662
C_3H_4	Allen		495
C_3H_4	Methylacetylen	C-1 + C-3	495
$C_3H_4N_2O_2$	Hydantoin	alle C-Atome	210
$C_3H_4O_2$	Acrylsäure	alle C-Atome	307, 631
$C_3H_4O_3$	Brenztraubensäure	Oxydation mit $KMnO_4$	653
$C_3H_4O_3$	Brenztraubensäure	Oxydation mit Cer-IV-sulfat	729
$C_3H_4O_3$	Brenztraubensäure	Reduktion zu Propionsäure, HN_3	515

Summenformel	Verbindung	Methode	Literatur
$C_3H_4O_3$	Brenztraubensäure	Pyrolyse	164, 271
$C_3H_4O_3$	Brenztraubensäure	Vergärung zu CO_2 und Acetaldehyd	707
$C_3H_4O_4$	Malonsäure	Decarboxylierung	68, 85
$C_3H_5NO_3$	Oxalsäure-monomethylamid	C-1, C-2	713
$C_3H_5NO_4$	β-Nitropropionsäure	alle C-Atome	113
C_3H_6	Propen	Oxydation zu CO_2 und CH_3COOH	273
C_3H_6	Propen	Abbau über Aceton	421
C_3H_6O	Propionaldehyd	alle C-Atome	501
C_3H_6O	Aceton	Jodoform-Reaktion	163, 199, 413, 466, 751
$C_3H_6O_2$	Propionsäure	Schmidt-Abbau	553, 591
$C_3H_6O_2$	Propionsäure	Bichromat-Oxydation	530, 586
$C_3H_6O_2$	Propionsäure	Abbau über Milchsäure, alle C-Atome	217, 784
$C_3H_6O_2$	Propionsäure	Ba-Salz-Pyrolyse	168, 787
$C_3H_6O_2$	Propionsäure	stereospezifischer Abbau zur Unterscheidung der beiden Wasserstoffe an C-2	671
$C_3H_6O_3$	Milchsäure	Oxydation mit CrO_3	19, 217
$C_3H_6O_3$	Milchsäure	Oxydation mit $KMnO_4$ zu Essigsäure	332, 391, 782
$C_3H_6O_3$	Milchsäure	Oxydation mit Cer-IV zu Acetaldehyd	252
$C_3H_6O_3$	Milchsäure	Abbau über Benzimidazol-Derivat	606
$C_3H_6O_3$	Methoxyessigsäure	C-1	14
$C_3H_6O_4$	Glycerinsäure	alle C-Atome	15, 41
$C_3H_6O_4$	Glycerinsäure	Spaltung mit $NaJO_4$ zu HCHO und Glyoxylsäure	132
C_3H_7N	Allylamin	alle C-Atome	500
$C_3H_7NO_2$	Alanin	H an C-2, H an C-3	393
$C_3H_7NO_2$	Alanin	Ninhydrin, $KMnO_4$	298
$C_3H_7NO_2$	Alanin	Ninhydrin, Bichromat, HN_3	358
$C_3H_7NO_2$	Alanin	Ninhydrin, NaOJ	247, 738
$C_3H_7NO_2$	β-Alanin	Schmidt-Abbau	638
$C_3H_7NO_2$	β-Alanin	alle C-Atome	259, 425, 555, 746
$C_3H_7NO_2$	Sarkosin	C-1, C-2, N-Methyl	54
$C_3H_7NO_3$	Serin	alle C-Atome $(NaJO_4)$	177, 614
$C_3H_7NO_3$	Serin	alle C-Atome (Ninhydrin, $NaJO_4$)	663
C_3H_8	Propan	Pyrolyse zu CH_4 und C_2H_4	421
C_3H_8O	n-Propanol	alle C-Atome	586, 591
C_3H_8O	Isopropanol	C-1 + C-3	421
C_3H_8O	Isopropanol	^{3}H-Verteilung	281
$C_3H_8O_2$	Propandiol-1,2	alle C-Atome	83
$C_3H_8O_3$	Glycerin	Spaltung mit $NaJO_4$	235, 626

Summenformel	Verbindung	Methode	Literatur
$C_3H_8O_3$	Glycerin	Spaltung mit $Pb(OAc)_4$	235
$C_3H_8O_3$	Glycerin	enzymatisch, stereospezifisch alle C-Atome	576
C_3H_9N	Isopropylamin	alle C-Atome	704
$C_3H_9O_6P$	α-Glycerinphosphat	alle C-Atome einzeln	44, 576
$C_4H_4N_2O_2$	Uracil	alle C-Atome	425
$C_4H_4N_2O_2$	Uracil	Abbau zu Harnstoff und Oxalsäure	346, 424
$C_4H_4O_3$	Bernsteinsäureanhydrid	Schmidt-Abbau	554
$C_4H_4O_4$	Fumarsäure	Hydrierung zu Bernsteinsäure	232
$C_4H_4O_4$	Fumarsäure	C-2 + C-3 mit $KMnO_4$	7
$C_4H_4O_5$	Epoxybernsteinsäure	alle C-Atome	770
$C_4H_4O_5$	Oxalessigsäure	C-1, C-4	728
$C_4H_4O_5$	Oxalessigsäure	Decarboxylierung zu Pyruvat	540, 785
$C_4H_5N_3O$	Cytosin	Amino-Stickstoff	754
$C_4H_6N_4O_3$	Allantoin	C-2 + C-7, C-4, C-5	684
C_4H_6O	Cyclobutanon	alle C-Atome	649
$C_4H_6O_2$	γ-Butyrolakton	Reduktion zu Buttersäure, alle C-Atome	69, 489
$C_4H_6O_2$	γ-Butyrolakton	C-1	501
$C_4H_6O_2$	Vinylessigsäure	alle C-Atome	183
$C_4H_6O_2$	Crotonsäure	alle C-Atome	183
$C_4H_6O_2$	Cyclopropancarbonsäure	C-4	170, 501, 593
$C_4H_6O_3$	α-Ketobuttersäure	alle C-Atome, Oxydation mit $KMnO_4$	653
$C_4H_6O_3$	Acetessigsäure	alle C-Atome	232, 752
$C_4H_6O_3$	Acetessigsäure	C-1, C-3, C-2 + C-4	750
$C_4H_6O_4$	Bernsteinsäure	Curtius-Abbau	67, 201
$C_4H_6O_4$	Bernsteinsäure	Schmidt-Abbau	554, 706
$C_4H_6O_4$	Bernsteinsäure	Hunsdieker-Abbau	232
$C_4H_6O_4$	Bernsteinsäure	Ba-Salz-Pyrolyse	422, 778
$C_4H_6O_4$	Bernsteinsäure	Kondensation mit Zimtaldehyd	636
$C_4H_6O_4$	Bernsteinsäure	enzymatischer Abbau zu Pyruvat	785
$C_4H_6O_5$	Äpfelsäure	alle C-Atome	728, 783
$C_4H_6O_5$	Äpfelsäure	C-1 + C-4, C-2, C-3	67
$C_4H_6O_5$	Äpfelsäure	C-4 enzymatisch	534
$C_4H_6O_5$	Methyltartronsäure	thermische Decarboxylierung	222
$C_4H_6O_6$	Weinsäure	Perjodat-Spaltung	770
C_4H_7Cl	1-Chlorbuten-(3)	alle C-Atome	501
C_4H_7Cl	Methallylchlorid	alle C-Atome	578
$C_4H_7NO_2$	Azetidin-2-carbonsäure	Carboxylgruppe mit Ninhydrin	449
$C_4H_7NO_4$	Asparaginsäure	alle C-Atome	247
$C_4H_7NO_4$	Asparaginsäure	C-1, C-4, Umwandlung in Äpfelsäure	569
$C_4H_7NO_4$	Asparaginsäure	C-1	465

Summenformel	Verbindung	Methode	Literatur
$C_4H_7NO_4$	Asparaginsäure	C-4 mit *Clostridium welchii*, weiterer Abbau des Alanins	508, 533
C_4H_8	Isobuten	alle C-Atome	578, 594
$C_4H_8N_2O_3$	Asparagin	C-1, C-4	121
$C_4H_8N_2S$	Allylthioharnstoff	alle C-Atome	500
C_4H_8O	Butyraldehyd	alle C-Atome	297
C_4H_8O	Cyclobutanol	C-1, C-3, C-2 + C-4	501, 593
C_4H_8O	Isobutyraldehyd	alle C-Atome	704
C_4H_8O	Isobutyraldehyd	C-1	504
C_4H_8O	Methyläthylketon	alle C-Atome	623, 703
C_4H_8O	Cyclopropylcarbinol	C-4	501, 593
$C_4H_8O_2$	Buttersäure	alle C-Atome nach SCHMIDT	516
$C_4H_8O_2$	Buttersäure	Oxydation zu CO_2 und Aceton	781
$C_4H_8O_2$	Buttersäure	stereospezifischer Abbau zur Unterscheidung der beiden Wasserstoffe an C-3	671
$C_4H_8O_2$	Isobuttersäure	C-1	70, 504
$C_4H_8O_2$	Isobuttersäure	alle C-Atome	702, 704
$C_4H_8O_2$	Acetoin	alle C-Atome	69, 332, 489
$C_4H_8O_2$	Methoxyaceton	C-2, C-3	14
$C_4H_8O_3$	Äthoxyessigsäure	C-1	14
$C_4H_8O_3$	β-Hydroxybuttersäure	C-1, C-2 + C-4	661
$C_4H_8O_4$	Erythrose	alle C-Atome direkt	407
$C_4H_8O_4$	Erythrulose	alle C-Atome	43
$C_4H_8O_5$	Erythronsäure	alle C-Atome direkt	407
$C_4H_8O_5$	Erythronsäure	C-1, C-2 + C-3, C-4 mit Perjodat	363, 364
C_4H_9NO	n-Butyramid	C-1 mit $Ba(OBr)_2$	176
$C_4H_9NO_2$	γ-Aminobuttersäure	C-1 mit HN_3	350, 636
$C_4H_9NO_2$	N-Methyl-β-alanin	alle C-Atome	631, 794
$C_4H_9NO_3$	Threonin	alle C-Atome	247
$C_4H_{10}N_2O_2$	α,γ-Diaminobuttersäure	alle C-Atome	259, 555, 746
$C_4H_{10}O$	sek. Butanol	C-1	590
$C_4H_{10}O$	tert. Butanol	alle C-Atome	594
$C_4H_{10}O_2$	Butan-1,2-diol	alle C-Atome	501
$C_4H_{10}O_2$	Isobutan-1,2-diol	alle C-Atome	594
$C_4H_{11}N$	2-Aminobutan	alle C-Atome	623, 703
$C_4H_{12}N_2$	1,2-Diaminobutan	C-1 + C-4	706
$C_5H_4N_4O$	Hypoxanthin	N-1, N-3 + N-9, N-7	463
$C_5H_4N_4O$	Hypoxanthin	Umwandlung in Harnsäure	340, 463, 685
$C_5H_4N_4O_2$	Xanthin	alle C- und N-Atome, N-1 + N-3 als Summe	255
$C_5H_4N_4O_3$	Harnsäure	alle C-Atome	684
$C_5H_4N_4O_3$	Harnsäure	alle N-Atome	426
$C_5H_4N_4O_3$	Harnsäure	C-4, C-5, C-6, N-1 + N-7	340, 463
$C_5H_4N_4O_3$	Harnsäure	C-5, C-6, C-2 + C-8	139, 140
$C_5H_4N_4O_3$	Harnsäure	N-1 + N-3, N-7, N-9	685
$C_5H_4N_4O_3$	Harnsäure	N-1 + N-3, N-1 + N-7	173

Summenformel	Verbindung	Methode	Literatur
C_5H_5N	Pyridin	C-2 + C-6	*331 a*
$C_5H_5N_5$	Adenin	Umwandlung in Hypoxanthin	*35*
$C_5H_5N_5O$	Guanin	Abbau zu Glycin und zu Guanidin	*4, 346*
$C_5H_5N_5O$	Guanin	alle C- und N-Atome, N-1 + N-3 als Summe	*255*
$C_5H_5N_5O$	Guanin	N-1 + N-3, N-7 + N-9, N-10	*558*
C_5H_6	Cyclopentadien	C-1	*719*
$C_5H_6N_2O_2$	Thymin	C-2, C-4, C-7	*410*
$C_5H_6O_4$	Itaconsäure	C-4, C-5	*587, 693*
$C_5H_6O_4$	Mesaconsäure	C-2, C-5 nach KUHN-ROTH	*528*
$C_5H_6O_5$	α-Ketoglutarsäure	alle C-Atome	*516*
$C_5H_6O_5$	α-Ketoglutarsäure	C-1, C-2 + C-5, C-3 + C-4	*150, 186, 467, 786*
C_5H_8	Isopren	C-2, C-3, C-4, C-1 + C-5	*649*
C_5H_8	Cyclopenten	C-1 + C-2	*719*
$C_5H_8Br_2$	1,2-Dibromcyclopentan	C-1 + C-2	*719*
$C_5H_8Cl_2O_2$	Caldariomycin	C-1 + C-3, C-2, C-4 + C-5	*64*
C_5H_8O	Cyclopentanon	alle C-Atome	*723*
C_5H_8O	Cyclopentanon	C-1, C-2 + C-5, C-3 + C-4	*511*
C_5H_8O	Cyclopentanon	C-1	*481*
$C_5H_8O_3$	Lävulinsäure	alle C-Atome	*201*
$C_5H_8O_3$	Lävulinsäure	C-1, C-2 + C-3, C-4, C-5	*76, 715*
$C_5H_8O_3$	Lävulinsäure	Kuhn-Roth-Oxydation	*24*
$C_5H_8O_3$	Brenztraubensäure-äthylester	Pyrolyse	*271*
$C_5H_8O_4$	Glutarsäure	alle C-Atome	*395, 565*
$C_5H_8O_4$	Glutarsäure	C-1 + C-5	*596, 706, 723*
$C_5H_8O_4$	Dimethylmalonsäure	C-1 + C-3	*695*
$C_5H_8O_5$	Citramalsäure	C-1, C-4	*666*
C_5H_9NO	N-Methylpyrrolidon-(2)	C-2	*459*
$C_5H_9NO_4$	Glutaminsäure	alle C-Atome	*259, 516, 555, 746*
$C_5H_9NO_4$	Glutaminsäure	C-1, C-5	*350, 305 a*
$C_5H_9NO_4$	Glutaminsäure	C-1, C-2 + C-5	*778*
C_5H_{10}	2-Methylbuten-(2)	alle C-Atome	*594*
$C_5H_{10}O$	Valeraldehyd	C-1	*297*
$C_5H_{10}O$	Isovaleraldehyd	C-1	*583*
$C_5H_{10}O$	α-Methylbutyraldehyd	alle C-Atome	*703*
$C_5H_{10}O$	Methylpropylketon	alle C-Atome	*624*
$C_5H_{10}O$	1-Cyclopropyläthanol	C-1, C-2	*170*
$C_5H_{10}O$	2-Cyclopropyläthanol	C-1, C-2	*170*
$C_5H_{10}O$	Methyl-isopropylketon	C-1	*594*

Summenformel	Verbindung	Methode	Literatur
$C_5H_{10}O_2$	Valeriansäure	C-1	297
$C_5H_{10}O_2$	Valeriansäure	alle C-Atome nach HUNTER/ POPJÁK	200
$C_5H_{10}O_2$	Isovaleriansäure	C-1 nach SCHMIDT	577, 583
$C_5H_{10}O_2$	Isovaleriansäure	alle C-Atome	702
$C_5H_{10}O_2$	Pivalinsäure	C-1	581
$C_5H_{10}O_2$	Äthoxyaceton	C-2, C-3	14
$C_5H_{10}O_2$	α-Methylbuttersäure	alle C-Atome nach SCHMIDT	623, 703
$C_5H_{10}O_2S$	Dimethyl-β-pro-piothetin	C-1, S-Methyl	307
$C_5H_{10}O_3$	β-Hydroxyvalerian-säure	C-3, C-4, C-5	217
$C_5H_{10}O_4$	2-Desoxyribose	Fermentation zu Äthanol, Essigsäure und CO_2, alle C-Atome	76
$C_5H_{10}O_4$	2-Desoxyribose	Fermentation zu Acetaldehyd und Milchsäure	362
$C_5H_{10}O_4$	2-Desoxyribose	alle C-Atome direkt	727
$C_5H_{10}O_4$	2-Desoxyribose	Abbau zu Lävulinsäure	76
$C_5H_{10}O_4$	2-Desoxyribose	Wasserstoffe an C-1 und C-2	432
$C_5H_{10}O_5$	Apiose	(C-1,2), C-3, (C-4, 3^1)	62
$C_5H_{10}O_5$	Arabinose	Fermentation zu Essigsäure und Milchsäure	574
$C_5H_{10}O_5$	Arabinose (allgemein für Aldopentosen)	C-1	720
$C_5H_{10}O_5$	Arabinose	C-4	2, 3
$C_5H_{10}O_5$	Ribose	Fermentation zu Essigsäure u. Milchsäure, alle C-Atome	74
$C_5H_{10}O_5$	Ribose (allgemein für Aldopentosen)	C-1, C-2, C-5	74
$C_5H_{10}O_5$	Ribulose (allgemein für Pentosen)	alle C-Atome, Bestimmung der Tritiumverteilung	678 669
$C_5H_{10}O_5$	Ribulose (allgemein für Ketopentosen)	alle C-Atome	42
$C_5H_{10}O_5$	Xylose (allgemein für Aldopentosen)	alle C-Atome	146
$C_5H_{10}O_5$	Xylose	Fermentation zu Äthanol und Milchsäure, alle C-Atome	74, 293
$C_5H_{10}O_6$	Arabonsäure	C-1, C-5	17, 275
$C_5H_{11}NO$	n-Valerianamid	C-1 mit NaOBr	176
$C_5H_{11}NO_2$	Valin	alle C-Atome	504
$C_5H_{11}NO_2$	Valin	alle C-Atome	704
$C_5H_{11}NO_2$	γ-Aminovalerian-säure	C-1 mit HN_3	76
$C_5H_{11}NO_2$	γ-Aminovalerian-säure	alle C-Atome	201
$C_5H_{11}NO_2$	δ-Aminovalerian-säure	C-1, C-2 + C-5	706, 723
$C_5H_{11}NO_2S$	Methionin	CH_3-Gruppe als CH_3J	306
$C_5H_{12}N_2O_2$	Ornithin	C-1, C-2 + C-5	705

Summenformel	Verbindung	Methode	Literatur
$C_5H_{12}O$	tert. Amylalkohol	alle C-Atome	594
$C_5H_{12}O_2$	2-Methylbutan-2,3-diol	alle C-Atome	594
$C_5H_{13}N$	2-Aminopentan	alle C-Atome	624
$C_5H_{14}N_2$	1,5-Diaminopentan	C-1 + C-5	596
$C_5H_{15}NO_2$	Cholin	$N(CH_3)_3$ mit $KMnO_4$	400, 740
$C_6H_5NO_2$	Nicotinsäure	alle C-Atome direkt	185, 262
$C_6H_5NO_2$	Nicotinsäure	C-7, C-2 + C-6	331a
$C_6H_5NO_2$	Nicotinsäure	alle C-Atome	451
$C_6H_5NO_2$	Nicotinsäure	alle C-Atome nach biologischer Umwandlung in Ricinin $C_8H_8N_2O_2$ (s. d.)	793
$C_6H_5NO_2$	Nicotinsäure	C-2, C-3, C-7	272
$C_6H_5NO_2$	Nicotinsäure	C-7	230, 309, 438, 462, 520, 521
$C_6H_5NO_2$	Nicotinsäure	H an C-2, H an C-6	225
$C_6H_5N_5O_2$	Xanthopterin	C-8, C-9	759
$C_6H_5N_5O_2$	Isoxanthopterin	C-8, C-9	142
$C_6H_5N_5O_2$	Isoxanthopterin	C-8, C-9	651
$C_6H_5N_5O_3$	Leukopterin	alle C-Atome	759
C_6H_6BrN	p-Bromanilin	Tritiumverteilung	674
C_6H_6BrN	m-Bromanilin	Tritiumverteilung	674
C_6H_6ClN	p-Chloranilin	Tritiumverteilung	674
C_6H_6ClN	m-Chloranilin	Tritiumverteilung	674
C_6H_6FN	p-Fluoranilin	Tritiumverteilung	674
$C_6H_6N_2O$	Nicotinsäureamid	H an C-2, H an C-6	567, 568
C_6H_6O	Phenol	C-4, C-3 + C-5	581, 689, 763
C_6H_6O	Phenol	C-1 + C-4	25
C_6H_6O	Phenol	alle C-Atome	395, 596, 723
C_6H_6O	Phenol	H an C-2 + H an C-4 + H an C-6	79
$C_6H_6O_3$	Pyrogallol	C-1 + C-3	88
$C_6H_6O_3$	Phloroglucin	C-2 + C-4 + C-6	312, 313, 323
$C_6H_6O_3$	Maltol	alle C-Atome	165
$C_6H_6O_4$	Kojisäure	alle C-Atome	14
$C_6H_6O_6$	Aconitsäure	C-1, C-2	587, 693
$C_6H_6O_6$	Aconitsäure	Oxydation zu Oxal- und Malonsäure	68
C_6H_7N	Anilin	C-2 + C-6, C-4	299
C_6H_7N	Anilin	alle C-Atome	395, 596, 723
C_6H_7N	Anilin	alle Wasserstoff-Atome	79, 124, 674, 764
C_6H_7N	β-Picolin	C-2, C-3, C-7	272
$C_6H_7N_3O_2$	2-Methyl-4-amino-pyrimidin-5-carbonsäure	Decarboxylierung	218, 219
$C_6H_8O_5$	β-Ketoadipinsäure	C-1, C-2, C-3, C-4 + C-5, C-6	715
$C_6H_8O_6$	Ascorbinsäure	alle C-Atome	363, 364
$C_6H_8O_6$	Ascorbinsäure	C-1, C-6	157

Für die Tritiumverteilungs-Zeilen (p-Bromanilin bis p-Fluoranilin): s. S. 122

Summenformel	Verbindung	Methode	Literatur
$C_6H_8O_7$	Citronensäure	alle C-Atome einzeln (asymmetrischer Abbau)	516
$C_6H_8O_7$	Citronensäure	C-1, C-2 + C-4, C-3 + C-5, C-6 (asymmetrischer Abbau)	186, 467
$C_6H_8O_7$	Citronensäure	C-1 + C-5, C-2 + C-4, C-3, C-6	466, 751
$C_6H_8O_7$	Citronensäure	C-1 + C-5 + C-6 mit Cer-IV	6
$C_6H_8O_7$	Citronensäure	Spaltung durch Citratase in Acetat und Malat	305b
$C_6H_8O_7$	2,5-Diketoglucon-säure	C-1, C-2, C-3 + C-4, C-5, C-6	392
C_6H_9ClO	2-Chlorcyclohexanon	C-1 + C-2	481
$C_6H_9JO_3$	6-Jod-4-keto-capronsäure	Reduktion zu Capronsäure	714
$C_6H_9N_3O_2$	Histidin	alle C-Atome, C-2' + C-3' gemeinsam	465
$C_6H_{10}O$	Cyclohexanon	alle C-Atome	395, 596, 723
$C_6H_{10}O$	Cyclohexanon	C-1	511
$C_6H_{10}O_2$	Cyclohexanol-2-on	C-1 + C-2	481
$C_6H_{10}O_2$	Cyclopentancarbon-säure	C-1, C-6	481
$C_6H_{10}O_3$	4-Ketocapronsäure	Reduktion zu Capronsäure	714
$C_6H_{10}O_4$	Adipinsäure	alle C-Atome	723
$C_6H_{10}O_4$	Adipinsäure	C-1 + C-6 mit HN_3	481, 566
$C_6H_{10}O_4$	α,α-Dimethylbern-steinsäure	C-1 + C-4	695
$C_6H_{10}O_5$	β-Hydroxy-β-me-thylglutarsäure	alle C-Atome	612
$C_6H_{10}O_7$	D-Galakturonsäure	C-1, C-2 + C-3 + C-4, C-5, C-6	478
$C_6H_{10}O_7$	Glucuronsäure	alle C-Atome	249
$C_6H_{10}O_7$	Glucuronsäure	C-1, C-5, C-6	180
$C_6H_{10}O_7$	Glucuronsäure	C-6	249, 513
$C_6H_{10}O_8$	Idozuckersäure	C-1 + C-6, C-2 + C-5, C-3 + C-4	179
$C_6H_{11}NO$	N-Methylpiperi-don-(2)	C-6	253, 254, 384
$C_6H_{11}NO$	N-Methylpiperi-don-(4)	C-4	253, 254, 384
$C_6H_{11}NO_4$	α-Aminoadipinsäure	C-6 mit HN_3	244
C_6H_{12}	Hexen-(2)	alle C-Atome	297
$C_6H_{12}O$	Cyclohexanol	alle C-Atome	395, 596, 723
$C_6H_{12}O$	2,3-Dimethyl-butyraldehyd	alle C-Atome	338
$C_6H_{12}O_2$	Capronsäure	alle C-Atome durch HN_3	714
$C_6H_{12}O_2$	Capronsäure	C-1, C-2, C-3 durch Barbier-Wieland-Abbau	694
$C_6H_{12}O_2$	Capronsäure	C-1, C-2 durch Hunter-Popják-Abbau	371
$C_6H_{12}O_2$	α-Methylvalerian-säure	alle C-Atome durch HN_3	624
$C_6H_{12}O_2$	2,3-Dimethyl-buttersäure	alle C-Atome	338

13 Anwendung von Isotopen I, Simon u. Floss

Summenformel	Verbindung	Methode	Literatur
$C_6H_{12}O_5$	Rhamnose	alle C-Atome	342, 381, 747
$C_6H_{12}O_5$	Rhamnose	Bestimmung aller Wasserstoff-Atome	280
$C_6H_{12}O_6$	Galaktose	Fermentation zu Milchsäure, Äthanol u. CO_2, alle C-Atome	625
$C_6H_{12}O_6$	Galaktose	Fermentation zu 2 Mol Milch-säure	625
$C_6H_{12}O_6$	Gluocse (allgemein für Aldohexosen)	C-1, C-2, C-3, C-4 + C-5, C-6	720
$C_6H_{12}O_6$	Glucose (allgemein für Aldohexosen)	alle C-Atome	2, 3
$C_6H_{12}O_6$	Glucose	alle C-Atome direkt	407
$C_6H_{12}O_6$	Glucose	alle C-Atome, auch zur Bestimmung der Tritiumverteilung geeignet	132
$C_6H_{12}O_6$	Glucose	Fermentation zu Milchsäure, Äthanol u. CO_2, alle C-Atome	77, 334, 626
$C_6H_{12}O_6$	Glucose	Fermentation zu 2 Mol Milch-säure	19, 295, 782
$C_6H_{12}O_6$	Glucose	Fermentation mit Hefe zu Äthanol und CO_2	36
$C_6H_{12}O_6$	Glucose (allgemein für Hexosen)	alle C-Atome, Bestimmung der Tritiumverteilung	678 669
$C_6H_{12}O_6$	Glucose	alle C-Atome	1, 82, 383, 757
$C_6H_{12}O_6$	Glucose	C-1, C-2, C-6	77
$C_6H_{12}O_6$	Glucose	C-3, C-6	782
$C_6H_{12}O_6$	Glucose	C-1 + C-2, C-3, C-4 + C-5, C-6	22
$C_6H_{12}O_6$	Glucose	C-1, C-2 + C-5, C-3 + C-4, C-6	744
$C_6H_{12}O_6$	Glucose (allgemein für Hexosen)	C-1 + C-2, C-3, C-4 + C-5, C-6	114
$C_6H_{12}O_6$	Glucose (allgemein für Hexosen)	Bestimmung der Tritiumvertei-lung	608
$C_6H_{12}O_6$	Glucose (allgemein für Hexosen und Pentosen)	alle Wasserstoffatome	80
$C_6H_{12}O_6$	Glucose	Wasserstoffatome an C-1, C-6	682
$C_6H_{12}O_6$	Fructose	C-1, C-2, C-6	17, 275
$C_6H_{12}O_6$	Fructose	Wasserstoffatome an C-1	687
$C_6H_{12}O_6$	Hamamelose	(C-1, 2), (C-2^1, 5) (C-3, 4)	63
$C_6H_{12}O_6$	D-Psicose	Perjodatspaltung des Osazons	709
$C_6H_{12}O_6$	(−)-Inosit	alle Wasserstoffatome	12
$C_6H_{12}O_6$	Meso-Inosit	Umwandlung in D-Galakturon-säure	479, 480
$C_6H_{12}O_6$	Meso-Inosit	alle C-Atome paarweise	179
$C_6H_{12}O_6$	Meso-Inosit	C-4 + C-6, C-1 + C-3 + C-5	398, 397
$C_6H_{12}O_6$	Meso-Inosit	alle Wasserstoffe paarweise	12
$C_6H_{12}O_7$	Galaktonsäure	C-6, C-3 + C-4 + C-5	478, 480
$C_6H_{12}O_7$	Galaktonsäure	C-1	231
$C_6H_{12}O_7$	Gluconsäure	C-1	231

Summenformel	Verbindung	Methode	Literatur
$C_6H_{12}O_7$	Gluconsäure	C-1, C-2, C-6	82
$C_6H_{12}O_7$	Gluconsäure	C-1, C-6	77, 383
$C_6H_{12}O_7$	Gulonsäure	C-1, C-2, C-6	180
$C_6H_{13}NO_2$	Leucin	alle C-Atome	577, 583, 702
$C_6H_{13}NO_2$	Isoleucin	alle C-Atome	700, 703
$C_6H_{13}NO_2$	ε-Aminocapron-säure	C-1, C-2 + C-6, C-3 + C-5 nach SCHMIDT	395, 596, 723
$C_6H_{13}NO_2$	5-Methylamino-valeriansäure	C-5	253, 254, 384
$C_6H_{13}NO_5$	Glucosamin	Fermentation zu Milchsäure, Äthanol u. CO_2, alle C-Atome	78
$C_6H_{13}N_3$	Galegin	Amidin-Kohlenstoff	585
$C_6H_{14}N_2O_2$	Lysin	alle C-Atome, alle H-Atome	559, 706
$C_6H_{14}N_4O_2$	Arginin	C-1, C-6, C-2 + C-5	705
$C_6H_{14}N_4O_2$	Arginin	C-1, C-6	358
$C_6H_{14}O_6$	Mannit	Bestimmung der Tritiumvertei-lung, H an C-1 + C-6, H an C-2 + C-5, H an C-3 + C-4	669
$C_6H_{14}O_6$	Sorbit	Tritium an C-5	682
$C_7H_5NO_3$	p-Nitrobenzaldehyd	C-7	742
$C_7H_5NO_4$	Dipicolinsäure		389, 496
$C_7H_5NO_4$	Chinolinsäure	C-7, C-8	573
$C_7H_5NO_4$	p-Nitrobenzoesäure	Decarboxylierung	742
$C_7H_5N_5O_3$	2-Amino-6-hydroxy-pterin-8-carbon-säure	C-8, C-9, Carboxyl	651
$C_7H_6O_2$	Benzoesäure	Schmidt-Abbau, C-7	234, 532
$C_7H_6O_2$	Benzoesäure	C-2 + C-6, C-4, C-7	299
$C_7H_6O_2$	Benzoesäure	H an C-2, C-6 und C-4	124
$C_7H_6O_2$	Benzoesäure	alle Wasserstoffatome	764
$C_7H_6O_2$	Benzoesäure	alle C-Atome	395, 723
$C_7H_6O_2$	Benzoesäure	C-7 durch Pyrolyse des Ag-Salzes	650
$C_7H_6O_2$	Benzoesäure	C-7	439
$C_7H_6O_3$	Salicylsäure	C-1, C-3, C-5, C-7, C-2 + C-4 + C-6	572, 692, 763
$C_7H_6O_3$	m-Hydroxybenzoe-säure	C-1 + C-3 + C-5, C-2 + C-4 + C-6, C-7	284
$C_7H_6O_3$	p-Hydroxybenzoe-säure	alle C-Atome	581, 689
$C_7H_6O_3$	p-Hydroxybenzoe-säure	C-1 + C-4, C-7	25
$C_7H_6O_4$	2,4-Dihydroxyben-zoesäure	C-7	314, 321, 545
$C_7H_6O_4$	2,5-Dihydroxyben-zoesäure	C-7, C-1 + C-3 + C-5, C-2 + C-4 + C-6	287
$C_7H_6O_4$	2,5-Dihydroxyben-zoesäure	Decarboxylierung	268
$C_7H_6O_4$	3,4-Dihydroxyben-zoesäure	C-1 + C-2, C-3, C-4, C-5, C-6, C-7	715

13*

Summenformel	Verbindung	Methode	Literatur
$C_7H_6O_4$	3,4-Dihydroxyben-zoesäure	C-7	312, 313, 323
$C_7H_6O_4$	Patulin	alle C-Atome	714
$C_7H_7NO_2$	Anthranilsäure	alle C-Atome	572, 692
$C_7H_7NO_2$	Anthranilsäure	C-1, C-4, C-5 + C-6	699
$C_7H_7NO_2$	Anthranilsäure	H an C-3 und C-5	281
$C_7H_7NO_2$	p-Aminobenzoe-säure	C-2 + C-6, C-3 + C-5, C-4	699
C_7H_8	Toluol	alle C-Atome	395, 409, 699
C_7H_8O	m-Kresol	C-2, C-4, C-6	154
C_7H_8O	m-Kresol	C-3, C-7, C-2 + C-4 + C-6	105, 714
$C_7H_8O_2$	5-Methylresorcin	C-5, C-7	106
$C_7H_9NO_2$	2-Methyl-3-äthyl-maleinimid	alle C-Atome	653, 777
$C_7H_{10}O$	1,2-Dimethyl-cyclo-pent-1-en-3-on	alle C-Atome bestimmbar	24
$C_7H_{10}O_4$	Allylbernsteinsäure	C-7	708
$C_7H_{10}O_4$	Caronsäure	C-Methylgruppen	206
$C_7H_{10}O_4$	Cyclopentan-1,3-dicarbonsäure	C-2, C-1 + C-3, C-4 + C-5, C-6 + C-7	592
$C_7H_{10}O_5$	Shikimisäure	alle C-Atome	693
$C_7H_{12}O$	2-Methylcyclo-hexanon	alle C-Atome	200
$C_7H_{12}O$	Cycloheptanon	C-1	133, 445
$C_7H_{12}O$	Norborneol	C-1 + C-4, C-2 + C-3, C-5 + C-6, C-7	592
$C_7H_{12}O_3$	6-Ketoönanthsäure	alle C-Atome	409
$C_7H_{12}O_3$	Brenztraubensäure-n-butylester	Pyrolyse	271
$C_7H_{12}O_4$	Pimelinsäure	alle C-Atome	565
$C_7H_{12}O_4$	Pimelinsäure	C-1 + C-7 nach DAUBEN	582
$C_7H_{12}O_4$	α,α-Dimethyl-glutarsäure	alle C-Atome	695
$C_7H_{13}NO_2$	Stachydrin	C-2, C-6	459
$C_7H_{13}NO_2$	Stachydrin	C-6	604
C_7H_{14}	Hepten-(2)	C-1, C-2, C-3	297
$C_7H_{14}N_2O_4$	α,ε-Diaminopime-linsäure	C-1 + C-7 mit Ninhydrin	244
$C_7H_{14}O_2$	Oenanthsäure	alle C-Atome nach DAUBEN	409
$C_7H_{14}O_4$	Mycarose	C-5, C-6	316
$C_7H_{14}O_7$	Seduheptulose	alle C-Atome	42
$C_7H_{14}O_7$	D-Glycero-D-manno-heptose	C-1, C-2, C-3, C-7	382
$C_7H_{15}NO$	Oenanthsäureamid	C-1 mit Ba(OBr)$_2$	176
$C_7H_{15}NO$	3-Amino-4-methyl-hexan-2-on	alle C-Atome	700
$C_8H_6N_2O_2$	Benzimidazol-2-carbonsäure	Decarboxylierung	606
$C_8H_6N_4O_8$	Alloxantin	C-2 + C-2'	684
$C_8H_6O_2$	Phenylglyoxal	C-2	532

Summenformel	Verbindung	Methode	Literatur
$C_8H_6O_3$	Phenylglyoxylsäure	C-1, C-2	485
$C_8H_6O_3$	Phenylglyoxylsäure	C-1	30
$C_8H_6O_4$	Phthalsäure	Schmidt-Abbau	441, 575
$C_8H_6O_5$	3-Hydroxyphthal-säure	C-1 + C-3 + C-5, C-2 + C-4 + C-6 + C-7, C-8	284
$C_8H_6O_5$	5-Hydroxy-m-phthalsäure	Decarboxylierung mit HN_3	68
$C_8H_6O_5$	Stipitatsäure	alle C-Atome, C-3 + C-5 als Summe	68
$C_8H_6O_6$	Puberulsäure	C-1 + C-7, C-2 + C-6, C-3 + C-5, C-8	587
C_8H_7N	Indol	C-2	457
C_8H_7NS	Benzylisocyanat		66, 724
$C_8H_8N_2O_2$	Ricinin	alle C-Atome, C-4 + C-5 als Summe	713
$C_8H_8N_2O_2$	Ricinin	alle C-Atome, C-2 + C-3 als Summe	631, 794
$C_8H_8N_2O_2$	Ricinin	C-4, C-5, C-6, C-7	253, 254, 384
$C_8H_8N_2O_2$	Ricinin	C-(O-Methyl), C-7	456
$C_8H_8N_2O_2$	Ricinin	C-(O-Methyl), C-(N-Methyl)	240
C_8H_8O	Acetophenon	Jodoform-Reaktion	532
$C_8H_8O_2$	Phenylessigsäure	C-1 durch Hofmann-Abbau	145
$C_8H_8O_2$	Phenylessigsäure	C-1, C-2	650
$C_8H_8O_2$	Phenylessigsäure	C-1 mit $KMnO_4$	130
$C_8H_8O_3$	Mandelsäure	C-1, C-2	234, 532
$C_8H_8O_3$	2,6-Dihydroxy-acetophenon	C-1', C-2, C-1 + C-3 + C-5	8
$C_8H_8O_3$	Vanillin	C-2, C-5, C-6, C-7, C-8	415
$C_8H_8O_3$	Vanillin	C-2, C-5, C-6	243
$C_8H_8O_3$	p-Methoxybenzoe-säure	C-7	396, 598
$C_8H_8O_3$	6-Methylsalicyl-säure	C-6, C-7, C-8, C-1 + C-3 + C-5	105, 714
$C_8H_8O_3$	6-Methylsalicyl-säure	C-1, C-3, C-5, C-6, C-7, C-8	154
$C_8H_8O_3$	p-Hydroxyphenyl-essigsäure	C-1, C-2, C-1' + C-3' + C-5'	396
$C_8H_8O_4$	Vanillinsäure	C-7	324, 800
$C_8H_8O_4$	3,5-Dihydroxyphe-nylessigsäure	C-1, C-7, C-8	717
$C_8H_8O_4$	Orsellinsäure	C-1 + C-3 + C-5, C-6, C-7, C-8	517
$C_8H_8O_5$	Spinulosin	C-1, C-7, C-8	549
C_8H_9Cl	2-Phenyläthyl-chlorid	C-1	436
C_8H_9NO	Phenylacetamid	H an C-2 + C-6, H an C-4 + C-2'	124
C_8H_9NO	Phenylacetamid	C-1 mit NaOBr	145, 214
$C_8H_9NO_3$	2-(p-Nitrophenyl)-äthanol	C-1	435, 595
$C_8H_9NO_4$	Hämatinsäure	alle C-Atome	653, 777

Summenformel	Verbindung	Methode	Literatur
C_8H_{10}	Äthylbenzol	alle C-Atome	723
C_8H_{10}	Äthylbenzol	Abbau zu Benzoesäure	603
$C_8H_{10}N_2O_2$	Phenylhydrazino-essigsäure	Decarboxylierung	678
$C_8H_{10}N_2O_2$	2-(p-Nitrophenyl)-äthylamin	C-1	435, 595
$C_8H_{10}N_2O_4$	Mimosin	Pyrolyse zu 3,4-Dihydroxy-pyridin	372, 535
$C_8H_{10}N_2S$	N-Benzylthioharn-stoff		66, 724
$C_8H_{10}N_4O_2$	Coffein	C-2 + C-6, C-8, C-Methyl, C-4, C-5, C-N-Methyl	11
$C_8H_{10}O$	2-Phenyläthanol	C-1	435, 595
$C_8H_{10}O_4$	Penicillsäure	alle C-Atome	70, 91
$C_8H_{10}O_4$	Penicillsäure	C-1, C-2, C-3, C-5, C-7	517
$C_8H_{11}N$	2-Phenyläthylamin	C-1	435, 595
$C_8H_{13}NO_2$	Retronecin	C-9	134
$C_8H_{14}O_4$	Korksäure	C-1 + C-8, C-2 + C-7 mit HN_3	566
$C_8H_{15}NO$	Tropin	C-2 + C-4, C-3	385
$C_8H_{15}NO$	Tropin	C-1 + C-5, C-6 + C-7	458
$C_8H_{15}NO$	Retronecanol	alle C-Atome, C-7 + C-8 nur als Summe	367
$C_8H_{16}O_2$	Caprylsäure	C-1, C-2 durch Hunter-Popják-Abbau	371
$C_8H_{16}O_4$	Cladinose	C-3, C-3a, C-5, C-6, C-7	194, 493
$C_8H_{16}O_5$	Noviose	C-1, C-2, C-5 + C-5'	101
$C_8H_{17}N$	Coniin	alle C-Atome	447
$C_8H_{17}NO_3$	Desosamin	C-5, C-6, C-7 + C-7'	493
$C_9H_4O_7$	Puberulonsäure	C-1 + C-7, C-2 + C-6, C-3 + C-5, C-8, C-9	587
$C_9H_6O_2$	Cumarin	alle C-Atome, jedoch C-5 + C-7 als Summe	763
$C_9H_6O_2$	Cumarin	C-2, C-3	149
$C_9H_6O_3$	Umbelliferon	C-2	148
$C_9H_6O_6$	3,4-Methylendioxy-phthalsäure	CO_2 durch Hofmann-Abbau	446
$C_9H_6O_6$	4,5-Methylendioxy-phthalsäure (Hydrastsäure)	CO_2 durch Hofmann-Abbau	446
C_9H_7N	Chinolin	C-5, C-6, C-7, C-8	573
C_9H_7NO	Indol-3-aldehyd	C-5, C-6, C-7, C-8, C-Carbonyl	573
$C_9H_7NO_2$	Indol-2-carbon-säure	Decarboxylierung	710
$C_9H_7NO_2$	Indol-3-carbon-säure	Decarboxylierung	135, 573
$C_9H_7N_3O_2$	2-Phenyl-1,2,3-tria-zol-4-carbonsäure	C-4, C-5, C-4a	678
$C_9H_8O_2$	Benzylglyoxal	Oxydation zu Benzoesäure	760
$C_9H_8O_2$	2-Phenylacrylsäure	C-1, C-3	130

Summenformel	Verbindung	Methode	Literatur
$C_9H_8O_3$	p-Hydroxyzimt-säure	C-1	388
$C_9H_8O_3$	p-Hydroxyzimt-säure	Oxydation zur p-Methoxyben-zoesäure	547
$C_9H_8O_3$	4,6,8-Nonatriin-1,2,3-triol	Perjodatspaltung nach Hydrie-rung	357
$C_9H_8O_4$	Kaffeesäure	C-1 + C-2, C-3	502
$C_9H_8O_5$	3-Methoxyphthal-säure	C-8	86
$C_9H_8O_5$	Flavipin	C-1 + C-2, C-3, C-4 + C-5, C-6, C-7 + C-8, C-9	550
C_9H_9N	Skatol	alle C-Atome	572
$C_9H_9NO_5$	2,4-Dihydroxy-7-methoxy-2H-1,4-benzoxazin-3-on	C-2, C-3, C-(O-Methyl)	579
$C_9H_9N_3O_6$	3,5,9-Trinitrotri-cyclo[0,0,7]non-4-en	C-1, C-2 + C-3, C-4, C-5	226, 227
$C_9H_{10}O$	Phenylaceton	C-1, C-2, C-3	373, 656
$C_9H_{10}O$	2-Allylphenol	C-1', C-2', C-3'	613
$C_9H_{10}O$	p-Methoxystyrol	Abbau zu Formaldehyd	45, 399, 769
$C_9H_{10}O$	Phenylallyläther	C-3'	613
$C_9H_{10}O_2$	3-Phenylpropion-säure	Oxydation zu Benzoesäure	436
$C_9H_{10}O_2$	3-Phenylpropion-säure	C-1, C-2, C-3	434
$C_9H_{10}O_3$	Tropasäure	C-1, C-2, C-3	442, 485, 726
$C_9H_{10}O_3$	Tropasäure	C-1	305
$C_9H_{10}O_3$	p-Methoxyphenyl-essigsäure(Homo-anissäure)	C-1, C-2, C-1' + C-3' +C-5'	396
$C_9H_{10}O_3$	Homoanissäure	Oxydation zu Anissäure	291, 292
$C_9H_{10}O_4$	3,4-Dimethoxyben-zoesäure	C-7	45, 658, 502, 659, 769
$C_9H_{10}O_4$	Homoorsellinsäure	Kuhn-Roth-Oxydation	518
$C_9H_{11}NO_2$	Phenylalanin	alle C-Atome	299
$C_9H_{11}NO_2$	Phenylalanin	C-1' enzymatisch	722
$C_9H_{11}NO_3$	Tyrosin	alle C-Atome	25, 581, 689
$C_9H_{11}N_5O_3$	Biopterin	Permanganat-Oxydation	492
$C_9H_{11}N_5O_3$	Drosopterin	C-2', C-3'	143
C_9H_{12}	n-Propylbenzol	C-1, C-2, C-3	601
C_9H_{12}	Isopropylbenzol	C-1 + C-3, C-2	239
$C_9H_{12}N_2O_6$	Uridin	^{3}H an C-5	258
$C_9H_{12}O_2$	2-(p-Methoxy-phenyl)-äthanol	C-1	435, 595
$C_9H_{12}O_3$	4,5-Nonadiin-3,8,9-triol	C-1, C-8, C-9	380
$C_9H_{12}O_5$	Carolsäure	alle C-Atome	69, 489
$C_9H_{13}NO$	Nor-pseudoephedrin	C-1'	439
$C_9H_{13}NO$	2-(p-Methoxyphe-nyl)-äthylamin	C-1	435, 595

Summenformel	Verbindung	Methode	Literatur
$C_9H_{13}N_3O_5$	γ-Glutamyl-β-cyanoalanin	vollständiger Abbau des Cyanoalaninteils	*533*
C_9H_{16}	Cyclononen	Ringöffnung zu Azelainsäure, stufenweiser Schmidt-Abbau	*565*
$C_9H_{16}O_3$	Geronsäure	C-1, C-6, C-7	*695*
$C_9H_{16}O_4$	Azelainsäure	C-1 + C-9, C-2 + C-8 nach DAUBEN	*582*
$C_9H_{16}O_4$	Azelainsäure	alle C-Atome nach SCHMIDT	*565*
$C_9H_{18}O$	Cyclononanol	Ringöffnung zu Azelainsäure, stufenweiser Schmidt-Abbau	*565*
$C_{10}H_6N_2O_4$	Chinoxalin-2,3-dicarbonsäure	C-2a + C-3a, C-6 + C-7	*374*
$C_{10}H_6O_3$	10-Hydroxydeca-2-en-4,6,8-triinsäure	C-1	*357*
$C_{10}H_6O_4$	1,3,5-Oktatriin-1,8-dicarbonsäure	beide Carboxylgruppen getrennt	*357, 380*
$C_{10}H_7NO_2$	Chinolin-6-carbonsäure	C-5, C-8	*699*
$C_{10}H_7NO_2$	Chinolin-8-carbonsäure	C-5, C-8	*699*
$C_{10}H_7NO_3$	Kynurensäure	C-2, C-3, C-9	*345*
$C_{10}H_8O$	Deca-2-en-4,6,8-triin-1-ol (Dehydromatricarianol)	C-1	*357*
$C_{10}H_8O$	Dehydromatricarianol	C-1, C-9, C-10	*153*
$C_{10}H_9NO$	6-Methoxychinolin	C-2	*414*
$C_{10}H_{10}O_3$	5-Hydroxy-2-methylchromanon	C-2, C-2a, C-3, C-4, C-4a + C-6 + C-8	*8*
$C_{10}H_{10}O_3$	7-Hydroxy-4,6-dimethylphthalid	C-6, C-7, C-8, C-3 + C-5, C-9 + C-10	*109*
$C_{10}H_{10}O_5$	2,2-Diacetoxycyclohexa-3,5-dienon	C-1	*88*
$C_{10}H_{10}O_6$	3,5-Dimethoxy-phthalsäure	(C-1,3,5) (C-2,4,6), C-7, C-8	*605*
$C_{10}H_{11}NO_5$	m-Carboxy-tyrosin	C-1 mit Ninhydrin	*431*
$C_{10}H_{12}$	2-Phenyl-2-buten	Ozonspaltung	*203*
$C_{10}H_{12}N_2O_3$	Kynurenin	C-3′	*345*
$C_{10}H_{12}O$	p-Kresol-allyläther	C-3′	*632*
$C_{10}H_{12}O$	2-Allyl-4-methyl-phenol	C-3′	*632*
$C_{10}H_{12}O_4$	Aurantiogliocladin	alle C-Atome	*71a, 100,551*
$C_{10}H_{12}O_6$	Carlossäure	alle C-Atome	*489*
$C_{10}H_{12}O_6$	Carlossäure	C-10	*69*
$C_{10}H_{13}NO_4$	Orcylalanin	C-1, C-6′, C-7′, (C-1, C-2, C-3, C-1′)	*336*
$C_{10}H_{13}N_5O_3$	Cordycepin	Spaltung in Base und Zucker	*417*
$C_{10}H_{14}$	m- und p-n-Propyl-toluol	Oxydation zu Iso bzw. Tere-phthalsäure	*602*
$C_{10}H_{14}N_2$	Anabasin	C-2, C-3, C-2′	*272*

Summenformel	Verbindung	Methode	Literatur
$C_{10}H_{14}N_2$	Anabasin	C-2', Pyridinring	*438, 521*
$C_{10}H_{14}N_2$	Nicotin	C-2', N-Methyl	*10, 230, 309*
$C_{10}H_{14}N_2$	Nicotin	H an C-2, H an C-6	*225*
$C_{10}H_{14}N_2$	Nicotin	C-2', C-5', N-Methyl	*462*
$C_{10}H_{14}N_2$	Nicotin	C-2, C-2'	*184*
$C_{10}H_{14}N_2$	Nicotin	C-2, C-6	*310*
$C_{10}H_{14}N_2$	Nicotin	C-3	*311*
$C_{10}H_{14}N_2$	Nicotin	C-5'	*427*
$C_{10}H_{14}N_2$	Nicotin	N-Methyl	*147*
$C_{10}H_{14}N_2$	Nicotin	vollständiger Abbau des Pyridinringes	*262*
$C_{10}H_{14}N_2$	Nicotin	C-2', C-3', C-4' + C-5'	*469*
$C_{10}H_{14}N_2$	Nicotin	jedes C-Atom des Pyrrolidinrings einzeln	*469a*
$C_{10}H_{14}N_2$	Nicotin	C-2 + C-3, C-4 + C-5	*791*
$C_{10}H_{14}O$	3-Phenyl-2-butanol	C-1	*131*
$C_{10}H_{14}O_3$	Barnol	Kuhn-Roth-Oxydation	*519*
$C_{10}H_{14}O_5$	Seneciphyllinsäure	C-1, C-2, C-6, C-7, C-8, C-9, C-10	*205*
$C_{10}H_{14}O_5$	Acetomycin	alle C-Atome	*24*
$C_{10}H_{15}NO$	Hordenin	C-α, C-β	*455, 498*
$C_{10}H_{15}NO$	Hordenin	N-Methyl	*400*
$C_{10}H_{15}NO$	Ephedrin	C-1, C-2, C-3, N-Methyl	*373, 656*
$C_{10}H_{15}NO_3$	Teunazonsäure	alle C-Atome	*700*
$C_{10}H_{16}$	Camphen	C-8	*599, 737*
$C_{10}H_{16}$	Limonen	Ozonspaltung	*619*
$C_{10}H_{16}$	α-Pinen	Abbau zu Norpinsäure	*621*
$C_{10}H_{16}KNO_9S_2$	Sinigrin	alle C-Atome des Aglykons	*183, 500*
$C_{10}H_{16}N_2O_3S$	Biotin	C-4, C-5, C-10, C-2'	*468*
$C_{10}H_{16}N_2O_3S$	Biotin	C-10	*251*
$C_{10}H_{16}O$	Thujon	Eliminierung des Carbonyl-C-Atoms	*32*
$C_{10}H_{16}O$	Thujon	Abbau zu 2-Methyl-heptan-3,6-dion	*622*
$C_{10}H_{16}O_2$	Chrysanthemumsäure	Ozonspaltung, Kuhn-Roth-Oxydation	*206*
$C_{10}H_{16}O_6$	Retronecinsäure		*368*
$C_{10}H_{18}$	Methylgeraniolen	Ozonspaltung	*97*
$C_{10}H_{18}$	Methylgeraniolen	Unterscheidung der beiden gem. Methylgruppen	*103*
$C_{10}H_{18}$	Cyclodecen	Ringöffnung zu Sebacinsäure, stufenweiser Schmidt-Abbau	*566*
$C_{10}H_{18}O_4$	Sebacinsäure	C-1 + C-10, C-2 + C-9, C-3 + C-8 mit HN_3	*566*
$C_{10}H_{19}NO$	Lupinin	C-11, C-2 + C-10	*634, 637*
$C_{10}H_{20}O$	Cyclodecanol	Ringöffnung zu Sebacinsäure, stufenweiser Schmidt-Abbau	*566*
$C_{10}H_{20}O_2$	Caprinsäure	C-1, C-9, C-10	*153*
$C_{10}H_{22}O$	1-Decanol	C-1, C-9, C-10	*153*

Summenformel	Verbindung	Methode	Literatur
$C_{11}H_8O_3$	2-Hydroxynaphthoe-säure-(3)	Decarboxylierung	156
$C_{11}H_9NO$	3-Acetylchinolin	C-9, C-10	216
$C_{11}H_9NO_3$	6-Methoxychinolin-4-carbonsäure	C-2, C-8	414
$C_{11}H_{10}O_6$	3,4,5-Trimethoxy-phthalsäure	beide Carboxylgruppen getrennt	460, 461
$C_{11}H_{10}O_6$	Cyclopaldsäure	C-2 + C-3, Carboxyl-Gruppe	102
$C_{11}H_{10}O_7$	2,4-Dimethoxy-phthalonsäure	C-6, C-7, C-8, C-9	717
$C_{11}H_{12}$	1-Phenylcyclo-penten-(1)	C-1, C-2, C-3, C-4 + C-5	511
$C_{11}H_{12}Cl_2N_2O_5$	Chloramphenicol	alle C-Atome der Seitenkette	742
$C_{11}H_{12}N_2O$	Peganin	Abbau zu Anthranilsäure	327a
$C_{11}H_{12}N_2O_2$	Tryptophan	alle C-Atome	572
$C_{11}H_{12}N_2O_2$	Tryptophan	alle C-Atome außer 2, 3, 4, 9	573
$C_{11}H_{12}N_2O_2$	Tryptophan	Bestimmung der ^3H-Verteilung	627
$C_{11}H_{13}NO_3$	Hydrastinin	O-Methylen	335
$C_{11}H_{13}NO_3$	Hydrastinin	C-1, C-3	289, 688
$C_{11}H_{13}NO_3$	N-Methyl-N-ben-zoyl-β-alanin	C-1 durch Schmidt-Abbau	469
$C_{11}H_{14}N_2$	Gramin	N-Methyl, C-8	135
$C_{11}H_{14}N_2$	Gramin	C-2, C-8, N-Methyl	457
$C_{11}H_{14}N_2O$	Cytisin	C-2, C-3 + C-4, C-5	640
$C_{11}H_{14}O$	2,6-Dimethyl-4-allylphenol	C-3'	386
$C_{11}H_{14}O$	2,6-Dimethyl-4-allylphenol	C-1', C-2', C-3'	613
$C_{11}H_{14}O$	2,6-Dimethylphenyl-allyläther	C-3'	613
$C_{11}H_{15}NO$	β-Dimethylamino-propiophenon	C-β	482
$C_{11}H_{16}$	1,3-Dimethyl-4 bzw. 5-n-propyl-benzol	Oxydation zu Trimellitsäure bzw. Trimesinsäure	602
$C_{11}H_{16}O_4$	Pyrethrinsäure		301
$C_{11}H_{17}NO_3$	Mezcalin	C-α	440
$C_{11}H_{18}N_2O_7$	N-Succinyl-α,ε-diaminopimelin-säure	C-1, C-6, C-7, C-8 + C-11, C-9 + C-10	244
$C_{12}H_8O_4$	Sphondin	C-2	266
$C_{12}H_8S_2$	Bithienyl-buten(3)-in (1)		121a
$C_{12}H_{10}N_2$	Harman	C-3	443
$C_{12}H_{11}NO_3$	3-Acetyl-1,2-dihy-drochinolin-2-carbonsäure	C-9, C-10, C-11	216
$C_{12}H_{12}O$	2-(α-Naphthyl)-äthanol	C-1	269

Summenformel	Verbindung	Methode	Literatur
$C_{12}H_{12}O$	2-(β-Naphthyl)-äthanol	C-1	269
$C_{12}H_{13}N$	2-(α-Naphthyl)-äthylamin	C-1	269
$C_{12}H_{13}N$	2-(β-Naphthyl)-äthylamin	C-1	269
$C_{12}H_{14}$	1-Phenylcyclo-hexen (1)	C-1	511
$C_{12}H_{14}O_2S$	3-Methyl-p-methyl-thio-zimtsäure-methylester		122
$C_{12}H_{16}N_2O$	N-Methylcytisin	C-11	640, 641
$C_{12}H_{18}N_4O_2S$	Thiamin	Abbau des Pyrimidinringes	220, 221
$C_{12}H_{18}N_4O_2S$	Thiamin	C-5a	218, 219
$C_{12}H_{20}N_2O_2$	Aspergillsäure	Spaltung in Leucin und Iso-leucin	490
$C_{12}H_{20}N_2O_2$	Neoaspergillsäure	Abbau zu Leucin	509
$C_{12}H_{20}N_2O_3$	Hydroxyaspergill-säure	Abbau zu Leucin und Iso-leucin	491
$C_{13}H_8$	Phenylheptatriin	Abbau zu Essigsäure und Ben-zoesäure	123
$C_{13}H_8N_2O_2$	Phenazin-1-carbon-säure	Decarboxylierung.	169
$C_{13}H_{10}N_2O$	Pyocyanin	C-1 + C-4, C-2 + C-3, C-6 + C-7, C-13	374
$C_{13}H_{10}O$	Benzophenon	Spaltung in Anilin und Ben-zoesäure	127, 128
$C_{13}H_{10}O_5$	Pimpinellin		266
$C_{13}H_{12}N_2$	N-(ind)-Methyl-harman	C-1, C-3, C-13	443, 444, 453
$C_{13}H_{12}N_2O$	7-Methoxy-9-methyl-β-carbolin (N(ind)-Methyl-norharmin)	C-3	450
$C_{13}H_{12}N_4O_2$	Lumiflavin	C-5 + C-8, C-6 + C-7, C-6a + C-7a, C-8a + C-10a + C-1'	557
$C_{13}H_{12}N_4O_2$	Lumiflavin	C-2, C-4, C-4a + C-9a	556
$C_{13}H_{14}N_2O_4S_2$	Gliotoxin	C-1, N-Methyl	710, 773
$C_{13}H_{14}O_5$	Citrinin	C-1, (C-2,4,6) (C-3,5,7), C-8, C-9, C-10, C-11, C-12, C-13	605
$C_{13}H_{14}O_5$	Citrinin		99, 647
$C_{13}H_{26}O_2$	Tridecansäure	C-1, H an C-2 nach Hunsdie-ker	136
$C_{13}H_{26}O_2$	Tridecansäure	C-1 nach Dauben	212
$C_{13}H_{26}O_2$	Tridecansäure	C-12, C-13	13
$C_{14}H_{10}O_5$	Alternariol	C-1, C-1', C-2, C-2'a, C-6, C-6a, C-3 + C-5 + C-4' + C-6'	717
$C_{14}H_{10}O_5$	Gentisin	Alkalischmelze, Trennung der beiden aromatischen Ringe	268
$C_{14}H_{10}O_7$	Citromycetin		99

Summenformel	Verbindung	Methode	Literatur
$C_{14}H_{11}ClO_3$	2-(o-Chlorphenyl)-2-phenyl-glykol-säure	C-1	680
$C_{14}H_{12}O$	Desoxybenzoin	C-1, C-2	192
$C_{14}H_{12}O_2$	Pinosylvin	Äthylenkohlenstoffe einzeln	611
$C_{14}H_{12}O_4$	Oxyresveratrol	Ring A	87
$C_{14}H_{17}NO_7$	Dhurrin	Nitril-Kohlenstoff	413a
$C_{14}H_{18}NO_9S_2Me^I$	Glucotropaeolin		66, 724
$C_{14}H_{19}NO_4$	Anisomycin	vollständiger Abbau des Pyrrolidinringes	160
$C_{14}H_{22}O_4$	Palitantin		102
$C_{14}H_{28}O_2$	Myristinsäure	C-1, C-2 nach DAUBEN	212
$C_{14}H_{28}O_2$	Myristinsäure	C-12, C-13	13
$C_{15}H_8O_5$	Cumöstrol	C-2	318, 319
$C_{15}H_{10}O_5$	Emodin	C-2, C-15, C-1 + C-3 + C-6 + C-8	283
$C_{15}H_{10}O_5$	Islandicin		285
$C_{15}H_{10}O_7$	Quercetin	Alkalispaltung	725, 748
$C_{15}H_{10}O_7$	Quercetin	C-2, C-3 + C-4	658, 659
$C_{15}H_{11}ClO_6$	Cyanidin	C-2, C-4a + C-6 + C-8	312, 313, 323
$C_{15}H_{11}NO_2$	Viridicatin	C-2 + C-3	486
$C_{15}H_{12}$	1-Methylphenanthren	C-10	65
$C_{15}H_{12}O_2$	α-Formyl-desoxybenzoin	C-Formyl	366
$C_{15}H_{12}O_3$	p-Methoxybenzil	C-1, C-2	598
$C_{15}H_{12}O_4$	Hydrangenol	C-1, C-4, C-4a	86
$C_{15}H_{14}$	α-Methylstilben	Ozonspaltung	370
$C_{15}H_{14}O$	p-Methoxystilben	Spaltung mit $KMnO_4$ in Aceton	158
$C_{15}H_{14}O_2$	Pinosylvin-mono-methyläther	Ring A	89
$C_{15}H_{14}O_3$	2-Hydroxy-2,3-diphenylpropion-säure	C-1, C-2, C-3	192
$C_{15}H_{14}O_4$	Phenyl-(p-methoxy-phenyl)-glykol-säure (p-Methoxy-benzilsäure)	C-1	598
$C_{15}H_{14}O_6$	Epicatechin	Spaltung in Phloroglucin und Protocatechinsäure	546
$C_{15}H_{14}O_6$	Javanicin	C-3 + C-13, C-11, C-14, C-15	288
$C_{15}H_{16}O$	1-Phenyl-2-(p-methoxyphenyl)-äthan	Oxydation zu p-Methoxybenzoesäure	433
$C_{15}H_{16}O_5$	Fuscin		111
$C_{15}H_{22}O_2$	Helminthosporal		228
$C_{15}H_{22}O_3$	Ipomeamaron	$KMnO_4$-Oxydation	6a
$C_{15}H_{23}NO_4$	Cycloheximid		735a
$C_{15}H_{23}NO_4$	Cycloheximid	Trennung der beiden Ringe	394
$C_{15}H_{24}$	Longifolen	C-14	620

Summenformel	Verbindung	Methode	Literatur
$C_{15}H_{24}N_2O$	Lupanin	C-2	643
$C_{15}H_{24}N_2O$	Lupanin	Oxydation zu Bernsteinsäure	644
$C_{15}H_{24}N_2O$	Lupanin	Oxydation zu Bernsteinsäure, β-Alanin und γ-Aminobuttersäure	638, 644
$C_{15}H_{24}N_2O$	Matrin	weitgehender Abbau	642, 657
$C_{15}H_{24}N_2O_2$	Hydroxylupanin		638, 643
$C_{15}H_{26}N_2$	Spartein	C-2 + C-15, C-5 + C-12, C-3 + C-4 + C-13 + C-14, C-17	636, 639
$C_{15}H_{30}NO_9S_2$	Gluconasturtiin		724
$C_{15}H_{30}O_2$	Pentadecansäure	C-1, C-2 nach HUNSDIEKER, C-14, C-15	13, 136
$C_{15}H_{30}O_2$	Pentadecansäure	C-1, C-2, C-3 nach DAUBEN	212
$C_{16}H_{12}O_4$	Formononetin	C-2, C-4, C-3 + Ring C	314, 321, 545
$C_{16}H_{12}O_5$	Biochanin A	C-2, C-4	291, 292
$C_{16}H_{12}O_5$	Biochanin A	C-2, C-3	320, 545
$C_{16}H_{16}N_2O_2$	Lysergsäure	C-7, C-17	60
$C_{16}H_{16}N_2O_2$	Lysergsäure	C-17	328
$C_{16}H_{16}O_4$	2-Hydroxy-2-phenyl-3-(p-methoxyphenyl)-propionsäure	C-1	349
$C_{16}H_{17}NO_4$	Lycorin		45, 50, 769
$C_{16}H_{17}NO_4$	Lycorin	Oxydation zu Hydrastsäure	711
$C_{16}H_{18}N_2$	Agroclavin	C-7, C-8, C-17	83
$C_{16}H_{18}N_2O$	Elymoclavin	C-7, C-8, C-17	83
$C_{16}H_{18}N_2O$	Elymoclavin	C-8, C-17	107
$C_{16}H_{18}N_2O$	Elymoclavin	H an C-5	267
$C_{16}H_{19}NO_3$	Norpluviin	Bestimmung von Tritium an C-2, C-8 und C-11 b	399
$C_{16}H_{20}N_2$	Festuclavin	N-Methyl	61
$C_{16}H_{21}NO_2$	2-n-Heptyl-4-hydroxychinolin-N-oxyd	Ozonabbau zu Anthranilsäure, CO_2 und Fettsäure	487
$C_{16}H_{21}NO_5$	Diäthyl-benzyl-acetamidomalonester	Bestimmung der ³H-Verteilung	418
$C_{16}H_{30}O_2$	Δ^7-Hexadecensäure	Spaltung an der Doppelbindung mit $KMnO_4/KJO_4$	629, 630
$C_{16}H_{30}O_2$	Δ^9-Hexadecensäure	Spaltung an der Doppelbindung mit $KMnO_4/KJO_4$	629, 630
$C_{16}H_{32}O$	Palmitinaldehyd	C-1	799
$C_{16}H_{32}O_2$	Palmitinsäure	C-1, C-2, C-3 nach HUNSDIEKER, C-15, C-16	13
$C_{16}H_{32}O_2$	Palmitinsäure	Bestimmung der Tritiumverteilung durch stufenweisen Hunsdieker-Abbau	136
$C_{16}H_{32}O_2$	Palmitinsäure	C-1, C-2, C-3, C-4 nach DAUBEN	212
$C_{16}H_{34}O_2$	1,2-Dihydroxy-hexadecan	Wasserstoffe an C-1, C-2, C-3	753

Summenformel	Verbindung	Methode	Literatur
$C_{17}H_{16}O_7$	Sulochrin	C-10, C-13, C-14, C-15, C-16, C-17	207
$C_{17}H_{17}ClO_6$	Griseofulvin		106, 356
$C_{17}H_{18}$	1-Phenyl-2-mesityläthylen	Spaltung an der Doppelbindung	29
$C_{17}H_{19}NO_3$	Morphin	C-9 + C-12, C-15, C-16, C-(N-Methyl)	441, 575
$C_{17}H_{19}NO_3$	Morphin	C-9, C-10, C-16, C-(N-Methyl)	47
$C_{17}H_{19}NO_3$	Morphin	C-16	46
$C_{17}H_{19}NO_4$	Crinamin		769
$C_{17}H_{19}NO_4$	Haemanthamin	C-11, C-12, O-Methyl	54
$C_{17}H_{19}NO_4$	Haemanthamin	C-11, C-12	378
$C_{17}H_{19}NO_4$	Haemanthamin	O-Methylengruppe	40
$C_{17}H_{19}NO_5$	Haemanthidin	C-11, C-12	768
$C_{17}H_{20}N_4O_6$	Riboflavin	C-2, C-4, C-4a + C-9a	556
$C_{17}H_{20}N_4O_6$	Riboflavin	C-5 + C-8, C-6 + C-7, C-6a + C-7a, C-8a + C-10a + C-1'	557
$C_{17}H_{20}O_6$	Mycophenolsäure		96
$C_{17}H_{23}NO_2$	2-n-Octyl-4-hydroxy-chinolin-N-oxyd	Ozonabbau zu Anthranilsäure, CO_2 und Fettsäure	487
$C_{17}H_{23}NO_3$	Hyoscyamin	C-1 + C-5, C-6 + C-7	458
$C_{17}H_{23}NO_3$	Hyoscyamin	C-2 + C-4, C-3	385
$C_{17}H_{23}NO_3$	Hyoscyamin	C-1, C-5	133, 445
$C_{17}H_{34}O_2$	Margarinsäure	C-1, C-2, C-3 nach DAUBEN	212
$C_{18}H_{12}$	Benz[a]anthracen	C-5	189
$C_{18}H_{12}$	Chrysen	C-5 + C-11, C-6 + C-12	191
$C_{18}H_{12}$	1-Phenylace-naphthylen	C-2	125
$C_{18}H_{12}N_2O_2$	Xanthocillin		4a
$C_{18}H_{14}$	p-Terphenyl	Bestimmung der ^3H-Verteilung	541
$C_{18}H_{14}$	1-Phenyl-2-α-naphthyläthylen	Oxydation an der Doppelbindung	190
$C_{18}H_{14}$	1-Phenyl-2-β-naphthyläthylen	Oxydation an der Doppelbindung	190
$C_{18}H_{20}O_7$	Glauconsäure		120
$C_{18}H_{21}NO_3$	Codein	C-16	46
$C_{18}H_{21}NO_5$	Tazettin		768
$C_{18}H_{22}O_2$	Oestron	C-2, C-4	756
$C_{18}H_{23}NO_3$	Norbelladin	C-1, C-1'	45, 399, 769
$C_{18}H_{25}NO_2$	2-n-Nonyl-4-hy-droxychinolin-N-oxyd	Ozonabbau zu Anthranilsäure, CO_2 und Fettsäure	487
$C_{18}H_{27}NO_6$	Retronsin (β-Longilobin)	Abspaltung von Retronecin-säure	368
$C_{18}H_{30}N_2O_{10}S_2$	Tetramethylammo-nium-gluco-sinal-bat	Vollständiger Abbau des Agly-kons, Trennung der beiden S-Atome	396
$C_{18}H_{32}O_2$	Linolsäure	Spaltung in Capronsäure, Azelainsäure und CO_2	582

Summenfomel	Verbindung	Methode	Literatur
$C_{18}H_{32}O_2$	Oktadecadiensäure (Linolsäure)	Spaltung an den Doppelbindungen mit $KMnO_4$	277, 278
$C_{18}H_{32}O_2$	8,9-Methylen-Δ^8-heptadecensäure	C-1 + C-8, C-8a, C-9	681
$C_{18}H_{34}O_2$	Δ^7-Oktadecensäure	Spaltung an der Doppelbindung mit $KMnO_4/KJO_4$	629, 630
$C_{18}H_{34}O_2$	Ölsäure	Spaltung an der Doppelbindung mit $KMnO_4/KJO_4$	629, 630
$C_{18}H_{34}O_2$	Ölsäure	Spaltung an der Doppelbindung mit $KMnO_4$	277, 278
$C_{18}H_{34}O_3$	Ricinolsäure	Abbau über Stearinsäure	377
$C_{18}H_{36}O_2$	Stearinsäure	C-1, C-2, C-3, C-4 nach DAUBEN	212
$C_{18}H_{37}NO_2$	Sphingosin	C-1, C-2	691
$C_{18}H_{37}NO_2$	Sphingosin	C-1, C-2, C-3	799
$C_{19}H_{14}O_5$	Vulpinsäure	Hydrolyse und Decarboxylierung	518a
$C_{19}H_{18}O_7$	Norherqueinon		718
$C_{19}H_{19}N_7O_6$	Folsäure	C-8, C-9 und C-11 des Pterinteils	651
$C_{19}H_{21}NO_3$	Thebain	C-9, C-16	531
$C_{19}H_{21}NO_3$	Isothebain	C-3	51
$C_{19}H_{22}O_3$	Auroglaucin		111
$C_{19}H_{24}N_2$	1,2-Dehydroaspidospermidin	C-5, C-8, C-20, C-21	52
$C_{19}H_{25}NO_3$	Belladin	C-1, C-1'	45, 399, 769
$C_{19}H_{30}O_2$	Epiandrosteron	Kuhn-Roth-Oxydation	788
$C_{19}H_{34}O_2$	9,10-Methylen-Δ^9-octadecensäure	C-1 + C-9, C-9a, C-10	681
$C_{19}H_{34}O_2$	9,10-Methylen-Δ^9-octadecensäure	C-9a	361
$C_{19}H_{36}O_2$	Lactobacillsäure	C-19	475
$C_{19}H_{38}O_2$	Nonadecansäure	C-1, C-2 nach DAUBEN	698
$C_{20}H_{16}$	Triphenyläthylen	Spaltung an der Doppelbindung	188
$C_{20}H_{18}O$	1,1,2-Triphenyläthanol	Oxydation zu C_6H_5-COOH und $(C_6H_5)_2CO$	126
$C_{20}H_{18}O$	1,2,2-Triphenyläthanol	Oxydation zu C_6H_5-COOH und $(C_6H_5)_2CO$	126
$C_{20}H_{19}NO_5$	Berberin	C-5, C-6, C-13a	290, 688
$C_{20}H_{19}NO_5$	Berberin	C-8	38, 39, 55
$C_{20}H_{19}NO_5$	Berberin	C-8, O-Methylen, O-Methyl	335
$C_{20}H_{19}NO_5$	Chelidonin	C-11, C-12 + C-4b, C-6 + C-10b	446
$C_{20}H_{19}NO_5$	Protopin		39
$C_{20}H_{19}NO_6$	Berberastin	C-5, C-6,	510
$C_{20}H_{21}NO_4$	Canadin	C-5, C-6,	510
$C_{20}H_{21}NO_4$	Papaverin	C-1, C-3	56
$C_{20}H_{24}N_2O_2$	Chinin	C-2a, C-2'	414
$C_{20}H_{26}N_2O_2$	Ajmalin	C-N-Methyl, C-21	246
$C_{20}H_{26}N_2O_2$	Ajmalin	C-3, C-5, C-14, C-18, C-19	444, 453
$C_{20}H_{26}N_2O_2$	Ajmalin	C-17	452

Summenformel	Verbindung	Methode	Literatur
$C_{20}H_{29}NO_2$	2-n-Undecyl-4-hydroxychinolin-N-oxyd	Ozonabbau zu Anthranilsäure, CO_2 und Fettsäure	487
$C_{20}H_{32}O_5$	Prostaglandin E_2		5a
$C_{20}H_{34}O_2$	Eikosatriensäure	Spaltung an den Doppelbindungen mit $KMnO_4$	277, 278
$C_{20}H_{40}O_2$	Arachinsäure	C-1 mit HN_3	507
$C_{20}H_{40}O_2$	Arachinsäure	C-1, C-2, C-3 nach DAUBEN	698
$C_{21}H_{20}N_2O_3$	Serpentin	C-5	443
$C_{21}H_{20}N_2O_3$	Serpentin	C-18, C-19, C-22	452
$C_{21}H_{21}NO_6$	Hydrastin	C-10', O-Methyl, N-Methyl, O-Methylen	335
$C_{21}H_{21}NO_6$	Hydrastin	C-1, C-3	289
$C_{21}H_{21}NO_7$	Narcotolin	Spaltung in Mekonin und Kotarnolin	403
$C_{21}H_{22}O_5$	Rubropunctatin		94
$C_{21}H_{23}ClO_5$	Sclerotiorin		99, 360
$C_{21}H_{24}N_2O_2$	Catharanthin	C-4, C-20, C-21, C-22	52, 450
$C_{21}H_{24}N_2O_2$	Catharanthin	Abbau zu Äthylpyridin	52
$C_{21}H_{24}N_2O_3$	Ajmalicin (Raubasin)	C-18 und C-19 durch Kuhn-Roth-Oxydation	53, 450
$C_{21}H_{25}NO_5$	Demecolcin	C-12a, N-Methyl, O_{10}-Methyl	461
$C_{21}H_{25}NO_5$	Demecolcin	C-6	448
$C_{21}H_{26}O_5$	Monascin		94
$C_{21}H_{26}O_{12}$	Plumierid	C-3, C-5, C-6 + C-7, C-8, C-10, C-11, C-12, C-13, C-14	795
$C_{21}H_{27}N_7O_{14}P_2$	Diphosphopyridin-chinucleotid (DPN)		567, 568
$C_{21}H_{30}O_5$	Cortisol	C-1, C-2, C-3, C-4, C-5, C-6, C-7, C-20, C-21	172
$C_{21}H_{30}O_5$	Humulon	Alkali-Abbau und Ozonspaltung	789
$C_{21}H_{30}O_8$	Alternarsäure		721
$C_{21}H_{39}N_7O_{12}$	Streptomycin	Abbau zu Streptidin und N-Methylglucosamin, vollständiger Abbau der Streptose	165
$C_{22}H_{20}O_9$	ε-Pyromycinon		538
$C_{22}H_{23}NO_7$	Narcotin		57, 58
$C_{22}H_{24}N_2O_9$	Oxytetracyclin (Terramycin)		112
$C_{22}H_{25}NO_6$	Colchicin	C-5, C-12a, N-Acetyl	460, 461
$C_{22}H_{25}NO_6$	Colchicin	C-6	49, 59
$C_{22}H_{25}NO_6$	Colchicin	Ring C als Trimellitsäure	448
$C_{22}H_{25}NO_6$	Colchicin	(C-4a + C-7), C-5, C-6, C-7a, (C-7 + C-12b) N-Acetyl	49
$C_{22}H_{26}N_2O_4$	Reserpinin	C-18, C-19, C-22, C-23, C-24	302
$C_{22}H_{28}N_2O_5$	Mycelianamid	Nur Terpenseitenkette	103
$C_{22}H_{44}O_2$	Behensäure	C-1 nach DAUBEN	279

Summenformel	Verbindung	Methode	Literatur
$C_{23}H_{24}O_4$	1,2,2-Tri-(p-anisyl)-äthanol		129
$C_{23}H_{24}O_5$	Rotiorin		94, 360
$C_{23}H_{34}O_4$	Digitoxigenin	C-20, C-21, C-22, C-23	256, 308, 454
$C_{23}H_{34}O_4$	Digitoxigenin	C-1, C-7, C-15	331
$C_{23}H_{46}O_2$	Trikosansäure	C-1, C-2 nach DAUBEN	279
$C_{24}H_{20}O_{10}$	Gyrophorsäure	Trennung der 3 Ringe	517a
$C_{24}H_{30}O_8$	Desaspidin		547a
$C_{24}H_{30}O_8$	Margaspidin		547a
$C_{24}H_{40}H_7O_{19}P_3S$	Succinyl-Coenzym A	alle C-Atome der Bernsteinsäure	344
$C_{24}H_{40}O_4$	Chenodesoxycholsäure	Hα an C-6, Hβ an C-6	616
$C_{24}H_{46}O_2$	Nervonsäure	C-1 durch Hydrierung und Dauben-Abbau	279
$C_{24}H_{48}O_2$	Lignocerinsäure	C-1, C-2, C-3 nach DAUBEN	279
$C_{24}H_{48}O_3$	Cerebronsäure	C-1, C-2, C-3 durch KMnO$_4$-Oxydation und Dauben-Abbau	279
$C_{25}H_{32}N_2O_6$	Vindolin	C-22	303
$C_{25}H_{32}N_2O_6$	Vindolin	C-5, C-10, C-20, C-21, C-23, C-24	450
$C_{25}H_{32}N_2O_6$	Vindolin	C-22	503
$C_{25}H_{32}N_2O_6$	Vindolin	Abbau zu Pikrinsäure und N(ind)-Methyl-norharmin	329
$C_{25}H_{32}O_8$	Albaspidin		547a
$C_{25}H_{43}NO_7$	Methmycin		95, 110
$C_{26}H_{36}N_2O_9$	Antimycin		92, 93
$C_{27}H_{46}O$	Cholesterin	C-1, C-2, C-3, C-4, C-5, C-6, C-10, C-19	200
$C_{27}H_{46}O$	Cholesterin	C-12 + C-14, C-13, C-15, C-16, C-17, C-18	198
$C_{27}H_{46}O$	Cholesterin	C-20, C-21, C-22, C-23, C-24, C-25, C-26 + C-27	474, 792
$C_{27}H_{46}O$	Cholesterin	C-10 + C-17, C-18 + C-19	474, 798
$C_{27}H_{46}O$	Cholesterin	C-3, C-4, C-6, C-7	172
$C_{27}H_{46}O$	Cholesterin	C-9, C-8 + C-11	198
$C_{27}H_{46}O$	Cholesterin	C-7	117
$C_{27}H_{46}O$	Cholesterin	C-7	215
$C_{27}H_{46}O$	Cholesterin	Abbau zu Isooctan aus der Seitenkette	118
$C_{27}H_{46}O$	Cholesterin	Bestimmung der Deuteriumverteilung	276
$C_{27}H_{46}O$	Cholesterin	H an C-2 + H an C-4, H an C-3, H an C-6, H an C-16	648
$C_{27}H_{46}O$	Cholesterin	Lokalisierung von ^{3}H an C-17 und in der Seitenkette	196
$C_{28}H_{38}N_2O_4$	Cephaelin	C-1, C-3, C-4, C-11, C-12, C-14, C-15, C-1', C-3', C-4'	48

14   Anwendung von Isotopen I, Simon u. Floss

Summenformel	Verbindung	Methode	Literatur
$C_{28}H_{44}O$	Ergosterin	C-23, C-24, C-25, C-26 + C-27, C-28	338
$C_{29}H_{39}N_3O_2$	Echinulin		90, 98
$C_{29}H_{40}N_2O_4$	Emetin	C-1, C-3, C-4, C-11, C-12, C-14, C-15, C-1', C-3', C-4'	48
$C_{29}H_{48}O$	Fucosterin	C-28, C-29	741
$C_{29}H_{48}O$	Spinasterin	Propionsäure aus der C-Äthylgruppe	26
$C_{29}H_{58}O$	15-Nonacosanon	C-15	408
$C_{30}H_{22}O_{10}$	Rugulosin	Kuhn-Roth-Oxydation	655
$C_{30}H_{30}O_8$	Gossypol	C-12, C-13 + C-14, C-15	348
$C_{30}H_{42}N_2O_{15}S_2$	Sinalbin	vollständiger Abbau des Aglykons, Trennung der beiden S-Atome	396
$C_{30}H_{50}$	Squalen	Ozonspaltung	167, 201, 561, 588
$C_{30}H_{50}$	Squalen	Reduktive Ozonspaltung	182
$C_{30}H_{50}$	Squalen	H an C-12 + H an C-12a	617, 618
$C_{31}H_{36}N_2O_{11}$	Novobiocin	Cumarinteil	155
$C_{31}H_{62}O$	Palmiton	C-15, C-16	282
$C_{32}H_{64}O_3$	Corynomycolsäure	C-15, C-16, C-32	282
$C_{34}H_{32}ClFeN_4O_4$	Hämin	Ringe A + B und C + D, C-$\alpha + \beta + \gamma + \delta$	526, 527
$C_{34}H_{32}ClFeN_4O_4$	Hämin	alle C-Atome	653, 777
$C_{34}H_{32}ClFeN_4O_4$	Hämin	Isolierung von Ring A + B und C + D	776
$C_{34}H_{32}ClFeN_4O_4$	Hämin	C-(ABCD)-4, C-(ABCD)-6	571
$C_{34}H_{32}ClFeN_4O_4$	Hämin	C-(C, D)-10	9
$C_{37}H_{67}NO_{13}$	Erythromycin	Kuhn-Roth-Oxydation	317
$C_{37}H_{67}NO_{13}$	Erythromycin	Hydrolyse, Perjodat-Spaltung	322
$C_{40}H_{56}$	β-Carotin	alle C-Atome des cyclischen Teils einzeln bestimmt	695
$C_{40}H_{56}$	β-Carotin	Oxydation mit CrO_3 und $KMnO_4$	325, 326, 327
$C_{40}H_{56}$	Lycopin	Ozonspaltung	797
$C_{40}H_{56}$	Lycopin	$KMnO_4$-Oxydation zu Essigsäure	138
$C_{42}H_{67}NO_{16}$	Magnamycin		315
$C_{63}H_{90}CoN_{14}O_{14}P$	Vitamin B_{12}	Ring C	141
$C_{5n}H_{8n+4}O_7P_2$	Kautschuk	Ozonspaltung	352, 543
$C_{5n+14}H_{8n+18}O_4$	Coenzym Q (Ubichinon)	Reduktion zum Hydrochinon, Acetylierung und Ozonspaltung	73, 72, 300
$C_{5n+14}H_{8n+18}O_4$	Coenzym Q (Ubichinon)	Kuhn-Roth-Oxydation des aromatischen Ringes	544

Literatur

1. ABERCHROMBIE, M. J., and J. K. N. JONES: Can. J. Chem. **38**, 308 (1960).

1a. — — Can. J. Chem. **38**, 1999 (1960).

2. ABRAHAM, S.: J. Am. Chem. Soc. **72**, 4050 (1950).

3. — I. L. CHAIKOFF, and W. Z. HASSID: J. Biol. Chem. **195**, 567 (1952).

4. ABRAMS, R., E. HAMMARSTEN, and D. SHEMIN: J. Biol. Chem. **173**, 429 (1948).

4a. ACHENBACH, H., u. H. GRISEBACH: Z. Naturforsch. **20b**, 137 (1965).

5. ADAMSON, W. D.: J. Chem. Soc. **1939**, 1564.

5a. ÄNGGARD, E., K. GREEN, and B. SAMUELSSON: J. Biol. Chem. **240**, 1932 (1965).

6. AJL, S. J., D. T. O. WONG, and D. F. HERSEY: J. Am. Chem. Soc. **74**, 553 (1952).

6a. AKAZAWA, T.: Arch. Biochem. Biophys. **105**, 512 (1964).

7. ALLEN, M. B., and S. RUBEN: J. Am. Chem. Soc. **64**, 948 (1942).

8. ALLPORT, D. C., and J. D. BU'LOCK: J. Chem. Soc. **1960**, 654.

9. ALTMAN, K. J., L. L. MILLER, and J. E. RICHMOND: Arch. Biochem. Biophys. **36**, 399 (1952).

10. ALWORTH, W. L., R. C. DE SELMS, and H. RAPOPORT: J. Am. Chem. Soc. **86**, 1608 (1964).

11. ANDERSON, L., and M. GIBBS: J. Biol. Chem. **237**, 1941 (1962).

12. ANGYAL, S. J., C. M. FERNANDEZ, and J. L. GARNETT: Australian J. Chem. **18**, 39 (1965).

13. ANKER, H. S.: J. Biol. Chem. **194**, 177 (1952).

14. ARNSTEIN, H. V. R., and R. BENTLEY: Biochem. J. **54**, 493 (1953).

15. ARONOFF, S.: Arch. Biochem. Biophys. **32**, 237 (1951).

16. — Techniques of Radiobiochemistry. S. 108. Ames: Iowa State College Press 1956.

17. — Techniques of Radiobiochemistry. S. 112. Ames: Iowa State College Press 1956.

18. — Techniques of Radiobiochemistry. S. 141. Ames: Iowa State College Press 1956.

19. — H. A. BARKER, and M. CALVIN: J. Biol. Chem. **169**, 459 (1947).

20. — A. BENSON, W. Z. HASSID, and M. CALVIN: Science **105**, 664 (1947).

21. — V. A. HAAS, and B. FRIES: Science **110**, 476 (1949).

22. —, and L. P. VERNON: Arch. Biochem. Biophys. **28**, 424 (1950).

23. ARTOM, C.: J. Biol. Chem. **157**, 585 (1945).

24. BACHMANN, E., H. GERLACH, V. PRELOG u. H. ZÄHNER: Helv. Chim. Acta **46**, 605 (1963).

25. BADDILEY, J., G. EHRENSVÄRD, E. KLEIN, L. REIO, and E. SALUSTE: J. Biol. Chem. **183**, 777 (1950).

26. BADER, S., L. GUGLIELMETTI, and D. ARIGONI: Proc. Chem. Soc. **1964**, 16.

27. BAGATELL, F. K., E. W. WRIGHT, H. Z. SABLE: Biochim. Biophys. Acta **28**, 216 (1958).

28. BAILEY, P. S.: Chem. Rev. **58**, 925 (1958).

29. —, and J. G. BURR: J. Am. Chem. Soc. **75**, 2951 (1953).

30. BANHOLZER, K., u. H. SCHMID: Helv. Chim. Acta **39**, 548 (1956).

31. — — Angew. Chem. **69**, 483 (1957).

31a. — — Helv. Chim. Acta **42**, 2584 (1959).

32. BANTHORPE, D. V., and K. W. TURNBULL: Chem. Comm. **1966**, 177.

33. BARAKAT, M. Z., and M. F. A. EL-WAHAB: J. Am. Chem. Soc. **75**, 5731 (1953).

34. BARBIER, P., R. LOCQUIN: Compt. Rend. **156**, 1443 (1913).

35. BARNES JR., F. W., and R. SCHOENHEIMER: J. Biol. Chem. **151**, 123 (1943).
36. BARNET, H. N., and A. N. WICK: J. Biol. Chem. **185**, 657 (1950).
37. BARTLEY, J., S. ABRAHAM, and I. L. CHAIKOFF: Biochem. Biophys. Res. Commun. **19**, 770 (1965).
38. BARTON, D. H. R., R. H. HESSE, and G. W. KIRBY: Proc. Chem. Soc. **1963**, 267.
39. — — — J. Chem. Soc. **1965**, 6379.
40. — G. W. KIRBY, J. B. TAYLOR: Proc. Chem. Soc. **1962**, 340.
41. BASSHAM, J. A., A. A. BENSON, and M. CALVIN: J. Biol. Chem. **185**, 781 (1950).
42. — — L. D. KAY, A. Z. HARRIS, A. T. WILSON, and M. CALVIN: J. Am. Chem. Soc. **76**, 1760 (1954).
43. BATT, R. D., F. DICKENS, and D. H. WILLIAMSON: Biochem. J. **77**, 272 (1960).
44. — — — Biochem. J. **77**, 281 (1960).
45. BATTERSBY, A. R., R. BINKS, S. W. BREUER, H. M. FALES, W. C. WILDMAN, and R. J. HIGHET: J. Chem. Soc. **1964**, 1595.
46. — — R. J. FRANCIS, D. J. McCALDIN, and H. RAMUZ: J. Chem. Soc. **1964**, 3600.
47. — —, and B. J. T. HARPER: J. Chem. Soc. **1962**, 3534.
48. — — W. LAWRIE, G. V. PARRY, and B. R. WEBSTER: J. Chem. Soc. **1965**, 7459.
49. — — J. J. REYNOLDS, and D. A. YEOWELL: J. Chem. Soc. **1964**, 4257.
50. — —, and W. C. WILDMAN: Proc. Chem. Soc. **1960**, 410.
51. — R. T. BROWN, J. H. CLEMENTS, and G. G. IVERACH: Chem. Comm. **1965**, 230.
52. — — R. S. KAPIL, A. O. PLUNKETT, and J. B. TAYLOR: Chem. Comm. **1966**, 46.
53. — — J. A. KNIGHT, J. A. MARTIN, and A. O. PLUNKETT: Chem. Comm. **1966**, 346.
54. — H. M. FALES, and W. C. WILDMAN: J. Am. Chem. Soc. **83**, 4098 (1961).
55. — R. J. FRANCIS, M. HIRST, and J. STAUNTON: Proc. Chem. Soc. **1963**, 268.
56. —, and B. J. T. HARPER: J. Chem. Soc. **1962**, 3526.
57. —, and M. HIRST: Tetrahedron Letters **1965**, 669.
58. —, and D. J. McCALDIN: Proc. Chem. Soc. **1962**, 365.
59. —, and J. J. REYNOLDS: Proc. Chem. Soc. **1960**, 346.
60. BAXTER, R. M., S. I. KANDEL, and A. OKANY: J. Am. Chem. Soc. **84**, 2997 (1962).
61. — — —, and R. G. PYKE: Can. J. Chem. **42**, 2936 (1964).
62. BECK, E., u. O. KANDLER: Z. Pflanzenphysiol. **55**, 71 (1966).
63. — — unveröffentlicht.
64. BECKWITH, J. R., R. CLARK, and L. P. HAGER: J. Biol. Chem. **238**, 3086 (1963).
65. BENJAMIN, B. M., and C. J. COLLINS: J. Am. Chem. Soc. **75**, 402 (1953).
66. BENN, M. H.: Chem. Ind. London **1962**, 1907.
67. BENSON, A. A., and J. A. BASSHAM: J. Am. Chem. Soc. **70**, 3939 (1948).
68. BENTLEY, R.: J. Biol. Chem. **238**, 1889 (1963).
69. — D. S. BHATE, and J. G. KEIL: J. Biol. Chem. **237**, 859 (1962).
70. —, and J. G. KEIL: J. Biol. Chem. **237**, 867 (1962).
71. — —, and D. S. BHATE: J. Am. Chem. Soc. **83**, 3716 (1961).
71a. —, and W. V. LAVATE: J. Biol. Chem. **240**, 532 (1965).
72. — V. G. RAMSEY, C. M. SPRINGER, G. H. DIALAMEH, and R. E. OLSON: Biochem. Biophys. Res. Commun. **5**, 443 (1961).
73. — — — — — Biochemistry **4**, 166 (1965).
73a. BERGMEYER, H. U. (Herausgeber): Methoden der enzymatischen Analyse. Weinheim: Verlag Chemie 1962.

74. BERNSTEIN, I. A.: J. Biol. Chem. **205**, 309 (1953).
75. — In: S. O. COLOWICK, N. O. KAPLAN: Methods in Enzymology. Bd. IV, S. 570. New York: Academic Press Inc. 1957.
76. — D. FOSSITT, and D. SWEET: J. Biol. Chem. **233**, 1199 (1958).
77. — K. LENTZ, M. MALM, P. SCHAMBYE, and H. G. WOOD: J. Biol. Chem. **215**, 137 (1955).
78. —, and H. G. WOOD: In: S. P. COLOWICK, N. O. KAPLAN: Methods inEnzymology. Bd. IV, S. 580. New York: Academic Press Inc. 1957.
79. BEST, A. P., and C. L. WILSON: J. Chem. Soc. **1938**, 28.
80. BEVILL, R. D., E. A. HILL, F. SMITH, and S. KIRKWOOD: Can. J. Chem. **43**, 1577 (1965).
81. — J. H. NORDIN, F. SMITH, and S. KIRKWOOD: Biochem. Biophys. Res. Commun. **12**, 152 (1963).
82. BEVINGTON, J. C., E. J. BOURNE, and C. N. TURTON: Chem. Ind. London **1953**, 1390.
83. BHATTACHARJI, S., A. J. BIRCH, A. BRACK, A. HOFMANN, H. KOBEL, D. C. C. SMITH, H. SMITH, and J. WINTER: J. Chem. Soc. **1962**, 421.
84. BICKEL, H., H. SCHMIDT u. P. KARRER: Helv. Chim. Acta **38**, 649 (1955).
85. BIGELEISEN, J., and L. FRIEDMAN: J. Chem. Phys. **17**, 998 (1949).
86. BILLEK, G., u. H. KINDL: Monatsh. Chem. **93**, 814 (1962).
87. —, u. A. SCHIMPL: Monatsh. Chem. **93**, 1457 (1962).
88. — J. SWOBODA u. F. WESSELY: Tetrahedron **18**, 909 (1962).
89. — W. ZIEGLER: Monatsh. Chem. **93**, 1430 (1962).
90. BIRCH, A. J., G. E. BLANCE, S. DAVID, and H. SMITH: J. Chem. Soc. **1961**, 3128.
91. — —, and H. SMITH: J. Chem. Soc. **1958**, 4582.
92. — D. W. CAMERON, Y. HARADA, and R. W. RICKARDS: J. Chem. Soc. **1961**, 889.
93. — — — — J. Chem. Soc. **1962**, 303.
94. — A. CASSERA, P. FITTON, J. S. E. HOLKER, H. SMITH, G. A. THOMPSON, and W. B. WHALLEY: J. Chem. Soc. **1962**, 3583.
95. — C. DJERASSI, J. D. DUTCHER, J. MAJER, D. PERLMAN, E. PRIDE, R. W. RICKARDS, and P. J. THOMSON: Chem. Soc. **1965**, 5274.
96. — R. J. ENGLISH, R. A. MASSY-WESTROPP, M. SLAYTOR, and H. SMITH: J. Chem. Soc. **1958**, 365.
97. — — —, and H. SMITH: J. Chem. Soc. **1958**, 369.
98. —, and K. R. FARRAR: J. Chem. Soc. **1963**, 4277.
99. — P. FITTON, E. PRIDE, A. J. RYAN, H. SMITH, and W. B. WHALLEY: J. Chem. Soc. **1958**, 4576.
100. — R. I. FRYER, and H. SMITH: Proc. Chem. Soc. **1958**, 343.
101. — P. W. HOLLOWAY, and R. W. RICKARDS: Biochim. Biophys. Acta **57**, 143 (1962).
102. —, and M. KOCOR: J. Chem. Soc. **1960**, 867.
103. — — N. SHEPPARD, and J. WINTER: J. Chem. Soc. **1962**, 1502.
104. —, and W. V. LAVATE: J. Biol. Chem. **240**, 532 (1965).
105. — R. A. MASSY-WESTROPP, and C. J. MOYE: Australian J. Chem. **8**, 539 (1955).
106. — — R. W. RICKARDS, and H. SMITH: J. Chem. Soc. **1958**, 360.
107. — B. J. MCLOUGHLIN, and H. SMITH: Tetrahedron Letters **1960**/7, 1.
108. — S. J. MOYE, R. W. RICKARDS, and Z. VANEK: J. Chem. Soc. **1962**, 3586.
109. — E. PRIDE: J. Chem. Soc. **1962**, 370.
110. — — R. W. RICKARDS, P. J. THOMSON, J. D. DUTCHER, D. PERLMAN, and C. DJERASSI: Chem. Ind. London **1960**, 1245.

111. BIRCH, A. J., A. J. RYAN, J. SCHOFIELD, and H. SMITH: J. Chem. Soc. **1965**, 1231.

112. — J. E. SNELL, and P. J. THOMSON: J. Chem. Soc. **1962**, 425.

113. BIRKINSHAW, J. H., and A. M. C. DRYLAND: Biochem. J. **93**, 478 (1964).

114. BISHOP, C. T.: Science **117**, 715 (1953).

115. BISTRZYCKI, A., u. L. MAURON: Ber. Deut. Chem. Ges. **40**, 4370 (1907).

116. BLATT, A. H.: Organic Synthesis. Coll. Vol. II., S. 142. New York: John Wiley and Sons Inc. 1943.

117. BLOCH, K.: Helv. Chim. Acta **36**, 1611 (1953).

118. —, and D. RITTENBERG: J. Biol. Chem. **145**, 625 (1942).

119. BLOMSTRAND, R.: Acta Chem. Scand. **8**, 1487 (1954).

120. BLOOMER, J. L., C. E. MOPPETT, and J. K. SUTHERLAND: Chem. Comm. **1965**, 619.

121. BLUMENTHAL-GOLDSCHMIDT, S., G. W. BUTLER, and E. E. CONN: Nature **197**, 718 (1963).

121a. BOHLMANN, F., u. U. HINZ: Chem. Ber. **98**, 876 (1965).

122. —, u. J. LASER: Chem. Ber. **99**, 1834 (1966).

123. — H. ZIEGENHIRT, L. R. JENTE, and M. WOTSCHOKOWSKY: In: Festschrift K. Mothes, S. 93. Jena: VEB Gustav Fischer 1965.

124. BONNER, W. A.: J. Am. Chem. Soc. **79**, 2469 (1957).

125. — C. J. COLLINS: J. Am. Chem. Soc. **75**, 3831 (1953).

126. — — J. Am. Chem. Soc. **75**, 5372—5379 (1953).

127. — — J. Am. Chem. Soc. **77**, 99 (1955).

128. — — J. Am. Chem. Soc. **78**, 5587 (1956).

129. —, and T. A. PUTKEY: J. Org. Chem. **27**, 2348 (1962).

130. —, and R. T. REWICK: J. Am. Chem. Soc. **84**, 2334 (1962).

131. —, and D. D. TANNER: J. Am. Chem. Soc. **80**, 1447 (1958).

132. BOOTHROYD, B., S. A. BROWN, J. A. THORN, and A. C. NEISH: Can. J. Biochem. Physiol. **33**, 62 (1955).

133. BOTHNER-BY, A. A., R. S. SCHUTZ, R. F. DAWSON, and M. L. SOLT: J. Am. Chem. Soc. **84**, 52 (1962).

134. BOTTOMLEY, W., and T. A. GEISSMAN: Phytochemistry **3**, 357 (1964).

135. BOWDEN, K., and L. MARION: Can. J. Chem. **29**, 1037 (1951).

136. BRADY, R. O., R. M. BRADLEY, and E. G. TRAMS: J. Biol. Chem. **235**, 3093 (1960).

137. —, and S. GURIN: J. Biol. Chem. **186**, 461 (1950).

138. BRAITHWAITE, G. D., and T. W. GOODWIN: Biochem. J. **76**, 1 (1960).

139. BRANDENBERGER, H.: Helv. Chim. Acta **37**, 641 (1954); Biochim. Biophys. Acta **15**, 108 (1954).

140. —, u. R. H. BRANDENBERGER: Helv. Chim. Acta **37**, 2207 (1954).

141. BRAY, R. C., and D. SHEMIN: J. Biol. Chem. **238**, 1501 (1963).

142. BRENNER-HOLZACH, O., u. F. LEUTHARDT: Helv. Chim. Acta **44**, 1480 (1961).

143. — — Helv. Chim. Acta **48**, 1569 (1965).

144. BRICE, C., and A. S. PERLIN: Can. J. Biochem. Physiol. **35**, 7 (1957).

145. BROWN, E. V., E. CERWONKA, and R. C. ANDERSON: J. Am. Chem. Soc. **73**, 3735 (1951).

146. BROWN, S. A.: Can. J. Biochem. Physiol. **33**, 368 (1955).

147. —, and R. U. BYERRUM: J. Am. Chem. Soc. **74**, 1523 (1952).

148. — G. H. N. TOWERS, and D. CHEN: Phytochemistry **3**, 469 (1964).

149. — —, and D. WRIGHT: Can. J. Biochem. Physiol. **38**, 143 (1960).

150. BUCHANAN, J. M., W. SAKAMI, S. GURIN, and D. W. WILSON: J. Biol. Chem. **159**, 695 (1945).

151. Buchmann J. M., J. C. Sonne, and A. M. Delluva: J. Biol. Chem. **173**, 81 (1948).

152. Bueding, E., and H. W. Yale: J. Biol. Chem. **193**, 411 (1951).

153. Bu'Lock, J. D., and H. M. Smalley: J. Chem. Soc. **1962**, 4662.

154. — —, and G. N. Smith: J. Biol. Chem. **237**, 1778 (1962).

155. Bunton, C. A., G. W. Kenner, M. J. T. Robinson, and B. R. Webster: Tetrahedron **19**, 1001 (1963).

156. Burgdorf, K., H. Grisebach, H. Kracker u. F. Weygand: Chem. Ber. **87**, 87 (1954).

157. Burns, J. J., and E. H. Mosbach: J. Biol. Chem. **221**, 107 (1956).

158. Burr, J. G., and L. S. Ciereszko: J. Am. Chem. Soc. **74**, 5426 (1952).

159. Busse, M., P. K. Kindel, and M. Gibbs: J. Biol. Chem. **236**, 2850 (1961).

160. Butler, K.: J. Org. Chem. **31**, 317 (1966).

160a. Buu-Hoi, N. P., N. van Bac, N. dat Xuong, and J. Parello: Bull. Soc. Chim. France **1962**, 1747.

161. Byrn, M., and M. Calvin: J. Am. Chem. Soc. **88**, 1916 (1966).

162. Calvin, M., C. Heidelberger, J. C. Reid, B. M. Tolbert, and P. E. Yankwich: Isotopic Carbon 2. S. 137. New York: J. Wiley and Sons 1949.

163. — — — — — Isotopic Carbon. S. 248. New York: J. Wiley and Sons 1949.

164. —, and R. M. Lemmon: J. Am. Chem. Soc. **69**, 1232 (1947).

165. Candy, D. J., N. L. Blumsom, and J. Baddiley: Biochem. J. **91**, 31 (1964).

166. Canellakis, E. S., and P. P. Cohen: J. Biol. Chem. **213**, 379 (1955).

167. Capstack Jr., E., N. Rosin, G. A. Blondin, and W. R. Nes: J. Biol. Chem. **240**, 3258 (1965).

168. Carson, S. F., J. W. Foster, S. Ruben, and M. D. Kamen: Science **92**, 433 (1940).

169. Carter, R. E., and J. H. Rickards: J. Am. Chem. Soc. **83**, 495 (1961).

170. Cartier, G. E., and S. C. Bunce: J. Am. Chem. Soc. **85**, 932 (1963).

171. Caserio, M. C., W. H. Graham, and J. D. Roberts: Tetrahedron **11**, 171 (1960).

172. Caspi, E., R. I. Dorfman, B. T. Khan, G. Rosenfeld, and W. Schmid: J. Biol. Chem. **237**, 2085 (1962).

173. Cavalieri, L. F., and G. B. Brown: J. Am. Chem. Soc. **70**, 1242 (1948).

174. — J. F. Tinker, and G. B. Brown: J. Am. Chem. Soc. **71**, 3973 (1949).

175. Cejka, V., E. M. Venneman, N. B. van den Bosch, and P. D. Klein: J. Chromatog. (im Druck). s. a. Lit. cit. 401

176. Cerwonka, E., R. C. Anderson, and E. V. Brown: J. Am. Chem. Soc. **75**, 28 (1953).

177. Chang, W.-H., and N. E. Tolbert: Plant Physiol. **40**, 1048 (1965).

178. Chappelle, E. W., and J. M. Luck: J. Biol. Chem. **229**, 171 (1957).

179. Charalampous, F. C.: J. Biol. Chem. **225**, 585 (1957).

180. — J. Biol. Chem. **235**, 1286 (1960).

181. Chargaff, E., B. Magasanik: J. Am. Chem. Soc. **69**, 1459 (1947).

181a. Childs Jr., C. R., and K. Bloch: J. Org. Chem. **26**, 1630 (1961).

182. — — J. Biol. Chem. **237**, 62 (1962).

183. Chisholm, M. D., and L. R. Wetter: Can. J. Biochem. **42**, 1033 (1964).

183a. Christ, H. A., P. Diehl, H. Schneider u. H. Dahn: Helv. Chim. Acta **44**, 865 (1961).

184. Christman, D. R., and R. F. Dawson: Biochemistry 2, 182 (1963).

185. — —, and K. I. C. Karlstrom: J. Org. Chem. **29**, 2394 (1964).

186. Cleland, W. W., and M. J. Johnson: J. Biol. Chem. **208**, 679 (1954).

187. Cohen, T., and I. H. Song: J. Am. Chem. Soc. **87**, 3780 (1965).

188. COLLINS, C. J., and W. A. BONNER: J. Am. Chem. Soc. 75, 5379 (1953).

189. — J. G. BURR, and D. N. HESS: J. Am. Chem. Soc. 73, 5176 (1951).

190. — L. S. CIERESZKO, and J. G. BURR: J. Am. Chem. Soc. 75, 405 (1953).

191. — D. N. HESS, R. H. MAYOR, G. M. TOFFEL, and A. R. JONES: J. Am. Chem. Soc. 75, 397 (1953).

192. —, and O. K. NEVILLE: J. Am. Chem. Soc. 73, 2471 (1951).

193. COLOWICK, S. P., and N. O. KAPLAN: Methods in Enzymology: Vol. II, S. 482. New York-London: Academic Press 1955.

194. CORCORAN, J. W.: J. Biol. Chem. 236, PC 27 (1961).

195. CORNFORTH, J. W., R. H. CORNFORTH, C. DONNINGER, G. POPJÁK, G. RYBACK, and G. J. SCHROEPFER JR.: Biochem. Biophys. Res. Commun. 11, 129 (1963).

196. — — — — Y. SHIMIZU, S. ICHII, E. FORCHIELLI, and E. CASPI: J. Am. Chem. Soc. 87, 3224 (1965).

197. — — A. PELTER, M. G. HORNING, and G. POPJÁK: Tetrahedron 5, 311 (1959).

198. —, and I. Y. GORE: Biochem. J. 65, 94 (1957).

199. — G. D. HUNTER, and T. H. FRENCH: Biochem. J. 54, 238 (1953).

200. — —, and G. POPJÁK: Biochem. J. 54, 590, 597 (1953).

201. —, and G. POPJÁK: Biochem. J. 58, 403 (1954).

202. CORZO, R. H., and E. L. TATUM: Federation Proc. 12, 470 (1953).

203. CRAM, D. J., R. T. UYEDA: J. Am. Chem. Soc. 86, 5466 (1964).

204. CRIEGEE, R.: In: W. FOERST: Neuere Methoden der präparativen organischen Chemie. 4. Aufl. S. 21. Weinheim: Verlag Chemie 1963.

205. CROUT, D. H. G., M. H. BENN, H. IMASEKI, and T. A. GEISSMAN: Phytochemistry 5, 1 (1966).

206. CROWLEY, M. P., P. J. GODIN, H. S. INGLIS, M. SNAREY, and E. M. THAIN: Biochim. Biophys. Acta 60, 312 (1962).

207. CURTIS, R. F., P. C. HARRIES, C. H. HASSALL, J. D. LEVI, and D. M. PHILLIPS: J. Chem. Soc. (C) 1966, 168.

208. DAHMS, G.: Dissertation TH München 1961.

209. DAHN, H.: Bull. Soc. Chim. France 1960, 1875.

210. DALGLIESH, C. E., and A. NEUBERGER: J. Chem. Soc. 1954, 3407.

211. DAUBEN, W. G., and P. COAD: J. Am. Chem. Soc. 71, 2928 (1949).

212. — E. HOERGER, and J. W. PETERSEN: J. Am. Chem. Soc. 75, 2347 (1953).

213. — J. C. REID, P. E. YANKWICH, and M. CALVIN: J. Am. Chem. Soc. 68, 2117 (1946).

214. — — — — J. Am. Chem. Soc. 72, 121 (1950).

215. —, and K. H. TAKEMURA: J. Am. Chem. Soc. 75, 6302 (1953).

216. —, and C. W. VAUGHAN JR.: J. Am. Chem. Soc. 75, 4651 (1953).

217. DAUS, L., M. MEINKE, and M. CALVIN: J. Biol. Chem. 196, 77 (1952).

218. DAVID, S., et B. ESTRAMAREIX: Biochim. Biophys. Acta 42, 562 (1960).

219. — — Biochim. Biophys. Acta 49, 411 (1961).

220. — — Bull. Soc. Chim. France 1964, 2023.

221. — — H. HIRSFELD et P. SINAY: Bull. Soc. Chim. France 1964, 936.

222. DAVIS, H. W., E. GROVENSTEIN JR., and O. K. NEVILLE: J. Am. Chem. Soc. 75, 3304 (1953).

223. DAVIS, J. A., J. HERYNK, S. CARROLL, J. BUNDS, and D. JOHNSON: J. Org. Chem. 30, 415 (1965).

224. DAVIS, R., and H. P. SCHULTZ: J. Org. Chem. 27, 854 (1962).

225. DAWSON, R. F., D. R. CHRISTMAN, A. D'ADAMO, M. L. SOLT, and A. P. WOLF: J. Am. Chem. Soc. 82, 2628 (1960).

226. DeBoer, Th. J., and J. C. van Velzen: Rec. Trav. Chim. **79**, 231 (1960).

227. — — Rec. Trav. Chim. **81**, 160 (1962).

228. Demayo, P., J. R. Robinson, E. Y. Spencer, and R. W. White: Experientia **18**, 359 (1962).

229. DeMoss, R. D., R. C. Bard, and I. C. Gunsalus: J. Bacteriol. **62**, 499 (1951).

230. Dewey, L. J., R. U. Byerrum et C. D. Ball: Biochim. Biophys. Acta **18**, 141 (1955).

231. Dimant, E., V. R. Smith, and H. A. Lardy: J. Biol. Chem. **201**, 85 (1953).

232. Dische, R., and D. Rittenberg: J. Biol. Chem. **211**, 199 (1954).

233. Djerassi, C., and C. Fenselau: J. Am. Chem. Soc. **87**, 5747, 5752 (1965).

234. Doering, W. V. E., T. I. Taylor, E. F. Schoenewaldt: J. Am. Chem. Soc. **70**, 455 (1948).

235. Doerschuk, A. P.: J. Am. Chem. Soc. **73**, 5453 (1951).

236. Dole, M.: Chem. Rev. **51**, 263 (1952).

237. Donaruma, L. G., and W. Z. Heldt: In: Organic reactions. Vol. 11, S. 1ff. New York-London: John Wiley and Sons 1960.

238. Dougherty, R. C., H. L. Crespi, H. H. Strain, and J. J. Katz: J. Am. Chem. Soc. **88**, 2854 (1966).

239. Douglass, J. E., and R. M. Roberts: Chem. Ind. London **1959**, 926.

240. Dubeck, M., and S. Kirkwood: J. Biol. Chem. **199**, 307 (1952).

240a. Duffield, A. M., H. Budzikiewicz, and C. Dzerassi: J. Am. Chem. Soc. **87**, 2926 (1965).

241. Easterfield, T. H., and G. Bagley: J. Chem. Soc. **85**, 1238 (1904).

242. —, and C. M. Taylor: J. Chem. Soc. **99**, 2298 (1911).

243. Eberhardt, G., and W. J. Schubert: J. Am. Chem. Soc. **78**, 2835 (1956).

244. Edelman, J. C., and C. Gilvarg: J. Biol. Chem. **236**, 3295 (1961).

245. Edmonds, M., A. M. Delluva, and D. W. Wilson: J. Biol. Chem. **197**, 251 (1952).

246. Edwards, P. N., and E. Leete: Chem. and Ind. **1961**, 1666.

247. Ehrensvärd, G., L. Reio, E. Saluste, and R. Stjernholm: J. Biol. Chem. **189**, 93 (1951).

248. Eisenberg jr., F.: J. Am. Chem. Soc. **76**, 5152 (1954).

249. —, and S. Gurin: J. Am. Chem. Soc. **73**, 4440 (1951).

250. Eisenbraun, E. J., S. M. McElvain, and B. F. Aycock: J. Am. Chem. Soc. **76**, 607 (1954).

251. Elford, H. L., and L. D. Wright: Biochem. Biophys. Res. Commun. **10**, 373 (1963).

252. Elsden, S. R., and Q. H. Gibson: Biochem. J. **58**, 154 (1954).

253. Essery, J. M., P. F. Juby, L. Marion, and E. Trumbull: J. Am. Chem. Soc. **84**, 4597 (1962).

254. — P. F. Juby, L. Marion, and E. Trumbull: Can. J. Chem. **41**, 1142 (1963).

255. Elwyn, D., and D. B. Sprinson: J. Biol. Chem. **207**, 467 (1954).

256. Euw, J. v., u. T. Reichstein: Helv. Chim. Acta **47**, 711 (1964).

256a. Evans, E. A.: Tritium and its compounds. London: Butterworths 1966.

257. Fiedler, F.: Diplomarbeit TH München 1961.

258. Fink, R. M.: Arch. Biochem. Biophys. **107**, 493 (1964).

259. Finlayson, A. J.: Can. J. Biochem. **44**, 397 (1966).

260. Fish, A., and M. Saeed: Chem. Ind. London **1963**, 571.

261. Fisher, F. B., and A. N. Bourns: Can. J. Chem. **39**, 1736 (1961).

262. Fleeker, J., and R. U. Byerrum: Biochemistry **4**, 1628 (1965).

263. — — J. Biol. Chem. **240**, 4099 (1965).

264. Floss, H. G.: Unveröffentlicht.

265. Floss, H. G., L. Hadwiger, and E. E. Conn: Nature **208**, 1207 (1965).
266. —, and U. Mothes: Phytochemistry **5**, 161 (1966).
267. — — u. H. Günther: Z. Naturforsch. **19b**, 784 (1964).
268. —, u. A. Rettig: Z. Naturforsch. **19b**, 1103 (1964).
269. Forman, A. G., and C. C. Lee: Can. J. Chem. **40**, 1130 (1962).
269a. Foster, D. W., and B. Bloom: J. Biol. Chem. **238**, 888 (1963).
270. Freudenberg, K., H. Fikentscher u. W. Wenner: Liebigs Ann. Chem. **442**, 309 (1925).
271. Frey, H. M.: UCRL-3358 (1956),
272. Friedman, A. R., and E. Leete: J. Am. Chem. Soc. **85**, 2141 (1963).
273. Fries, B. A., and M. Calvin: J. Am. Chem. Soc. **70**, 2235 (1948).
274. Fromageot, C., and P. Desnuelle: Biochem. Z. **279**, 174 (1935).
275. Frush, H. L., and H. S. Isbell: J. Res. Natl. Bur. Std. **51**, 167 (1953).
276. Fukushima, D. K., and T. F. Gallagher: J. Biol. Chem. **198**, 861 (1952).
277. Fulco, A. J., and J. F. Mead: J. Biol. Chem. **234**, 1411 (1959).
278. — — J. Biol. Chem. **235**, 3379 (1960).
279. — — J. Biol. Chem. **236**, 2416 (1961).
279a. Fuson, R. C., R. A. Bauman, E. Howard jr., and E. N. Marvell: J. Org. Chem. **12**, 804 (1947).
280. Gabriel, O.: J. Biol. Chem. **241**, 924 (1966).
280a. —, and G. Ashwell: J. Biol. Chem. **240**, 4128 (1965).
280b. Garnett, J. L., L. J. Henderson, W. A. Sollich, and G. V. D. Tiers: Tetrahedron Letters **1961**, 516.
281. — S. W. Law, and A. R. Till: Australian J. Chem. **18**, 297 (1965).
282. Gastambide-Odier, M., and E. Lederer: Biochem. Z. **333**, 285 (1960).
283. Gatenbeck, S.: Acta Chem. Scand. **12**, 1211 (1958).
284. — Acta Chem. Scand. **12**, 1985 (1958).
285. — Acta Chem. Scand. **14**, 290 (1960).
286. — Acta Chem. Scand. **16**, 1053 (1962).
287. —, u. I. Lönnroth: Acta Chem. Scand. **16**, 2298 (1962).
288. —, and R. Bentley: Biochem. J. **94**, 478 (1965).
289. Gear, J. R., and I. D. Spenser: Nature **191**, 1393 (1961).
290. — — Can. J. Chem. **41**, 783 (1963).
291. Geissman, T. A. and J. W. Mason: Chem. Ind. London **1960**, 291.
292. — —, and J. R. Rowe: Chem. Ind. London **1959**, 1577.
293. Gest, H., and J. O. Lampen: J. Biol. Chem. **194**, 555 (1952).
294. Gibbs, M., and R. D. DeMoss: Federation Proc. **10**, 189 (1951).
295. — R. Dumrose, F. A. Bennett, and M. R. Bubeck: J. Biol. Chem. **184**, 545 (1950).
296. — P. K. Kindel, and M. Busse: Methods in carbohydrate chemistry. Vol. II, S. 496. New York-London: Academic Press Inc. 1963.
297. Gibson, E. J., and R. W. Clarke: J. Appl. Chem. London **11**, 293 (1961).
298. Gilvarg, Ch., and K. Bloch: J. Biol. Chem. **193**, 339 (1951).
299. — — J. Biol. Chem. **199**, 689 (1952).
300. Gloor, U., O. Schindler u. O. Wiss: Helv. Chim. Acta **43**, 2089 (1960).
301. Godin, P. J., H. S. Inglis, M. Snarey, and E. M. Thain: J. Chem. Soc. **1963**, 5878.
302. Goeggel, H., u. D. Arigoni: Experientia **21**, 369 (1965).
303. — — Chem. Comm. **1965**, 538.
304. Goldfine, H., and K. Bloch: J. Biol. Chem. **236**, 2596 (1961).
305. Goodeve, A. M., u. E. Ramstad: Experientia **17**, 124 (1961).
305a. Gottschalk, G., and H. A. Barker: Biochem. **5**, 1125 (1966).

305b. GOTTSCHALK, G., and H. A. BARKER: Biochem. **6**, 1027 (1967).

306. GREENBERG, D. M., and M. ROTHSTEIN: In: S. P. COLOWICK, N. O. KAPLAN: Methods of enzymology. Vol. IV, S. 727. New York-London: Academic Press 1957.

307. GREENE, R. S.: J. Biol. Chem. **237**, 2251 (1962).

308. GREGORY, H., and E. LEETE: Chem. Ind. London **1960**, 1242.

309. GRIFFITH, T., and R. U. BYERRUM: Science **129**, 1485 (1959).

310. — — Biochem. Biophys. Res. Commun. **10**, 293 (1963).

311. — K. P. HELLMAN, and R. U. BYERRUM: J. Biol. Chem. **235**, 800 (1960).

312. GRISEBACH, H.: Z. Naturforsch. **12b**, 227, 597 (1957).

313. — Z. Naturforsch. **13b**, 335 (1958).

314. — Z. Naturforsch. **14b**, 802 (1959).

315. —, u. H. ACHENBACH: Z. Naturforsch. **17b**, 6 (1962).

316. — — Z. Naturforsch. **17b**, 63 (1962).

317. — — W. HOFHEINZ: Z. Naturforsch. **15b**, 560 (1960).

318. —, u. W. BARZ: Z. Naturforsch. **18b**, 466 (1963).

319. — — Chem. Ind. London **1963**, 690.

320. —, u. G. BRANDNER: Z. Naturforsch. **16b**, 2 (1961).

321. —, u. N. DOERR: Z. Naturforsch. **15b**, 284 (1960).

322. — W. HOFHEINZ u. H. ACHENBACH: Z. Naturforsch. **17b**, 64 (1962).

323. —, u. L. PATSCHKE: Z. Naturforsch. **16b**, 645 (1961).

324. —, u. K. O. VOLLMER: Z. Naturforsch. **19b**, 781 (1964).

325. GROB, E. C., u. R. BÜTLER: Experientia **10**, 250 (1954).

326. — — Helv. Chim. Acta **37**, 1909 (1954).

327. — — Helv. Chim. Acta **39**, 1975 (1956).

327a. GRÖGER, R. D., S. JOHNE u. K. MOTHES: Experientia **21**, 1 (1965).

328. — H. R. SCHÜTTE u. K. STOLLE: Z. Naturforsch. **18b**, 850 (1963).

329. — K. STOLLE u. K. MOTHES: Z. Naturforsch. **21b**, 206 (1966).

330. GROS, E. G., and E. LEETE: Chem. Ind. London **1963**, 698.

331. — — J. Am. Chem. Soc. **87**, 3479 (1965).

331a. GROSS, D., A. FEIGE, R. STECHER, A. ZURECK u. H. R. SCHÜTTE: Z. Naturforsch. **20b**, 1116 (1965).

332. GROSS, N. H., and C. H. WERKMAN: Arch. Biochem. Biophys. **15**, 125 (1947).

333. GROSS, S. R., R. D. GAFFORD, and E. L. TATUM: J. Biol. Chem. **219**, 781 (1956).

334. GUNSALUS, I. C., and M. GIBBS: J. Biol. Chem. **194**, 871 (1952).

335. GUPTA, R. N., and I. D. SPENSER: Can. J. Chem. **43**, 133 (1965).

336. HADWIGER, L. A., H. G. FLOSS, J. R. STOKER, and E. E. CONN: Phytochemistry **4**, 825 (1965).

337. HALL, E. S., F. McCAPRA, T. MONEY, K. FUKUMOTO, J. R. HANSON, B. S. MOOTOO, G. T. PHILLIPS, and A. I. SCOTT: Chem. Comm. **1966**, 348.

338. HANAHAN, D. J., and S. J. WAKIL: J. Am. Chem. Soc. **75**, 273 (1953).

339. HANN, R. M., and C. S. HUDSON: J. Am. Chem. Soc. **66**, 735 (1944).

340. HARTMAN, S. C., and J. FELLIG: J. Am. Chem. Soc. **77**, 1051 (1955).

341. HASSALL, C. H.: In: Organic reactions. Vol. 9, S. 73. New York: John Wiley and Sons 1957.

342. HAUSER, G., and M. L. KARNOVSKY: J. Biol. Chem. **224**, 91 (1957).

343. HEATH, E. C., and S. ROSEMAN: In: Methods of carbohydrate chemistry. Vol. II, S. 138 u. 494. New York: Academic Press Inc. 1963.

344. HEGRE, C. S., S. J. MILLER, and M. D. LANE: Biochim. Biophys. Acta **56**, 538 (1962).

345. HEIDELBERGER, C., M. E. GULLBERG, A. F. MORGAN, and S. LEPKOVSKY: J. Biol. Chem. **179**, 143 (1949).

346. HEINRICH, M. R., and D. W. WILSON: J. Biol. Chem. **186**, 447 (1950).

347. — — J. Biol. Chem. **186**, 450 (1950).

348. HEINSTEIN, P. F., F. H. SMITH, and S. B. TOVE: J. Biol. Chem. **237**, 2643 (1962).

349. HENDLEY, E. C., and O. K. NEVILLE: J. Am. Chem. Soc. **75**, 1995 (1953).

350. HENDLER, R. W., and C. B. ANFINSEN: J. Biol. Chem. **209**, 55 (1954).

351. HENECKA, H.: In: E. MÜLLER. Methoden der organischen Chemie. IV. Aufl., Bd. VIII, S. 484. Stuttgart: G. Thieme 1952.

352. HENNING, U., E. M. MÖSLEIN, B. ARREGUIN u. F. LYNEN: Biochem. Z. **333**, 534 (1961).

353. HERBER, R. H. (Herausgeber): Inorganic isotope syntheses. New York: W. A. Benjamin Publishers 1962.

354. HERSHBERG, E. B., and L. F. FIESER: In: Organic synthesis. Coll. Vol. 2, S. 129. New York: John Wiley and Sons 1944.

355. HOBERMAN, H. D., and A. F. D'ADAMO JR.: J. Org. Chem. **25**, 30 (1960).

356. HOCKENHULL, D. J. D., and W. F. FAULDS: Chem. Ind. London **1955**, 1390.

357. HODGE, P., E. R. H. JONES, and G. LOWE: J. Chem. Soc. (C) **1966**, 1216.

358. HÖGSTRÖM, G.: Acta Chem. Scand. **7**, 45 (1953).

359. HOFFMANN, C. E., and J. O. LAMPEN: J. Biol. Chem. **198**, 885 (1952).

360. HOLKER, J. S. E., J. STAUNTON, and W. B. WHALLEY: J. Chem. Soc. **1964**, 16.

361. HOOPER, N. K., and J. H. LAW: Biochem. Biophys. Res. Commun. **18**, 426 (1965).

362. HORECKER, B. L., G. DOMAGK, and H. H. HIATT: Arch. Biochem. Biophys. **78**, 510 (1958).

363. HOROWITZ, H. H., A. P. DOERSCHUK, and C. G. KING: J. Biol. Chem. **199**, 193 (1952).

364. — C. G. KING: J. Biol. Chem. **200**, 125 (1953).

365. HOUBEN-WEYL: Methoden der organischen Chemie. Bd. **12/1**, S. 69. Stuttgart: G. Thieme 1963.

366. HOUSE, H. O.: J. Am. Chem. Soc. **78**, 2298 (1956).

367. HUGHES, C. A., R. LETCHER, and F. L. WARREN: J. Chem. Soc. **1964**, 4974.

368. —, and F. L. WARREN: J. Chem. Soc. **1962**, 34.

369. HUNSDIECKER, H., u. CL. HUNSDIECKER: Ber. Deut. Chem. Ges. **75**, 291 (1942).

370. HUNTER, D. H., and D. J. CRAM: J. Am. Chem. Soc. **86**, 5478 (1964).

371. HUNTER, G. D., and G. POPJÁK: Biochem. J. **50**, 163 (1951).

372. HYLIN, J. W.: Phytochemistry **3**, 161 (1964).

373. IMASEKI, I., S. SHIBATA, and M. YAMAZAKI: Chem. Ind. London **1958**, 1625.

374. INGRAM, J. M., and A. C. BLACKWOOD: Can. J. Microbiol. **8**, 49 (1962).

375. JACKEL, S. S., E. H. MOSBACH, J. J. BURNS, and C. G. KING: J. Biol. Chem. **186**, 569 (1950).

376. JACKSON, E. L.: In: Organic reactions. Vol. 2, S. 341. New York: John Wiley and Sons 1944.

377. JAMES, A. T., H. C. HADAWAY, and J. P. WEBB: Biochem. J. **95**, 448 (1965).

378. JEFFS, P. W.: Proc. Chem. Soc. **1962**, 80.

378a. JOHNSON, C. K., E. J. GABE, M. R. TAYLOR and I. A. ROSE: J. Am. Chem. Soc. **87**, 1802 (1965).

379. JOHNSON, R. G., R. K. INGHAM: Chem. Rev. **56**, 219 (1956).

380. JONES, E. R. H., G. LOWE, and P. V. R. SHANNON: J. Chem. Soc. (C) **1966**, 144.

381. JONES, J. K. N., M. B. PERRY, and R. J. STOODLEY: Can. J. Chem. **40**, 856 (1962).

382. — — — Can. J. Chem. **40**, 1798 (1962).

383. — R. J. STOODLEY: In: Methods in carbohydrate chemistry. Vol. 2, S. 489. New York: Academic Press Inc. 1963.

384. Juby, P. F., and L. Marion: Can. J. Chem. **41**, 117 (1963).

385. Kaczkowsky, J., H. R. Schütte u. K. Mothes: Biochim. Biophys. Acta **46**, 588 (1961).

386. Kalberer, F., K. Schmid u. H. Schmid: Helv. Chim. Acta **39**, 555 (1956).

387. Kalckar, H. M., and M. Shafran: J. Biol. Chem. **167**, 429 (1947).

388. Kaneko, K.: Chem. Pharm. Bull. Tokyo **9**, 108 (1961).

389. Kanie, M., S. Fujimoto, and J. W. Foster: J. Bacteriol. **91**, 570 (1966).

390. Karrer, P., A. Helfenstein, H. Wehrli u. A. Wettstein: Helv. Chim. Acta **13**, 1084 (1930).

391. Katz, J., S. Abraham, and I. L. Chaikoff: Anal. Chem. **27**, 155 (1955).

391a. Katz, J. J., M. R. Thomas, and H. H. Strain: J. Am. Chem. Soc. **84**, 3587 (1962).

392. Katznelson, H., S. W. Tanenbaum, and E. L. Tatum: J. Biol. Chem. **204**, 43 (1953).

393. Kay, J. G., and F. S. Rowland: J. Org. Chem. **24**, 1800 (1959).

394. Kharatyan, S., M. Puza, J. Spizek, L. Dolezilova, Z. Vanek, M. Vondracek, and R. W. Rickards: Chem. Ind. London **1963**, 1038.

395. Kilner, A. E. H., H. S. Turner, and R. J. Warne: Proceedings of the Radioisotope Conference 1954. Vol. II, S. 23. London: Butterworth 1954.

396. Kindl, H.: Monatsh. Chem. **95**, 439 (1964).

397. — J. Biedl-Neubacher u. O. Hoffmann-Ostenhof: Biochem. Z. **341**, 157 (1965).

398. —, u. O. Hoffmann-Ostenhof: Biochem. Z. **339**, 374 (1964).

399. Kirby, G. W., and H. P. Tiwari: J. Chem. Soci. (C) **1966**, 676.

400. Kirkwood, S., and L. Marion: Can. J. Chem. **29**, 30 (1951).

401. Klein, P. D.: Advan. Chromatog. Vol. 3, 3—65 Editor: J. C. Giddings and R. A. Keller, E. Arnold (Publishers) Ltd., London

402. — D. W. Simborg, and P. A. Szczepanik: Pure Appl. Chem. **8**, 357 (1964).

403. Kleinschmidt, G., and K. Mothes: Z. Naturforsch. **14b**, 52 (1959).

404. Klenk, E., u. W. Bongard: Z. Physiol. Chem. **290**, 181 (1952).

405. —, u. G. Kremer: Z. Physiol. **320**, 111 (1960).

406. Koeppe, R. E., and R. J. Hill: J. Biol. Chem. **216**, 813 (1955).

407. Kohn, P., and B. L. Dmuchowski: J. Biol. Chem. **235**, 1867 (1960).

408. Kolattukudy, P. E.: Biochemistry **4**, 1844 (1965).

409. Koptyug, V. A., I. S. Isaev, N. N. Vorozhtsov Jr.: Dokl. Akad. Nauk SSSR **137**, 866 (1961; Chem. Anal. Warsaw **56**, 1367 (1962).

410. Korn, E. D.: In: S. O. Colowick, N. O. Kaplan: Methods of enzymology. Vol. 4, S. 634ff. New York: Academic Press Inc. 1957.

411. Kornhauser, A., and R. F. Nystrom: J. Labelled Comp. **1**, 201 (1965).

412. Koshland Jr., D., and F. H. Westheimer: J. Am. Chem. Soc. **71**, 1139 (1949).

413. — — J. Am. Chem. Soc. **72**, 3383 (1950).

413a. Koukol, J., P. Miljanich, and E. E. Conn: J. Biol. Chem. **237**, 3223 (1962).

414. Kowanko, N., E. Leete: J. Am. Chem. Soc. **84**, 4919 (1962).

415. Kratzl, K., u. H. Faigle: Z. Naturforsch. **15b**, 4 (1960).

416. Krebs, H. A., and L. V. Egglestone: Biochem. J. **39**, 408 (1945).

417. Kredich, N. M., u. A. J. Guarino: Biochim. Biophys. Acta **47**, 529 (1961).

418. Krizek, H., A. J. Verbiscar, and W. G. Brown: J. Org. Chem. **29**, 3443 (1964).

419. Kuhn, R., u. F. L'Orsa: Angew. Chem. **44**, 847 (1931).

420. —, u. H. Roth: Ber. Deut. Chem. Ges. **66**, 1274 (1933).

421. Kummer, J. T., H. H. Podgurski, W. B. Spencer, and P. H. Emmett: J. Am. Chem. Soc. **73**, 564 (1951).

422. KUSHNER, M., and S. WEINHOUSE: J. Am. Chem. Soc. **71**, 3558 (1949).
423. LAGERKVIST, U.: Acta Chem. Scand. **4**, 543 (1950).
424. — Acta Chem. Scand. **4**, 1151 (1950).
425. — Acta Chem. Scand. **7**, 114 (1953).
426. — Ark. Kemi **5**, 569 (1953).
427. LAMBERTS, B. L., and R. U. BYERRUM: J. Biol. Chem. **233**, 939 (1958).
428. LANE, J. F., and E. S. WALLIS: J. Am. Chem. Soc. **63**, 1674 (1941).
429. LANGENBECK, W., R. HUTSCHENREUTER u. R. JÜTTEMANN: Ann. **485**, 53 (1931).
430. LANNING, M. C., and S. S. COHEN: J. Biol. Chem. **216**, 413 (1955).
431. LARSEN, P. O.: Biochim. Biophys. Acta **93**, 200 (1964).
432. LARSSON, A.: Biochemistry **4**, 1984 (1965).
433. LEE, C. C., A. G. FORMAN, and A. ROSENTHAL: Can. J. Chem. **35**, 220 (1957).
434. — G. P. SLATER, and J. W. T. SPINKS: Can. J. Chem. **35**, 276 (1957).
435. —, and J. W. T. SPINKS: Can. J. Chem. **31**, 761 (1953).
436. — — Can. J. Chem. **32**, 1005 (1954).
437. LEERMAKERS, P. A., M. E. Ross, G. F. VESLEY, and P. C. WARREN: J. Org. Chem. **30**, 914 (1965).
438. LEETE, E.: J. Am. Chem. Soc. **78**, 3520 (1956).
439. — Chem. Ind. London **1958**, 1088.
440. — Chem. Ind. London. **1959**, 604.
441. — J. Am. Chem. Soc. **81**, 3948 (1959).
442. — J. Am. Chem. Soc. **82**, 612 (1960).
443. — Tetrahedron **14**, 35 (1961).
444. — J. Am. Chem. Soc. **82**, 6338 (1961).
445. — J. Am. Chem. Soc. **84**, 55 (1962).
446. — J. Am. Chem. Soc. **85**, 473 (1963).
447. — J. Am. Chem. Soc. **85**, 3523 (1963).
448. — J. Am. Chem. Soc. **85**, 3666 (1963).
449. — J. Am. Chem. Soc. **86**, 3162 (1964).
450. — A. AHMAD, and I. KOMPIS: J. Am. Chem. Soc. **87**, 4168 (1965).
451. —, and A. R. FRIEDMAN: J. Am. Chem. Soc. **86**, 1224 (1964).
452. —, and S. GHOSAL: Tetrahedron Letters **1962**, 1179.
453. — —, and P. N. EDWARDS: J. Am. Chem. Soc. **84**, 1068 (1962).
454. — H. GREGORY, and E. G. GROS: J. Am. Chem. Soc. **87**, 3475 (1965).
455. — S. KIRKWOOD, and L. MARION: Can. J. Chem. **30**, 749 (1952).
456. —, and F. H. B. LEITZ: Chem. Ind. London **1957**, 1572.
457. —, and L. MARION: Can. J. Chem. **31**, 1195 (1953).
458. — —, and I. D. SPENSER: Nature **174**, 650 (1954).
459. — — — J. Biol. Chem. **214**, 71 (1955).
460. —, and P. E. NÉMETH: J. Am. Chem. Soc. **82**, 6055 (1960).
461. — — J. Am. Chem. Soc. **83**, 2192 (1961).
462. —, and K. J. SIEGFRIED: J. Am. Chem. Soc. **79**, 4529 (1957).
463. LEVENBERG, B., S. C. HARTMAN, and J. M. BUCHANAN: J. Biol. Chem. **220**, 379 (1956).
464. LEVY, H. R., P. TALALAY, and B. VENNESLAND: In: P. B. D. DE LA MARE, W. KLYE. Progress in stereochemistry. Vol. 3, S. 299 ff. London: Butterworths 1962.
465. LEVY, L., and M. J. COON: J. Biol. Chem. **208**, 691 (1954).
466. LEWIS, K. F., and S. WEINHOUSE: J. Am. Chem. Soc. **73**, 2500 (1951).
467. — — J. Am. Chem. Soc. **73**, 2906 (1951).
468. LEZIUS, A., E. RINGELMANN u. F. LYNEN: Biochem. Z. **336**, 510 (1963).

469. LIEBMAN, A. A., F. MORSINGH, and H. RAPOPORT: J. Am. Chem. Soc. 87, 4399 (1965).

469a. —, B. P. MUNDY, and H. RAPOPORT: J. Am. Chem. Soc. 89, 664 (1967).

470. LIFSON, N., V. LORBER, W. SAKAMI, and H. G. WOOD: J. Biol. Chem. 176, 1263 (1948).

471. LIN WU, P. H., T. GRIFFITH, and R. U. BYERRUM: J. Biol. Chem. 237, 887 (1962).

472. LINSTEAD, R. P., B. R. SHEPHARD, and B. C. L. WEEDON: J. Chem. Soc. 1951, 2854.

473. LINTZEL, W., u. G. MONASTERIO: Biochem. Z. 241, 273 (1937).

474. LITTLE, H. N., and K. BLOCH: J. Biol. Chem. 183, 33 (1950).

475. LIU, T. Y., and K. HOFMANN: Biochemistry 1, 189 (1962).

476. LJUNGDAHL, L.: Biochim. Biophys. Acta 65, 143 (1962).

477. LOEW, P., H. GOEGGEL, and D. ARIGONI: Chem. Comm. 1966, 347.

478. LOEWUS, F. A.:, and S. KELLY: Arch. Biochem. Biophys. 95, 483 (1961).

479. — — Biochem. Biophys. Res. Commun. 7, 204 (1962).

480. — — Arch. Biochem. Biophys. 102, 96 (1963).

481. LOFTFIELD, R. B.: J. Am. Chem. Soc. 73, 4707 (1951).

482. LOGAN, A. V., J. L. HUSTON, and D. L. DORWARD: J. Am. Chem. Soc. 73, 2952 (1951).

483. LORBER, V., N. LIFSON, H. G. WOOD, W. SAKAMI, W. W. SHREEVE, J. BORDE-AUX, and M. COOK: J. Biol. Chem. 183, 517 (1950).

484. — M. F. UTTER, H. RUDNEY, and M. COOK: J. Biol. Chem. 185, 689 (1950).

485. LOUDEN, M. L., and E. LEETE: J. Am. Chem. Soc. 84, 4507 (1962).

486. LUCKNER, M., u. K. MOTHES: Arch. Pharm. 296, 18 (1963).

487. —, and C. RITTER: Tetrahedron Letters 1965, 741.

488. LÜTTRINGHAUS, A., u. D. SCHADE: Ber. Deut. Chem. Ges. 74, 1565 (1941).

489. LYBING, S., and L. REIO: Acta Chem. Scand. 12, 1575 (1958).

490. MACDONALD, J. C.: J. Biol. Chem. 236, 512 (1961).

491. — J. Biol. Chem. 237, 1977 (1962).

492. MACLEAN, F. I., H. S. FORREST, and J. MYERS: Biochem. Biophys. Res. Commun. 18, 623 (1965).

493. MAJER, J., M. PUZA, L. DOLEZILOVÁ, and Z. VANEK: Chem. Ind. London 1961, 669.

494. MAHLER, H. R., and A. ROBERTS: J. Am. Chem. Soc. 72, 5097 (1950).

495. MARSHALL, M., C. MACKAY, and R. WOLFGANG: J. Am. Chem. Soc. 86, 4741 (1964).

496. MARTIN, H. H., and J. W. FOSTER: J. Bacteriol. 76, 167 (1958).

497. MARVEL, C. S., and R. D. RANDS JR.: J. Am. Chem. Soc. 72, 2642 (1950).

498. MATCHETT, T. J., L. MARION, and S. KIRKWOOD: Can. J. Chem. 31, 488 (1953).

499. MATHIEU, J., A. ALLAIS: Cahiers de Synthèse Organique. Vol.5, Dégradations Paris: Masson et Cie. 1959.

500. MATSUO, M., M. YAMAZAKI: Chem. Pharm. Bull. Tokyo 11, 545 (1963).

501. MAZUR, R. H., W. N. WHITE, D. A. SEMENOW, C. C. LEE, M. S. SILVER, and J. D. ROBERTS: J. Am. Chem. Soc. 81, 4390 (1959).

502. MCCALLA, D. R., and A. C. NEISH: Can. J. Biochem. Physiol. 37, 537 (1959).

503. MCCAPRA, F., T. MONEY, A. J. SCOTT, and I. G. WRIGHT: Chem. Comm. 1965, 537.

503a. MACDONALD, C. G., J. S. SHANNON, and S. STERNHELL: Australion J. Chem. 17, 38 (1964).

504. MCMANUS, I. R.: J. Biol. Chem. 208, 639 (1954).

505. MCNAMARA, A. J., and J. B. STOTHERS: Can. J. Chem. 42, 2354 (1964).

506. MEAD, J. F., and D. R. HOWTON: J. Biol. Chem. **229**, 575 (1957).

507. — G. STEINBERG, and D. R. HOWTON: J. Biol. Chem. **205**, 683 (1953).

508. MEISTER, A., H. A. SOBER, and S. V. TICE: J. Biol. Chem. **189**, 591 (1951).

509. MICETICH, R. G., and J. C. MacDONALD: J. Biol. Chem. **240**, 1692 (1965).

510. MONKOVIC, J., and I. D. SPENCER: Can. J. Chem. **43**, 2017 (1965).

511. MONTGOMERY, L. K., F. SCARDIGLIA, and J. D. ROBERTS: J. Am. Chem. Soc. **87**, 1917 (1965).

511a. MORGAN, G. T., and J. W. PORTER: J. Chem. Soc. **107**, 652 (1915).

512. MORTIMER, D. C.: Can. J. Biochem. Physiol. **37**, 919 (1959).

513. MOSBACH, E. H., and C. G. KING: J. Biol. Chem. **185**, 491 (1950).

514. — E. F. PHARES, and S. F. CARSON: Arch. Biochem. Biophys. **33**, 179 (1951).

515. — — — J. Am. Chem. Soc. **73**, 5477 (1951).

516. — — — Arch. Biochem. Biophys. **33**, 179 (1951).

517. MOSBACH, K.: Acta Chem. Scand. **14**, 457 (1960).

517a. — Acta Chem. Scand. **18**, 329 (1964).

518. — Acta Chem. Scand. **18**, 1591 (1964).

518a. — Biochem. Biophys. Res. Commun. **17**, 363 (1964).

519. —, u. LJUNGCRANTZ: Biochim. Biophys. Acta **86**, 203 (1964).

520. MOTHES, E., D. GROSS, H. R. SCHÜTTE, and K. MOTHES: Naturwissenschaften **48**, 623 (1961).

521. MOTHES, K., H. R. SCHÜTTE, H. SIMON u. F. WEYGAND: Z. Naturforsch. **14b**, 49 (1959).

522. MOYLE, V., E. BALDWIN, and R. SCARISBRICK: Biochem. J. **43**, 308 (1948).

523. MUELLER, H. F., T. E. LARSON, and W. J. LENNARZ: Anal. Chem. **23**, 1033 (1951).

524. MÜNZBERG, F. K., u. W. OBERST: Z. Physik. Chem. Frankfurt B 31, 18 (1935).

525. MUGDAN, M., and D. P. YOUNG: J. Chem. Soc. **1949**, **2988**.

526. MUIR, H. M., A. NEUBERGER: Biochem. J. **45**, 163 (1949).

527. — — Biochem. J. **47**, 97 (1950).

528. MUNCH-PETERSEN, A., and H. A. BARKER: J. Biol. Chem. **230**, 649 (1958).

529. NAHINSKY, P., C. N. RICE, S. RUBEN, and M. D. KAMEN: J. Am. Chem. Soc. **64**, 2299 (1942).

530. —, and S. RUBEN: J. Am. Chem. Soc. **63**, 2275 (1941).

531. NEUBAUER, D.: Arch. Pharm. **298**, 737 (1965).

532. NEVILLE, O. K.: J. Am. Chem. Soc. **70**, 3499 (1948).

533. NIGAM, S. N., et C. RESSLER: Biochim. Biophys. Acta **93**, 339 (1964).

534. NOSSAL, P. M.: Biochem. J. **50**, 349 (1952).

535. NOTATION, A. D., and I. D. SPENSER: Can. J. Biochem. **42**, 1803 (1964).

536. NUGTEREN, D. H., en D. A. VAN DORP: Biochim. Biophys. Acta **98**, 654 (1965).

537. OESTERLIN, M.: Z. Angew. Chem. **45**, 536 (1932).

538. OLLIS, W. D., I. O. SUTHERLAND, R. C. CODNER: J. J. GORDON, and G. A. MILLER: Proc. Chem. Soc. **1960**, 347.

539. OSBURN, O. L., H. G. WOOD, and C. H. WERKMAN: Ind. Eng. Chem. Anal. Ed. **5**, 247 (1933).

540. OSTERN, P.: Z. Physiol. Chem. **218**, 160 (1933).

541. OTTO, P. P. H. L., and G. JUPPE: J. Labelled Comp. **1**, 115 (1965).

542. PAPPO, R., D. S. ALLEN JR., R. U. LEMIEUX, and W. S. JOHNSON: J. Org. Chem. **21**, 478 (1956).

543. PARK, R. B., and J. BONNER: J. Biol. Chem. **233**, 340 (1958).

544. PARSON, W. W., and H. RUDNEY: J. Biol. Chem. **240**, 1855 (1965).

545. PATSCHKE, L., W. BARZ u. H. GRISEBACH: Z. Naturforsch. **19b**, 1110 (1964).

546. —, u. H. GRISEBACH: Z. Naturforsch. **20b**, 399 (1965).

547. Patschke, L., D. Hess u. H. Grisebach: Z. Naturforsch. **19b**, 1114 (1964).

547a. Penttila, A., G. J. Kapadia, and H. M. Fales: J. Am. Chem. Soc. **87**, 4402 (1965).

548. Perlin, A. S., and C. Brice: Can. J. Chem. **34**, 541 (1956).

549. Pettersson, G.: Acta Chem. Scand. **19**, 1016 (1965).

550. — Acta Chem. Scand. **19**, 1724 (1965).

551. — Acta Chem. Scand. **19**, 1827 (1965).

552. Peynaud, E.: Bull. Soc. Chim. France V, **13**, 685 (1946).

553. Phares, E. F.: Arch. Biochem. Biophys. **33**, 173 (1951).

554. —, and M. V. Long: J. Am. Chem. Soc. **77**, 2556 (1955).

555. Pigretti, M. M., et A. O. M. Stoppani: Biochim. Biophys. Acta **52**, 390 (1961).

556. Plaut, G. W. E.: J. Biol. Chem. **208**, 513 (1954).

557. — J. Biol. Chem. **211**, 111 (1954).

558. Plentl, A. A., and R. Schönheimer: J. Biol. Chem. **153**, 203 (1944).

559. Popenoe, E. A., R. B. Aronson, and D. D. van Slyke: J. Biol. Chem. **240**, 3089 (1965).

560. Popják, G.: Ann. Rev. Biochem. **27**, 583 (1958).

561. — D. S. Goodman, J. W. Cornforth, R. H. Cornforth, and R. Ryhage: J. Biol. Chem. **236**, 1934 (1961).

562. — G. D. Hunter, and T. H. French: Biochem. J. **54**, 238 (1953).

563. Potter, V. R., and C. Heidelberger: Nature **164**, 180 (1949).

564. Potts, K. T., and J. E. Saxton: J. Chem. Soc. **1954**, 2641.

565. Prelog, V., H. H. Kägi u. E. H. White: Helv. Chim. Acta **45**, 1658 (1962).

566. — H. J. Urech, A. A. Bothner-By u. J. Würsch: Helv. Chim. Acta **38**, 1095 (1955).

567. Pullman, M. E., and S. P. Colowick: J. Biol. Chem. **206**, 121 (1954).

568. — A. SanPietro, and S. P. Colowick: J. Biol. Chem. **206**, 129 (1954).

568a. Rabinowitz, J. L., and B. Pritzker: Anal. Chem. **36**, 403 (1964).

569. Racusen, D. W., and S. Aronoff: Arch. Biochem. Biophys. **42**, 25 (1953).

570. — — Arch. Biochem. Biophys. **51**, 68 (1954).

571. Radin, N. S., D. Rittenberg, and D. Shemin: J. Biol. Chem. **184**, 755 (1950).

572. Rafelson Jr., M. E.: J. Biol. Chem. **212**, 953 (1955).

573. — G. Ehrensvärd, M. Bashford, E. Saluste, and C.-G. Heden: J. Biol. Chem. **211**, 725 (1954).

574. Rappoport, D. A., H. A. Barker, and W. Z. Hassid: Arch. Biochem. Biophys. **31**, 326 (1951).

575. Rapoport, H., N. Levy, and F. R. Stermitz: J. Am. Chem. Soc. **83**, 4298 (1961).

576. Rauschenbach, P., u. W. Lamprecht: Z. Physiol. Chem. **346**, 290 (1966).

577. Reed, D. J., B. E. Christensen, V. H. Cheldelin, and C. H. Wang: J. Am. Chem. Soc. **76**, 5574 (1954).

577a. Reed, W. W., and K. J. P. Orton: J. Chem. Soc. **91**, 1552 (1907).

578. Reeve, W., and D. H. Chambers: J. Am. Chem. Soc. **73**, 4499 (1951).

579. Reimann, J. E., and R. U. Byerrum: Biochemistry **3**, 847 (1964).

580. Reinbothe, H.: Flora **150**, 128 (1961).

581. Reio, L., et G. Ehrensvärd: Arkiv Kemi **5**, 301 (1953).

582. Reiser, R., N. L. Murty, and H. Rakoff: J. Lipid Res. **3**, 56 (1962).

583. Reiss, O., and K. Bloch: J. Biol. Chem. **216**, 703 (1955).

584. Renk, E., P. R. Shafer, W. H. Graham, R. H. Mazur, and J. D. Roberts: J. Am. Chem. Soc. **83**, 1987 (1961).

585. Reuter, G.: Arch. Pharm. **296**, 516 (1963).

586. Reutov, O. A., and T. N. Shatkina: Tetrahedron **18**, 237 (1962).

587. RICHARDS, J. H., and L. D. FERRETTI: Biochem. Biophys. Res. Commun. 2, 107 (1960).

587a. RIEDER, S. V., and I. A. ROSE: J. Biol. Chem. 234, 1007 (1959).

588. RILLING, H. C., and K. BLOCH: J. Biol. Chem. 234, 1424 (1959).

589. RITTENBERG, D., and K. BLOCH: J. Biol. Chem. 160, 417 (1945).

590. ROBERTS, J. D., W. BENNETT, R. E. McMAHON, and E. W. HOLROYD JR.: J. Am. Chem. Soc. 74, 4283 (1952).

591. — and M. HALMANN: J. Am. Chem. Soc. 75, 5759 (1953).

592. — C. C. LEE, and W. H. SAUNDERS JR.: J. Am. Chem. Soc. 76, 4501 (1954).

593. — and R. H. MAZUR: J. Am. Chem. Soc. 73, 3542 (1951).

594. — R. E. McMAHON, and J. S. HINE: J. Am. Chem. Soc. 72, 4237 (1950).

595. —, and C. M. REGAN: J. Am. Chem. Soc. 75, 2069 (1953).

596. — D. A. SEMENOW, H. E. SIMONS, and L. A. CARLSMITH: J. Am. Chem. Soc. 78, 601 (1956).

597. — H. E. SIMONS JR., L. A. CARLSMITH, and C. W. VAUGHAN: J. Am. Chem. Soc. 75, 3290 (1953).

598. — D. R. SMITH, and C. C. LEE: J. Am. Chem. Soc. 73, 618 (1951).

599. —, and J. A. YANCEY: J. Am. Chem. Soc. 75, 3165 (1953).

600. — — J. Am. Chem. Soc. 74, 5943 (1952).

601. ROBERTS, R. M., and S. G. BRANDENBERGER: J. Am. Chem. Soc. 79, 5484 (1957).

602. — A. A. KHALAF, and J. E. DOUGLASS: J. Org. Chem. 29, 1511 (1964).

603. — G. A. ROPP, and O. K. NEVILLE: J. Am. Chem. Soc. 77, 1764 (1955).

604. ROBERTSON, A. V., and L. MARION: Can. J. Chem. 38, 396 (1960).

605. RODIG, O. R., L. C. ELLIS, and I. T. GLOVER: Biochemistry 5, 2451 (1966).

605a. ROSE, I. A., and E. L. O'CONNEL: J. Biol. Chem. 236, 3086 (1961).

605b. —, and S. V. RIEDER: J. Biol. Chem. 231, 315 (1958).

605c. — J. Am. Chem. Soc. 80, 5835 (1958).

606. ROSEMAN, S.: J. Am. Chem. Soc. 75, 3854 (1953).

606a. — In: Methods of carbohydrate chemistry. Vol. 2, S. 138 u. 494. New York: Academic Press Inc. 1963.

607. ROTH, H.: In: HOUBEN-WEYL: Methoden der organischen Chemie. Bd. 2, S. 273. Stuttgart: G. Thieme 1953.

608. ROWLAND, F. S., C. N. TURTON, and R. WOLFGANG: J. Am. Chem. Soc. 78, 2354 (1956).

609. RUCH, J. E., and J. B. JOHNSON: Anal. Chem. 28, 69 (1956).

610. RUDLOFF, E. v.: Can. J. Chem. 34, 1413 (1956).

611. —, and E. JORGENSEN: Phytochemistry 2, 297 (1963).

612. RUDNEY, H.: J. Am. Chem. Soc. 76, 2595 (1954).

613. RYAN, J. P., and P. R. O'CONNOR: J. Am. Chem. Soc. 74, 5866 (1952).

614. SAKAMI, W., and J. M. LAFAYE: J. Biol. Chem. 187, 369 (1950).

615. SAMUEL, D., and F. STECKEL: Bibliography of the stable isotopes of oxygen. Oxford: Pergamon Press 1959.

616. SAMUELSSON, B.: Arkiv Kemi 15, 425 (1960).

617. —, and D. S. GOODMAN: Biochem. Biophys. Res. Commun. 11, 125 (1963).

618. — — J. Biol. Chem. 239, 98 (1964).

619. SANDERSMANN, W., u. K. BRUNS: Naturwissenschaften 49, 258 (1962).

620. — — Chem. Ber. 95, 1863 (1962).

621. —, and W. SCHWEERS: Tetrahedron Letters 1962, 257.

622. — — Tetrahedron Letters 1962, 259.

623. SAZ, H. J., and A. WEIL: J. Biol. Chem. 235, 914 (1960).

624. — — J. Biol. Chem. 237, 2053 (1962).

625. Schambye, P., H. G. Wood, and M. Kleiber: J. Biol. Chem. 226, 1011 (1957).
626. — —, and G. Popják: J. Biol. Chem. 206, 875 (1954).
627. Schellenberg, K. A.: J. Biol. Chem. 240, 1165 (1965).
628. Schepartz, B., and S. Gurin: J. Biol. Chem. 180, 663 (1949).
629. Scheuerbrandt, G., and K. Bloch: J. Biol. Chem. 237, 2065 (1962).
630. — H. Goldfine, P. E. Baronowsky, and K. Bloch: J. Biol. Chem. 236, PC 70 (1961).
631. Schiedt, U., u. G. Boeckh-Behrens: Z. Physiol. Chem. 330, 58 (1962).
632. Schmid, H., u. K. Schmid: Helv. Chim. Acta 35, 1879 (1952).
633. Schou, L., A. A. Benson, J. A. Bassham, and M. Calvin: Physiol. Plantarum 3, 487 (1950).
634. Schütte, H. R.: Arch. Pharm. 293, 1006 (1960).
635. — H. Aslanow u. Ch. Schäfer: Arch. Pharm. 295, 34 (1962).
636. — F. Bohlmann u. W. Reusche: Arch. Pharm. 294, 610 (1961).
637. —, u. H. Hindorf: Z. Naturforsch. 19b, 855 (1964).
638. — — Liebigs Ann. Chem. 685, 187 (1965).
639. — — K. Mothes, G. Hübner: Liebigs Ann. Chem. 680, 93 (1964).
640. — J. Lehfeldt: J. Prakt. Chem. 4/24, 143 (1964).
641. — — Z. Naturforsch. 19b, 1085 (1964).
642. — — u. H. Hindorf: Liebigs Ann. Chem. 685, 194 (1965).
643. — E. Nowacki u. Ch. Schäfer: Arch. Pharm. 295, 20 (1962).
644. —, u. Ch. Schäfer: Naturwissenschaften 48, 669 (1961).
645. Schütze, M.: Chem. Ber. 77b, 484 (1944).
645a. Schulze, J., and F. A. Long: Proc. Chem. Soc. 1962, 364.
646. Schwartz, P., and H. E. Carter: Proc. Nat. Acad. Sci. U.S. 40, 499 (1954).
647. Schwenk, E., G. J. Alexander, A. M. Gold, and D. F. Stevens: J. Biol. Chem. 233, 1211 (1958).
648. —, u. E. Joachim: Experientia 18, 360 (1962).
649. Semenow, D. A., E. F. Cox, and J. D. Roberts: J. Am. Chem. Soc. 78, 3221 (1956).
650. Shantz, E. M., and D. Rittenberg: J. Am. Chem. Soc. 68, 2109 (1946).
651. Shaw, E., C. M. Baugh, and C. L. Krumdieck: J. Biol. Chem. 241, 379 (1966).
652. Sheehan, J. C., P. A. Cruickshank, and G. L. Boshart: J. Org. Chem. 26, 2525 (1961).
653. Shemin, D., and J. Wittenberg: J. Biol. Chem. 192, 315 (1951).
654. Sherk, K. W., A. G. Houpt, and A. W. Browne: J. Am. Chem. Soc. 62, 329 (1940).
655. Shibata, S., and T. Ikekawa: Chem. Ind. London 1962, 360.
656. — I. Imaseki. and M. Yamazaki: Pharm. Bull. Tokyo 5, 71 (1957).
657. —, and U. Sankawa: Chem. Ind. London 1963, 1161.
658. —, and M. Yamazaki: Pharm. Bull. Tokyo 5, 501 (1957).
659. — — Pharm. Bull. Tokyo 6, 42 (1958).
659a. Shoolery, J. N.: J. Chem. Phys. 31, 1427 (1959).
660. Shreeve, W. W., F. W. Leaver, and J. Siegel: J. Am. Chem. Soc. 74, 2404 (1952).
661. — P. M. Tocci: Metab. Clin. and Exptl. 10, 522 (1961).
662. Shuford, C. H., D. L. West, and H. W. Davis: J. Amer. Chem. Soc. 76, 5803 (1954).
663. Siekevitz, P., and D. M. Greenberg: J. Biol. Chem. 180, 845 (1949).
664. Silver, M. S., P. R. Shafer, J. E. Nordlander, C. Rüchardt, and J. D. Roberts: J. Am. Chem. Soc. 82, 2646 (1960).

665. SIMON, H., UCRL-9073 (1960).
666. — Chem. Ber. 95, 1003 (1962).
667. — F. BERTHOLD: Atomwirtschaft 1962, 498 (1962).
668. — H. DANIEL u. J. F. KLEBE: Angew. Chem. 71, 303 (1959).
669. — H. D. DORRER u. K. H. EBERT: Z. Naturforsch. 18b, 360 (1963).
670. — — u. A. TREBST: Chem. Ber. 96, 1285 (1963).
671. —, u. S. ERICKSON: Z. Naturforsch. 21b, 1115 (1966).
672. —, u. G. HEUBACH: Z. Naturforsch. 18b, 159 (1963).
673. — — Z. Naturforsch. 18b, 160 (1963).
674. —, u. G. JANAKOPULOS: (Unveröffentlicht).
674a. —, and R. MEDINA: Z. Naturforsch. 21b, 496 (1966).
675. —, u. W. MOLDENHAUER: Chem. Ber. 100, 1949 (1967).
676. —, u. G. MÜLLHOFER: Chem. Ber. 96, 3167 (1963).
677. — u. D. PALM: Angew. Chem. 78, 993 (1966); Internat. Edit. 5, 920 (1966).
678. —, u. J. STEFFENS: Chem. Ber. 95, 358 (1962).
679. SMILEY, W. G.: Nucl. Sci. Abstr. 3, 391 (1949).
680. SMITH, G. G., and D. G. OTT: J. Am. Chem. Soc. 77, 2342 (1955).
681. SMITH, G. N., and J. D. BU'LOCK: Biochem. Biophys. Res. Commun. 17, 433 (1964).
682. SNIEGOSKI, L. T., and H. S. ISBELL: J. Res. Natl. Bur. Std. 66A, 29 (1962).
683. SNYDER, H. R., C. T. ELSTON, and D. B. KELLOM: J. Am. Chem. Soc. 75, 2014 (1953).
684. SONNE, J. C., J. M. BUCHANAN, and A. M. DELLUVA: J. Biol. Chem. 173, 69, 81 (1948).
685. — I. LIN, and J. M. BUCHANAN: J. Biol. Chem. 220, 369 (1956).
686. SOWDEN, I. C.: J. Am. Chem. Soc. 71, 3568 (1949).
687. —, and R. SCHAFFER: J. Am. Chem. Soc. 74, 505 (1952).
688. SPENSER, I. D., and J. R. GEAR: Proc. Soc. 1962, 228.
689. SPRECHER, M., P. R. SRINIVASAN, D. B. SPRINSON, and B. D. DAVIS: Biochemistry 4, 2855 (1965).
690. SPRINSON, D. B., and E. CHARGAFF: J. Biol. Chem. 164, 433 (1946).
691. —, and A. COULON: J. Biol. Chem. 207, 585 (1954).
692. SRINIVASAN, P. R.: Biochemistry 4, 2860 (1965).
693. — H. T. SHIGEURA, M. SPRECHER, D. B. SPRINSON, and B. D. DAVIS: J. Biol. Chem. 220, 477 (1956).
694. STADTMAN, E. R., T. C. STADTMAN, and H. A. BARKER: J. Biol. Chem. 178, 677 (1949).
695. STEELE, W. J., and S. GURIN: J. Biol. Chem. 235, 2778 (1960).
696. STEFFENS, J.: Dissertation TH München 1961.
697. STEIN, R. A., and M. KAYAMA: J. Org. Chem. 26, 5231 (1961).
698. STEINBERG, G., W. H. SLATON, D. R. HOWTON, and J. F. MEAD: J. Biol. Chem. 220, 257 (1956).
699. STEINBERG, H., et F. L. J. SIXMA: Rec. Trav. Chim. 79, 679 (1960).
700. STICKINGS, C. E., and R. J. TOWNSEND: Biochem. J. 78, 412 (1961).
701. STOPPANI, A. O. M., y M. M. PIGRETTI: Anales Asoc. Quim. Arg. 49, 55 (1961).
702. STRASSMAN, M., L. A. LOCKE, A. J. THOMAS, and S. WEINHOUSE: J. Am. Chem. Soc. 78, 1599 (1956).
703. — A. J. THOMAS, L. A. LOCKE, and S. WEINHOUSE: J. Am. Chem. Soc. 78, 228 (1956).
704. — —, and S. WEINHOUSE: J. Am. Chem. Soc. 77, 1261 (1955).
705. —, and S. WEINHOUSE: J. Am. Chem. Soc. 74, 1726 (1952).
706. — — J. Am. Chem. Soc. 75, 1680 (1953).

707. STRECKER, H. J., H. G. WOOD, and L. O. KRAMPITZ: J. Biol. Chem. **182**, 525 (1950).

708. SUBLETT, B. J., and N. S. BOWMAN: J. Org. Chem. **26**, 2594 (1961).

709. SUGIMORI, T., R. J. SUHADOLNIK: J. Am. Chem. Soc. **87**, 1136 (1965).

710. SUHADOLNIK, R. J., and R. G. CHENOWETH: J. Am. Chem. Soc. **80**, 4391 (1958).

711. — A. G. FISCHER, and J. ZULALIAN: J. Am. Chem. Soc. **84**, 4348 (1962).

711a. SUHR, H.: Anwendungen der kernmagnetischen Resonanz in der Organischen Chemie. Berlin-Heidelberg-New York: Springer 1965.

712. SWERN, D.: In: Organic reactions. Vol. **7**, S. 378ff. New York: John Wiley and Sons 1953.

713. TAMIR, H., and D. GINSBURG: J. Soc. **1959**, 2921.

713a. TANABE, M., and G. DETRE: J. Am. Chem. Soc. **88**, 4515 (1965).

714. TANENBAUM, S. W., and E. W. BASSETT: J. Biol. Chem. **234**, 1861 (1959).

715. TATUM, E. L., and S. R. GROSS: J. Biol. Chem. **219**, 797 (1956).

716. TEUBER, H. J., u. W. RAU: Chem. Ber. **86**, 1036 (1953).

717. THOMAS, R.: Biochem. J. **78**, 748 (1961).

718. — Biochem. J. **78**, 807 (1961).

718a. TIERS, G. V. D., C. A. BROWN, R. A. JACKSON, and T. N. LAHR: J. Am. Chem. Soc. **86**, 2526 (1964).

719. TKACHUK, R., and C. C. LEE: J. Chem. **37**, 1644 (1959).

720. TOPPER, Y. J., and A. B. HASTINGS: J. Biol. Chem. **179**, 1255 (1949).

721. TURNER, W. B.: J. Chem. Soc. **1961**, 522.

722. UDENFRIED, S., J. R. COOPER: J. Biol. Chem. **203**, 953 (1953).

723. UENSEREN, E., and A. P. WOLF: J. Org. Chem. **27**, 1509 (1962).

724. UNDERHILL, E. W., M. D. CHISHOLM, and C. R. WETTER: Can. J. Biochem. Physiol. **40**, 1505 (1962).

725. —, and J. E. WATKIN, A. C. NEISH: Can. J. Biochem. Physiol. **35**, 219 (1957).

726. —, and H. W. YOUNGKEN JR.: J. Pharm. Sci. **51**, 121 (1962).

727. UNRAU, A. M., and D. T. CANVIN: Can. J. Chem. **41**, 607 (1963).

728. UTTER, M. F.: J. Biol. Chem. **188**, 847 (1951).

729. — F. LIPMAN, and C. H. WERKMAN: J. Biol. Chem. **158**, 521 (1945).

730. VAN SLYKE, D. D.: Proc. Soc. Exp. Biol. Med. **13**, 134 (1916).

731. — J. Biol. Chem. **32**, 455 (1917).

732. — R. T. DILLON, D. A. McFADYEN, and P. HAMILTON: J. Biol. Chem. **141**, 627 (1941).

733. — D. A. McFADYEN, and P. B. HAMILTON: J. Biol. Chem. **141**, 671 (1941).

734. — — — J. Biol. Chem. **150**, 251 (1943).

735. — J. PLAZIN, and J. R. WEISIGER: J. Biol. Chem. **191**, 299 (1951).

735a. VANEK, Z., M. PUZA, J. CUDLIN, L. DOLEZILOVÁ, M. VONDRÁCEK: Biochem. Biophys. Res. Comm. **17**, 532 (1964).

736. VARRENTRAPP, F.: Liebigs Ann. Chem. **35**, 196 (1840).

737. VAUGHAN, W. R., and R. PERRY JR.: J. Am. Chem. Soc. **75**, 3168 (1953).

738. VERNON, L. P., and S. ARONOFF: Arch. Biochem. Biophys. **29**, 179 (1950).

739. VIEIRA, E., E. SHAW: J. Biol. Chem. **236**, 2507 (1961).

740. DU VIGNEAUD, V., M. COHN, J. P. CHANDLER, J. R. SCHENK, S. SIMMONDS: J. Biol. Chem. **140**, 625 (1941).

741. VILLANUEVA, V. R., M. BARBIER et E. LEDERER: Bull. Soc. Chim. France **1964**, 1423.

742. VINING, L. C., D. W. S. WESTLAKE: Can. J. MICROBIOL. **10**, 705 (1964).

743. VIRTANEN, A. I., and N. RAUTANEN: Biochem. J. **41**, 101 (1947).

744. VITTORIO, P. V., G. KROTKOV, and G. B. REED: Science **115**, 567 (1952).

230   Literatur

745. WALLEN, L. L., F. H. STODOLA, and R. W. JACKSON: Type reactions in fermentation chemistry. Agricultural Research Service (ARS-71-13). United States Department of Agriculture 1959.

746. WANG, C. H., B. E. CHRISTENSEN, and V. H. CHELDELIN: J. Biol. Chem. **201**, 683 (1953).

747. WATKIN, J. E., and A. C. NEISH: Phytochemistry **1**, 52 (1961).

748. — E. W. UNDERHILL, and A. C. NEISH: Can. J. Biochem. Physiol. **35**, 229 (1957).

749. WEEDON, B. C. L.: Quart. Rev. London **6**, 380 (1952).

750. WEINHOUSE, S., G. MEDES, and N. F. FLOYD: J. Biol. Chem. **155**, 143 (1944).

751. — — — J. Biol. Chem. **166**, 691 (1946).

752. — R. H. MILLINGTON: J. Biol. Chem. **181**, 645 (1949).

753. WEISS, B.: Biochemistry **4**, 1576 (1965).

754. WEMPEN, I., G. B. BROWN, T. UEDA, and J. J. FOX: Biochemistry **4**, 54 (1965).

755. WENZEL, M., u. TH. GÜNTHER: Z. Physiol. Chem. **333**, 286 (1963).

756. WERBIN, H., u. C. HOLOWAY: J. Biol. Chem. **223**, 651 (1956).

757. WEYGAND, F., K. FEHR u. J. F. KLEBE: Z. Naturforsch. **14b**, 217 (1959).

758. —, u. R. LÖWENFELD: Chem. Ber. **83**, 559 (1950).

759. — H. SIMON, G. DAHMS, M. WALDSCHMIDT, H. J. SCHLIEP u. H. WACKER: Angew. Chem. **73**, 402 (1961).

760. — — u. H. G. FLOSS: Chem. Ber. **94**, 3135 (1961).

761. — — u. K. D. KEIL: Chem. Ber. **92**, 1635 (1959).

762. — — — H. S. ISBELL u. L. T. SNIEGOSKI: Anal. Chem. **34**, 1753 (1962).

763. —, u. H. WENDT: Z. Naturforsch. **14b**, 421 (1959).

764. WHITE, R. M., and F. S. ROWLAND: J. Am. Chem. Soc. **82**, 4713 (1960).

765. WIELAND, H., O. SCHLICHTING u. R. JACOBI: Z. Physiol. Chem. **161**, 80 (1926).

766. WIESENBERGER, E.: Mikrochem. verein. Mikrochim. Acta **33**, 51 (1948).

767. WILCOX, P. E., C. HEIDELBERGER, and V. R. POTTER: J. Am. Chem. Soc. **72**, 5019 (1950).

768. WILDMAN, W. C., H. M. FALES, and A. R. BATTERSBY: J. Am. Chem. Soc. **84**, 681 (1962).

769. — — R. J. HIGHET, S. W. BREUER, and A. R. BATTERSBY: Proc. Chem. Soc. **1962**, 180.

769a. WILKINSON, J. H., and J. L. FINAR: J. Chem. Soc. **1948**, 288.

770. WILKOFF, L. J., and W. R. MARTIN: J. Biol. Chem. **238**, 843 (1963).

771. WILLIAMS, D. H., C. BEARD, H. BUDZIKIEWICZ, and C. DJERASSI: J. Am. Chem. Soc. **86**, 877 (1964).

772. WILSON, C. V.: Organic reactions. Vol. 9, S. 332. New York: John Wiley and Sons 1957.

773. WINSTEAD, J. A., and R. J. SUHADOLNIK: J. Am. Chem. Soc. **82**, 1644 (1960).

774. WIRTZ, K., u. K. F. BONHOEFFER: Z. Physik. Chem. B **32**, 108 (1936).

775. WITKOP, B.: Liebigs Ann. Chem. **556**, 103 (1944).

776. WITTENBERG, J., and D. SHEMIN: J. Biol. Chem. **178**, 47 (1949).

777. — — J. Biol. Chem. **185**, 103 (1950).

778. WOLF, G.: J. Biol. Chem. **200**, 637 (1953).

779. WOLFF, H.: The Schmidt Reaction. In: Organic Reactions. Vol. 3, S. 307. New York: John Wiley and Sons Inc. 1946.

780. WOOD, H. G.: J. Biol. Chem. **194**, 905 (1952).

781. — R. W. BROWN, C. H. WERKMAN, and C. G. STUCKWISCH: J. Am. Chem. Soc. **66**, 1812 (1944).

782. — N. LIFSON, and V. LORBER: J. Biol. Chem. **159**, 475 (1945).

783. — R. STJERNHOLM, and F. W. LEAVER: J. Bacteriol. **72**, 142 (1956).

784. Wood, H. G., C. H. Werkman, A. Hemingway, and A. O. Nier: Proc. Soc. Exptl. Biol. Med. **46**, 313 (1941).
785. — — — — J. Biol. Chem. **139**, 377 (1941).
786. — — — — J. Biol. Chem. **142**, 31 (1942).
787. — — — —, and C. G. Stuckwisch: J. Am. Chem. Soc. **63**, 2140 (1941).
788. Woodward, R. B., and K. Bloch: J. Am. Chem. Soc. **75**, 2023 (1953).
789. Wright, D., and G. A. Howard: J. Inst. Brewing **67**, 236 (1961).
790. Wriston, J. C., L. Lack, and D. Shemin: J. Biol. Chem. **215**, 603 (1955).
791. Wu, P.-H. L., and R. U. Byerrum: Biochemistry **4**, 1628 (1965).
792. Wüersch, J., R. L. Huang, and K. Bloch: J. Biol. Chem. **195**, 439 (1952).
793. Yang, K. S., R. K. Gholson, and G. R. Waller: J. Am. Chem. Soc. **87**, 4184 (1965).
794. —, and G. R. Waller: Phytochemistry **4**, 881 (1965).
795. Yeowell, D. A., u. H. Schmid: Experientia **20**, 250 (1964).
796. Zabin, I.: J. Biol. Chem. **189**, 355 (1951).
797. — J. Biol. Chem. **226**, 851 (1957).
798. —, and K. Bloch: J. Biol. Chem. **192**, 267 (1951).
799. —, and J. F. Mead: J. Biol. Chem. **205**, 271 (1953).
800. Zenk, M. H., u. G. Müller: Z. Naturforsch. **19b**, 398 (1964).
801. Ziegler, K., u. H. Colonius: Liebigs Ann. Chem. **479**, 135 (1930).
802. Zollinger, H.: In: V. Gold. Advances in physical organic chemistry. Vol. 2, S. 163. New York: Academic Press 1964.

Sachregister